Steven M. Owen
Alan T. Brooker

Konzepte der Anorganischen Chemie

Aus dem Programm
Chemie

A. Heintz, G. A. Reinhardt
Chemie und Umwelt

P. Paetzold
Einführung in die Allgemeine Chemie

G. M. Barrow
Physikalische Chemie

H. Rau, J. Rau
Chemische Thermodynamik

S. H. Pine, J. B. Hendrickson, D. J. Gram, G. S. Hammond
Organische Chemie

J. S. Fritz, G. H. Schenk
Quantitative Analytische Chemie

K. U. Geckeler, H. Eckstein
Analytische und präparative Labormethoden

Vieweg

Steven M. Owen
Alan T. Brooker

Konzepte der Anorganischen Chemie

Ein Leitfaden für Studenten

Aus dem Englischen übersetzt von
Susanne Ihringer

Originalausgabe:
© Longman Group UK Limited 1991
This translation of „A Guide to Modern
Inorganic Chemistry", First Edition, is published
by arrangement with Longman Group UK Limited,
London

Der Verlag Vieweg ist ein Unternehmen der Bertelsmann Fachinformation GmbH.

Druck und buchbinderische Verarbeitung: Lengericher Handelsdruckerei, Lengerich
Gedruckt auf säurefreiem Papier
Printed in Germany

ISBN 3-528-06559-1

Inhaltsverzeichnis

Geleitwort

Dieses Buch ist aus mindestens drei Gründen wichtig und wegweisend:

1. Es versucht, die wesentlichen Konzepte der modernen anorganischen Chemie in knapper und trotzdem verständlicher Form wiederzugeben. Wenngleich jede Hochschule andere Schwerpunkte setzt, so gibt es doch Inhalte, die weltweit mit demselben Ziel unterrichtet werden. Natürlich gibt es weitaus umfangreichere und ausführlichere Werke. Hier jedoch handelt es sich um ein Buch, das den Studenten ein zusammenfassendes Hilfsinstrument sein soll, das Unsicherheiten behebt oder Wissen auffrischt. Obwohl es nicht den Anspruch erhebt, ein Lehrbuch zu sein, ist es mit Sicherheit ein nützliches Repetitorium, das letzte Prüfungssicherheit geben kann.

2. Die beiden Autoren sind geradezu prädestiniert, ein solches Buch zu schreiben. Sie haben erst kürzlich den Doktortitel erworben und erinnern sich deshalb noch gut an das, was ihnen während ihres Studiums der anorganischen Chemie Schwierigkeiten bereitet hat. Beide gaben im Laufe ihrer dreijährigen Forschungstätigkeit an der Universität Tutorien für Studenten der unteren Semester. Sie wissen, welche Themen schwer zu verstehen sind, und sie haben viel Übung, diese Sachverhalte zu erklären. All das schlägt sich in dem Stil ihres Buches nieder. Es ähnelt in seiner Art einer Tutoriumsmitschrift: Kompaktes Wissen, das im "Plauderton" vermittelt wird.

3. Für wenige Bücher ist der Markt so gut erforscht worden. Der Verlag schickte Rohfassungen an angesehene Anorganiker mit der Bitte um ihren Kommentar. Außerdem baten die Autoren ihre Chemikerkollegen aus Europa, Nordamerika und Australien, die in Cambridge zu Besuch waren, um deren Meinung. Sie holten sich Anregungen aus den Vorlesungen anderer englischer Universitäten und vor allem von denen, für die sie dieses Buch geschrieben haben, den Studenten.

Diese drei Aspekte machen dieses Buch so einzigartig und zu einer äußerst nützlichen Bereicherung der chemischen Literatur. Ich glaube, daß den Autoren ihr Vorhaben hervorragend gelungen ist, und kann das Buch nur wärmstens empfehlen.

R. Snaith
Dozent der anorganischen Chemie
und Fellow des St. John's College
Universität Cambridge

Vorwort zur englischen Auflage

Dieses Buch soll eine Einführung in die anorganische Chemie bieten und nicht eine umfassende Datensammlung darstellen. Unsere Absicht war es, den Studenten die grundlegenden Ideen nahezubringen, die weltweit an Universitäten gelehrt werden. Wir sind der Überzeugung, daß das Verständnis dieser Konzepte den notwendigen Grundstock bildet, mit dem weiterführende Aspekte der anorganischen Chemie im Laufe des Studiums vernünftig betrachtet werden können.

Unser besonderer Dank gilt Dr. Ron Snaith vom Chemistry Department der Universität Cambridge, der von Anfang an von unserem Projekt überzeugt war und uns die ganze Zeit über mit Rat und Tat zur Seite stand. Vielen anderen Dozenten in Cambridge verdanken wir wertvolle Beiträge, insbesondere den Doktoren E.C. Constable, P.P. Edwards, C.E. Housecroft, M.J. Mays, P.R. Raithby und D.S. Wright. Unser Dank geht an sie und an die folgenden Besucher unseres Institutes in Cambridge, die ein starkes Interesse an unserem Buch zeigten und viele nützliche Anregungen lieferten: die Doktoren A.M. Brodie (Universität Melbourne), M. Kubota (Universität Hawaii), R. Schmutzler (Universität Braunschweig), D. Osella (Universität Turin) und D. Barr (Associated Octel Company Ltd.).

S.M.O und A.T.B
Cambridge, November 1990

1 Atombau und Stabilität

1.1 Atombau

1.1.1 Die Elektronenstruktur der Atome

Atome können als positiv geladene Kerne angesehen werden, um die sich negativ geladene Elektronen bewegen. Die Anzahl und Verteilung dieser Elektronen haben einen entscheidenden Einfluß auf das chemische Verhalten und die Eigenschaften der Elemente. Der Zustand jedes einzelnen Elektrons wird durch vier Quantenzahlen beschrieben, die eine geeignete Kennzeichnung dieser Elektronen sind.

Symbol	Name	Wert
n	Hauptquantenzahl	$n = 1, 2, 3,...$
l	Bahndrehimpulsquantenzahl	$l = 0, 1, 2,...(n-1)$
m_l	Magnetische Quantenzahl	$m_l = -l,..., -1, 0, 1,..., l$
m_s	Spinquantenzahl	$\pm 1/2$

Die maximale Anzahl von Elektronen in einer Schale mit der Hauptquantenzahl n beträgt $2n^2$.
Den verschiedenen Werten von l werden Buchstaben zugewiesen:

$$l \quad = \quad 0 \quad 1 \quad 2 \quad 3 \quad 4 \quad 5 \quad \text{usw.}$$
$$\qquad \qquad s \quad p \quad d \quad f \quad g \quad h \quad \text{usw.}$$

Beispiel: Ein Elektron in einem 2s-Orbital wird mit $n = 2$, $l = 0$, $m_l = 0$ und $m_s = +1/2$ oder $-1/2$ beschrieben. Für ein Elektron in einem 3p-Orbital ist $n = 3$, $l = 1$, $m_l = -1$, 0, $+1$ und $m_s = +1/2$ oder $-1/2$.

Als Orbital bezeichnet man die Wellenfunktion eines Elektrons. Das Quadrat dieser Funktion ergibt die Wahrscheinlichkeit, mit der sich das Elektron an einem bestimmten Punkt befindet. Wird ein Elektron von einer bestimmten Wellenfunktion beschrieben, so spricht man davon, daß es dieses Orbital „besetzt". Jedes einzelne Orbital wird durch die Quantenzahlen n, l und m_l charakterisiert. Man spricht von s-, p-, d- und f-Orbitalen für $l = 0, 1, 2, 3$.

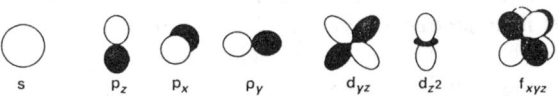

Nur zwei der fünf d-Orbitale und eins der f-Orbitale sind aufgeführt.

Orbitale mit unterschiedlichen Haupt- und/oder Bahndrehimpulszahlen besitzen unterschiedliche Energien (ausgenommen im Wasserstoffatom). So hat ein 1s-Orbital eine geringere Energie als ein 2s-Orbital, das wiederum weniger Energie besitzt als ein 2p-Orbital.

Das Pauli-Ausschlußprinzip: Es gibt in einem Atom keine zwei Elektronen, die in allen vier Quantenzahlen übereinstimmen. Demnach können maximal zwei Elektronen dasselbe Orbital besetzen und müssen dabei entgegengesetzte Spins aufweisen. n, l und m_l können also für zwei Elektronen gleich sein, wenn m_s verschiedene Werte aufweist.

Das Aufbau-Prinzip: Die Besetzung der Orbitale erfolgt von tiefer zu hoher Energie. Die Reihenfolge der Besetzung geht aus dem folgenden Schema hervor.

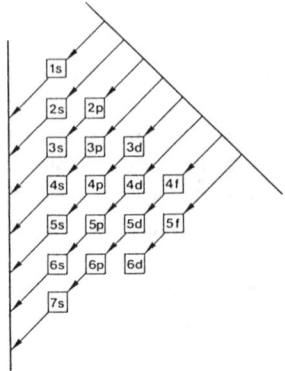

Regel der maximalen Multiplizität (1. Hundsche Regel): Orbitale gleicher Energie werden immer zuerst mit je einem Elektron besetzt, um das Maximum an ungepaarten Spins zu erreichen. Da sich Elektronen gegenseitig abstoßen, möchten sie so weit wie möglich voneinander entfernt sein und werden so angeordnet, daß die größtmögliche Zahl paralleler Spins entsteht.

Beispiel: Die Elektronenkonfiguration von Stickstoff ist $1s^2\,2s^2\,2p^3$ mit zwei Elektronen im 1s-, zwei im 2s- und jeweils einem im $2p_x$-, $2p_y$- und $2p_z$-Orbital.

1.1.2 Atomradien

Die Atomradien nehmen innerhalb einer Periode der Hauptgruppenelemente mit steigender Ordnungszahl ab. Betrachtet man die Periode von Lithium bis Fluor, so wird von einem Element zum nächsten dem Kern ein Proton und der Valenzschale ein Elektron zugefügt. Die Neutronen kann man bei dieser Betrachtung vernachlässigen, da sie keine Ladung tragen. Elektronen können einander grundsätzlich gegen die anziehenden Kräfte des Kerns abschirmen. Die äußeren Elektronen erfahren eine Abschirmung durch die Elektronen der inneren Schalen. Alle Elektronen, die sich jedoch auf derselben Schale befinden, also in etwa gleich weit vom Kern entfernt sind, schirmen sich gegenseitig nur sehr schlecht ab. Die effektive Kernladung Z_{eff}, die auf die äußeren Elektronen wirkt, nimmt demnach innerhalb der Periode zu. Als Folge davon werden diese stärker vom Kern angezogen und die Atomradien nehmen ab.

Abschirmung: Damit ist die Fähigkeit eines Elektrons gemeint, andere Elektronen vor den anziehenden Kräften des Kerns abzuschirmen. Diese Abschirmung ist nie hundertprozentig. Das Vermögen abzuschirmen nimmt vom s-Orbital zum f-Orbital hin ab (s > p > d > f). Der Grund dafür liegt in der Form der Orbitale *(Durchdringungsphänomen)*. Das s-Orbital ist kugelsymmetrisch und schirmt nach allen Richtungen gleich gut ab, wohingegen zum Beispiel das p-Orbital Richtungen aufweist, in denen es überhaupt nicht abschirmt (Knotenebene).

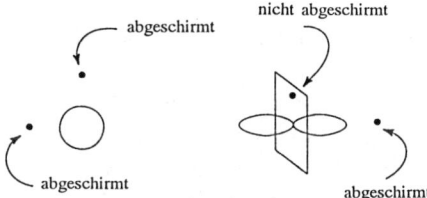

Effektive Kernladung: Wenn sich Elektronen gegenseitig vollständig abschirmten, würde ein äußeres Elektron die Ladung +1 spüren, da die restliche Kernladung durch die anderen Elektronen aufgehoben wäre. Das geschieht nicht, und deshalb erfahren die Elektronen eine effektive Kernladung, die größer als +1 ist. Der genaue Betrag hängt von dem Ausmaß der Abschirmung ab. Die effektive Kernladung läßt sich mittels der *Slater Regeln* abschätzen.

Die Slater-Regeln: Mit diesem Satz von Regeln kann man die effektive Kernladung abschätzen, die auf die Valenzelektronen eines Atoms wirkt. Zuerst berechnet man die Abschirmungskonstante S, die angibt, wie stark die Valenzelektronen durch die Elektronen der inneren Schalen abgeschirmt werden. Dann subtrahiert man diesen Wert von der Kernladung Z und erhält so Z_{eff}:

$$Z_{eff} = Z - S$$

Um die Abschirmungskonstante S für ein Elektron im ns- oder np-Orbital zu berechnen, muß man folgende Regeln beachten:
1. Zuerst notiert man die Elektronenkonfiguration des betrachteten Atoms wie folgt (1s) (2s, 2p) (3s, 3p) (3d) (4s, 4p) (4d) (4f) (5s, 5p) usw.
2. Der Beitrag der Elektronen, die in dieser Schreibweise rechts von der betrachteten (ns, np)-Gruppe stehen, wird vernachlässigt.
3. Von den m Elektronen in der betrachteten (ns, np)-Gruppe gehen ($m - 1$) Elektronen mit einem Faktor von 0,35 in die Abschirmungskonstante ein (1s-Elektronen mit 0,30).
4. Für jedes Elektron in der ($n - 1$)-ten Schale berechnet man 0,85.
5. Jedes Elektron in der ($n - 2$)-ten und niedrigeren Schale trägt den Wert 1 zur Konstante S bei.
Betrachtet man Elektronen der nd- oder nf-Gruppe, so bleiben die Regeln 2 und 3 unverändert. Statt der Regeln 4 und 5 tritt Regel 6 in Kraft.
6. Alle Elektronen, die links von der betrachteten nd- oder nf-Gruppe stehen, tragen den Wert 1 bei.

Beispiel: Berechnung der effektiven Kernladung Z_{eff}, die auf ein p-Valenzelektron des Sauerstoffatoms wirkt. Die Elektronenkonfiguration des Sauerstoffatoms ist $1s^2\, 2s^2\, 2p^4$ bzw. $(1s)^2\, (2s, 2p)^6$. Da es rechts von dem 2p-Orbital keine Elektronen gibt, braucht die Regel 2 nicht beachtet zu werden. In derselben Schale wie das betrachtete 2p-Elektron befinden sich noch fünf weitere Elektronen, die je 0,35 zur Abschirmungskonstante beitragen: $5 \cdot 0,35 = 1,75$. Die zwei Elektronen der 1s-Schale schirmen zu je 0,85 ab: $2 \cdot 0,85 = 1,70$. Die Abschirmungskonstante berechnet sich zu $S = 1,75 + 1,70 = 3,45$. Für das Sauerstoffatom ist $Z = 8$, daraus folgt für $Z_{eff} = Z - S = 8 - 3,45 = 4,55$. Auf ein p-Valenzelektron des Sauerstoffs wirkt demnach eine effektive Kernladung von 4,55.

Beachte! Diese Rechnung liefert nur einen ungefähren Wert für Z_{eff}. Strenggenommen ist die Annahme in Regel 2, daß Elektronen rechts der betrachteten (ns, np)-Gruppe nichts zur Abschirmung beitragen, falsch. Die Wahrscheinlichkeit, daß sich Elektronen der höheren Orbitale näher am Kern befinden als das betrachtete Elektron, ist zwar gering aber ungleich Null (*Durchdringungsphänomen*).

Die Atomradien nehmen innerhalb einer Hauptgruppe mit steigender Ordnungszahl zu, da die Elektronen Schalen besetzen, die weiter vom Kern entfernt sind.

1.1.3 Abhängigkeit der Atomradien von Oxidations- und Koordinationszahl

Anionen sind größer und Kationen kleiner als die entsprechenden Atome.

Anionen: Eine Erhöhung der Elektronendichte vergrößert die Abschirmung der äußeren Elektronen und gleichzeitig die Abstoßung zwischen den Elektronen. Größere Elektronenabstoßung bei gleichbleibender Kernladung führt wiederum zur Ausdehnung der Elektronenwolke. Deshalb sind Anionen größer als die entsprechenden Atome.

Kationen: Entfernt man ein Elektron aus einem Atom, so wird die Abschirmung kleiner und die effektive Kernladung dementsprechend größer. Das bedeutet für die restlichen Elektronen, daß sie stärker vom Kern angezogen werden. Da die Abstoßung zwischen den Elektronen ebenfalls geringer ist, kommt es zu einer Kontraktion der Elektronenwolke. Folglich sind Kationen kleiner als die dazugehörigen Atome.

Oxidationszahl: In diesem rein formalen Konzept zerlegt man gedanklich alle Verbindungen (sogar Methan, CH_4!) in ionische Bestandteile und weist diesen entsprechende Ladungen zu. So erhält man fiktive Ladungen für Atome in kovalenten Verbindungen.

Dem elektronegativeren Atom in einer Bindung spricht man die Bindungselektronen zu. Die Oxidationszahl eines Atoms ergibt sich aus der Summe der ihm zusätzlich zu seinen „eigenen" zugesprochenen (negativer Wert) und der ihm entzogenen „eigenen" Elektronen (positiver Wert). Elektropositivere Atome erhalten folglich positive Oxidationszahlen. Die Summe über alle Oxidationszahlen eines Moleküls muß gleich seiner Ladung sein, im Falle einer neutralen Verbindung also gleich Null.

Beispiel: Im CF_4 ist das Fluoratom elektronegativer als der Kohlenstoff und bekommt die Bindungselektronen zugesprochen; es erhält die formale Oxidationszahl -1. Dem Kohlenstoffatom werden durch die vier Fluoratome vier Elektronen entzogen, und er bleibt formal als C^{4+} zurück. Die Oxidationszahl des Kohlenstoffs im CF_4-Molekül ist $+4$.

Der Atomradius nimmt mit steigender (positiver) Oxidationszahl ab und mit fallender (negativer) Oxidationszahl zu. Der Grund dafür ist, daß sich Atome mit positiver (negativer) Oxidationszahl wie Kationen (Anionen) verhalten. Die Tendenz der Radienänderung ist jedoch nicht ganz so ausgeprägt, denn wie schon erwähnt, handelt es sich bei den Oxidationszahlen nur um ein rein formales Konzept ohne meßbare Ladungen.

Koordinationszahl: In einer kovalenten Verbindung ist die Koordinationszahl eines Atoms durch die Anzahl der Atome gegeben, die direkt an jenes gebunden sind. In einer ionischen Verbindung ergibt sich die Koordinationszahl aus der Zahl der Ionen, die das betrachtete Ion im gleichen Abstand umgeben (s. Kap. 2).

$$F-\underset{\underset{F}{\overset{F}{|}}}{\overset{\overset{F}{|}}{S}}\overset{F}{\underset{F}{<}}$$

In SF_6 ist die Koordinationszahl des Schwefels 6.

Um zu verstehen, welchen Einfluß die Koordinationszahl auf den Atomradius einer kovalenten Verbindung hat, ist es unerläßlich zu wissen, wie solche Radien gemessen werden. Sie ergeben sich aus den Abständen von einem Kern zum nächsten, d.h. der Bindungslänge. Geringere Abstände zwischen den Kernen korrespondieren demzufolge mit kleineren Atomradien.

Für ein gegebenes Atom wächst der Atomradius mit steigender Koordinationszahl. Je mehr Liganden ein Zentralatom umgeben, desto stärker stoßen sie sich gegenseitig ab. Das Verlangen der Liganden einander auszuweichen, treibt sie vom Kern weg. Gleichzeitig wird der Raum für das Zentralatom größer, und der Abstand vom Kern des Zentralatoms zu den Kernen der Liganden (Atomradius) wächst.

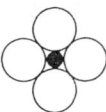 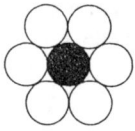

In beiden Fällen ist das Zentralatom gleich.

Ladung und Ionenpotential: In der 1. Hauptgruppe nimmt die Größe der Kationen mit steigender Ordnungszahl zu. Daraus könnte man ableiten, daß Cs^+ eine größere Hydratationsenthalpie aufweist als Li^+. Unter dem Begriff Hydratationsenthalpie versteht man die Reaktionsenthalpie des folgenden Prozesses:

$$M^+_{(g)} + (aq) \rightarrow M^+_{(aq)}$$

Cs^+ ist größer als Li^+ und müßte deshalb theoretisch eine größere Anzahl Wassermoleküle koordinieren können. Das trifft auch auf die erste Hydratationssphäre zu, in der Cs^+ von sechs und Li^+ von nur vier Wassermolekülen umgeben ist. Tatsächlich wird Li^+ von mehr Wasserliganden koordiniert als Cs^+, da es über die erste Koordinationssphäre hinaus Wassermoleküle anziehen kann. Die Ursache dafür ist das höhere Ionenpotential (Ladungs/Radius-Verhältnis) des Li^+-Ions. Die Wassermoleküle in der äußersten Sphäre können beim Li^+ näher an die positive Ladung (den Kern) gelangen und werden deshalb stärker gebunden. Als Ergebnis davon ist $Li^+_{(aq)}$ größer als $Cs^+_{(aq)}$.

Ionisierungsenergie IE: Damit bezeichnet man die Energie, die zur Ablösung eines Elektrons aus einem Atom in der Gasphase benötigt wird,

$$M_{(g)} \rightarrow M^+_{(g)} + e^-$$

wobei sich $M_{(g)}$ und $M^+_{(g)}$ im Grundzustand befinden. Dieser Prozeß ist immer endotherm!

Bis auf ein paar Ausnahmen nimmt die Ionisierungsenergie mit steigender Ordnungszahl innerhalb einer Periode zu und innerhalb einer Gruppe ab.

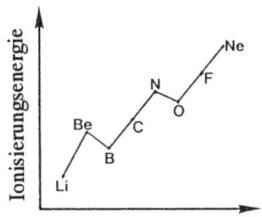

Die Ionisierungsenergie wird durch vier Faktoren beeinflußt:
1. die effektive Kernladung,
2. das vom Elektron besetzte Orbital (ein Elektron aus einem np-Orbital läßt sich leichter entfernen als eines aus dem ns-Orbital),
3. die Elektron-Elektron-Abstoßung,
4. die Austauschenergie.

Warum läßt sich Beryllium schwerer ionisieren als Bor? Die Elektronenkonfiguration von Beryllium ist $1s^2\,2s^2$ und die von Bor ist $1s^2\,2s^2\,2p^1$. Warum ist es nun leichter, ein Valenzelektron aus einem 2p-Orbital abzulösen als aus einem 2s-Orbital? Der Grund dafür ist das *"Durchdringungsphänomen"*. Das nachstehende Diagramm zeigt die Radialverteilungsfunktionen (engl. radial distribution function, Abk. RDF) einiger Orbitale.

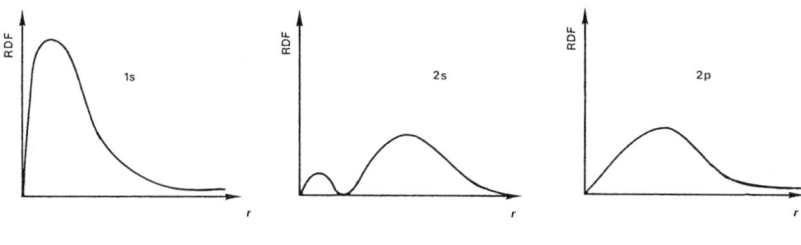

Abstand zum Kern r

Diese Funktionen machen die Aufenthaltswahrscheinlichkeit eines Elektrons in verschiedenen Entfernungen zum Kern hin deutlich. Das 2s-Elektron kann das 1s-Orbital durchdringen und sich mit, wenn auch geringer Wahrscheinlichkeit, in der Nähe des Kerns aufhalten, wo es stärker gebunden wird. Für das Elektron des 2p-Orbitals ist die Aufenthaltswahrscheinlichkeit so nah am Kern geringer, da 2p-Orbitale im Gegensatz zum 2s-Orbital das 1s-Orbital nicht so gut durchdringen. Demzufolge besitzen sie eine höhere Energie. Deshalb läßt sich Bor leichter ionisieren als Beryllium. Im ersten Fall entfernt man ein Elektron aus dem energiereichen 2p-Orbital, im zweiten Fall entfernt man eins aus dem 2s-Orbital.

Vergleich der Ionisierungsenergien von Stickstoff und Sauerstoff

Atom	M	M$^+$	IE [kJ mol^{-1}]
N	$1s^2\,2s^2\,2p^3$	$1s^2\,2s^2\,2p^2$	1402
O	$1s^2\,2s^2\,2p^4$	$1s^2\,2s^2\,2p^3$	1314

Aufgrund der höheren effektiven Kernladung würde man für das Sauerstoffatom eine höhere Ionisierungsenergie erwarten als für das Stickstoffatom. Tatsächlich jedoch ist sie niedriger. Beim Sauerstoffatom wird ein Elektron aus einem doppelt besetzten p-Orbital entfernt, was aufgrund der dort herrschenden Elektronenabstoßung günstig ist. Im Stickstoffatom hingegen sind die p-Orbitale alle einfach besetzt. Dieser Zustand halbgefüllter Orbitale ist energiegünstiger (*Regel der maximalen Multiplizität*) und gleicht die Zunahme der effektiven Kernladung von Stickstoff zu Sauerstoff aus. Deshalb ist die 1. Ionisierungsenergie von Sauerstoff größer.

Eine zusätzliche Erklärung für diese Umkehrung der Ionisierungsenergien zwischen Stickstoff und Sauerstoff liegt in der *Austauschenergie*. Sie ist ein nichtklassischer, aus der Quantenmechanik stammender Ausdruck für die Stabilität einer Elektronenkonfiguration: Je mehr ungepaarte Elektronen mit gleichem Spin vorhanden sind, desto stabiler ist dieser Zustand. Im Bor $(2p^1)$ gibt es keine Austauschenergie, da nur ein Elektron im p-Orbital vorhanden ist. Die Elektronenkonfiguration des Kohlenstoffatoms $(2p^2)$ ist aufgrund der zwei Elektronen mit gleichem Spin stabiler als die des Bors. Beim Stickstoff hat die Stabilität ein Maximum (drei parallele Spins) und beim Sauerstoff nimmt die Austauschenergie nicht mehr weiter zu, da das hinzugefügte Elektron einen umgekehrten Spin aufweist. Diese Tatsache und die steigende Elektronenabstoßung erklären, warum das vierte Elektron in dem 2p-Orbital des Sauerstoffs relativ leicht entfernt werden kann. Wie es zur Austauschenergie kommt, läßt sich vereinfacht so darstellen: Gemäß dem Pauli-Ausschluß-Prinzip können sich Elektronen mit gleichem Spin nicht in demselben Orbital aufhalten. Sie nehmen den größtmöglichen Abstand voneinander ein und vermindern so die Elektronenabstoßung.

Elektronenaffinität EA: Die erste Elektronenaffinität ist die Reaktionsenergie des folgenden Prozesses,

$$M_{(g)} + e^- \rightarrow M^-_{(g)}$$

wobei sich $M_{(g)}$ und $M^-_{(g)}$ im Grundzustand befinden. Von positiver Elektronenaffinität spricht man, wenn bei der Addition eines Elektrons zu einem Atom bzw. Ion Energie frei wird (exotherm), von negativer Elektronenaffinität, wenn der Prozeß Energie benötigt (endotherm).

Die erste Elektronenaffinität ist gewöhnlich positiv (Energie wird frei). Das stimmt völlig mit der Tatsache überein, daß ein Elektron vom Kern angezogen wird, sobald es in dessen Reichweite gebracht wird. Aufgrund der unvollständigen Abschirmung wirkt dort eine positive Ladung auf das Elektron.

Die zweite Elektronenaffinität

$$M^-_{(g)} + e^- \rightarrow M^{2-}_{(g)}$$

ist immer negativ, d.h. bei diesem Prozeß wird Energie benötigt. Man muß die abstoßenden Kräfte überwinden, um noch eine negative Ladung in die Nähe des Anions zu bringen.

$$O \ \rightarrow O^- \qquad EA = +141 \text{ kJ mol}^{-1} \qquad \text{exotherm}$$
$$O^- \rightarrow O^{2-} \qquad EA = -780 \text{ kJ mol}^{-1} \qquad \text{endotherm}$$

Die Elektronenaffinität der Atome nimmt innerhalb einer Periode mit steigender Ordnungszahl und der damit steigenden effektiven Kernladung zu. Die Entwicklung der *EA* innerhalb einer Gruppe ist nicht ganz so offensichtlich. Sie wird hauptsächlich von zwei Faktoren bestimmt:
1. der Größe der Anziehungskraft zwischen Kern und hinzukommendem Elektron und
2. dem Ausmaß der abstoßenden Kräfte zwischen den Elektronen.

Faktor 1 nimmt nach unten hin ab, da die Entfernung der Valenzelektronen zum Kern steigt. Folglich sollte die Elektronenaffinität mit steigender Ordnungszahl kleiner werden.

Faktor 2 nimmt ebenfalls ab, denn die Valenzorbitale werden größer und die Elektronen können sich weiter voneinander entfernt aufhalten. Die verminderte Elektronenabstoßung erleichtert das Hinzufügen eines weiteren Elektrons. Demnach sollte die Elektronenaffinität in einer Gruppe nach unten hin zunehmen.

Die beiden Faktoren wirken somit gegenläufig. Im allgemeinen überwiegt Faktor 1 und die Elektronenaffinität nimmt innerhalb einer Gruppe ab, wenn auch nicht immer kontinuierlich. In den Hauptgruppen 6 und 7 hat die Elektronenaffinität beim Schwefel bzw. Chlor ihren größten Wert und sinkt erst danach ab.

1.1.4 Elektronegativität

Unter diesem häufig verwendeten Begriff versteht man das Bestreben eines Atoms in einem Molekül, die Elektronendichte um sich herum zu erhöhen.

Die Elektronegativität ist keine direkt meßbare, physikalische Größe. Es gibt verschiedene Maßstäbe für sie und der am häufigsten angewendete ist der von Pauling. Welchen Maßstab man wählt ist nicht so wichtig. Man sollte sich auf jeden Fall konsequent an den einen halten und nicht mehrere miteinander vermischen. Pauling vergleicht die Bindungsenthalpien der Reinstoffe mit denen der Verbindungen und errechnet mit der folgenden Gleichung relative Elektronegativitäten.

$$c\,(\chi_A - \chi_B)^2 = b\,(A\text{–}B) - \sqrt{\left\{b\left(A\text{–}A\right) \cdot b\left(B\text{–}B\right)\right\}}$$

$(\chi_A - \chi_B)$:   Unterschied der Elektronegativität von A und B

$b(A\text{–}B)$, $b(A\text{–}A)$ und $b(B\text{–}B)$:   Bindungsenthalpien von A–B, A–A bzw. B–B

c: Konstante 96,5 kJ mol^{-1}

Ausgehend von Fluor als dem elektronegativsten Element, dem willkürlich der Wert 4 zugewiesen wird, lassen sich so die Elektronegativitäten der restlichen Elemente berechnen.

Die Elektronegativität nimmt innerhalb einer Periode aufgrund der steigenden effektiven Kernladung *zu. In den Hauptgruppen nimmt sie nach unten hin ab*, da die Atomradien größer werden und die Valenzelektronen (bzw. Bindungselektronen) weiter vom Kern entfernt sind. Bei den Übergangsmetallen dagegen nimmt die Paulingsche Elektronegativität in einer Gruppe mit steigender Ordnungszahl zu. Diese Zunahme ist auf die schlechte Abschirmung der d- und f-Orbitale zurückzuführen, die eine enorme Zunahme der effektiven Kernladung zur Folge hat.

Beachte! Die Atomradien der zweiten und dritten Reihe der Übergangsmetalle stimmen fast überein (s. Lanthanidenkontraktion, Kap. 6).

Die Elektronegativität von Molekülgruppen: In einem Molekül hängt die Elektronegativität eines Atoms von seinen Substituenten ab. So ist zum Beispiel das Kohlenstoffatom in einem CF_3-Rest elektronegativer als in einem CH_3-Rest. Die höhere Elektronegativität des Fluors verringert die Elektronendichte um das Kohlenstoffatom in CF_3 während die elektropositiveren Wasserstoffatome jene um das Kohlenstoffatom in CH_3 erhöhen. Der Kohlenstoff in CF_3 ist quasi „positiver" und versucht die Elektronendichte seinerseits zu erhöhen, indem er aus der Umgebung Elektronen „abzieht".

Elektronegativität und Hybridisierung: Die Hybridisierung (s. Kap. 2) eines Atoms kann dessen Elektronegativität beeinflussen, d.h. ein sp-hybridisiertes Kohlenstoffatom in Acetylen (C_2H_2) ist elektronegativer als ein sp^3-hybridisiertes Kohlenstoffatom in Ethan (C_2H_6). Mit zunehmendem s-Charakter des Hybridorbitals werden die Elektronen der C–H-Bindung stärker vom Kohlenstoffatom angezogen, da die Elektronendichte eines s-Orbitals in Kernnähe höher ist als die eines p-Orbitals. Dadurch läßt sich die Tatsache erklären, daß Acetylen C_2H_2 eine stärkere Säure ist als Ethan C_2H_6. Die höhere Elektronegativität des sp-hybridisierten Kohlenstoffs in C_2H_2 erzeugt eine größere positive Partialladung δ^+ am Wasserstoff, das folglich leichter als H^+ abgespalten werden kann. Im Gegensatz zu Ethan bildet Acetylen Salze, z.B. Ag_2C_2.

Problematik der Elektronegativität: Die Elektronegativität eines Atoms ist von seinen Bindungspartnern bzw. deren *EN* und von seiner Oxidationszahl in der betrachteten Verbindung abhängig. Je höher die Oxidationszahl des Atoms ist, desto stärker zieht es die Bindungselektronen zu sich, die Elektronegativität nimmt zu. Ein Beispiel dafür finden wir in der folgenden Tabelle:

Verbindung	Oxidationszahl von S	Hybridisierung	Paulingsche EN von S
H_2S	-2	sp^3	2,20
SO_2	$+4$	sp^2	3,44
SCl_4	$+4$	sp^3d	3,16

1.2 Stabilität

Spricht man von Stabilität, so ist es notwendig, dabei zu erwähnen, ob es sich um kinetische oder thermodynamische Stabilität handelt, und den Bezugspunkt dieser Stabilität anzugeben.

Zum Beispiel ist Ethan gegenüber der Reaktion mit Sauerstoff kinetisch stabil (diese Reaktion würde eine Aktivierung benötigen), aber in bezug auf die Produkte dieser Reaktion ($2CO_2 + 3H_2O$) thermodynamisch instabil. Gegenüber dem Zerfall in die Elemente ($2C + 3H_2$) wiederum ist Ethan thermodynamisch stabil.

1.2.1 Was ist Stabilität?

Betrachten wir die Reaktion

$$A + B \rightarrow CD \rightarrow E + F$$

Trägt man die Energien der einzelnen Systeme in Abhängigkeit des Reaktionsverlaufes auf, so erhält man das unten abgebildete Reaktionsprofil.

Ein Reaktionsprofil besteht aus einer Folge von Energiemaxima und -minima. Stabile Verbindungen bzw. Übergangsstrukturen werden durch lokale Energieminima entlang des Reaktionsprofils repräsentiert.

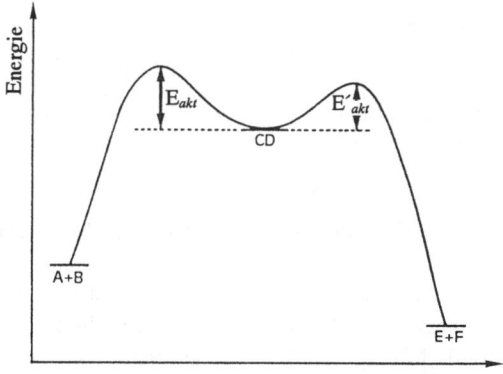

CD stellt eine Zwischenverbindung dar und sitzt in einem flachen, lokalen Minimum. Sie ist thermodynamisch instabil gegenüber dem Zerfall in A + B oder E + F, aber ihre kinetische Stabilität hängt von der Höhe der Aktivierungsenergien (E_{akt}) für die Hin- bzw. Rückreaktion ab.

Befindet sich CD in einem sehr flachen Energieminimum, so steigt die Wahrscheinlichkeit, daß die Zwischenverbindung genügend Energie aufnehmen kann (z.B. durch Stöße), um die Barrieren zu

überwinden. CD wäre dann eine kurzlebige Übergangsverbindung. Die Lebensdauer einer Zwischenverbindung CD wird also durch die Höhe der Aktivierungsenergiebarrieren bestimmt. Je höher diese
sind, desto niedriger ist die Wahrscheinlichkeit, daß CD genügend Energie hat, um zu den Produkten
weiter- bzw. zu den Edukten zurückzureagieren und umso größer ist seine Lebensdauer.

1.2.2 Welche Faktoren beeinflussen thermodynamische und kinetische Stabilität?

Thermodynamik: Damit eine Reaktion thermodynamisch möglich ist, muß ΔG (freie Reaktionsenthalpie) negativ sein. ΔG ist die Differenz zwischen den freien Enthalpien der Produkte und der
Edukte.

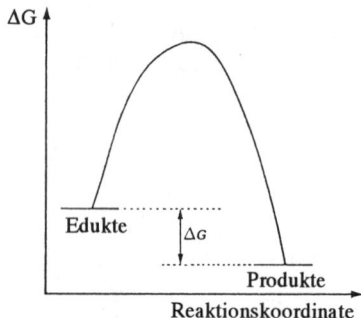

Im Gleichgewicht ist $\Delta G = 0$. Aus $\Delta G = \Delta G° + RT\ln K$ folgt für das Gleichgewicht:

$$\Delta G° = -RT\ln K$$

Diese Gleichung gibt uns Informationen über die Lage des Gleichgewichts. Liegt in einer Reaktion
das chemische Gleichgewicht auf der Seite der Produkte, so ist $\Delta G°$ negativ.

$$\text{Edukte} \rightleftharpoons \text{Produkte}$$

Für isotherm und isobar ablaufende Reaktionen kann ΔG über die *Gibbs-Helmholtz-Gleichung* formuliert werden:

$$\Delta G = \Delta H - T\Delta S$$

wobei ΔH die Änderung der Reaktionsenthalpie und ΔS die Reaktionsentropie während einer Reaktion beinhalten.

Oft wird im Zusammenhang mit ΔH von einer Änderung der *Energie* gesprochen, genauso wie
der Begriff Gitter*energie* verwendet wird. Es wäre jedoch richtiger, in beiden Fällen den Ausdruck
Enthalpie zu benutzen. Natürlich hängt ΔH von Bindungsstärken, Ionisierungsenergien usw. ab (s.
Kap. 2).

Die Entropie S ist in einfachen Worten ein Maß für die Unordnung eines Systems. In einem Kristall ist die Ordnung am größten und die Entropie folglich am geringsten. Beim Übergang zur flüssigen Phase nimmt die Entropie zu und ist in der Gasphase noch größer. In Kristallen sind die
Atome/Moleküle in der Regel geordnet und führen lediglich Schwingungen um einen Punkt aus. In
Flüssigkeiten herrschen zwischen den Atomen/Molekülen geringere Wechselwirkungen als im Fest-

körper, sie können sich freier bewegen. Das Maximum an Bewegungsfreiheit besitzen Atome/Moleküle im Gaszustand. In einem Gas herrscht extreme Unordnung!

Eine Reaktion, bei der ein Gas entsteht, wird erleichtert, da die Entropie zunimmt (ΔS ist positiv). Ein Beispiel für solch eine Reaktion ist:

$$CaCO_{3\,(s)} \rightarrow CaO_{(s)} + CO_{2\,(g)} \qquad \Delta H = +178{,}4 \text{ kJ mol}^{-1}$$

Es gibt drei Fälle, in denen ein negativer Wert für ΔG erhalten werden kann:

1. $\Delta H < 0$ und $\Delta S \geq 0$

Sowohl die Reaktionsenthalpie als auch die -entropie begünstigen den Reaktionsverlauf. Ein Beispiel für diesen Fall findet sich in der Verbrennung von Kohlenwasserstoffen, z.B.

$$2\,C_2H_6 + 7\,O_2 \rightarrow 4\,CO_2 + 6\,H_2O$$

Mit zunehmender Temperatur sollte die Reaktion aufgrund der Entropiezunahme begünstigt sein ($T\Delta S$ wird größer). Dementgegen wirkt die Tatsache, daß die Reaktion gleichzeitig exotherm verläuft. Gemäß dem *Prinzip von Le Chatelier* („Übt man auf ein im Gleichgewicht befindliches System eine Störung aus, z.B. Temperatur-/Druckerhöhung usw, so weicht es jener aus, indem sich das Gleichgewicht verschiebt.") führt eine Temperaturerhöhung bei einer exothermen Reaktion zur Verschiebung des Gleichgewichtes in Richtung der Edukte. Reaktionsenthalpien sind jedoch im allgemeinen größer als Reaktionsentropien und deshalb die entscheidenden Faktoren.

1. $\Delta H > 0$ und $\Delta S > 0$, aber $|T\Delta S| > |\Delta H|$

In diesem Fall begünstigt die Zunahme der Entropie ΔS die Reaktion, die jedoch endotherm verläuft (Energie wird verbraucht). Ab einer bestimmten Temperatur T überwiegt der Entropie-Faktor. Die Reaktion wird durch eine Temperaturerhöhung begünstigt, da $T\Delta S$ zunimmt und dem System Energie zugeführt wird (Le Chatelier). Solche Verhältnisse findet man z.B. beim Lösen von Kaliumchlorid in Wasser.

$$KCl_{(s)} + (aq) \rightleftharpoons K^+_{(aq)} + Cl^-_{(aq)} \qquad \Delta H = +17 \text{ kJ mol}^{-1}$$

Die solvatisierten Ionen besitzen ein höheres Maß an Unordnung. Die Löslichkeit steigt mit zunehmender Temperatur.

2. $\Delta H < 0$ und $\Delta S < 0$ und $|\Delta H| > |T\Delta S|$

Hierbei begünstigt die negative Enthalpie die Reaktion und überwiegt, obwohl die Entropie abnimmt.

$$N_{2\,(g)} + 3\,H_{2\,(g)} \rightleftharpoons 2\,NH_{3\,(g)} \qquad \Delta H = -91{,}28 \text{ kJ mol}^{-1}$$

Bei dieser Reaktion, die dem Haber-Prozeß zur Ammoniakdarstellung zugrunde liegt, halbiert sich die Anzahl der Gasmoleküle (vier $\rightarrow$ zwei). Aus entropischen Gründen und gemäß Le Chatelier (die Ammoniakbildung ist exotherm) erreicht man eine maximale Umsetzung, wenn die Temperatur möglichst niedrig gehalten wird.

Die freie Reaktionsenthalpie ΔG gibt an, ob eine bestimmte Reaktion thermodynamisch möglich ist, nicht ob sie tatsächlich abläuft! Reaktionen mit großen negativen Werten für ΔG können zum Beispiel nicht ablaufen, wenn die Aktivierungsenergiebarriere zu hoch ist. Die Aktivierungsenergie wiederum ist ein Phänomen der Kinetik.

Kinetik: Bezogen auf eine bestimmte Temperatur ist der Ablauf einer Reaktion umso unwahrscheinlicher, je größer die Aktivierungsenergie ist.

Die *Arrhenius-Gleichung* beschreibt die Abhängigkeit der Geschwindigkeitskonstante k einer Reaktion von der Aktivierungsenergie E_{akt} und der Temperatur T:

$$k = A \cdot e^{-E_{akt}/RT}$$

wobei A = Stoßfaktor (abhängig von der Art der Reaktion) ist.

Wird die Temperatur erhöht, nimmt die Geschwindigkeit zu. Qualitativ betrachtet haben dann mehr Moleküle genügend Energie, um die Aktivierungsbarriere zu überwinden.

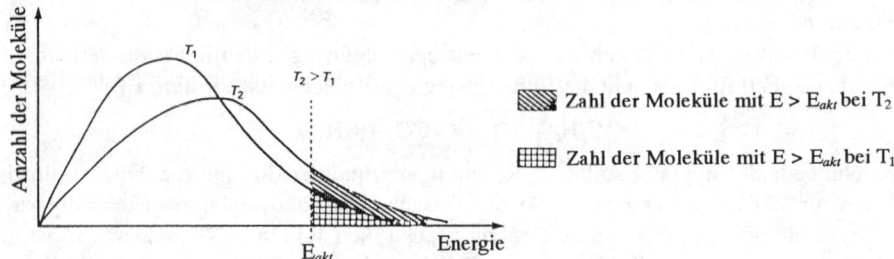

Eine Reaktion kann außer durch Temperaturerhöhung auch noch durch Zugabe eines Katalysators beschleunigt werden. Der Katalysator führt zu einem anderen Reaktionsweg mit kleinerer Aktivierungsenergie.

Bis jetzt haben wir die Thermodynamik von der Kinetik getrennt betrachtet. Die Stabilität einer Verbindung und die Tatsache, ob eine Reaktion abläuft oder nicht, hängen jedoch von dem Wechselspiel der beiden ab. So sollte zum Beispiel der oben erwähnte Haber-Prozeß aus thermodynamischen Gründen bei niedriger Temperatur durchgeführt werden. Aus der Kinetik wissen wir aber, daß die Reaktion bei höheren Temperaturen schneller ablaufen würde. In der Praxis schließt man einen Kompromiß - die Umsetzung erfolgt bei mittleren Temperaturen unter Verwendung eines Katalysators.

1.3 Zusammenfassung

1. Elektronen werden durch vier Quantenzahlen gekennzeichnet. Es gibt keine zwei Elektronen in einem Atom, für die alle Quantenzahlen identisch sind.
2. Es werden immer zuerst Atomorbitale niedrigerer Energie mit Elektronen besetzt. Haben mehrere Orbitale die gleiche Energie, so werden diese zunächst einfach besetzt, um eine maximale Anzahl paralleler Spins zu bekommen.
3. Atomradien nehmen in einer Reihe des Periodensystems von links nach rechts ab und in einer Gruppe nach unten hin zu. Die Größe nimmt mit zunehmender Oxidationszahl ab und umgekehrt, d.h. M^+ ist kleiner als M und dieses ist kleiner als M^-.
4. Ionisierungsenergien nehmen innerhalb einer Periode von links nach rechts zu (wenn auch unregelmäßig) und in einer Gruppe von oben nach unten ab.
5. Die Elektronenaffinitäten nehmen innerhalb einer Periode mit steigender Ordnungszahl zu. Zwei gegensätzliche Faktoren, nämlich die effektive Kernladung und die Elektronenabstoßung, beeinflussen die Elektronenaffinität in einer Gruppe.
6. Die Paulingsche Elektronegativität steigt innerhalb einer Periode und sinkt in einer Gruppe (Übergangsmetalle ausgenommen). Die Elektronegativität eines Atoms ist abhängig von seinen Substituenten und seiner Oxidationszahl.

7. Es gibt zwei Arten von Stabilität: kinetische und thermodynamische. Die Stabilität einer Verbindung hängt von beiden Faktoren ab.

8. Damit eine Reaktion thermodynamisch möglich ist, muß ΔG negativ sein. Die Geschwindigkeit einer Reaktion ist von der Aktivierungsenergie und der Temperatur abhängig.

9. $\Delta G = \Delta H - T\Delta S$ und $k = A \cdot \mathrm{e}^{-E_{akt}/RT}$

1.4 Übung

Ordne die folgenden Ionen in Abhängigkeit ihrer Größe an und begründe die Reihenfolge: F^-, I^-, Li^+, Mg^{2+}, K^+, S^{2-}

Antwort: Drei Faktoren müssen beachtet werden:

a) Die Atomradien nehmen aufgrund der zunehmenden effektiven Kernladung innerhalb einer Periode mit steigender Ordnungszahl ab.

b) Die Atomradien nehmen innerhalb einer Gruppe mit steigender Ordnungszahl zu, da Schalen der höheren Hauptquantenzahlen besetzt werden. Dieser Effekt ist größer als die Änderung innerhalb einer Periode.

c) Ausgehend von gleichen Voraussetzungen sind Anionen größer als Kationen, da die höhere Elektronendichte zur größeren Abstoßung führt und damit zur Expansion der Elektronenwolke.

Li^+ und Mg^{2+} haben mit Sicherheit die kleinsten Ionenradien. Li^+ befindet sich in der zweiten Periode und hat eine positive Ladung. Der Atomradius von Magnesium ist größer als der von Lithium (Mg befindet sich in der dritten Periode), aber da Mg^{2+} zweifach positiv geladen ist, sind die Ionenradien der beiden Kationen wieder vergleichbar. Der Radius von Mg^{2+} ist tatsächlich nur ca. 2 pm kleiner als der des Li^+-Ions.

F^- steht wie Li^+ in der zweiten Periode. Die negative Ladung hebt die Abnahme der Atomradien innerhalb der Periode mehr als auf. Deshalb ist F^- deutlich größer als Li^+.

Durch die Zunahme der Atomradien von der zweiten zur vierten Periode ist Kalium um einiges größer als Fluor. Jedoch haben die positive Ladung des K^+-Ions und die negative Ladung des F^--Ions durch die Kontraktion bzw. Expansion der Elektronenwolken zur Folge, daß die Ionenradien beinahe identisch sind.

S^{2-} in der dritten Periode mit zwei negativen Ladungen ist eindeutig größer als F^-.

I^- ist das größte Ion, da es sich in der fünften Periode befindet und zusätzlich eine negative Ladung trägt.

Die Reihenfolge der Ionenradien ist demnach

$$Li^+ \approx Mg^{2+} < F^- \approx K^+ < S^{2-} < I^-$$

2 Kovalente und ionische Bindung

In diesem Kapitel werden die Begriffe „kovalente und ionische Bindung" erläutert. Wie wir im weiteren sehen werden, handelt es sich bei den beiden Charakterisierungen um Extremfälle der Bindungsverhältnisse.

2.1 Kovalente Bindung

2.1.1 Einfache Molekülorbital-(MO)-Theorie

Bei der Überlappung zweier Atomorbitale (AO) verschiedener Atome entstehen ein bindendes und ein antibindendes Molekülorbital (MO). Man spricht hierbei von einer kovalenten Bindung.

I. Bindende Molekülorbitale [MO]

a) Die Elektronen in einem bindenden MO halten sich bevorzugt zwischen den Kernen auf, wenn auch nicht unbedingt auf der exakten Verbindungsachse (z.B. bei der π-Bindung). Sie ziehen beide Kerne an und halten diese so zusammen.

AO + AO → MO

b) Ein bindendes Molekülorbital ist *energieärmer* als die Atomorbitale, aus denen es gebildet wird.

II. Antibindende Molekülorbitale [MO*]

a) In einem antibindenden MO ist die Elektronendichte zwischen den Kernen geringer als in den einzelnen Atomorbitalen. Das hat zur Folge, daß die Abstoßung zwischen den beiden Kernen größer ist als die Anziehung zwischen Kern und Elektron.

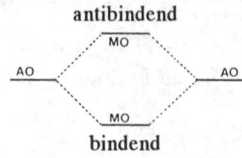

a) Ein antibindendes MO ist *energiereicher* als jedes der Atomorbitale, aus denen es gebildet wird.

```
                    antibindend
                   ┌─── MO ───┐
         AO ·······           ······· AO
                   └─── MO ───┘
                     bindend
```

2.1.2 Molekülorbital-Diagramme

Regel 1: Die antibindenden Molekülorbitale liegen energetisch etwas weiter entfernt von den Atomorbitalen als die bindenden Molekülorbitale. Dieser Unterschied läßt sich vereinfacht auf die grössere Abstoßung zwischen den Kernen im bindenden MO zurückführen, die zu einer leichten Destabilisierung desselben führt.

Regel 2: Molekülorbitale werden gewöhnlich als Linearkombinationen aus Atomorbitalen dargestellt (LCAO, d.h. **L**inear **C**ombination of **A**tomic **O**rbitals).

Regel 3: Aus *n* Atomorbitalen entstehen immer *n* Molekülorbitale.

Regel 4: Wie stark Orbitale miteinander wechselwirken, hängt davon ab
a) wie ähnlich ihre Energien sind (je ähnlicher, desto stärker sind die Wechselwirkungen unter gleichen Voraussetzungen),
b) und wie hoch die Elektronendichte in den Orbitalen ist (je diffuser die Orbitale sind, desto schlechter ist die Überlappung).

Regel 5: Von gleichen Voraussetzungen ausgehend sind σ-Bindungen aufgrund der effektiveren Überlappung immer stärker als π-Bindungen.

Regel 6: Bindungsordnung = 1/2 (Elektronen in MO - Elektronen in MO*), wobei
Elektronen in MO : Anzahl der Elektronen in *bindenden* Molekülorbitalen
Elektronen in MO*: Anzahl der Elektronen in *antibindenden* Molekülorbitalen
Die Bindungsordnung kann als Maß für die relative Stärke einer kovalenten Bindung benutzt werden. Sinnvoll ist dies jedoch nur bei homonuklearen, zweiatomigen Verbindungen. Bei heteronuklearen Systemen können ionische Beiträge eine Rolle spielen, die in dieser Betrachtung vernachlässigt werden.

Regel 7: Die Besetzung der Molekülorbitale erfolgt nach dem gleichen Prinzip wie die der Atomorbitale
a) Die Elektronen besetzen die Molekülorbitale von niedriger zu hoher Energie (Aufbau-Prinzip).
b) Maximal zwei Elektronen können dasselbe MO besetzen (Pauli-Prinzip).
c) Besitzen zwei Molekülorbitale die gleiche Energie, so erfolgt deren Besetzung gemäß der 1. Hundschen Regel (maximale Multiplizität wird angestrebt).

Die LCAO-Näherung: Ein Molekülorbital kann mit

$$\Psi_{MO} = c_A\phi_A + c_B\phi_B + c_C\phi_C + ...$$

beschrieben werden. ϕ_i entspricht dem Atomorbital des i-ten Atoms (z.B. 1s oder 2p) und das Quadrat des Linearkombinationskoeffizienten, c_i^2, gibt an, wieviel dieses AO zum MO beiträgt. Definitionsgemäß muß die Summe über alle Quadrate der Verteilungskoeffizienten gleich eins sein ($\Sigma c_i^2 = 1$; Normierung!). In einem Molekülorbital, das aus zwei gleichen Atomorbitalen gebildet wird (wie z.B. im H$_2$), haben die Koeffizienten demnach den Wert $\pm 1/\sqrt{2}$.

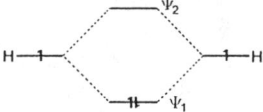

Arten von Molekülorbitalen: Ein σ-Molekülorbital hat im Querschnitt senkrecht zur Bindungsachse die gleiche Symmetrie wie ein s-Atomorbital.

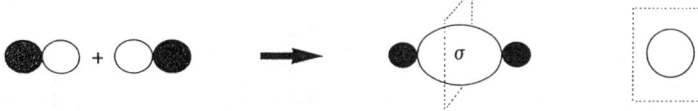

Alle s-, p-, d- und f-Orbitale sind in der Lage, σ-Bindungen auszubilden.
Auch ein π-Molekülorbital hat im Querschnitt die gleiche Symmetrie wie die p-Atomorbitale, aus denen es gebildet wird.

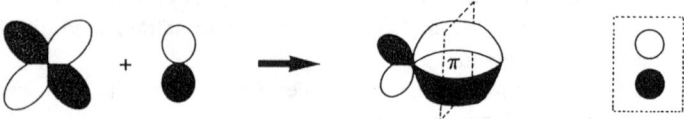

Nur p-, d- und f-Atomorbitale können im Gegensatz zu s-Atomorbitalen π-Bindungen ausbilden.

Wie nicht anders zu erwarten, hat ein δ-Molekülorbital im Querschnitt die gleiche Symmetrie wie ein d-Atomorbital und kann nur von d- und f-Atomorbitalen ausgebildet werden.

Wechselwirkungen wie

spielen keine Rolle, da die Orbitale unterschiedliche Symmetrien aufweisen und es weder zu bindenden noch antibindenden Effekten kommt. Dieser Fall darf nicht mit der Bildung nichtbindender Orbitale verwechselt werden!

Beispiele:

Wasserstoff H_2

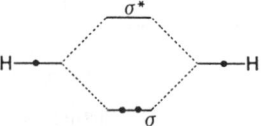

1. Die Atomorbitale haben die gleiche Energie.
2. Bei beiden Atomen handelt es sich um 1s-Orbitale, die zusammen eine σ-Bindung ausbilden (σ = bindendes MO; σ^* = antibindendes MO).
3. Wechselwirkungen zwischen 1s- und 2s-Orbitalen sind prinzipiell möglich, jedoch aufgrund des großen Energieunterschiedes nur gering (Regel 4).
4. Die beiden Elektronen besetzen das niedrigere, bindende MO.
5. Die Bindungsordnung = $1/2 \cdot (2 - 0) = 1$, d.h. es liegt eine Einfachbindung vor.

Helium He_2

Das Molekülorbital-Diagramm von He_2 wird auf die gleiche Weise erstellt wie das des Wasserstoffs. Diesmal werden allerdings vier Elektronen auf die beiden Molekülorbitale verteilt, so daß jedes mit zwei Elektronen besetzt ist. Die Bindungsordnung wäre also $1/2 \cdot (2 - 2) = 0$, d.h. das Molekül He_2 existiert nicht.

In He_2^+ befinden sich zwei Elektronen im bindenden und nur eins im antibindenden MO. Für die Bindungsordnung ergibt sich $1/2 \cdot (2 - 1) = 1/2$. Die Spezie He_2^+ kann also als diskretes Molekülion existieren.

Sauerstoff O_2

Hierbei handelt es sich um ein komplizierteres Beispiel. Betrachten wir der Reihe nach die Wechselwirkungen zwischen den einzelnen Atomorbitalen. Im Sauerstoff-Molekül sind folgende Orbitalkombinationen möglich:

Diese Wechselwirkungen können in einem Energieniveaudiagramm dargestellt werden:

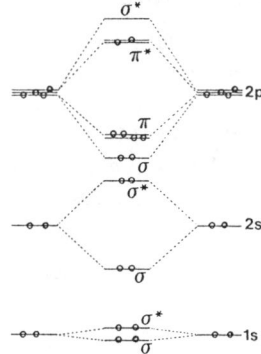

Die Überlappung der 1s-Orbitale ist nur gering, da sie sehr nah am Kern sind und sich aufgrund des verhältnismäßig großen Kernabstandes nicht nah genug kommen können. Gemäß der Regel der maximalen Multiplizität und dem Aufbau-Prinzip besetzen die Elektronen die Molekülorbitale wie oben gezeigt.

Die Bindungsordnung ist $1/2 \cdot (10 - 6) = 2$, d.h. es liegt eine Doppelbindung vor.

Korrelation von Bindungslängen und Bindungsordnungen: Betrachten wir die Reihe O_2^+, O_2, O_2^-, wobei die Bindungslängen 112, 121 bzw. 126 pm betragen.

Das MO-Diagramm für O_2^- ist das gleiche wie für O_2, abgesehen von einem zusätzlichen Elektron, das gemäß dem Aufbau-Prinzip das π^*-Orbital besetzt. Erhöht man die Elektronendichte in antibindenden Orbitalen, so reduziert man die Bindung zwischen den Atomen. Sie wird schwächer und damit länger. Das stimmt mit der Tatsache überein, daß die Bindungsordnung im O_2^- 3/2 ist und damit deutlich geringer als im O_2.

Wenn man ein Elektron aus dem höchsten besetzten MO des O_2-Moleküls entfernt ($\rightarrow O_2^+$), erniedrigt man die Elektronendichte der antibindenden Molekülorbitale. Dies hat wiederum eine Erhöhung der Bindungsordnung auf 5/2 zur Folge. Die Bindung im O_2^+ ist stärker und kürzer als im O_2.

Trotzdem ist O_2^+ keinesfalls thermodynamisch stabiler als O_2. Die Energie, die gebraucht wird, um ein Elektron aus dem Sauerstoffmolekül zu entfernen, ist größer als jene, die bei der Bildung der stärkeren Bindung frei wird.

Zweiatomige heteronukleare Moleküle: Betrachten wir die Wechselwirkungen zwischen den Atomen A und B, von denen A ein wenig elektronegativer ist als B. Das Molekülorbital-Diagramm sieht dann wie folgt aus:

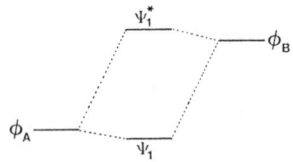

ϕ_A besitzt weniger Energie als ϕ_B. Der Grund dafür ist die höhere Elektronegativität von A, durch die die Orbitale von A dichter an den Kern gezogen werden. Dadurch verringert sich die Energie von ϕ_A.

Gemäß der LCAO-Näherung ist

$$\Psi_1 = c_A\phi_A + c_B\phi_B \quad \text{und} \quad \Psi_1{}^* = c_C\phi_A - c_D\phi_B$$

Das bindende Molekülorbital liegt in bezug auf seine Energie näher am Atomorbital von A, d.h. $c_A > c_B$. Hingegen hat $\Psi_1{}^*$ mehr den Charakter des Atomorbitales von B.

Befinden sich zwei Elektronen im bindenden MO Ψ_1 und keine im $\Psi_1{}^*$, so ist die Elektronendichte am Atom A höher als an B, da ϕ_A stärker zum MO beiträgt. A wird folglich eine negative Partialladung tragen und B eine positive, was völlig mit dem Elektronegativitätsunterschied übereinstimmt.

Ist A viel elektronegativer als B, so verändert sich das MO-Schema:

Die Energien von Ψ_1 und ϕ_A liegen sehr dicht beieinander, d.h. $c_A \gg c_B$ und $\Psi_1 \approx \phi_A$.

Das gleiche gilt für die Energien von $\Psi_1{}^*$ und ϕ_B, d.h. $c_D \gg c_C$ und $\Psi_1{}^* \approx \phi_B$.

Die beiden Elektronen besetzen also sozusagen ein Atomorbital von A, womit man A^-B^+ erhält, eine ionische Verbindung.

Definitionsgemäß können die Molekülorbitalkoeffizienten c_A, c_B usw. bei zweiatomigen niemals gleich Null werden. Infolgedessen gibt es keine rein ionische Verbindungen, genauso wie es keine hundertprozentig kovalente Verbindungen gibt. Selbst im homonuklearen Wasserstoffmolekül tragen unsymmetrische Molekülorbitale zur Bindung bei, wenngleich ihr Anteil gering ist. Die beiden Elektronen befinden sich nämlich nicht immer symmetrisch zwischen den Wasserstoffkernen. Es gibt Zeitpunkte, an denen sich beide näher an dem einen Kern aufhalten und das Molekül somit zeitweise polarisieren (hierin findet sich die Erklärung für die van der Waals-Wechselwirkungen!). Mit anderen Worten, die Resonanzstruktur H^+H^- trägt in geringem Umfang zur Struktur des H_2-Moleküls bei.

Der Übergang von ionischer zu kovalenter Bindung ist fließend und hängt hauptsächlich von den Unterschieden in der Elektronegativität der beteiligten Atome ab. In den meisten Verbindungen stellen die Bindungsverhältnisse eine Mischung aus ionischen und kovalenten Anteilen dar.

2.2 Ionische Bindung

Atome mit stark unterschiedlichen Elektronegativitäten bilden hauptsächlich ionische Bindungen aus wie z.B. Natriumchlorid (Paulingsche $EN_{Na} = 1{,}0$ und $EN_{Cl} = 3{,}5$). Diese Verbindungen bestehen aus positiv und negativ geladenen Ionen, die in einem dreidimensionalen Gitter angeordnet sind. Dieses Gitter wird durch nichtgerichtete, elektrostatische Kräfte zusammengehalten, die zwischen den entgegengesetzten Ladungen der Ionen wirken. Es gibt verschiedene Packungsarten, die jedoch immer zwei Regeln befolgen:
1. Die Kontakte zwischen entgegengesetzt geladenen Ionen sollten maximal sein.
2. Ionen mit gleicher Ladung sollten so weit wie möglich voneinander entfernt sein.
Welcher Gittertyp ausgebildet wird, hängt von der Größe und Ladung der Ionen ab. Ein Beispiel für zwei verschiedene Gittertypen befindet sich unten.

CsCl 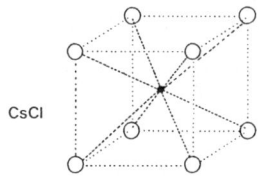   NaCl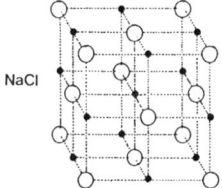

2.2.1 Radienverhältnisse

Mit Hilfe der Radienverhältnisse lassen sich die Koordinationszahlen der Ionen einer definierten Verbindung vorhersagen. Die *Koordinationszahl* ist die Zahl der benachbarten Atome der Spezies B, die ein Atom der Spezies A in der ionischen Verbindung A_xB_y im gleichen Abstand umgeben und umgekehrt.

$$\text{Radienverhältnis} = r^+/r^- \ ,$$

wobei r^+ den Radius des Kations und r^- den Radius des Anions in pm darstellt.

Das Radienverhältnis gibt einen Anhaltspunkt dafür, wieviele Kationen aus geometrischen Gründen um ein Anion angeordnet werden können und umgekehrt. Die Ionen werden dabei wie harte (Billard-)Kugeln behandelt.

Die maximale Koordinationszahl liegt vor, wenn $r^+/r^- \approx 1$ (s. Tabelle):

Koordinationszahl	Geometrie	Radienverhältnis
4	tetraedrisch	< 0,414
6	oktaedrisch	0,414 bis 0,732
8	kubisch	0,732 bis 1,0
12	dodekaedrisch	≥ 1,0

Diese Rechnung geht, wie schon erwähnt, vom Modell der harten Kugeln aus und ergibt große Abweichungen von der Realität, wenn der kovalente Charakter der Bindung zunimmt. So beträgt z.B. das Radienverhältnisses in Zinksulfid 0,52, was die Koordinationszahl sechs zur Folge haben sollte. Tatsächlich wird das Zinkion nur von vier S^{2-}-Anionen umgeben, da der Elektronegativitätsunterschied zwischen Zink und Schwefel nicht groß ist und die Bindung aus diesem Grund einen hohen kovalenten Anteil aufweist.

2.2.2 Die Born-Landé-Gleichung und Gitterenergien

Unter Gitterenergie versteht man die Energie, die bei folgendem theoretischen Prozeß frei wird:

$$m \, M^{z+}_{(g)} + n \, X^{z-}_{(g)} \rightarrow M_mX_{n(s)} \qquad \text{wobei } z^+/z^- = n/m$$

Sie kann unter Verwendung der *Born-Landé-Gleichung* berechnet werden, die eine rein ionische Bindung voraussetzt:

$$\text{Gitterenergie} = \Delta H_{latt} = -\frac{N_A A z^+ z^- e^2}{4\pi\varepsilon_0 (r^+ + r^-)}\left(1 - \frac{1}{n}\right)$$

N_A	Avogadro-Zahl	A	Madelungkonstante
z^+ bzw. z^-	Ladung der pos./neg. Ionen	ε_0	Dielektrizitätskon. d. Vakuums ($8{,}854 \cdot 10^{12}$ Fm^{-1})
e	Elementarladung	n	Born-Exponent
r^+ bzw. r^-	Radius des Kations/Anions	$r^+ + r^-$	Abstand der beiden Ionen

Gemäß der Gleichung ist die Gitterenergie proportional zu den Ladungen und umgekehrt proportional zu den Abständen der Ionen,

$$\text{Gitterenergie} \propto \frac{z^+ z^-}{\left(r^+ + r^-\right)}$$

Angaben über Gitterabstände erhält man aus den Daten der Röntgenbeugung (s. Kap. 10).

Die *Madelungkonstante A* ist dimensionslos und beschreibt die Geometrie eines Gitters. Sie ist gitter- jedoch nicht ionenspezifisch, d.h. die Art der Ionen (Na$^+$ oder K$^+$ usw.) ist nicht maßgebend solange der gleiche Gittertyp ausgebildet wird.

Der *Bornexponent n* stellt einen Korrekturfaktor dar. Er berücksichtigt, daß Ionen tatsächlich keine harten Kugeln sind und daß abstoßende Kräfte zwischen den Elektronenwolken der benachbarten Ionen auftreten. Die Elektronenwolke eines Kations stößt folglich die eines benachbarten Anions ab und vermindert so die Anziehung zwischen den beiden Ionen. Der Bornexponent kann einen Wert von 1 bis 10 einnehmen und wird über Kompressibilitätsexperimente bestimmt (Kristallvolumen als Funktion des Drucks).

Beispiel: Berechnung der Gitterenergie von Natriumchlorid mithilfe der Born-Landé-Gleichung:
   $n = 9{,}1$ $A = 1{,}748$ $(r^+ + r^-) = 282$ pm
   Für NaCl ist $z^+ = z^- = 1$

$$\Delta H_{latt} = -\frac{6{,}022 \cdot 10^{23} \cdot 1{,}748 \cdot 1 \cdot 1 \cdot \left(1{,}6021 \cdot 10^{-19}\right)^2}{4\pi \cdot 8{,}854 \cdot 10^{-12} \cdot 282 \cdot 10^{-12}} \cdot \left(1 - \frac{1}{9{,}1}\right) = -766 \text{ kJmol}^{-1}$$

Eine genauere Abschätzung der Gitterenergie erhält man durch Verwendung der erweiterten Born-Landé-Gleichung. Diese Erweiterung geht intensiver auf die Abstoßungskräfte (nicht nur mittels Bornexponent) ein und enthält Korrekturfaktoren für die Wärmekapazität des Kristalls, van der Waals- und Nullpunktsenergien. Vergleicht man indirekt „experimentell" ermittelte Werte einer Gitterenergie mit denen aus der Born-Landé-Gleichung hervorgehenden rein elektrostatischen Werten, so hat man ein direktes Maß dafür, wie groß der ionische Anteil an der betrachteten Bindung ist. Je näher die Werte einander sind, desto höher ist der ionische Charakter.

Es gibt keine Methode, um Gitterenergien direkt zu messen. Sie lassen sich jedoch über den Born-Haber-Zyklus berechnen.

2.2.3 Born-Haber-Zyklus

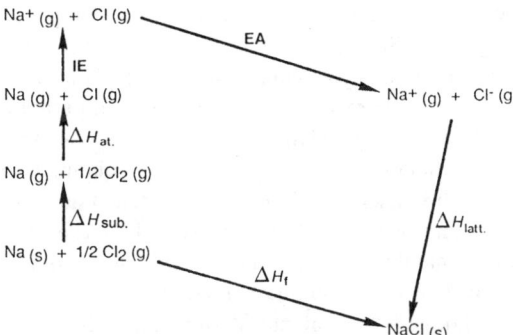

Wenn alle Werte bekannt sind, d.h. experimentell ermittelt wurden, kann man die Gitterenergie berechnen, da laut dem *Satz nach Hess* die Reaktionsenthalpie eines Prozesses (bei gleichem Ausgangs- und Endpunkt) unabhängig vom Reaktionsweg ist.

Eine gute Übereinstimmung zwischen den Born-Haber- und den Born-Landé-Werten spricht für den ionischen Charakter der Verbindung, eine schlechte Übereinstimmung hingegen weist auf eine Polarisation der Ionen und einen deutlich kovalenten Charakter der Bindung hin. Bei einer starken Abweichung der beiden Werte heißt das aber nicht, daß der „experimentelle" Born-Haber-Wert richtig ist. Für Verbindungen mit stärker kovalentem Charakter ist die Interpretation um einiges komplizierter und das Konzept weniger nützlich.

Der Vergleich der Gitterenergien von Natriumchlorid berechnet mittels der Born-Landé-Gleichung (-766 kJ mol^{-1}) und aus dem Born-Haber-Zyklus (-776 kJ mol^{-1}) läßt den Schluß zu, daß die Bindung im NaCl-Kristall vorwiegend ionisch ist.

2.2.4 Fajansche Regeln

Verbindungen, die sich am besten durch das Ionenmodell beschreiben lassen, werden aus relativ großen Kationen mit kleinen Ladungen und Anionen mit ebenfalls kleinen Ladungen gebildet.

Der ionische Grad einer Bindung hängt gemäß der Fajanschen Regeln von der Polarisierbarkeit des Anions; und der Fähigkeit des Kations, das Anion zu polarisieren, ab.

Ein Metallion mit kleinem Radius und hoher positiver Ladung (hohes Ladungs/Radiusverhältnis, d.h. hohes Ionenpotential) wirkt stark polarisierend und zieht die Elektronen des Anions zu sich; der kovalente Bindungsanteil steigt. Demnach wirkt das Be^{2+}-Kation stärker polarisierend als das Mg^{2+}-Kation [$r(Mg^{2+}) > r(Be^{2+})$]. Dies führt wiederum dazu, daß Berylliumverbindungen meistens einen höheren kovalenten Bindungscharakter haben als die eher ionischen Magnesiumverbindungen.

Je größer und höher negativ geladen ein Anion ist, desto leichter läßt es sich polarisieren, d.h. der Kern kann seine Elektronen nicht mehr stark genug anziehen, sobald er in die Nähe eines Kations kommt. Das Jodidion ist stärker polarisierbar als das Fluoridion, da im I^- die Valenzelektronen weiter vom Kern entfernt sind und schwächer festgehalten werden [$r(I^-) > r(F^-)$]. Aufgrund der höheren negativen Ladung ist das Sulfidion leichter polarisierbar als das Chloridion ($S^{2-} \leftrightarrow Cl^-$).
Diese beiden Faktoren führen dazu, daß der Grad der ionischen Bindung in den folgenden Verbindungen abnimmt:

$$CsF > CsI > LiI$$

2.3 Vergleich zwischen ionischen und kovalenten Verbindungen

Verbindungen werden gewöhnlich aufgrund ihrer makroskopischen, physikalischen Eigenschaften als ionisch bzw. kovalent eingestuft. So haben ionische Verbindungen im allgemeinen einen hohen Schmelzpunkt und Härtegrad und sind gewöhnlich schlecht löslich in organischen Lösungsmitteln; kovalente Verbindungen hingegen schmelzen bei niedrigen Temperaturen, weisen einen niedrigen Härtegrad auf und sind im allgemeinen gut löslich in organischen Lösungsmitteln.

Diese physikalischen Eigenschaften sind weniger eine Konsequenz der Bindungsart, sondern mehr des Bindungsausmaßes. Typisch ionische Verbindungen bestehen aus einem unendlichen dreidimensionalen Gitter aus positiven und negativen Ionen, die durch starke elektrostatische Kräfte zusammengehalten werden. Dieser Charakter der „Unendlichkeit" ist für die beobachteten physikalischen Eigenschaften verantwortlich. Um ein Ionengitter aufzubrechen ist, ein hoher Energiebetrag nötig (hoher Schmelzpunkt). „Traditionelle" kovalente Verbindungen bestehen aus diskreten Molekülen, zwischen denen verhältnismäßig schwache Kräfte wirken (van der Waals, Dipol-Dipol, Wasserstoffbrücken). Während des Schmelzvorganges einer kovalenten Verbindung werden die intermolekularen Wechselwirkungen aufgehoben und keine Bindung gebrochen. Folglich ist der benötigte Energiebetrag geringer (niedrigere Schmelztemperatur).

Der Diamant stellt eine besondere Form von kovalenter Verbindung dar, in der die Kohlenstoffatome zu allen benachbarten Atomen kovalente Bindungen und auf diese Art ein dreidimensionales Gitter ausbilden. Obwohl es sich um kovalente Bindungen handelt, weist der Diamant aufgrund dieser starken Bindungskräfte alle Eigenschaften einer ionischen Verbindung auf (Härte, hoher Schmelzpunkt).

Genauso wie es kovalente Verbindungen gibt, die ein dreidimensionales Gitter bilden, so gibt es ionische Verbindungen, die in diskreten Molekülverbänden vorliegen, z.B. Li_4Me_4 (s. Kap. 5). Hierbei bestehen die Bindungen vorwiegend aus elektrostatischen Wechselwirkungen der Ionen innerhalb der Li_4Me_4-Einheit. Das Methylanion ist größer als das Lithiumkation und verhindert dessen Wechselwirkung mit benachbarten „Molekülen". Das Li^+-Ion ist folglich nicht in der Lage, Methylanionen der benachbarten Li_4Me_4-Einheiten anzuziehen und damit wird die Bildung eines dreidimensionalen Gitters verhindert. Auf diese Art erhält man ionische „Moleküle", die durch schwache intermolekulare Kräfte zusammengehalten werden. Diese Verbindung weist alle Eigenschaften auf, die gewöhnlich mit kovalenten Substanzen verbunden werden, wie niedriger Schmelzpunkt und Löslichkeit in organischen Lösungsmitteln.

2.4 Die HSAB-Theorie

Eine Lewissäure ist ein Elektronenakzeptor und eine Lewisbase ist ein Elektronendonor. Die HSAB-(**H**ard and **S**oft **A**cids and **B**ases)-Theorie unterscheidet zwischen harten und weichen Lewissäuren und -basen. Sie besagt, daß bevorzugt Bindungen zwischen Säuren und Basen gleichen Typs gebildet werden, d.h. *weiche Lewissäuren binden an weiche Lewisbasen und harte Lewissäuren an harte Lewisbasen.*

Die nachstehenden Faktoren beeinflussen die Härte einer Säure bzw. Base:
1. die Größe des Ions,
2. die Ladung bzw. Oxidationszahl,
3. die elektronische Struktur,
4. die Art der bereits gebundenen Gruppen.

Harte Lewissäuren sind klein und tragen hohe Ladungen bzw. Oxidationszahlen; bei Übergangsmetallen liegen eine hohe Oxidationszahl und wenige d-Elektronen vor.

Weiche Lewissäuren sind groß und neutral bzw. niedrig geladen; Übergangsmetalle haben viele d-Elektronen.

Harte Lewisbasen sind stark elektronegativ, schwer polarisierbar und schwer zu oxidieren.

Weiche Lewisbasen sind schwach elektronegativ, leicht polarisierbar und leicht zu oxidieren.

Einige harte und weiche Säuren bzw. Basen sind in der untenstehenden Tabelle zusammengefaßt. In dieser Betrachtungsweise gibt es Grenzfälle, die sich nicht eindeutig nach hartem oder weichem Verhalten klassifizieren lassen, z.B. Br^-, Pyridin, Fe^{2+} und GaH_3.

Harte		Weiche	
Säuren	Basen	Säuren	Basen
H^+	OH^-	Cu^+	CO
BF_3	H_2O	BH_3	R_3P
Be^{2+}	NR_3	Pt^{2+}	I^-
Mn^{2+}	F^-	Pt^{4+}	
Fe^{3+}			

Die theoretische Grundlage der HSAB-Theorie: Für die meisten harten Säuren und Basen erwartet man ionische Bindungen, während die meisten weichen Säuren und Basen wohl eher kovalente Bindungen ausbilden. Die Stabilität der Komplexe harter Säuren und Basen wird durch die hohen ionischen Wechselwirkungen verursacht. Bei Komplexen weicher Säuren und Basen wächst die Stabilität mit zunehmend kovalenten Wechselwirkungen. π-Bindungen zwischen Übergangsmetallen mit mehr als sechs d-Elektronen und Liganden tragen zu Wechselwirkungen zwischen weichen Spezies bei.

Harte Säuren bilden mit weichen Basen keine stabilen Komplexe und umgekehrt, da ihre bevorzugten Arten der Wechselwirkung nicht kompatibel sind. Zum Beispiel bildet CO (weiche Base) einen stabilen Komplex mit BH_3 (weiche Säure), nicht aber mit BF_3 (harte Säure). Dieses Prinzip kann in der gesamten anorganischen Chemie angewendet werden, um sinnvolle Annahmen über die Stabilität von Komplexen zu machen.

2.5 Die VSEPR-Theorie

Die VSEPR-Theorie (**V**alence **S**hell **E**lectron **P**air **R**epulsion) ist ein Mittel zur Strukturvorhersage von kovalenten Verbindungen der Hauptgruppenelemente (jedoch nicht der Nebengruppenelemente, s. Kap. 6):

1. Die Valenzelektronenpaare (freie und gebundene) sind derart angeordnet, daß eine minimale Abstoßung zwischen ihnen herrscht.
2. Die Grundgeometrie ist durch die Anzahl der σ-bindenden und der freien Elektronenpaare gegeben. Die π-Bindungen unterstützen das σ-Gerüst.
3. Die ideale Struktur, die *n* Valenzelektronenpaaren erlaubt, so weit wie möglich voneinander entfernt zu sein, ist für

n	2	3	4	5	6
Struktur	linear	trigonal planar	tetraedrisch	trigonal bipyramidal	oktaedrisch

4. Die Abstoßungskraft nimmt in der Reihe

  lp-lp > lp-db > lp-sb > db-db > db-sb > sb-sb

ab, wobei   lp = freies Elektronenpaar (*lone pair*)
             db = Doppelbindung (*double bond*)
             sb = Einfachbindung (*single bond*).

Der Grund dafür ist, daß sich freie Elektronenpaare näher am Kern aufhalten als bindende Elektronenpaare und daß Doppelbindungen doppelt so viele Elektronen enthalten wie Einfachbindungen.

5. In einem trigonal bipyramidalen Molekül besetzen die freien Elektronenpaare die äquatorialen Positionen. Dies läßt sich wie folgt erklären:

In einer trigonalen Bipyramide sind nicht alle Ecken äquivalent, so daß sich die äquatorialen Liganden von den axialen unterscheiden müssen. Das Hybridisierungsschema für eine trigonale Bipyramide ist sp^3d (1/5 s-Charakter). Es läßt sich aufteilen in drei sp^2-Hybridorbitale (1/3 s-Charakter), die eine trigonale Fläche in der äquatorialen Ebene bilden, plus zwei pd-Hybridorbitale, die senkrecht zu ihr stehen. Freie Elektronenpaare bevorzugen Orbitale mit hohem s-Charakter, da diese näher am Kern und dadurch energieärmer sind (ein s-Orbital ist energieärmer als ein p-Orbital der gleichen Schale).

Beispiele:

Ammoniak NH_3
Befriedigt man nur die Valenzen der äußeren Atome und vernachlässigt man dabei das Zentralatom, so ergibt sich für NH_3 das folgende Formelbild:

Der Stickstoff besitzt fünf Valenzelektronen, von denen drei an den kovalenten Bindungen zu den Wasserstoffatomen beteiligt sind.

Die insgesamt acht Valenzelektronen des NH_3 (Stickstoff hat fünf und die drei Wasserstoffe jeweils eins) ergeben vier Elektronenpaare. Summiert man nun die vorhandenen Einfachbindungen (S) bzw. Doppelbindungen (D) auf, so ergibt sich aus der Differenz dieses Ergebnisses zu der Gesamtzahl an Elektronenpaaren die Zahl der freien Elektronenpaare (L).

  S   D   L
  3   0   1   =   4

Im Ammoniakmolekül gibt es demnach vier Einheiten, die einen möglichst großen Abstand zu einander einnehmen müssen, um die Elektronenabstoßung minimal zu halten. Die angenommene Struktur basiert auf einem Tetraeder, bei dem das freie Elektronenpaar eine Ecke besetzt. Betrachtet man bei der Beschreibung der Struktur nur die Atome, so spricht man von einer trigonalen Pyramide.

Es handelt sich jedoch nicht um einen regulären Tetraeder, da das freie Elektronenpaar mehr Raum einnimmt als die drei Wasserstoffatome. Der H–N–H Bindungswinkel beträgt 107,8° und ist somit kleiner als der ideale Tetraederwinkel von 109,5°.

Chlortrifluorid ClF_3

Die Valenzschale der äußeren Fluoridatome ist in dem nachstehenden Formelbild vollständig gefüllt:

Insgesamt gibt es zehn Valenzelektronen bzw. fünf Elektronenpaare und drei Einfachbindungen.

$$
\begin{array}{ccc}
S & D & L \\
3 & 0 & 2 \quad = \quad 5
\end{array}
$$

Diesmal gilt es fünf Einheiten im Raum anzuordnen, und jenes gelingt in Form einer trigonalen Bipyramide. Die freien Elektronenpaare nehmen äquatoriale Positionen ein, so daß die Anordnung der Atome T-förmig ist.

Die Abstoßung zwischen einem freien und einem bindenden Elektronenpaar ist größer als zwischen zwei bindenden Elektronenpaaren (Regel 2). Diese Tatsache hat zur Folge, daß die axialen Fluoratome von den freien Elektronenpaaren so stark abgestoßen werden, daß die ideale T-Form nicht erreicht wird. Die Bindungswinkel sind

$$F_{ax}\text{–Cl–}F_{ax} < 180° \qquad \text{und} \qquad F_{ax}\text{–Cl–}F_{äq} < 90°$$

Stickstoffdioxid NO_2

NO_2 besitzt die folgende Grundstruktur:

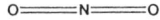

Die neun Valenzelektronen sind wie folgt verteilt

$$
\begin{array}{ccc}
S & D & L \\
0 & 2 & 0,5 \quad = \quad 2,5
\end{array}
$$

Ein einzelnes freies Elektron benötigt genau wie ein freies Elektronenpaar einen Platz für sich allein. Die Geometrie des NO_2-Moleküls ist demnach gewinkelt. Da die von dem einzelnen Elektron ausgehende Abstoßung schwächer ist als die von einem Elektronenpaar, ist der Bindungswinkel O–N–O größer als die idealisierten 120°.

Im NO_2^+ gibt es acht Valenzelektronen, d.h. vier Elektronenpaare in zwei Doppelbindungen:

$$
\begin{array}{ccc}
S & D & L \\
0 & 2 & 0 \quad = \quad 2
\end{array}
$$

NO_2^+ ist folglich linear.

$$O \text{———} N \text{———} O$$

Im NO_2^- gibt es zehn Valenzelektronen,

S	D	L		
0	2	1	=	3

Genau wie NO_2 ist die Struktur von NO_2^- gewinkelt. Das freie Elektronenpaar wirkt jedoch stärker abstoßend als ein einzelnes Elektron, so daß der O–N–O Bindungswinkel kleiner als 120° ist.

2.6 Die Valenzbindungs-Theorie

In dieser Theorie werden lokalisierte Bindungen als Zweielektronen-Zweizentren-Bindungen (2e2z) beschrieben. Kovalente Bindungen können danach auf zwei Arten gebildet werden:
1. durch die Überlappung zweier einfach besetzter Orbitale

2. oder durch die Auffüllung eines leeren Orbitals durch ein freies Elektronenpaar (dative Bindung).

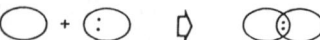

Sobald eine dative Bindung gebildet ist, kann man sie über ihre Länge nicht mehr von den kovalenten Bindungen unterscheiden, z.B. sind alle N–H-Bindungen im Ammoniumion gleich lang.

Das Sauerstoffmolekül in der VB-Theorie: Die Elektronenkonfiguration der Valenzschale des Sauerstoffatoms ist $2s^2\, 2p^2\, 2p^1\, 2p^1$. Die ungepaarten Elektronen können zwei kovalente Bindungen ausbilden. Die π-Bindung, die durch seitliche Überlappung der p-Orbitale gebildet wird, ist nicht so stark wie die σ-Bindung. Die VB-Theorie kann also vereinfachend erklären, warum eine O=O-Doppelbindung nicht genau doppelt so stark ist wie eine O–O-Einfachbindung.

Da sie allerdings sämtliche Elektronen im O_2-Molekül als gepaart betrachtet, kann sie nicht erklären, warum O_2 paramagnetisch ist (Paramagnetismus wird durch ungepaarte Elektronen verursacht, s. Kap. 6). Der Paramagnetismus läßt sich vielmehr durch die MO-Theorie erklären (s. Kap. 2.1.2).

Resonanz: Es ist immer möglich, mehrere Resonanzformeln für ein und dasselbe Molekül aufzustellen, die die Bindungsverhältnisse auf plausible Weise darstellen (kanonische Formeln!). Das Wasserstoffmolekül kann z.B. folgendermaßen dargestellt werden:

A) H–H   B) H⁺H⁻   C) H⁻H⁺

Die tatsächliche Elektronenstruktur des Moleküls ist ein Resonanzhybrid aus allen möglichen Valenzstrukturen. Am besten repräsentiert werden die elektronischen Verhältnisse im Wasserstoffmolekül durch das Formelbild A; es wird den Hauptanteil an der Hybridformel ausmachen:

$$aA + bB + cC$$

wobei $a \gg b,c$ und a,b,c = Koeffizienten, die den Beitrag der einzelnen Resonanzformeln an den tatsächlichen Bindungsverhältnissen wiedergeben.

Natürlich liegt das Wasserstoffmolekül nicht wirklich im einen Moment als H–H und im nächsten als H⁺H⁻ vor. Es liegt zu jeder Zeit eine Mischung aus allen Resonanzstrukturen vor.

Ein einleuchtendes analoges Beispiel ist das Maultier: Es ist eine Kreuzung aus Pferd und Esel, sozusagen ein Resonanzhybrid.

$$Maultier = aPferd + bEsel$$

Es ist jedoch immer ein Maultier und nicht an einem Tag ein Pferd und am nächsten ein Esel!

Hybridisierung: Unter Hybridisierung versteht man das Mischen verschiedener Orbitale eines Atoms zu neuen Orbitalen, die in der Lage sind, gerichtete kovalente Bindungen auszubilden.

hybridisiert	nicht hybridisiert

Hybridorbitale werden nach folgenden Regeln gebildet:
1. Aus n Atomorbitalen entstehen durch Hybridisierung wieder n Hybridorbitale.
2. Die Energie eines Hybridorbitals ist das arithmetische Mittel der Energien der Atomorbitale, aus denen es gebildet wird.

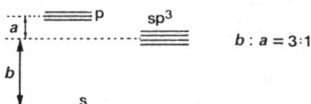

Hybridisierung kann die Elektronegativität beeinflussen (s. Kap. 1.1.4).

2.6.1 Valenzbindungs-Theorie, Hybridisierung und Bindung in einfachen Molekülen

Im folgenden soll gezeigt werden wie die Bindungsverhältnisse in einigen Molekülen der Zusammensetzung EX_n durch lokalisierte 2e2z-Bindungen beschrieben werden können.

Beispiele:

Methan CH_4
Laut der VSEPR-Regel ist das Methanmolekül tetraedrisch aufgebaut.

Das Kohlenstoffatom hat im Grundzustand die Elektronenkonfiguration $2s^2\,2p^2$, demnach also nur zwei ungepaarte Elektronen. Da man jedoch im allgemeinen davon ausgeht, daß eine Bindung durch Überlappung von zwei einfach besetzten Orbitalen zustandekommt, müssen vier ungepaarte Elektronen erzeugt werden. Dazu wird ein Elektron aus dem 2s-Orbital in das noch unbesetzte 2p-Orbital angehoben und alle vier Orbitale energetisch angeglichen (hybridisiert). Es entstehen vier sp^3-Hybridorbitale.

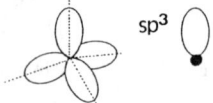

Die Anregung (Promotion) eines 2s-Elektrons auf das 2p-Niveau erfordert Energie. Diese Energie wird bei der Ausbildung der zwei zusätzlichen Bindungen, die anschließend möglich sind, sogar überkompensiert. Die Hybridisierung umfaßt drei p-Orbitale und ein s-Orbital des Kohlenstoffatoms und ergibt vier sp^3-Hybridorbitale, die in die vier Ecken eines Tetraeders weisen.

Da die Energie der Hybridorbitale das arithmetische Mittel der Energien der Atomorbitale darstellt, aus denen sie gebildet werden, beinhaltet der Hybridisierungsprozeß keine Energieänderung.

Die Hybridorbitale weisen auf die Wasserstoffatome, und durch die Überlappung mit deren 1s-Orbitalen werden die ungepaarten Elektronen gepaart. Es entstehen vier kovalente 2e2z-Bindungen zwischen dem Kohlenstoffatom und den Wasserstoffatomen.

Schwefelhexafluorid SF_6
Gemäß der VSEPR-Theorie handelt es sich bei SF_6 um ein oktaedrische Verbindung.

Die Elektronenkonfiguration des Schwefels im Grundzustand ist $3s^2\,3p^2\,3p^1\,3p^1$. Um sechs Bindungen auszubilden, sind sechs ungepaarte Elektronen notwendig. Dafür werden ein s- und ein p-Elektron in das d-Niveau angehoben.

Die s-, drei p- und zwei d-Orbitale werden hybridisiert und ergeben sechs äquivalente sp^3d^2-Hybridorbitale, die in die Ecken eines Oktaeders zeigen. Bei den d-Orbitalen handelt es sich um das $d_{x^2-y^2}$- und das d_{z^2}-Orbital, die auf den Achsen des Oktaeders liegen.

Die ungepaarten Elektronen der Hybridorbitale des Schwefels werden mit den ungepaarten Elektronen der 2p-Orbitale der Fluorliganden gepaart und bilden sechs 2e2z -Bindungen aus.

Der Anteil der d-Orbitale an den Bindungen ist strittig. Läßt man sie bei den VB-Betrachtungen von SF_6 weg, so ergeben sich die nachstehenden Resonanzstrukturen:

Hierbei wären weniger als zwei Elektronen an einer Bindung beteiligt.

Phosphorpentafluorid PF_5

Die VSEPR-Regeln sagen für PF_5 eine trigonal bipyramidale Struktur voraus.

Um fünf Bindungen ausbilden zu können, muß ein s-Elektron des Phosphors energetisch angehoben werden und erneut eine Hybridisierung eintreten.

Die Ecken einer trigonalen Bipyramide sind geometrisch nicht alle gleichwertig. Die äquatorialen Positionen sind untereinander gleich, unterscheiden sich jedoch von den axialen Positionen (NMR-Spektrum von PF_5, s. Kap. 10.1). Ebenso ist es nicht möglich, fünf gleichwertige Hybridorbitale zu erzeugen, die in diese Ecken zeigen. Die sp^3d-Hybridorbitale müssen in zwei Typen unterteilt werden, nämlich sp^2-Hybridorbitale, die die äquatoriale Ebene bilden, und pd-Hybridorbitale, die senkrecht zu dieser stehen (entstehend aus d_{z^2}-Orbitalen).

Je größer der d-Charakter eines Hybridorbitals ist, desto länger sollte die ausgebildete Bindung sein, da d-Orbitale diffuser als s- bzw. p-Orbitale sind und weiter vom Kern des Zentralatoms wegreichen. Tatsächlich beobachtet man experimentell, daß die axialen P–F-Bindungen länger sind als die äquatorialen.

Ein Bindungsschema, das die d-Orbitale nicht miteinbezieht, liefert die folgenden Resonanzstrukturen,

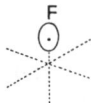

wobei für die axiale Bindung ein p-Orbital benutzt wird, was eine schwächere Bindung vermuten läßt.

2.7 Erweiterte MO-Diagramme

In diesem Abschnitt werden die Molekülorbital-Diagramme von Komplexen der allgemeinen Zusammensetzung EX_n betrachtet. E stellt dabei das Zentralatom dar, das von n X-Atomen umgeben ist. Die einfachste Art ein MO-Diagramm zu konstruieren ist, die n X-Atome als eine Einheit zu betrachten, die mit dem E-Atom wechselwirkt.

Beispiele

Schwefelhexafluorid SF_6
Betrachtet man nur die σ-Bindungen, so besitzt jedes Fluoratom ein Orbital mit σ-Symmetrie, das ein Elektron enthält und in Richtung des Zentrums eines Oktaeders zeigt.

Genauso wie s-, p-, d-Orbitale etc. für Atome erstellt werden können, lassen sich symmetrieadaptierte Orbitale für ganze Liganden-Einheiten erstellen. Die Konstruktion dieser symmetrieadaptierten Orbitale unterliegt den folgenden Regeln:
1. Die Anzahl der symmetrieadaptierten Orbitale muß gleich der Anzahl an Atomorbitalen sein, aus denen sie gebildet werden, d.h. sechs Fluoratomorbitale ergeben sechs symmetrieadaptierte Orbitale.
2. Diese Orbitale besitzen die gleiche Symmetrie wie die zugehörigen Atomorbitale am Zentralatom, d.h. sie sind äquivalent zu s-, p-, d-Atomorbitalen etc.
3. Genauso wie nur ein s-, drei p- und fünf d-Orbitale in einem Atom erlaubt sind, gibt es eine maximale Anzahl erlaubter, symmetrieadaptierter Orbitale von jedem Typ.

Wendet man diese Regeln an, so erhält man folgende symmetrieadaptierten Orbitale für die oktaedrische F_6-Einheit im Schwefelhexafluorid.

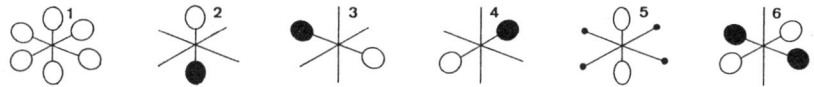

Diese sechs symmetrieadaptierten Orbitale leiten sich von sechs Atomorbitalen ab. Man erhält sie über komplizierte mathematische Ableitungen aus der Gruppentheorie.

Von den sechs symmetrieadapierten Orbitalen des F_6 hat eins die gleiche Symmetrie wie ein s-Atomorbital, drei sind p-artig und zwei haben d-Charakter (genauer gesagt $d_{x^2-y^2}$ und d_{z^2}). Die anderen drei d-Atomorbitale d_{xy}, d_{xz} und d_{yz} liegen nicht auf den Verbindungsachsen, und deshalb können für sie keine σ-symmetrieadaptierten Orbitale konstruiert werden, die auf den Achsen liegen.

Alle sechs symmetrieadaptierten Orbitale können als entartet betrachtet werden und besitzen die gleiche Energie wie die Atomorbitale, von denen sie sich ableiten, weil sie aufgrund des großen Abstandes zwischen den Fluoratomen kaum miteinander, sondern vielmehr mit dem Zentralatom S wechselwirken. Insgesamt sind die F_6-Orbitale niedriger in ihrer Energie als das 3s-Atomorbital des Schwefels, da Fluor elektronegativer ist (es zieht seine Valenzelektronen stärker an).

Die symmetrieadaptierten Orbitale gehen gemäß der nachstehenden Regeln Wechselwirkungen mit den Atomorbitalen des Zentralatoms ein:

1. Es können ausschließlich Orbitale mit gleichen Symmetrieeigenschaften miteinander wechselwirken: **1** mit s; **2, 3, 4** mit p_x, p_y, p_z; **5, 6** mit d_{z^2} und $d_{x^2-y^2}$.
2. Die Wechselwirkungsenergie ist um so größer, je kleiner die Energiedifferenz zwischen den beiden Orbitalen ist, die miteinander wechselwirken (Regel 4, s. Kap. 2.1.2). Also wechselwirken Orbitale, die sich nur gering in ihren Energien unterscheiden wie z.B. Orbital **1** und das s-Atomorbital des Schwefels, am stärksten miteinander. Es entsteht ein bindendes und ein antibindendes Molekülorbital.

Die drei p-Orbitale des Schwefels ergeben mit **2, 3** und **4** auf die gleiche Art drei bindende und drei antibindende Molekülorbitale.

Ab hier kann man auf zwei verschiedene Arten weiterverfahren. Entweder man bezieht die d-Orbitale in das MO-Schema mit ein, oder man läßt sie weg.

MO-Diagramme ohne d-Orbitale: Werden die d-Orbitale des Schwefels nicht zur Bindungsbildung herangezogen, so gibt es für die symmetrieadaptierten Orbitale **5** und **6** keine Atomorbitale der korrekten Symmetrie, mit denen sie wechselwirken könnten. Sie bleiben also nichtbindend und behalten ihre ursprüngliche Energie. Aus diesem Schema ergibt sich das MO-Diagramm I:

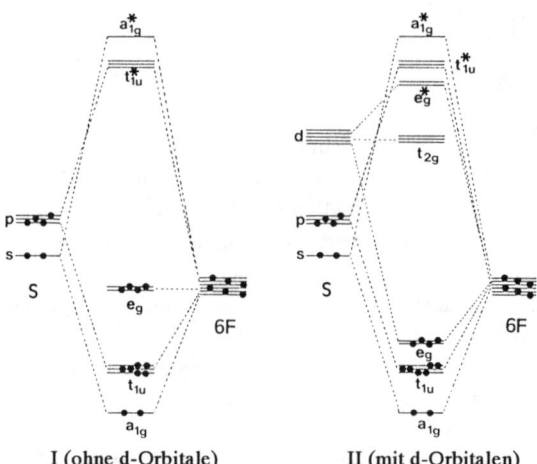

I (ohne d-Orbitale)   II (mit d-Orbitalen)

Im Schwefelhexafluorid trägt der Schwefel sechs und die sechs Fluoratome jeweils ein Elektron zur Bindung bei. Die insgesamt zwölf Elektronen besetzen die sechs energieniedrigsten Molekülorbitale. Die gesamte Bindungsordnung im Molekül beträgt $1/2 \cdot (8 - 0) = 4$.

Die Bindungsordnung einer einzelnen S–F-Bindung im SF_6 ist also 4/6 bzw. 2/3. Jede Bindung besteht folglich aus weniger als zwei Elektronen!

Merke: *Nichtbindende Elektronen tragen nichts zur Bindungsordnung bei.*

MO-Diagramme mit d-Orbitalen: Nur zwei der fünf d-Orbitale des Schwefels besitzen die korrekte Symmetrie für Wechselwirkungen mit Liganden entlang der Achsen. Die d_{xy}-, d_{yz}- und d_{xz}-Orbitale werden bei Betrachtungen von σ-Wechselwirkungen immer nichtbindend sein.

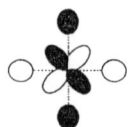

Die $d_{x^2-y^2}$- und d_{z^2}-Orbitale (e_g) wechselwirken mit den symmetrieadaptierten F_6-Orbitalen und bilden zwei bindende und zwei antibindende Molekülorbitale. Diese Wechselwirkung ist die schwächste im SF_6-Molekül, da die involvierten Orbitale energetisch am weitesten voneinander entfernt sind (MO-Diagramm II). Die restlichen drei d-Orbitale d_{xy}, d_{xz} und d_{yz} bleiben nichtbindend (t_{2g}). Die Bindungsordnung beträgt $1/2 \cdot (12 - 0) = 6$, d.h. pro S–F-Bindung ist die Bindungsordnung gleich 1.

Gegen die Beteiligung der d-Orbitale an der Bindungsbildung spricht ihre hohe Energie. Ist das Zentralatom jedoch stark positiv geladen oder besitzt es eine hohe positive Oxidationszahl (wie es bei SF_6 der Fall ist), so werden die d-Orbitale stärker vom Kern angezogen und ihre Energie verringert. Sie sind dann für eine Bindung verfügbar.

In MO-Behandlungen werden alle Bindungen als delokalisiert betrachtet. Wie im MO-Diagramm erkennbar ist, kann keine Wechselwirkung exakt einer S–F-Bindung zugeordnet werden, sonden nur dem Molekül im Ganzen.

Um die symmetrieadapierten Orbitale konstruieren zu können, betrachtet man zuerst die Gestalt des Moleküls und die Hybridisierung des Zentralatoms. Die Gruppenorbitale werden nach den

Atomorbitalen ausgewählt, die an der Hybridisierung beteiligt sind. Ist das Zentralatom sp^3d^2-hybridisiert, so erzeugt man ein s-, drei p- und zwei d-symmetrieadaptierte Orbitale.

Symmetrie-Symbole: Die Bezeichnungen in den Molekülorbital-Diagrammen stammen aus der Gruppentheorie und beschreiben die Symmetrie und den Entartungsgrad der Molekülorbitale:

a, b	einfach entartete Orbitale
e	zweifach entartete Orbitale
t	dreifach entartete Orbitale

In Molekülen mit einem Inversionszentrum können die Orbitale über ihr *Parität*sverhalten charakterisiert werden. Betrachtet man ein s-Orbital, so hat die Orbitalfunktion am Punkt (x, y, z) das gleiche Vorzeichen wie am Punkt $(-x, -y, -z)$, den man durch Inversion am Symmetriezentrum erhält. Ein s-Orbital wird deshalb mit *g* (gerade) gekennzeichnet.

In einem p-Orbital ist das Vorzeichen der Funktion am Punkt (x, y, z) entgegengesetzt zu dem am Punkt $(-x, -y, -z)$. Es wird mit *u* (ungerade) gekennzeichnet.

Atomorbital	s	p	d	f
Parität	*g*	*u*	*g*	*u*

In der gleichen Weise können den Molekülorbitalen Paritäten zugewiesen werden.

Die Zahlen **1** und **2** bezeichnen die Symmetrie des Molekülorbitale in bezug auf Spiegelebenen/Drehachsen im Molekül und ergeben sich ebenfalls aus der Gruppentheorie.

Beispiele

Phosphorpentafluorid PF_5

In diesem trigonal bipyramidalen Molekül ist das Zentralatom sp^3d-hybridisiert, wobei es sich bei dem d-Orbital um d_{z^2} handelt. Es müssen ein s-, drei p- und ein d-symmetrieadaptiertes Orbital für die F_5-Einheit erzeugt werden.

Die symmetrieadaptierten Molekülorbitale **3** und **4** haben tatsächlich die gleiche Symmetrie wie die p_x- und p_y-Orbitale und wechselwirken mit ihnen.

Wie beim Schwefelhexafluorid gibt es auch hier zwei Betrachtungsweisen, eine mit Einbeziehung des d-Orbitals und eine ohne:

Im MO-Diagramm I wechselwirken ein s- und drei p-Orbitale des Phosphors mit vier symmetrieadaptierten Orbitalen der F_5-Einheit. Das fünfte Orbital ist nichtbindend. Die zehn Elektronen besetzen die fünf energieniedrigsten Orbitale, und so ergibt sich eine Gesamtbindungsordnung von 4, d.h. 4/5 Elektronen pro P–F-Bindung.

Im MO-Diagramm II bildet das d_{z^2}-Orbital des Phosphors mit dem symmetrieadaptierten Orbital **5** ein Molekülorbital. Die Gesamtbindungsordnung ist 5 und somit 1 pro P–F-Bindung.

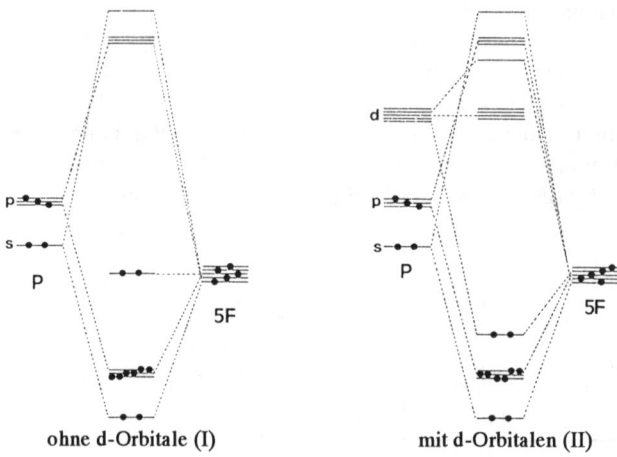

ohne d-Orbitale (I)   mit d-Orbitalen (II)

Methan CH_4

Ein Tetraeder leitet sich von einem Würfel ab, in dem nur jede zweite Ecke besetzt ist. Das Kohlenstoffatom in einer tetraedrischen Struktur ist sp^3-hybridisiert. Die benötigte H_4-Einheit besteht folglich aus einem s- und drei p-symmetrieadaptierten Orbitalen.

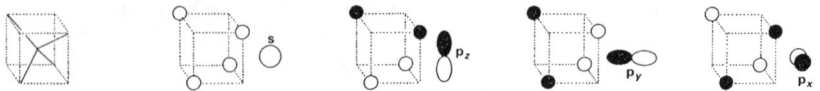

Auf die gleiche Weise wie schon beschrieben erhält man das MO-Diagramm:

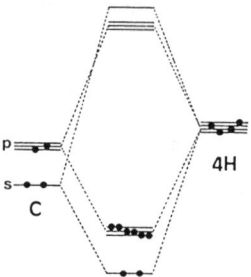

Ammoniak NH_3

Das Stickstoffatom im Ammoniakmolekül ist sp^3-hybridisiert. Demnach müßte man vier symmetrieadaptierte Orbitale (ein s und drei p) erzeugen. Da aber nur drei Atomorbitale der Wasserstoffatome zur Verfügung stehen, können maximal zwei p-symmetrieadaptierte Orbitale erzeugt werden (Regel 1). Diese Orbitale sind:

Das s- und das p_z-Orbital des Stickstoffs können mit demselben symmetrieadaptierten Orbital wechselwirken, um ein bindendes, ein antibindendes und ein nichtbindendes MO zu bilden. Das nichtbindende MO entspricht dem freien Elektronenpaar des Stickstoffs.

bindend   nichtbindend   antibindend

Das MO-Diagramm von NH_3 ist:

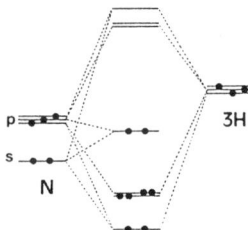

Beachte! Das Hybridisierungsschema eines Zentralatoms und die anschließende Erzeugung symmetrieadaptierter Orbitale ist ein praktisches, einprägsames Verfahren, um ein rein qualitatives Bild der Bindungsverhältnisse in einem Molekül zu erhalten.

2.8 Vergleich zwischen VB- und MO-Theorie

In der VB-Theorie spricht man von lokalisierten Zweielektronen-Zweizentren-Bindungen (2e2z). In der MO-Theorie hingegen kann kein Elektronenpaar einer definierten Bindung zugeordnet werden, da die Bindungen als völlig delokalisiert angesehen werden.

Antibindende Orbitale sind in der VB-Theorie unbekannt, so daß Phänomene wie der Paramagnetismus des Sauerstoffmoleküls nicht erklärbar sind.

Es gibt in der VB-Theorie keine Delokalisierung, und deshalb müssen z.B. die gleichlangen C–C-Bindungen im Benzol über mehrere mesomere Grenzstrukturen beschrieben werden.

Das Photoelektronenspektrum (PES, s. Kap. 10.4) von Methan weist zwei Peaks auf. Gemäß der VB-Theorie müßten alle vier C–H-Bindungen äquivalent sein, und das würde wiederum bedeuten, es dürfte nur einen Peak im PES geben. Die MO-Theorie sagt jedoch zwei unterschiedliche Arten von Molekülorbitalen voraus (a_1 und t_1) und somit zwei Peaks im PE-Spektrum.

Letztendlich sind die beiden Näherungen nur zwei verschiedene Beschreibungsmöglichkeiten der Bindungsverhältnisse in einem Molekül.

2.9 Zusammenfassung

1. Kovalente Bindungen entstehen durch Überlappung von Atomorbitalen.
2. Molekülorbitale werden über die LCAO-Näherung beschrieben.
3. Bei sonst gleichen Voraussetzungen treten die stärksten Wechselwirkungen zwischen Atomorbitalen gleicher Energie auf.
4. Die Besetzung der Molekülorbitale mit Elektronen erfolgt nach den gleichen Regeln wie die der Atomorbitale (Pauli-Prinzip, maximale Multiplizität, Aufbauprinzip).
5. Bindungsordnung = 1/2·(Elektronen im MO – Elektronen im MO*)
6. Der Übergang zwischen kovalenter und ionischer Bindung ist fließend und hängt von dem Unterschied in der Elektronegativität der Bindungspartner ab.
7. Große Unterschiede in der *EN* führen zu ionischen Verbindungen. Jene bilden dreidimensionale Gitter aus, in denen durch die Packungsart entgegengesetzt geladene Ionen größtmöglichen Kontakt und gleichgeladene Ionen geringstmöglichen Kontakt zueinander haben.
8. Die Koordination in ionischen Verbindungen hängt stark vom Ladungs/Radius-Verhältnis ab.
9. Die Born-Landé-Gleichung dient zur Berechnung der Gitterenergie

$$\Delta H_{latt} = - \frac{N_A A z^+ z^- e^2}{4 \pi \varepsilon_0 \left(r^+ + r^- \right)} \left(1 - \frac{1}{n} \right)$$

10. Der Vergleich der berechneten Werte einer Gitterenergie mittels Born-Landé-Gleichung und Born-Haber-Zyklus gibt das Maß für den ionischen Grad der Bindung wieder.
11. Die VSEPR-Regeln lassen Aussagen über die Molekülstruktur von Hauptgruppenverbindungen zu. Die Valenzelektronen ordnen sich so an, daß die Abstoßung minimal ist.
12. In der weiterführenden MO-Theorie werden die Liganden als eine Einheit betrachtet, die symmetrieadaptierte, mit dem Zentralatom wechselwirkende Orbitale erzeugt.

2.10 Übungen

1. Die Gitterenergie für CsF_2 wurde auf 2250 ± 150 kJ mol^{-1} geschätzt. In welchen Maße lassen sich Aussagen darüber machen, ob die Verbindung CsF_2 „existiert", wenn man diese Schätzung und die unten aufgeführten Daten in Betracht zieht? Welche zusätzlichen Daten würden diese Aussage noch unterstützen?

ΔH_{sub} [Cs$_{(s)}$]	ΔH_{at} [F$_{2\,(g)}$]	EA [F$_{(g)}$]	1. IE [Cs$_{(g)}$]	2. IE [Cs$_{(g)}$]	ΔH_{latt} [CsF$_{(s)}$]
76 kJ mol^{-1}	158 kJ mol^{-1}	339 kJ mol^{-1}	376 kJ mol^{-1}	2422 kJ mol^{-1}	720 kJ mol^{-1}

Antwort: Die Bindungsenthalpie von CsF_2 läßt sich aus den thermodynamischen Daten mittels Born-Haber-Zyklus berechnen. Die *EA* ist dabei als die Energie definiert, die bei dem Prozeß

$$F_{(g)} + e^- \rightarrow F^-_{(g)}$$

frei wird (exotherme Reaktion).

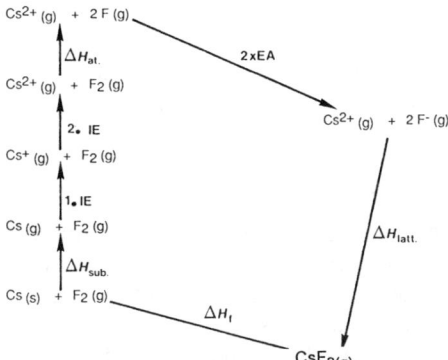

Gemäß dem Satz nach Hess ist

$$\Delta H_f = 76 + 376 + 2422 + 158 - 2 \cdot 339 - 2250(\pm 150) = +104 \pm 150 \text{ kJ mol}^{-1}$$

Die Bildungsenthalpie von CsF_2 ist demnach nicht als eindeutig endotherm oder exotherm charakterisierbar. Tatsächlich jedoch ist nicht die Bildungsenthalpie die entscheidende Größe für die Existenz einer Verbindung, sondern die freie Reaktionsenthalpie des Bildungsprozesses. Damit eine Reaktion thermodynamisch möglich ist, muß ΔG negativ sein,

$$\Delta G = \Delta H - T \Delta S$$

und deshalb braucht man zusätzlich noch Entropie-Daten, um über die Reaktion etwas aussagen zu können. Bei der Bildung von CsF_2 entsteht aus einem Gas und einem Feststoff erneut ein Feststoff. Die Entropie nimmt also ab (negatives ΔS) und der Unterschied der freien Reaktionsenthalpien wird positiver, die Reaktion somit unwahrscheinlicher.

Da keine genauen Entropiedaten gegeben sind, muß man die vorhandenen ΔH-Werte weiter analysieren und überprüfen, ob noch andere Faktoren wichtig sein könnten.

Man kann z.B. den Zerfall von CsF_2 betrachten:

$$CsF_{2\,(s)} \rightarrow CsF_{(s)} + 1/2\ F_{2\,(g)}$$

Die freie Reaktionsenthalpie dieses Prozesses läßt sich berechnen, zuerst muß man allerdings die Bildungsenthalpie von CsF mit Hilfe des Born-Haber-Zyklus' ermitteln.

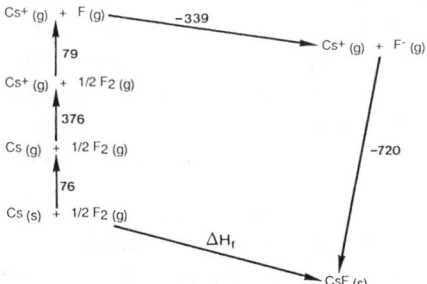

$$\Delta H_f = 76 + 376 + 79 - 339 - 720 = -528 \text{ kJ mol}^{-1}$$

Nun kann die Zerfallsenthalpie berechnet werden:

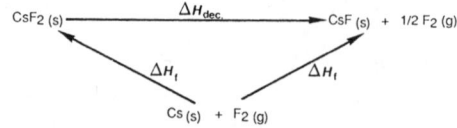

$$\Delta H_{dec} = -104(\pm150) - 528 = -632\pm150 \text{ kJ mol}^{-1}$$

Der Zerfall ist infolgedessen enthalpisch und entropisch begünstigt (fest → fest + gasförmig), und die freie Reaktionsenthalpie wird groß und vor allem negativ sein. $\Delta G° = -RT\ln K$, wobei K die Gleichgewichtskonstante darstellt. Das Gleichgewicht wird fast vollständig auf der Seite des CsF liegen.

Die einzige Möglichkeit, bei der die Zersetzung nicht spontan stattfinden würde, wäre eine hohe Aktivierungsenergiebarriere. In Wirklichkeit jedoch ist die benötigte Aktivierungsenergie gering, und CsF_2 konnte noch niemals hergestellt werden.

2. Welche Bindungsordnungen liegen im N_2-Molekül und im O_2-Molekül vor? Welchen Einfluß auf die Bindungslänge, -energie und die magnetischen Eigenschaften hat die Entfernung eines Elektrons aus den beiden Molekülen ($N_2 \rightarrow N_2^+$ und $O_2 \rightarrow O_2^+$)?

Antwort:

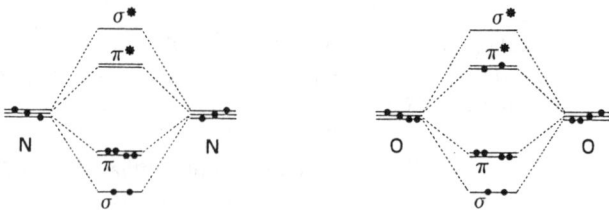

Es gilt

Bindungsordnung = 1/2 · (Elektronen in MO − Elektronen in MO*).

Daher folgt für die Bindungsordnung von N_2 = 1/2 · (6 − 0) = 3 und für die Bindungsordnung von O_2 = 1/2 · (6 − 2) = 2.

Um positive Molekülionen der Spezies O_2^+ und N_2^+ zu erzeugen, entfernt man ein Elektron aus dem höchsten besetzten MO. Beim Stickstoffmolekül handelt es sich dabei um ein π-Elektron aus einem bindenden MO, die Bindungsordnung fällt auf 5/2. Im Sauerstoffmolekül hingegen wird ein π-Elektron aus einem antibindenden MO entfernt, und die Bindungsordnung steigt auf 5/2. Die Entfernung eines Elektrons aus einem bindenden Orbital bedeutet eine geringere Elektronendichte zwischen den Kernen, d.h. eine schwächere und gleichzeitig längere Bindung im N_2^+ als im N_2-Molekül. Der Elektronenabzug aus einem antibindenden MO verstärkt dagegen die Bindung. Die O–O-Bindungsenergie im O_2^+ ist niedriger und die Bindung kürzer als im O_2. Der Stickstoff weist nur gepaarte Elektronen in seinen Molekülorbitalen auf und ist diamagnetisch. Die Ionisierung zu N_2^+ führt zu einem halbgefüllten MO und damit zu Paramagnetismus. Das Sauerstoffmolekül ist aufgrund seiner zwei einfachbesetzten π*-Orbitale schon paramagnetisch und die Entfernung eines Elektrons reduziert lediglich sein magnetisches Moment.

3. Welche Abstufung der X–O-Bindungslängen ist in der Reihe $[SiO_4]^{4-}$, $[PO_4]^{3-}$, $[SO_4]^{2-}$, $[ClO_4]^{-}$ zu erwarten?

Antwort: Der beste Ansatz liegt in der Betrachtung der VB-Strukturen der betreffenden Molekül-anionen:

In allen vier Strukturen wurden die Valenzen des Sauerstoffs abgesättigt (8-Elektronen-Regel). Dazu war im $[SiO_4]^{4-}$ keine Doppelbindung nötig, so daß die Bindungsordnung pro Si–O-Bindung gleich eins ist. Sie stellt die längste X–O-Bindung dar. Der Anteil an Doppelbindungen nimmt vom $[PO_4]^{3-}$ über $[SO_4]^{2-}$ zu $[ClO_4]^{-}$ immer mehr zu und die Bindungslänge immer mehr ab.

Molekül	VE	EB	DB	Bindungsordnung/X–O
$[SiO_4]^{4-}$	8	4	–	1
$[PO_4]^{3-}$	10	3	1	1,25
$[SO_4]^{2-}$	12	2	2	1,5
$[ClO_4]^{-}$	14	1	3	1,75

VE : Valenzelektronen
EB : Einfachbindung
DB : Doppelbindung

$$\text{Bindungsordnung/X–O} = (1/2 \text{ Anzahl VE})/EB+DB$$

Die Bindungslängen nehmen in der Reihe Si–O > P–O > S–O > Cl–O ab.

Anmerkung: Es gibt noch andere stichhaltige Argumente für diese Reihenfolge
a) $r_{Si} > r_P > r_S > r_{Cl}$
b) Die abnehmende negative Ladung sorgt für eine abnehmende Abstoßung der Sauerstoff-Liganden und somit für eine Bindungsverkürzung.

3 Hauptgruppen

3.1 Die Elemente der Hauptgruppen

3.1.1 Alkalimetalle (1. Hauptgruppe)

Element	Elektronenkonfiguration	Natur	Paulingsche *EN*
Li	$[He]2s^1$	Metall	0,98
Na	$[Ne]3s^1$	Metall	0,93
K	$[Ar]4s^1$	Metall	0,82
Rb	$[Kr]5s^1$	Metall	0,82
Cs	$[Xe]6s^1$	Metall	0,79

Bei diesen Elementen handelt es sich ausschließlich um Metalle. Charakteristisch für sie sind die schwachen metallischen Bindungen, kubisch raumzentrierte Gitterstrukturen und die damit verbundenen niedrigen Schmelzpunkte und geringen Härtegrade. Die Schwäche der metallischen Bindung kommt daher, daß nur ein Valenzelektron zur Verfügung steht (ns^1). Stellt man sich die Metallbindung als einen See aus Elektronen vor, in dem die positiven Ionen schwimmen, wird klar, warum die Bindung der Alkalimetalle schwach sein muß: Die Ionen sind nur einfach positiv geladen und steuern lediglich ein Elektron bei. Die Gitterenergie einer ionischen Bindung ist jedoch den Ladungen der Ionen direkt proportional.

Die Schmelzpunkte der Alkalimetalle nehmen mit steigender Ordnungszahl ab. Dieser Effekt ist hauptsächlich drei Faktoren zuzuschreiben:
1. Die Abstoßung der Elektronen benachbarter Ionen steigt mit höherer Ordnungszahl, da mehr Elektronen vorhanden sind.
2. Die zunehmende Größe der Atome führt dazu, daß die Elektronen, die an der metallischen Bindung teilnehmen, weiter vom Kern entfernt sind und so die Anziehungskräfte desselben weniger stark spüren.
3. Die regelmäßige Abnahme der Schmelzpunkte ist direkt verknüpft mit der regelmäßigen Zunahme der Atomradien. Wichtig ist jedoch hierbei, daß alle Alkalimetalle die gleiche Struktur besitzen, da ein anderer Gittertyp mit einer anderen Koordinationszahl verknüpft wäre.

Die Ionisierungsenergien der Alkalimetalle sind niedrig, da auf das eine Elektron in der Valenzschale die geringste Z_{eff} im Vergleich zu den übrigen Elementen derselben Periode wirkt. Geht man zur 2. Hauptgruppe, so wird derselben Schale ein weiteres Elektron hinzugefügt; diese beiden Elektronen schirmen sich gegenseitig nur schlecht ab, was zu einer Zunahme der effektiven Kernladung führt. Deshalb sind die Alkalimetalle die elektropositivsten Elemente. Die Ionisierungsenergie nimmt vom Lithium zum Cäsium ab, da das Valenzelektron mit zunehmendem Atomradius immer weniger stark vom Kern festgehalten wird.

Die Alkalimetalle reagieren mit vielen Elementen des Periodensystems und bilden überwiegend ionische Verbindungen aus. Ihre Sublimations- und Ionisierungsenergien (endotherme Komponenten im Born-Haber-Zyklus) sind so klein, daß sie leicht durch die freiwerdende Gitterenergie kompensiert werden.

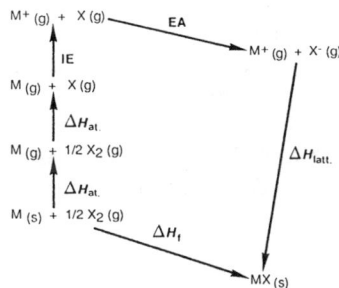

Bindungsverhältnisse: Die Alkalimetalle treten in Verbindungen fast ausschließlich in der Oxidationsstufe +1 auf (es gibt auch einige wenige M^--Ionen). Die zweifache Ionisierung würde zu viel Energie benötigen, da das zweite Elektron aus einer inneren Schale entfernt werden müßte. Dieser Energiebetrag ließe sich nicht mehr durch die Gitterenergie oder Hydratationsenthalpie für das zweifach positiv geladene Ion kompensieren.

Verbindungen der Alkalimetalle außer Lithium weisen, wenn überhaupt, nur einen verschwindend geringen kovalenten Charakter auf, da leicht positive Ionen gebildet werden und eine kovalente Bindung äußerst schwach wäre. Die niedrige effektive Kernladung führt zu diffusen Orbitalen, die uneffizient überlappen und somit nur schwache kovalente Bindungen erzeugen können.

Der kovalente Charakter der Verbindungen ist beim Lithium am größten und nimmt zum Cäsium hin ab. Die Ursache hierfür ist die Fähigkeit des Li^+ als dem kleinsten Alkaliion, negative Ionen polarisieren zu können und dadurch den kovalenten Anteil der Bindung zu erhöhen. Die Fähigkeit der positiven Ionen, Bindungen zu polarisieren, nimmt mit steigendem Radius ab, ebenso der kovalente Charakter der Verbindungen. Diesen Effekt beobachtet man auch bei den folgenden zwei Beispielen:

a) Alkalimetalldämpfe

$$3M_{(l)} \rightarrow M_{(g)} + M_{2\,(g)}$$

wobei $M_{2\,(g)}$ ein kovalent gebundenes, zweiatomiges Alkalimetallmolekül darstellt. Li_2 ist, wie man an den unten aufgeführten Bindungsenergien sehen kann, das stabilste dieser Moleküle.

	H–H	Li–Li	Na–Na
Bindungsenergie (kJ mol^{-1})	436	173	73

Die Bindungsenergie von Li_2 ist größer als die von Na_2, da die Überlappung von 2s-Orbitalen um einiges größer ist als die der diffuseren 3s-Orbitale.

b) Metallorganische Verbindungen

Betrachtet man metallorganische Verbindungen der Zusammensetzung MR, mit M = Alkalimetall und R = Alkyl, Aryl etc., so nimmt der ionische Grad der Bindung mit steigender Ordnungszahl von M zu. Lithiumorganische Verbindungen sind meist kovalenter Natur, was sich darin wiederspiegelt, daß sie sublimierbar, destillierbar und im allgemeinen gut löslich in organischen Lösungsmitteln sind. Außerdem tendieren sie zur Assoziation, d.h. n RLi $\rightarrow$ (RLi)$_n$ wie z.B. in Methyllithium $(CH_3)_4Li_4$ (s. Kap. 5). Rubidiumorganische Verbindungen schmelzen hingegen erst bei hohen Temperaturen und sind nur schlecht in organischen Lösungsmitteln löslich, d.h. sie zeigen einige charakteristische Merkmale ionischer Verbindungen.

Ionische Bindung: Die Radienverhältnis-Regeln geben Hinweise darauf, welche Gitterstrukturen von den Alkalimetallhalogeniden gebildet werden, z.B. liegt Li^+ meistens vierfach koordiniert vor. Dabei gibt es natürlich Ausnahmen: LiCl, LiBr und LiI weisen alle die NaCl-Struktur auf, in der das Kation sechsfach koordiniert ist. Abweichungen rühren teils vom zunehmenden kovalenten Charakter der Bindungen und teils von den unzuverlässigen Werten für die Ionenradien her.

Die Verbindungen der Alkalimetalle sind immer farblos, bis auf die Fälle, in denen das Anion allein schon farbig ist oder Färbung durch Gitterelektronen eintritt (Thermochromie).

Löslichkeit:

$$MX_{(s)} \xrightarrow{\;H_2O\;} M^+_{(aq)} + X^-_{(aq)}$$

Dieser Vorgang beinhaltet das Aufbrechen des Ionengitters (endotherm; ΔH_{latt}, engl. lattice = Gitter) und die Bildung von hydratisierten Ionen (exotherm; ΔH_{hyd}, engl. hydration = Hydratation), somit also zwei gegensätzliche Energieterme.

$$\Delta H_{solv} = \Delta H_{latt} + \Delta H_{hyd}$$

Die Lösungsenthalpie, ΔH_{solv} (engl. solvation = Lösung), ist meistens klein und positiv, d.h. ΔH_{latt} und ΔH_{hyd} heben sich beinahe auf. Das Lösen dieser Salze stellt folglich einen endothermen Prozeß dar. Ausschlaggebend dafür, ob sie sich lösen oder nicht, ist jedoch die freie Reaktionsenthalpie (s. Kap. 1.1.3):

$$\Delta G = \Delta H - T\Delta S$$

Die Reaktion ist entropisch günstig, da durch die entstehenden, solvatisierten Ionen die Entropie zunimmt. Bei einer höheren Temperatur ist der Entropiefaktor $T\Delta S$ größer und ΔG deshalb negativer, d.h. die Löslichkeit ist bei höheren Temperaturen größer.

Der Betrag der Hydratationsenthalpie nimmt innerhalb einer Gruppe ab (s. Kap. 1.1.3). Diese Änderung ist größer als die Änderung der Gitterenergie, und so lösen sich einige Rubidium- und Cäsiumsalze schlecht in Wasser, weil die Hydratationsenthalpien sehr klein, die Gitterenergien jedoch immer noch ziemlich groß sind.

Solvatisierung der Ionen: Die Radien der hydratisierten Alkalimetallionen nehmen mit steigender Ordnungszahl ab (s. Kap. 1).

Die Salze der Alkalimetalle sind in Wasser pH-neutral (solange das Gegenion pH-neutral ist), d.h. das Gleichgewicht der folgenden Reaktion liegt größtenteils auf der linken Seite.

$$[M(H_2O)_n]^+ + H_2O \rightleftharpoons M(H_2O)_{n-1}(OH) + H_3O^+$$

Aufgrund des Ladungs/Radius-Verhältnisses (Ionenpotential) sind Alkalimetallkationen nicht in der Lage, Wassermoleküle stark genug zu polarisieren.

Bildung von Alkalimetallanionen: Aus allen Alkalimetallen außer Lithium lassen sich Anionen M^- herstellen, da die 1. Elektronenaffinität positiv ist. Der Prozeß

$$M_{(g)} + e^- \rightarrow M^-_{(g)}$$

ist demnach aus thermodynamischer Sicht möglich. Allerdings sind alle diese Anionen thermodynamisch und kinetisch instabil. Sie werden leicht oxidiert und sind nur unter Luftausschluß stabil. Sie können nur bei Anwesenheit spezieller Liganden (Kryptanden), die das Metallkation einschließen, gebildet werden.

$$2M + K \rightarrow MK^+ + M^-$$

Zusammenfassung der 1. Hauptgruppe

1. Die Elemente der 1. Hauptgruppe besitzen niedrige Schmelzpunkte (diese nehmen regelmäßig mit steigender Ordnungszahl ab).
2. Es handelt sich um elektropositive Elemente, die überwiegend ionische Verbindungen ausbilden.
3. Ihre Oxidationszahl ist bis auf wenige Ausnahmen +1. Der kovalente Bindungsanteil ist in Lithiumverbindungen am größten.
4. Die Salze der Alkalimetallverbindungen sind in polaren Solventien (H_2O) löslich. Ihre Löslichkeit nimmt im allgemeinen mit steigender Temperatur zu.
5. Die Verbindungen der Alkalimetalle sind neutral, wenn man sie in Wasser löst und das Anion keinen basischen oder sauren Charakter aufweist.
6. Es gibt M^--Anionen.

3.1.2 Erdalkalimetalle (2. Hauptgruppe)

Element	Elektronenkonfiguration	Natur	Paulingsche EN
Be	$[He]2s^2$	Metall	1,57
Mg	$[Ne]3s^2$	Metall	1,31
Ca	$[Ar]4s^2$	Metall	1,00
Sr	$[Kr]5s^2$	Metall	0,95
Ba	$[Xe]6s^2$	Metall	0,89

Schmelzpunkte: Die Erdalkalimetalle schmelzen bei höheren Temperaturen als die Alkalimetalle, da zwei Elektronen pro Atom an der metallischen Bindung beteiligt sind und diese aus diesem Grund stärker ist. Die Abnahme der Schmelztemperaturen mit steigender Ordnungszahl ist nicht so regelmäßig wie in der 1. Hauptgruppe, weil die Elemente unterschiedliche Strukturen (Gittertypen) ausbilden.

Ionisierungsenergien: Die effektive Kernladung nimmt innerhalb einer Periode mit steigender Ordnungszahl zu und die Atomradien in der gleichen Richtung ab. Die Erdalkalimetalle sind demnach kleiner als die Alkalimetalle der gleichen Periode und ihre 1. Ionisierungsenergie ist größer. Die 2. Ionisierungsenergie jedoch ist geringer, da sich das zu entfernende Elektron immer noch in der Valenzschale befindet. Die Energie, die zur Entfernung der zwei Elektronen aufgewendet werden muß, wird durch die höhere Gitterenergie (kleinere Ionen mit höherer Ladung) mehr als ausgeglichen.

Diagonalbeziehungen: Magnesium und Lithium, die im Periodensystem auf einer Diagonale stehen, sind sich in ihren chemischen Eigenschaften sehr ähnlich. Diese Ähnlichkeit bezieht sich auf die Stabilität ihrer vorwiegend ionischen Verbindungen. So zersetzen sich z.B. die Magnesium- und Lithiumcarbonate, -hydroxide und -nitrate beim Erwärmen in die Oxide während Natrium- und Kaliumnitrat nur zu Nitriten werden. Die treibende Kraft für diese Zersetzung bis zum Oxid ist die Gitterenergie des Li_2O- bzw. MgO-Gitters, in dem die kleinen Li^+ bzw. Mg^{2+}-Ionen von kleinen O^{2-}-Ionen umgeben sind (günstig!). Li^+- und Mg^{2+}-Ionen besitzen annähernd den gleichen Radius, da sich die beiden gegenläufigen Effekte (1. Abnahme des Radius innerhalb einer Periode von links nach rechts mit zunehmender positiver Ladung; 2. Zunahme des Radius innerhalb einer Gruppe von oben nach unten) gerade aufheben. Dadurch ergeben sich für beide die gleichen Koordinationszahlen in Ionengittern (Radienverhältnis-Regel), und sie bilden mit denselben Anionen stabile Verbindungen. Die Lithium- und Magnesiumverbindungen sind sich in ihren Bindungsverhältnissen in bezug auf den ionischen bzw. kovalenten Bindungsanteil sehr ähnlich. Die Polarisationskraft von Lithium und Magnesium führt zu stärker kovalenten Bindungen(metallorganische Verbindungen) als die ihrer schwereren Homologen.

Bindungsmuster: Beryllium nimmt in der 2. Hauptgruppe eine Sonderstellung ein. In seinen durchgehend kovalenten Verbindungen ist es vierfach koordiniert und bildet polymere Strukturen aus, z.B. $BeCl_2$ und $BeMe_2$.

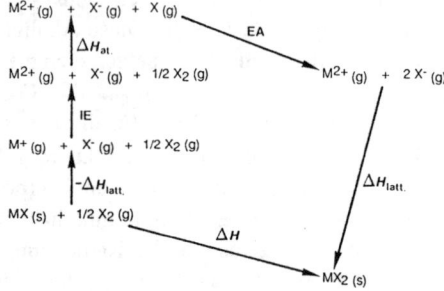

Der Grund hierfür ist die starke Polarisation der Anionen durch das Be^{2+}-Ion. In ionischen Berylliumverbindungen (Salzen) ist die effektive Größe des Be^{2+} durch eine Hydrathülle erhöht, z.B. $[Be(H_2O)_4]^{2+}SO_4^{2-}$. Hierbei bilden die Wassermoleküle über die freien Elektronenpaare des Sauerstoffs dative Bindungen zu dem Be^{2+}-Ion aus. Zwischen dem großen $[Be(H_2O)_4]^{2+}$-Kation und dem SO_4^{2-}-Anion herrschen neben Wasserstoffbrücken hauptsächlich ionische Wechselwirkungen. Die Energie, die aufgewendet werden muß, um Beryllium zweifach zu ionisieren, wird zum Teil durch die Energie ausgeglichen, die bei der Ausbildung der dativen Bindungen zwischen dem Wasser und dem Be^{2+}-Ion frei wird.

Magnesium besitzt in etwa den gleichen Ionenradius wie Lithium und weist deshalb ein ähnliches chemisches Verhalten auf: Je nach Bindungspartner ist der ionische bzw. kovalente Grad einer Bindung geringer bzw. höher. Zum Beispiel ist Magnesiumfluorid eine ionische Verbindung während Magnesiumalkyle einen hohen kovalenten Charakter besitzen.

Die Ionisierungsenergie und die Fähigkeit zu polarisieren (Ladungs/Radius-Verhältnis) nimmt in der Gruppe nach unten hin ab, so daß Calcium, Strontium und Barium hauptsächlich ionische Bindungen ausbilden.

Andere Oxidationszahlen: Dreifach positiv geladene Kationen existieren in der 2. Hauptgruppe nicht, da hierfür ein Elektron aus einer inneren, vollbesetzten Schale entfernt werden müßte. Die dafür notwendige Energie könnte weder durch die höhere Gitterenergie noch durch die Hydratationsenthalpie ausgeglichen werden.

Die Bildung einfach positiv geladener Kationen ($ns^2 \rightarrow ns^1$) erfordert offensichtlich weniger Energie als die zweifache Ionisation. Trotzdem konnte in den Verbindungen der Erdalkalimetalle noch kein M^+-Ion nachgewiesen werden, da die Differenz der Gitterenergie von MX_2 und MX die 2. Ionisierungsenergie mehr als kompensiert.

EA und ΔH_{at} von X_2 heben sich praktisch auf.

M^+-Ionen würden spontan disproportionieren:

$$2M^+ \rightarrow M + M^{2+}$$

Das ist ein weiterer Grund für die Stabilität voll besetzter Elektronenschalen.

Die zweifache Ionisation von Beryllium ist die energieaufwendigste in der 2. Hauptgruppe, und dadurch ist die Existenz eines Be^+-Ions am wahrscheinlichsten. Tatsächlich existiert z.B. BeF bei hohen Temperaturen.

$$BeF_2 \xrightarrow{\text{hohe T}} BeF_{(g)} + 1/2F_{2\,(g)}$$

Hydratation: Die Hydratationsenthalpie von Be^{2+} ist außergewöhnlich groß, und Beryllium unterscheidet sich diesbezüglich von den anderen Erdalkalimetallen stärker als Lithium von seinen höheren Homologen, da Be^{2+} kleiner als Li^+ und die restlichen M^{2+}-Ionen der 2. Hauptgruppe ist.

Be^{2+} bildet kristallwasserhaltige Salze aus, z.B. $[Be(H_2O)_4]SO_4$, deren Lösungen sauer reagieren (die Salze der 1. Hauptgruppe ergeben in wäßriger Lösung einen neutralen pH-Wert).

$$[Be(H_2O)_4]^{2+} + H_2O \rightarrow [Be(H_2O)_3(OH)]^+ + H_3O^+$$

Für die restlichen Erdalkalimetall^{2+}-Ionen führt das mit steigender Ordnungszahl abnehmende Ladungs/Radius-Verhältnis zu einer Abnahme der Hydratationssphäre (Beryllium besitzt die meisten Hydrathüllen). Ihre Salze enthalten weniger Kristallwasser und ergeben neutrale wäßrige Lösungen, vorausgesetzt das Anion reagiert neutral.

Komplexe: Erdalkalimetallverbindungen können als Lewissäuren reagieren, indem sie Komplexe mit Elektronendonor-Molekülen ausbilden wie z.B. $[Mg(EDTA)_2]^{2-}$. Das Formelbild von Ethylendiamintetraessigsäure ist:

Die Verbindungen der Erdalkalimetalle können nicht als Lewisbasen fungieren, da sie keine freien Elektronenpaare besitzen.

Die Tendenz zur Komplexbildung ist in der 2. Hauptgruppe stärker als in der 1., weil die höhere Ladung der M^{2+}-Ionen zu größeren Anziehungskräften führt und bei der Komplexbildung mehr Energie frei wird.

Zusammenfassung der 2. Hauptgruppe
1. Die Erdalkalimetalle schmelzen bei höheren Temperaturen als die Alkalimetalle.
2. Außer Beryllium bilden alle Elemente der 2. Hauptgruppe überwiegend ionische Verbindungen aus.

3. Die 1. Ionisierungsenergien sind höher als in der 1. Hauptgruppe, die 2. dafür niedriger, so daß die bevorzugte Oxidationsstufe der Erdalkalimetalle +2 ist, da die freiwerdende Gitterenergie oder Hydratationsenthalpie die beiden Ionisierungsenergien überkompensiert. M^+-Verbindungen disproportionieren sofort.

4. Be-Verbindungen weisen einen höheren kovalenten Bindungsanteil als Li-Verbindungen auf.

5. Be^{2+}-Ionen reagieren in wäßriger Lösung sauer, Mg^{2+}-Ionen hingegen pH-neutral.

3.1.3 Borgruppe (3. Hauptgruppe)

Element	Elektronenkonfiguration	Natur	Paulingsche *EN*
B	$[He]2s^2 2p^1$	Halbmetall	2,04
Al	$[Ne]3s^2 3p^1$	Metall	1,61
Ga	$[Ar]3d^{10} 4s^2 4p^1$	Metall	1,81
In	$[Kr]4d^{10} 5s^2 5p^1$	Metall	1,78
Tl	$[Xe]4f^{14} 5d^{10} 6s^2 6p^1$	Metall	1,62

Bor besitzt eine sehr stabile, inerte, dreidimensionale Struktur. Der Bindungstyp liegt irgendwo zwischen metallischer (delokalisierte Elektronen) und kovalenter Bindung (lokalisierte Elektronen), d.h. Bor ist ein Halbleiter. Die restlichen Elemente der 3. Hauptgruppe sind Metalle. Die fehlende metallische Eigenschaft spiegelt sich bei Bor in den hohen Ionisierungsenergien wieder.

Atomradien und Ionisierungsenergien: Im Gegensatz zu den ersten beiden Hauptgruppen ist in der Borgruppe die Abnahme der Ionisierungsenergie und die Zunahme der Ionenradien mit steigender Ordnungszahl nicht ganz so regelmäßig.

	B	Al	Ga	In	Tl
Atomradien (pm)	80	125	125	150	155
1. *IE* (kJ mol^{-1})	801	578	579	559	589

Die unregelmäßige Abnahme der Atomradien vom Bor zum Thallium läßt sich durch den Einschub der d-Elemente zwischen Aluminium und Gallium und der f-Elemente zwischen Indium und Thallium erklären. Die d- und f-Elektronen schirmen schlechter als die s- und p-Elektronen ab, so daß die effektive Kernladung, die auf ein Valenzelektron des Galliums wirkt, größer ist, als aus Betrachtungen der Periodizität angenommen werden kann. Die erwartete Zunahme der Atomradien von der 3. zur 4. Periode wird durch diese Zunahme der effektiven Kernladung aufgehoben, so daß Aluminium und Gallium ähnliche Atomradien besitzen. Den gleichen Effekt beobachtet man bei Indium und Thallium, zwischen denen die Lanthaniden liegen (*Lanthaniden-Kontraktion*).

Bindungsmuster: Wie in den beiden ersten Hauptgruppen nimmt auch hier das erste Element (Bor) eine Sonderstellung ein. Vergleicht man die ersten Elemente der Hauptgruppen, so nimmt der kovalente Bindungscharakter von Lithium über Beryllium zum Bor zu. Letzteres bildet ausschließlich kovalente und Mehrzentren-Bindungen aus.

Das B^{3+}-Ion existiert nicht, da die Gitterenergie die enorm hohe Ionisierungsenergie nicht ausgleichen kann. $[B(H_2O)_4]^{3+}$ ist ebenfalls unbekannt, wohingegen $[Be(H_2O)_4]^{2+}$ sehr wohl in verdünnten sauren Lösungen existiert. Bor liegt in seinen Verbindungen gewöhnlich in der Oxidationsstufe +3 vor. Der Übergang vom Grundzustand, $1s^2 2s^2 2p^1$, zum 1. angeregten Zustand, $1s^2 2s^1 2p^1 2p^1$, und die anschließende Hybridisierung benötigen weniger Energie als durch die Ausbildung der zwei dadurch zusätzlich möglichen Bindungen frei wird.

Die Bindungsverhältnisse innerhalb einer Aluminiumverbindung stellen einen Grenzfall zwischen ionisch und kovalent dar. Das nackte Al^{3+}-Ion ist in wasserfreien Verbindungen unbekannt, da es auf die Anionen stark polarisierend wirkt (großes Ladungs/Radius-Verhältnis) und die Bindungen dementsprechend einen hohen kovalenten Charakter besitzen. Hydratisierte Al^{3+}-Ionen hingegen haben eine verminderte Ladungsdichte und bilden ionische Salze wie z.B. $[Al(H_2O)_6]_2(SO_4)_3$.

Obwohl Bor fast ausschließlich die Oxidationszahl +3 aufweist, nimmt die Stabilität der Oxidationszahl +1 in der 3. Hauptgruppe mit steigender Ordnungszahl zu.

$$Al + 3HCl \rightarrow AlCl_3 + 3/2H_2$$

$$Tl + HCl \rightarrow TlCl + 1/2H_2$$

Bei der Reaktion von Thallium mit HCl entsteht die stabile ionische Verbindung TlCl. Thallium liegt demnach bevorzugt in der Oxidationsstufe +1 vor, und Tl^{3+} ist ein starkes Oxidationsmittel. Dieses Phänomen bezeichnet man als *Effekt des inerten Elektronenpaars*, da die s-Valenzelektronen nehmen an keiner Bindung teilnehmen.

Der Effekt des inerten Elektronenpaars: Innerhalb einer Gruppe steigt mit zunehmender Ordnungszahl die Energiedifferenz von den Valenzelektronen im s-Orbital zu denen im p-Orbital, da erstere durch die größere Nähe zum Kern die zunehmende effektive Kernladungszahl spüren. Die für den Prozeß $ns^2 \rightarrow ns^1 np^1$ notwendige Energie wird demzufolge größer. Die Bindungsenergien hingegen nehmen in der Gruppe nach unten hin ab, da die Atomradien zu- und die Dichte der an den Bindungen beteiligten Orbitale abnehmen. Schuld daran sind die zunehmend diffuseren Orbitale, die an den Bindungen beteiligt sind. Das Ergebnis dieser beiden Faktoren ist, daß bei den schwersten Elementen der dritten Hauptgruppe die Anregungsenergie beträchtlich höher ist als die Energie, die durch die Bildung zweier zusätzlicher Bindungen frei wird. Übersteigt die Bindungsenergie die Anregungsenergie jedoch, so nehmen die schwereren Elemente der Borgruppe auch die Oxidationsstufe +3 ein, wie z.B.

$$Tl + 3HF \rightarrow TlF_3 + 3/2H_2$$

Thallium(III)fluorid ist eine relativ stabile Verbindung, da die Tl–F-Bindungsenergie im Gegensatz zur Tl–Cl-Bindungsenergie zweimal so groß ist wie die Anregungsenergie.

Beachte: TlI_3 wird am besten durch $Tl^+I_3^-$ beschrieben, was mit den erwarteten schwachen Tl–I-Bindungen übereinstimmt.

Die Elemente der Borgruppe bilden keine zweiwertigen Ionen in Salzen aus und zwar aus dem gleichen Grund, aus dem es keine einwertigen Erdalkalimetallsalze gibt. Sie würden spontan in die stabileren Oxidationsstufen +1 und +3 disproportionieren.

Die wäßrige Chemie der Borgruppe: Nackte M^{3+}-Ionen treten höchst selten auf, $[M(H_2O)_6]^{3+}$-Ionen existieren in Salzen der Zusammensetzung $MX_3 \cdot 6H_2O$. Die +3-Ionen reagieren wie $[Be(H_2O)_4]^{2+}$ in Wasser sauer:

$$[Al(H_2O)_6]^{3+} + H_2O \rightarrow [Al(H_2O)_5(OH)]^{2+} + H_3O^+$$

Halogenverbindungen, MX₃: Außer TlI_3, in dem $Tl^+I_3^-$ vorliegt, kommen alle Elemente der Borgruppe in ihren Halogenverbindungen in der Oxidationszahl +3 vor. Der Bindungscharakter ist dabei sehr unterschiedlich. AlF_3 und $AlCl_3$ sind zum Beispiel vorwiegend ionische Verbindungen, während die analogen Bromide und Iodide kovalent dimer auftreten (Al_2X_6). Die Größe der Br^-- bzw. I^--Ionen verringert den Betrag der Gitterenergie, und außerdem werden sie leicht das kleine, hochgeladene Aluminiumion polarisiert, wodurch der kovalente Anteil der Bindung erhöht wird. Geht man weiter zum Gallium, so ist nur das Fluorid, GaF_3, ionisch und das Chlorid, $GaCl_3$, bereits überwiegend kovalent. Ga^{3+} ist größer als Al^{3+} und bildet nur mit Fluorid als dem kleinsten Halogen ein Ionengitter. Der Effekt der Gitterenergie überwiegt dabei den Effekt, daß Ga^{3+} weniger polarisierend wirkt als das Al^{3+}-Ion. Letzteres würde einen niedrigeren kovalenten Grad der Galliumverbindungen erwarten lassen.

Ein weiteres Beispiel für die Bedeutung der Gitterenergie ist die Änderung der Bindungsverhältnisse von $AlCl_3$ in den verschiedenen Aggregatzuständen. In der festen Phase bildet $AlCl_3$ ein Ionengitter, im flüssigen Zustand kovalente Dimere und in der Gasphase herrscht ein Gleichgewicht zwischen kovalenten Mono- und Dimeren.

$$AlCl_{3\,(s)} \rightarrow Al_2Cl_{6\,(l)} \rightarrow AlCl_{3\,(g)} + Al_2Cl_{6\,(g)}$$

Weshalb dimerisiert $AlCl_3$ zu Al_2Cl_6 und BCl_3 nicht? Bei Aluminium- und Bortrichlorid handelt es sich um Elektronenmangelverbindungen, d.h. das Zentralatom hat nur sechs Valenzelektronen. Aluminiumchlorid gleicht diesen Mangel durch Dimerisierung aus.

Borchlorid, für das man dasselbe erwarten würde, liegt jedoch als Monomer vor. Dafür gibt es zwei Gründe:

1. In der planaren Konfiguration gibt es eine recht starke $2p_\pi$-$3p_\pi$-Wechselwirkung zwischen dem freien 2p-Orbital des Bors und dem gefüllten 3p-Orbital des Chlors, die bei der Dimerisierung verloren gehen würde. Vierfach koordiniertes Bor besitzt kein p-Orbital mehr, das an einer π-Bindung teilnehmen kann.
2. Das Boratom ist viel zu klein, um vier so große Chloratome „anlagern" zu können, ohne daß es zu starken Abstoßungskräften zwischen den Liganden kommt.

Diese beiden Faktoren wiegen den Vorteil einer vollen Valenzschale auf.

Im Fall des Aluminiums bedingt der größere Atomradius (mehr Platz für Liganden) und die schwächere π-Bindung zum Chlor ($3p_\pi$-$3p_\pi$) eine energetische Bevorzugung der Dimerisierung.

π-Bindung und Lewisacidität von Bortrihalogeniden, BX_3: Die Valenzelektronenkonfiguration des Bors im Grundzustand ist $2s^2 2p^1$. Die Anhebung eines s-Elektrons in den 2p-Zustand mit anschließender Hybridisierung erzeugt drei ungepaarte Elektronen in drei sp^2-Hybridorbitalen und ein freies p-Orbital senkrecht zu der sp^2-Ebene. Bor kann mit diesen drei Elektronen drei kovalente Bindungen ausbilden, wobei ihm zur angestrebten vollen Valenzschale noch zwei Elektronen fehlen. Aus diesem Grund werden BX_3-Verbindungen mit sechs Valenzelektronen am Zentralatom als Elektronenmangelverbindungen bezeichnet. Aufgrund des Elektronenmangels und des freien p-Orbitals sollten BX_3-Verbindungen als starke Lewissäuren mit Elektronendonatoren Komplexe wie z.B. $H_3N \rightarrow BF_3$ ausbilden. Ähnliche Verbindungen existieren tatsächlich, jedoch ist die Lewisacidität nicht so ausgeprägt wie erwartet. Sie nimmt in der Reihe der Borhalogenide in anderer Weise zu als man aus Elektronegativitätsbetrachtungen vermuten würde, nämlich $BF_3 < BCl_3 < BBr_3$. Das Boratom des Bortrifluorids sollte am positivsten sein und deshalb die höchste Lewisacidität besitzen. Tatsächlich bildet es als einziges der drei Borhalogenide mit Wasser einen Komplex der Zusammensetzung $BF_3 \cdot H_2O$, während die anderen zu Borsäure $B(OH)_3$ hydrolisiert werden. Das bedeutet, daß die B–F–

Bindungen sehr stark sind und das Wasser nur als Donorligand fungiert. In den anderen Borhalogeniden werden die B–X-Bindungen durch den Angriff des Wassers gebrochen:

$$BCl_3 \xrightarrow{\ H_2O\ } H_2O{\cdot}BCl_3 \rightarrow (OH)BCl_2 + HCl \xrightarrow{\ H_2O\ } B(OH)_3 + 2HCl$$

Wodurch wird diese Umkehrung verursacht? Sie kommt durch die starke π-Bindung zwischen dem freien p-Orbital des Bors und den freien Elektronenpaaren der Halogenatome zustande, d.h.

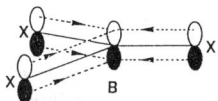

Diese π-Bindungen haben nur in der planaren Konfiguration die Möglichkeit zur maximalen Überlappung. Die Stärke der π-Bindungen nimmt in der Reihenfolge 2p–2p > 2p–3p > 2p–4p ab. Die Gründe dafür sind:
1. Die Wechselwirkung ist zwischen Orbitalen ähnlicher Energie am größten und nimmt mit steigender Energiedifferenz der beteiligten Orbitale ab.
2. 2p-Orbitale sind weniger diffus als 3p- und 4p-Orbitale (effektivere Überlappung).
3. π-Bindungen werden mit zunehmender Größe der beteiligten Atome immer schwächer, da die p-Orbitale weniger stark überlappen können.

Die B–F-π-Bindung ist folglich am stärksten.

Bei der Adduktbildung von Borhalogeniden mit einer Lewisbase ensteht ein tetraedrischer Komplex (VSEPR-Regeln), in dem das Boratom über kein freies Orbital mehr verfügt und somit keine π-Bindung ausbilden kann. BX_3-Verbindungen fungieren nur unwillig als Lewissäuren zu, weil Energie benötigt wird, um die π-Bindung zu brechen. Da die π-Bindung in BF_3 am stärksten ist, stellt jenes die schwächste Lewissäure dar.

Oxide: B_2O_3 ist ein kovalenter Feststoff, während die Oxide der höheren Homologen der 3. Hauptgruppe ionisch sind und diskrete M^{3+}-Ionen enthalten. Die Ausbildung einer ionischen Struktur ist für Bor nicht rentabel, da die Energie für die Bildung eines B^{3+}-Ions nicht durch die Gitterenergie kompensiert wird und da dieses Ion außerdem zu polarisierend wäre.

Zusammenfassung der 3. Hauptgruppe
1. Bor ist ein Halbmetall, die restlichen Elemente der 3. Hauptgruppe sind Metalle.
2. Aluminium und Gallium besitzen ähnliche Atomradien, genau wie Indium und Thallium (bei letzteren ist der Unterschied etwas größer).
3. Es gibt keine Verbindungen, in denen diskrete B^{3+}-Ionen vorliegen.
4. Die Bindungsverhältnisse in Aluminiumverbindungen sind Grenzfälle zwischen ionisch und kovalent: Die Bindungen in $AlCl_3$ haben in fester Phase vorwiegend ionischen und in der Gasphase überwiegend kovalenten Charakter.
5. Die Stabilität der Oxidationszahl +1 nimmt mit steigender Ordnungszahl zu (Effekt des inerten Elektronenpaars).
6. Aluminiumsalze ergeben mit Wasser saure, Indium- und Thalliumsalze pH-neutrale Lösungen.
7. Die Lewisacidität der Borhalogenide sinkt in der Reihenfolge BBr_3 > BCl_3 > BF_3.

3.1.4 Kohlenstoffgruppe (4. Hauptgruppe)

Element	Elektronenkonfiguration	Natur	Paulingsche *EN*
C	$[He]2s^2 2p^2$	Nichtmetall	2,55
Si	$[Ne]3s^2 3p^2$	Halbmetall, Halbleiter	1,90
Ge	$[Ar]3d^{10}4s^2 4p^2$	Halbmetall, Halbleiter	2,01
Sn	$[Kr]4d^{10}5s^2 5p^2$	Metall	1,96
Pb	$[Xe]4f^{14}5d^{10}6s^2 6p^2$	Metall	1,87

Allotrope Modifikationen des Kohlenstoffs: Kohlenstoff kommt vor allem in zwei Modifikationen vor, Diamant und Graphit. Anmerkung: Neuerdings zählt man auch Fullerene zu den Kohlenstoffmodifikationen.

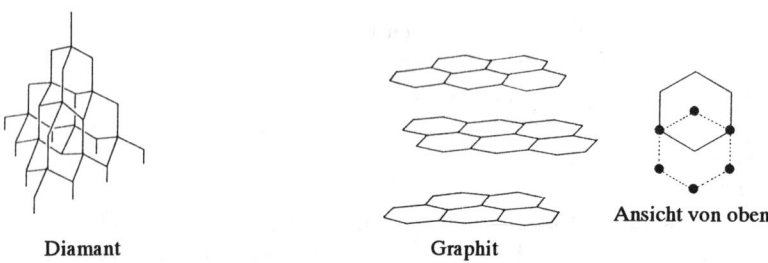

Diamant   Graphit   Ansicht von oben

Die Bindungen im Diamanten werden von sp^3-hybridisierten Kohlenstoffatomen ausgebildet, wobei sich alle Valenzelektronen in 2e2z-Bindungen befinden.

Im Graphit sind die Kohlenstoffatome sp^2-hybridisiert, und es gibt pro Atom ein ungepaartes Elektron, das sich in einem p-Orbital senkrecht zur sp^2-Ebene aufhält. Diese p-Orbitale können zwischen benachbarten Kohlenstoffatomen überlappen und ergeben so einen Satz energetisch gleichwertiger Molekülorbitale, die über die C_n-Ebene delokalisiert sind, d.h. sie bilden ein halbgefülltes Valenzband (s. Kap. 9.1). Die Elektronen können sich innerhalb dieses Bandes bewegen, wenn eine elektrische Spannung angelegt wird, was bedeutet, daß Graphit entlang der Schichten ein elektrischer Leiter ist. Zwischen den Schichten herrscht keine Delokalisation der Elektronen, deshalb ist Graphit senkrecht zu den Schichten ein Isolator.

Silicium befindet sich in der 3. Periode und ist ein Halbmetall. Die Elemente zu seiner Linken sind Metalle und die zu seiner Rechten sind reine Nichtmetalle (s. Kap. 9). Die Elemente links des Siliciums besitzen eine niedrigere effektive Kernladung, was zur Folge hat, daß
- die Ionisierungsenergien niedriger sind und positive Ionen gebildet werden können, die von einem „See aus Elektronen" umgeben werden;
- die Orbitale diffuser sind, somit das Überlappungsintegral kleiner wird und die Energien der Valenz- und Leitungsbänder sich annähern, um ein teilweise gefülltes Band zu bilden.
Die Elemente rechts des Siliciums besitzen eine höhere effektive Kernladung und
- ihre Ionisierungsenergien sind zu hoch, um die Bildung positiver Ionen zu erlauben;
- ihre Orbitale sind dichter, so daß die Überlappungen sehr stark sind und die Energiedifferenz zwischen dem Leitungs- und dem Valenzband groß ist; diese Substanzen sind bis auf einige Ausnahmen Isolatoren (s. Kap. 9).

Atomradien und Ionisierungsenergien: Wie in der 3. Hauptgruppe ist die Existenz der d- und f-Elemente dafür verantwortlich, daß die Atomradien und Ionisierungsenergien von Silicium und Germanium recht ähnlich sind, ebenso wie die von Zinn und Blei.

	C	Si	Ge	Sn	Pb
Atomradius (pm)	77	117	122	140	154
1. Ionisierungsenergie (kJ mol^{-1})	1086	786	761	709	715

Als Ergebnis davon ähneln sich Silicium und Germanium in ihren chemischen Eigenschaften ebenso wie für Zinn und Blei. So sind z.b. die Silicium- und Germaniumhydride bei Raumtemperatur thermodynamisch stabil, während die Zinn- und Bleihydride sich unter dieser Bedingung zersetzen. Unterschiede treten zwischen Si/Ge und Sn/Pb auch bei der Fähigkeit zur Ausbildung von Kettenmolekülen auf (s. u.).

Die Radien von Silicium und Germanium bzw. Zinn und Blei unterscheiden sich stärker als die von Aluminium und Gallium bzw. Indium und Thallium. Die chemischen Eigenschaften sind sich ebenfalls nicht ganz so ähnlich wie es in der 3. Hauptgruppe der Fall ist.

Oxidationszahlen: Die Elemente der Kohlenstoffgruppe weisen im Grundzustand die Valenzelektronenkonfiguration $ns^2 np^1 np^1$ auf. Daraus resultiert entweder die Bildung von +2- und +4-Ionen oder zwei kovalenter Bindungen.

Die Anregung eines Elektrons erzeugt den angeregten Zustand $ns^1 np^1 np^1 np^1$. Die dabei entstandenen vier ungepaarten Elektronen können vier kovalente Bindungen eingehen und das Element nimmt damit eine Oxidationszahl zwischen +4 und −4 ein. Diese energetische Anhebung eines Elektrons findet nur dann statt, wenn die bei der Ausbildung der zwei zusätzlich möglichen Bindungen freiwerdende Energie die Anregungsenergie ausgleicht. Dies ist bei kovalenten Verbindungen immer der Fall.

Die meisten Verbindungen der Elemente der Kohlenstoffgruppe weisen insgesamt einen hohen kovalenten Charakter auf. Der ionische bzw. kovalente Grad der Bindung hängt dabei von mehreren Faktoren ab:
1. von der Stärke der kovalenten Bindungen (sie nimmt innerhalb der Gruppe mit steigender Ordnungszahl ab, da die Atome größer und die Orbitale gleichzeitig diffuser werden),
2. von der Höhe der Ionisierungsenergie (sie sinkt in der gleichen Richtung, da die äußersten Elektronen weiter vom Kern entfernt sind),
3. von der Polarisationsfähigkeit des Kations (sie wird aufgrund des abnehmenden Ladungs-/Radiusverhältnisses mit steigender Ordnungszahl ebenfalls geringer).

Die Bildung diskreter M^{4+}-Kationen ist unwahrscheinlich, da die hohe Ionisierungsenergie weder durch Gitterenergien noch durch Hydratationsenthalpien kompensiert werden könnte. Außerdem wären die vierfach positiv geladenen Ionen stark polarisierend. Sie würden die Elektronen der Anionen so stark anziehen, daß letztendlich kovalente Bindungen resultierten.

Blei jedoch bildet eine Reihe von Verbindungen aus, in denen es formal vierfach positiv geladen ist und die Bindungen als überwiegend ionisch betrachtet werden können, z.B. in PbF_4. Blei besitzt als das schwerste Element der Kohlenstoffgruppe eine niedrige Ionisierungsenergie. Pb^{n+}-Ionen sind nicht mehr klein genug, um stark polarisierend zu wirken. Deshalb bildet Blei nur schwach kovalente Bindungen aus. Zusätzlich wird durch die Bildung eines Ionengitters mehr Energie frei als durch Ausbildung kovalenter Bindungen. In CF_4, SiF_4 und GeF_4 hingegen, die als kovalente, molekulare Gase vorliegen, sind die Ionisierungsenergien der Zentralatome höher und ihre Polarisationsfähigkeiten deutlich größer. Zusätzlich erhöhen auch die dichteren Orbitale den kovalenten Charakter.

Natürlich liegt das Blei in PbF_4 nicht tatsächlich als Pb^{4+}-Ion vor. Auch in diesem Molekül besitzen die Bindungen einen leicht kovalenten Charakter. Die Ladung des Bleis in PbF_4 wird auf +2,5 geschätzt. *Beachte:* Oxidationszahlen sind rein formale Größen, die nichts mit der wirklichen Ladung eines Atoms in einer Verbindung zu tun haben. Echte Ladungen hängen von den Ionisierungsenergien und Elektronegativitäten der gebundenen Atome ab.

Zinn und Blei treten in Verbindungen mit ausreichend elektronegativen Elementen in der Oxidationsstufe +2 auf, z.B. $SnCl_2$ und $PbCl_2$.

Mit steigender Ordnungszahl nimmt die Stabilität der Oxidationszahl +2 gegenüber +4 zu (Effekt des inerten Elektronenpaares).

	C, Si, Ge	Sn	Pb
Oxidationszahl	+4	+4, +2	vorwiegend +2
Bindungsart	vorwiegend kovalent	ionisch und kovalent	vorwiegend ionisch

Fähigkeit zur Bildung von Kettenmolekülen: Hierunter versteht man die Fähigkeit eines Elementes, mit sich selbst Bindungen einzugehen. So gibt es z.b. eine ganze Reihe von C–C-Bindungen, jedoch keine natürlich vorkommende Si–Si- oder Ge–Ge-Bindungen.

Die Fähigkeit zur Ausbildung von Kettenmolekülen nimmt wie folgt ab: C >> Si ≈ Ge > Sn ≈ Pb. Zum Beispiel existieren die Verbindungen der Zusammensetzung E_nH_{2n+2} mit n = 1-100 für Kohlenstoff, n = 1-10 für Silicium, n = 1-9 für Germanium, n = 1-2 für Zinn und n = 1 für Blei. Hierfür gibt es mehrere Gründe:

1. *Die E–E-Bindungsenergien nehmen innerhalb einer Gruppe von oben nach unten ab.* Dies ist eine Folge von der schlechteren Überlappung zwischen den größeren Orbitalen und von den längeren Bindungsabständen.

	C–C	Si–Si	Ge–Ge	Sn–Sn
Bindungsenergie (kJ mol^{-1})	350	200	160	151

2. *Die Stabilität gegenüber Oxidation bzw. Hydrolyse nimmt im allgemeinen innerhalb der Gruppe nach unten ab* (dieser Trend ist bei Silicium und Germanium umgedreht). Dieses Phänomen läßt sich durch Betrachtung thermodynamischer und kinetischer Faktoren erklären.

a) *Thermodynamik:* Die folgende Reaktion ist für die Elemente der 4. Hauptgruppe außer für Kohlenstoff thermodynamisch favorisiert:

$$E_nH_{2n+2} + \left(\frac{3n+1}{2}\right) O_2 \rightarrow n\, EO_2 + (n+1)\, H_2O$$

$$E_nH_{2n+2} + 2n\, H_2O \rightarrow n\, EO_2 + (n+1)\, H_2$$

Vergleicht man die ΔG-Werte dieser Reaktionen für Kohlenstoff und Silicium, so findet man, daß sie für Silicium leicht negativer sind als für Kohlenstoff, da die Si–O-Bindung geringfügig energiereicher ist als die C–O-Bindung. Nach dem Silicium nimmt die E–O-Bindungsstärke wieder ab.

b) *Kinetik:* Die Hydrolysereaktion beinhaltet den Angriff eines Wassermoleküls auf E. Aus folgenden Gründen ist dieser Angriff auf ein Kohlenstoffatom unwahrscheinlich:

(i) Kohlenstoff ist elektronegativer als Wasserstoff und demnach in diesen Verbindungen partiell negativ geladen (δ^-). Ein Angriff durch ein Nucleophil (H_2O) ist folglich nicht sehr wahrscheinlich. Die restlichen Elemente der 4. Hauptgruppe sind elektropositiver als Wasserstoff und die Polarisierung der Bindung zu ihm ist folglich $E^{\delta+}-H^{\delta-}$.

(ii) Der Angriff eines Wassermoleküls erfordert die Anwesenheit eines freien, energiearmen Orbitals am E-Atom. In Alkanen gibt es keine derartigen Akzeptororbitale und der Kohlenstoff ist nicht in der Lage seine Koordinationssphäre über die Anzahl vier hinaus zu erweitern. Silicium, Germanium, Zinn und Blei hingegen besitzen energiearme, freie d-Orbitale in der Valenzschale, die die freien Elektronenpaare des Wassermoleküls aufnehmen können.

Germanium ist elektronegativer als Silicium (die Ge–H-Bindung ist somit weniger polar und deshalb einem Angriff weniger zugänglich - Kinetik) und die Ge–O-Bindung ist schwächer als die Si–O-Bindung (die Bildung von Germaniumoxiden ist also weniger erstrebenswert, Thermodynamik). Aus diesen Gründen sind Germaniumverbindungen weniger anfällig gegenüber Hydrolyse und Oxidation als Siliciumverbindungen.

3. *Eine entscheidene Rolle spielt die Stabilität von Mehrfachbindungen, d.h. π-Bindungen.* Ausschließlich Kohlenstoff zeigt einen ausgeprägten Hang zur Bildung von π-Bindungen, z.B. C=C in C_nH_{2n} und C=O in CO_2. Unter den anderen Elementen der Kohlenstoffgruppe gibt es wenige analoge Verbindungen. Sie bevorzugen die Bildung von Einfachbindungen, die in einigen Fällen durch partielle π-Bindungen verstärkt werden. π-Bindungen sind außer im Fall des Kohlenstoffs ungewöhnlich, da die π-Bindungsstärke gemäß der nachstehenden Reihenfolge abnimmt:

$$2p-2p > 2p-3p > 3p-3p > 3p-4p$$

Der Grund hierfür ist, daß π-Bindungen durch seitliche Überlappung der Orbitale entstehen und ihre Stärke von der Entfernung dieser Orbitale voneinander abhängt. Betrachtet man die schweren Homologen, so werden die Atomradien größer, die Bindungen länger, entfernen sich die Orbitale voneinander und werden die π-Bindungen schwächer (Kap. 4).

	C–C	Si–Si	C–O	Si–O	C=O	Si=O
Bindungsenergie (kJ mol^{-1})	300	200	340	370	800	640

Eine C=O-Doppelbindung ist demnach mehr als doppelt so stark wie eine C–O-Einfachbindung. Eine Si=O-Doppelbindung jedoch ist nur 1,7 mal so stark wie eine Si–O-Einfachbindung. Diese Tatsache spiegelt sich in der unterschiedlichen Chemie von Kohlenstoff und Silicium wieder, in der zwar CO_2 als diskretes Gasmolekül mit C=O-Doppelbindungen existiert, SiO_2 jedoch nur als kovalenter Feststoff, der Si–O-Einfachbindungen enthält.

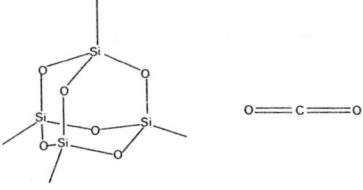

Oxide: Kohlendioxid CO_2 ist ein molekulares Gas, wohingegen Boroxid B_2O_3 einen kovalenter Feststoff bildet. Zwischen Kohlenstoff und Sauerstoff kann eine stärkere π-Bindung ausgebildet werden, da die p-Orbitale sich in ihren Energien näher sind, die C–O-Bindung kürzer ist als die B–O-Bindung und die p-Orbitale des Kohlenstoffs weniger diffus sind. Deshalb wird die Bildung von *a* bevorzugt.

$$O = C = O \qquad \text{eher als}$$

           a   b

CO_2 ist ein Gas, SiO_2 hingegen ein kovalenter Feststoff. Die Existenz von SiO_2 als diskretes Gasmolekül würde eine $2p_\pi$-$3p_\pi$-Bindung erfordern, die schwächer als die $2p_\pi$-$2p_\pi$-Bindung in CO_2 wäre. Deshalb nimmt SiO_2 bevorzugt eine Struktur ein, in der Silicium und Sauerstoff über Einfachbindungen mit p_π-d_π-Charakter verbunden sind (s. Bindungsenergien oben).

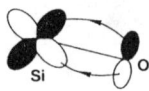

Der ionische Charakter der Oxidverbindungen nimmt in der Kohlenstoffgruppe von oben nach unten zu, was mit den schon genannten Tatsachen übereinstimmt, so daß PbO ein vorwiegend ionischer Feststoff ist, der Pb^{2+}-Ionen enthält.

Hydride: Die Bildung von Kettenmolekülen ist eine charakteristische Eigenschaft des Kohlenstoffs, worin er sich von den anderen Elementen der 4. Hauptgruppe unterscheidet (s. Kap. 3.1.4). Die thermische Stabilität der Hydride nimmt innerhalb der Gruppe analog der Stärke der E–E- und E–H-Bindungen ab. So zersetzt sich Methan (CH_4) bei 1200°C, German (GeH_4) bei 280°C und Plumban (PbH_4) bei 0°C. Die chemische Stabilität gegenüber Hydrolyse wurde bereits diskutiert.

Halogenverbindungen: Kohlenstoff bildet in Verbindung mit Halogenen Kettenmoleküle verschiedener Länge

C_nF_{2n+2} *n* = 1-1 Mio (PTFE, Polytetrafluorethylen)
C_nCl_{2n+2} *n* = 1-10
C_nBr_{2n+2} *n* = 1-3

Die Kettenlänge nimmt mit zunehmendem sterischen Anspruch der Halogensubstituenten ab. Innerhalb der 4. Hauptgruppe nimmt der Grad der Kettenmolekülbildung der Halogenverbindungen aus den schon erwähnten Gründen ab.

MX$_4$-Verbindungen: Bis auf PbI_4 und $PbBr_4$ sind von allen Elementen der Kohlenstoffgruppe die Verbindungen der Zusammensetzung MX_4 bekannt. Die Pb–I- und Pb–Br-Bindungsenergie ist nicht groß genug, um die Anregungsenergie zu kompensieren, die für den folgenden Prozeß benötigt wird:

$$ns^2\,np^1\,np^1\,np^0 \rightarrow ns^1\,np^1\,np^1\,np^1$$

Außer PbF_4, das ionisch ist, haben alle anderen Halogenverbindungen kovalenten Charakter und sind leicht flüchtige Substanzen (die Orbitale sind nicht diffus und können somit starke kovalente Bindungen ausbilden).

Hydrolyse: Die Reaktion

$$EX_4 + 2H_2O \rightarrow EO_2 + 4HX$$

ist thermodynamisch für alle Elemente der Kohlenstoffgruppe favorisiert. Tetrahalogenkohlenstoff ist jedoch aufgrund kinetischer Faktoren hydrolysebeständig, während alle anderen EX_4-Verbindungen leicht hydrolisiert werden. Silicium, Germanium, Zinn und Blei sind in der Lage, ihre Koordinationssphäre über vier hinaus zu erweitern, indem sie ihre freien d-Orbitale benutzen. Der Angriff des Wassers auf das Zentralatom kann dadurch auf einem energiegünstigen Reaktionsprofil erfolgen. Kohlenstoff besitzt keine freien d-Orbitale und kann deshalb seine Koordinationssphäre nicht erweitern. Außerdem erschweren die großen Halogenatome, die sich um das kleine Kohlenstoffatom herum drängen, durch ihren großen sterischen Anspruch jeglichen Angriff auf das Zentralatom.

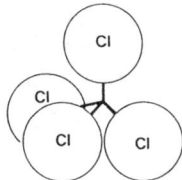

Komplexbildung: CX_4-Verbindungen können nicht als Lewissäuren reagieren, da die Valenzorbitale des Kohlenstoffatoms im Gegensatz zu den anderen Elementen alle an Bindungen beteiligt sind und seine maximale Koordinationszahl vier ist. Die übrigen EX_4-Verbindungen verfügen über d-Orbitale, die Elektronen aufnehmen können, und reagieren daher als Lewissäuren, z.B.

$$SiF_4 + 2F^- \rightarrow [SiF_6]^{2-}$$

Die Koordinationssphären von Silicium, Germanium, Zinn und Blei können bis auf sechs erweitert werden wie zum Beispiel in $[SiF_6]^{2-}$. $[SiCl_6]^{2-}$ ist im Gegensatz zu $[PCl_6]^-$ in der nächsten Hauptgruppe kein stabiler Komplex. Silicium ist zwar größer als Phosphor, die negative Ladung im ersteren Komplex jedoch höher als im zuletztgenannten und deswegen die Abstoßung der Chloridliganden größer. Außerdem dürfte es schwer sein, zu der schon vorhandenen negativen Ladung in $[SiCl_5]^-$ eine weitere hinzuzufügen. Im Fall des $[SiF_6]^{2-}$ resultiert die Stabilität aus der geringeren Abstoßung zwischen den kleinen Fluoridatomen und aus den energiereichen Si–F-Bindungen.

Zusammenfassung der 4. Hauptgruppe

1. Kohlenstoff ist ein Nichtmetall, bei Silicium und Germanium handelt es sich um Halbmetalle und Zinn und Blei sind Metalle.
2. Silicium und Germanium ähneln sich in ihrer Größe ebenso wie Zinn und Blei.
3. Die Stabilität der Oxidationsstufe +2 nimmt innerhalb der Gruppe nach unten zu.
4. In der gleichen Richtung nimmt die Fähigkeit zur Ausbildung von Kettenmolekülen ab.
5. π-Bindungen werden von den höheren Homologen seltener ausgebildet.
6. Bis auf PbF_4, das ionischen Charakter hat, handelt es sich bei den Tetrahalogenverbindungen der 4. Hauptgruppenelemente um leicht flüchtige, kovalente Verbindungen.
7. Die Tetrahalogenverbindungen des Kohlenstoffs sind im Gegensatz zu denen des Siliciums luft- und hydrolysebeständig.

3.1.5 Pnictogene (5. Hauptgruppe)

Element	Elektronenkonfiguration	Natur	Paulingsche *EN*
N	$[He]2s^2 2p^3$	zweiatomiges Gas	3,04
P	$[Ne]3s^2 3p^3$	Feststoff, Isolator	2,19
As	$[Ar]3d^{10} 4s^2 4p^3$	Halbmetall, Halbleiter	2,18
Sb	$[Kr]4d^{10} 5s^2 5p^3$	Halbmetall, Halbleiter	2,05
Bi	$[Xe]4f^{14} 5d^{10} 6s^2 6p^3$	Metall	2,02

Allotrope Modifikationen des Phosphors: Es gibt drei wichtige allotrope Formen des Phosphors - den weißen, den roten und den schwarzen Phosphor. Der weiße Phosphor besteht aus P_4-Tetraedern, die untereinander durch van der Waals-Kräfte zusammengehalten werden. Der P–P–P-Winkel beträgt nur 60°, d.h. das Molekül ist äußerst gespannt und deshalb sehr reaktiv. Die Triebkraft für die meisten Reaktionen des weißen Phosphors ist sein Bestreben, diesen Winkel zu erweitern, wie z.B.

$$P_4 + 3S \rightarrow P_4 S_3$$

Die Umwandlung der allotropen Modifikationen ineinander erfolgt aus dem gleichen Beweggrund. So wandelt sich weißer Phosphor beim Erhitzen in roten und jener bei weiterer Temperaturerhöhung in schwarzen Phosphor um. Die beiden letzten Modifikationen weisen eine etwas „offenere" Struktur auf, in der die P–P–P-Winkel dem Tetraederwinkel von 109° näher kommen.

Atomradien und Ionisierungsenergien: Wie in der 4. Hauptgruppe gibt es auch hier aufgrund der eingeschobenen d- und f-Elemente keine regelmäßige Zunahme der Atomgröße. Dies wiederum führt zu einer nicht regelmäßigen Abnahme der Ionisierungsenergien.

Ionische Bindung: Die Elemente der 5. Hauptgruppe besitzen im Grundzustand die allgemeine Elektronenkonfiguration $ns^2\, np^1\, np^1\, np^1$ und könnten folglich Ionen mit den Ladungen +3, +5 und –3 ausbilden.

Es ist möglich, Kationen von Antimon und Bismut zu bilden (ionische Bindung), wohingegen Stickstoff und Phosphor lediglich in kovalenten Verbindungen mit positiven Oxidationszahlen auftreten. So ist BiF_3 ein ionischer Feststoff und NF_3 ein kovalentes Gas.

Antimon(III)- und Bismut(III)-Verbindungen besitzen einen hohen ionischen Charakter,
– weil die Ionisierungsenergie, die innerhalb der Gruppe nach unten abnimmt, nicht übermäßig groß ist und durch exotherme Beträge wie Gitterenergie oder Hydratationsenthalpie (Born-Haber-Zyklus) ausgeglichen werden kann
– und die Kationen aufgrund ihrer Größe nicht allzu polarisierend wirken.

Wie in der 4. Hauptgruppe sind auch in ionischen Verbindungen der Pnictogene die echten Ladungen der Ionen kleiner als die formalen Oxidationszahlen.

M^{5+}-Ionen existieren nicht, da die enorme Ionisierungsenergie, die für die Ablösung von fünf Elektronen nötig wäre, nicht durch Gitterenergie bzw. Hydratationsenthalpie kompensiert werden kann. Nebenbei würde ein M^{5+}-Ion so stark polarisierend wirken, daß es niemals als diskretes Ion stabil wäre. Ein so hoch geladenes Ion würde die Elektronen des Bindungspartners zu sich ziehen, seine Ladung dadurch reduzieren und gleichzeitig den kovalenten Anteil der Bindung erhöhen; z.B. ist PF_5 ein kovalentes Gas.

Beim Übergang von der linken zur rechten Seite des Periodensystems, sind wir in der 5. Hauptgruppe zum ersten Mal an einem Punkt angelangt, wo es thermodynamisch günstig ist, daß ein Element eine Verbindung als Anion eingeht. Diskrete E^{3-}-Ionen gibt es jedoch nur im Fall des Stickstoffs und des Phosphors (Ca_3P_2),

 – da die Elektronegativität innerhalb einer Periode von links nach rechts zu- und innerhalb einer Gruppe von oben nach unten abnimmt
 – und die N^{3-}- und P^{3-}-Ionen sehr klein und hoch geladen sind, so daß die Gitterenergien ihrer Verbindungen sehr groß sein werden.

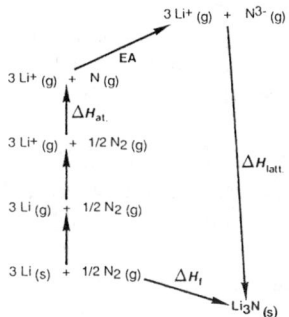

Der Zyklus enthält neben der Ionisierung des Lithiums zwei stark endotherme Prozesse: Erstens die Dissoziation des Stickstoffmoleküls und zweitens die Bildung des dreifach negativ geladenen Stickstoffions (schon die 1. *EA* ist leicht endotherm, und das steigert sich noch bei der 2. und 3. *EA*). Die Gitterenergie zur Bildung des Salzes muß anschließend wieder genügend Energie liefern, und das ist nur der Fall, wenn die Kationen sehr klein sind (Li^+, Mg^{2+}, Al^{3+}). Na^+, Ca^{2+} etc. sind zu groß - die freiwerdende Gitterenergie kann die Dissoziationsenergie und die Elektronenaffinität nicht kompensieren. Die Gitterenergien von Li_3N, Mg_2N_3 usw. sind hingegen sehr hoch, da die Ionen hohe Ladungen tragen, geringe Abstände zwischen ihnen herrschen und aus den ähnlichen Radien von Kation und Anion große Koordinationszahlen resultieren.

Kovalente Bindung: Die Elektronenkonfiguration des Grundzustandes ist $ns^2\,np^1\,np^1\,np^1$, die mit drei ungepaarten Elektronen die Ausbildung von drei kovalenten Einfachbindungen erlaubt, d.h. Oxidationszustände zwischen +3 und –3. Die Anhebung eines Elektrons aus dem s-Zustand in das niedrigste freie d-Orbital ergibt die Konfiguration $ns^1\,np^1\,np^1\,np^1\,nd^1$ und erlaubt mit fünf ungepaarten Elektronen folglich die Ausbildung von fünf Einfachbindungen und Oxidationszustände zwischen +5 und –5. *Beachte:* Aus diesen Orbitalen entstehen durch Hybridisierung fünf nicht äquivalente sp^3d-Hybridorbitale.

Die Stabilität des Oxidationszustandes +3 nimmt innerhalb der Gruppe nach unten zu (Effekt des inerten Elektronenpaars), so daß Bismut fast ausschließlich in der Oxidationsstufe +3 vorkommt. Zum Beispiel existiert Phosphorpentachlorid PCl_5, Bismutpentachlorid $BiCl_5$ jedoch nicht. Eine der wenigen Bi(V)-Verbindungen schmilzt bei niedrigen Temperaturen und ist extrem reaktiv: Bismutpentafluorid BiF_5.

Wie leicht der Oxidationszustand +5 erreicht werden kann, hängt davon ab, wieviel Energie für die Anregung des s-Elektrons nötig ist und wieviel Energie anschließend durch die Ausbildung der zwei zusätzlich möglichen Bindungen frei wird. Wenn die zweifache Bindungsenergie größer ist als die Anregungsenergie, ist die Oxidationszahl +5 stabil. Letzteres trifft auf PF_5, PCl_5 und PBr_5 zu, aber nicht auf PI_5. Die P–I-Bindung ist sehr lang und nicht besonders stark ($3p_\sigma$-$5p_\sigma$-Bindung). Deshalb gleicht die Bildung der zwei P–I-Bindungen die Anregungsenergie nicht aus. Die Instabilität von

PI$_5$ läßt sich außerdem durch sterische Faktoren begründen: Die fünf großen Iodatome haben nicht genügend Platz um das relativ kleine Phosphoratom. Im Fall des Antimons existiert die Pentachlorverbindung, indes die Pentabromverbindung nicht, und im Fall von Bismut ist nur die Pentafluorverbindung stabil. Dieses Phänomen läßt sich wie oben mittels Abwägung von Anregungsenergie, Bindungsenergien und sterischen Effekten erklären.

Ein anderer Weg, um die Stabilität der hohen Oxidationszustände der Pnictogene in Verbindung mit elektronegativen Elementen zu verstehen, liegt in der Betrachtung der Oxidations- bzw. Reduktionskraft der Liganden. Fluorid ist nur schwer zu oxidieren und wird von P(+V) nicht oxidiert, deshalb existiert PF$_5$. Iodid wird leichter oxidiert als Fluorid (z.B. reagiert es mit Br$_2$ zu I$_2$) und ergibt mit fünfwertigem Phosphor elementares Iod und P(+III), d.h. PI$_5$ ist nicht stabil.

Stickstoff tritt in keiner seiner Verbindungen fünfbindig auf. Zwei Faktoren sind dafür verantwortlich:

1. Es gibt keine 2d-Orbitale, in die ein Elektron des 2s-Zustandes angehoben werden könnte. Die Anregung in einen 3s-Zustand ergäbe zwar fünf ungepaarte Elektronen, wäre jedoch energetisch viel zu aufwendig und würde niemals durch die Ausbildung der zusätzlich möglichen Bindungen ausgeglichen werden.
2. Das Stickstoffatom ist klein und kann analog zu den anderen Elementen der zweiten Periode seine Koordinationssphäre nicht über vier hinaus erweitern.

Es gibt dennoch Stickstoffverbindungen, in denen das N-Atom die formale Oxidationszahl +5 trägt, z.B. Salpetersäure HNO$_3$, hierbei spielen jedoch π-Bindungen eine Rolle, und die Koordinationszahl ist kleiner vier. Die fehlenden d-Orbitale machen für N(V)-Verbindungen die Formulierung von Resonanzstrukturen der folgenden Art nötig:

Komplexbildung: R$_3$E kann als Lewisbase, d.h. als Elektronendonor fungieren

$$R_3E: \rightarrow BCl_3$$

Die Fähigkeit, Elektronen zur Verfügung zu stellen, hängt von der Elektronegativität von R und dem Charakter von E ab. (Hal)$_3$N sind z.B. schwächere Lewisbasen als Me$_3$N. Die höhere Elektronegativität der Halogenatome verringert die Elektronendichte am Stickstoffatom und damit gleichzeitig sein Bestreben, ein Elektronenpaar zur Verfügung zu stellen.

Innerhalb der 5. Hauptgruppe ist die Lewisbasizität des Phosphors am größten (N<P>As>Sb>Bi). Sie wird in der Hauptsache von zwei Faktoren beeinflußt:

1. *von der Elektronegativität des Elementes* – Stickstoff als das elektronegativste Element dieser Gruppe zieht seine Elektronen besonders stark an. Je elektropositiver die Elemente nach unten hin werden, desto „freiwilliger" geben sie ihr freies Elektronenpaar ab.
2. *von der Fähigkeit, dative Bindungen zu anderen Elementen auszubilden* – Diese ist wiederum davon abhängig, wie diffus das Donor-Orbital des Elementes ist. Je diffuser das Orbital, desto schwächer die Bindung. Da die Orbitale mit steigendem Atomradius diffuser werden, nimmt die Bindungsstärke in derselben Richtung ab.

Diese beiden Faktoren arbeiten gegeneinander, so daß die obige Reihenfolge der Lewisbasizität entsteht. Sie hängt zum Teil auch von den Akzeptoreigenschaften der Lewissäure ab (elektronische und sterische Effekte).

R_3N ist keine Lewissäure, da das Stickstoffatom keine d-Orbitale besitzt, in die Elektronen eingelagert werden könnten. R_3E (E = P, As, Sb, Bi)-Moleküle besitzen energiearme, freie d-Orbitale, so daß sie nicht nur als Lewisbasen, sondern auch als Lewissäuren reagieren können:

$$PBr_3 + Br^- \rightarrow PBr_4^-$$

$E(Hal)_5$-Verbindungen sind zwar keine Lewisbasen, da sie keine freien Elektronenpaare besitzen, sie sind jedoch Lewissäuren, weil sie freie d-Orbitale haben. Komplexe wie SbF_6^- und PF_6^- können durch einfache Anlagerung von F^- an EF_5 gebildet werden. EF_6^--Molekülionen können allerdings kein weiteres Fluorid mehr aufnehmen, obwohl noch immer freie Orbitale zur Verfügung stünden. Schuld daran ist die Schwierigkeit, eine weitere negative Ladung in das Molekül einzuführen, und die zu große Ligandenabstoßung in einem siebenfach koordinierten Komplex.

Oxide: Alle Stickstoffoxide sind gasförmig und die Phosphoroxide sind fest, aber im Gegensatz zu den Siliciumoxiden bilden sie diskrete molekulare Einheiten, z.B. P_4O_{10}

Die meisten Phosphoroxoverbindungen enthalten P–O-Bindungen mit partiellem π-Charakter. Die Tendenz eher diskrete Moleküle auszubilden als kovalente Feststoffe, wie es für Siliciumoxide typisch ist, kommt durch die Bevorzugung von Doppelbindungen (z.B. existiert $R_3P=O$, $R_2Si=O$ hingegen polymerisiert sofort zu O–Si–O-Ketten). P=O-Doppelbindungen sind aus drei Gründen, die alle mehr oder weniger mit der Zunahme der effektiven Kernladung zusammenhängen, stärker als Si=O-Doppelbindungen:
1. Die 3p-Orbitale des Phosphors besitzen eine geringere Energie als die 3p-Orbitale des Siliciums und sind deshalb den 2p-Orbitalen des Sauerstoffs energetisch näher.
2. Die 3p-Orbitale des Phosphors sind weniger diffus als die des Siliciums und somit ist das Überlappungsintegral mit den 2p-Orbitalen des Sauerstoffs größer.
3. Das Phosphoratom ist kleiner als das Siliciumatom, Phosphor und Sauerstoff können sich demnach näher kommen und stärker miteinander wechselwirken.

Arsen bildet ähnlich wie Silicium kovalente Oxide, die aus As–O-Einfachbindungen bestehen.

Die Stärke der π-Bindungen nimmt innerhalb einer Periode von links nach rechts zu und innerhalb einer Gruppe von oben nach unten ab. Infolgedessen gibt es im Periodensystem in bezug auf die Fähigkeit zur Ausbildung von π-Bindungen so etwas wie eine Diagonalbeziehung.

Der ionische Charakter der Oxide nimmt in der Gruppe nach unten hin zu, so daß Bi_2O_3 eine überwiegend ionische Gitterstruktur aufweist.

Bildung von Kettenmolekülen: In der 4. Hauptgruppe nimmt die Fähigkeit zur Bildung von Kettenmolekülen vom Kohlenstoff zum Blei insgesamt gesehen ab (C >> Si $\cong$ Ge > Sn $\cong$ Pb). In der 5. Hauptgruppe indes hat sie ein Maximum beim Phosphor: N < P > As > Sb > Bi.

Die Begründung läßt sich bei der Betrachtung der Bindungsstärke der E–E-Einfachbindungen finden. Die C–C-Bindung ist erheblich stärker als die N–N-Bindung (s. Kap. 3.1.4), und schuld daran sind die freien Elektronenpaare des Stickstoffs, die sich gegenseitig abstoßen und dafür sorgen, daß Stickstoff keine Kettenmoleküle mit Einfachbindungen bildet.

Ein weiterer Grund für die geringe Neigung des Stickstoffs zur Bildung von Kettenmolekülen ist die sehr hohe Stabilität des N_2-Moleküls. Die Dissoziationsenergie einer $N{\equiv}N$-Dreifachbindung ist fünfmal so groß wie die einer N–N-Einfachbindung, und daher sind alle Verbindungen, die eine N–N-Einfachbindung enthalten, endotherm (ΔH_f = positiv) und reagieren spontan und explosionsartig (Energie wird frei) zu N_2.

Alle Stickstoffketten, die aus mehr als zwei Atomen bestehen, enthalten π-Bindungen zwischen den Stickstoffatomen, Beispiele hierfür sind das lineare Azidion, N^{3-}, und Tetrazene der allgemeinen Formel R–N=N–N=N–R.

Der Phosphor kann größere Ketten ausbilden, da die π-Bindungen zwischen den Phosphoratomen schwächer (längere Bindungen und diffusere Orbitale) und die Einfachbindungen dagegen beachtlich stärker sind. Durch die größeren Atome und damit längeren Bindungen ist die Abstoßung der freien Elektronenpaare schwächer. Als Ergebnis davon ist die Dissoziationsenergie der $P{\equiv}P$-Dreifachbindung (493 kJ mol^{-1}) weniger als dreimal so stark wie eine P–P-Einfachbindung (209 kJ mol^{-1}). Aufgrunddessen ist P_2 äußerst instabil und existiert nur in der Gasphase bei hohen Temperaturen. Phosphorketten bestehen hauptsächlich aus Einfachbindungen und sind nicht so endotherm wie ihre hypothetischen Stickstoffanaloga.

Nach dem Phosphor nimmt die Fähigkeit zur Bildung von Kettenmolekülen in der 5. Hauptgruppe wieder ab. Darin spiegelt sich die abnehmende E–E-Bindungsstärke wieder, die durch die Zunahme der Atomradien zustandekommt.

Obwohl ab dem Phosphor die Kettenmolekülbildung noch ausgeprägter ist als für den Stickstoff, sind diese Verbindungen doch sehr reaktiv und extrem instabil in bezug auf Oxidation und Hydrolyse (ähnlich den homologen Verbindungen der 4. Hauptgruppenelemente). Die Reaktivität dieser Verbindungen wird zum Teil durch die freien, energiearmen d-Orbitale verursacht, die Angriffspunkte für Elektronendonatoren (Lewisbasen) sind.

Ausgehend von der Tendenz zur Kettenmolekülbildung kann man verstehen, wie es zu den verschiedenen Zustandsformen der Pnictogene kommt: N_2 existiert als Gas, Phosphor hingegen kommt vor allem in drei allotropen Modifikationen vor, die P–P-Einfachbindungen enthalten.

Hydride: Verbindungen der Zusammensetzung EH_3 besitzen ein freies Elektronenpaar und können als Lewisbasen Komplexe bilden, z.B. $[Cr(NH_3)_6]^{2+}$.

Die Siedepunkte der Hydride der 5. Hauptgruppe variieren gemäß der folgenden Abbildung:

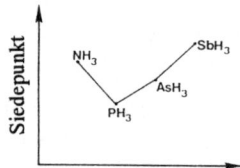

Die Zunahme der Siedepunkte von Phosphan, PH_3, zu Stiban, SbH_3, läßt sich durch die zunehmenden van der Waals-Kräfte erklären, da die Zentralatome schwerer werden, mehr Elektronen besitzen und deshalb polarisierbarer sind. Die hohe Siedetemperatur des Ammoniaks wird durch ausgedehnte Wasserstoffbrückenbindungen verursacht. Stickstoff als das elektronegativste Element der 5. Hauptgruppe vermag die N–H-Bindung derart zu polarisieren, daß der Wasserstoff partiell positiv geladen ist. Dieser kann mit den freien Elektronenpaaren benachbarter NH_3-Moleküle wechselwirken und führt so zu starken, anziehenden Kräften, den Wasserstoffbrücken. Diese Art von Bindung ist im Gegensatz zu einfachen Dipol-Dipol-Wechselwirkungen gerichtet und beinhaltet eine intermolekulare dative Bindung zwischen Stickstoff und Wasserstoff. Um diese starken, intermolekularen Wechselwirkungen aufzuheben, d.h. die Moleküle zu verdampfen, benötigt man viel Energie.

Zusammenfassung der 5. Hauptgruppe

1. Stickstoff liegt unter Normalbedingungen (Raumtemperatur, Normaldruck) als Gas vor; Phosphor als kovalenter Feststoff; Arsen und Antimon als Halbmetalle; Bismut als Metall.
2. Diskrete, fünffach positiv geladene Ionen sind nicht stabil. In ihren ionischen Verbindungen treten Antimon und Bismut in der Oxidationszahl +3 auf.
3. Die Stabilität von Verbindungen mit der Oxidationszahl +3 nimmt vom Phosphor zum Bismut zu.
4. Stickstoff ist das einzige Element der 5. Hauptgruppe, das in keiner seiner Verbindungen fünffach koordiniert vorliegt.
5. Die Lewisbasizität ändert sich in der Reihenfolge N < P > As > Sb > Bi.
6. Phosphoroxide bilden molekulare Einheiten, Arsenoxide sind kovalenter und Bismutoxide sind vorwiegend ionischer Natur.
7. Die Fähigkeit zur Bildung von Kettenmolekülen variiert in der gleichen Weise wie die Lewisbasizität (s. Punkt 5).
8. Die Siedepunkte der EH_3-Verbindungen variieren wie folgt $NH_3 \gg PH_3 < AsH_3 < SbH_3 < BiH_3$.

3.1.6 Chalkogene (6. Hauptgruppe)

Element	Elektronenkonfiguration	Natur	Paulingsche EN
O	$[He]2s^2 2p^4$	zweiatomiges Gas	3,44
S	$[Ne]3s^2 3p^4$	nichtmetallischer Feststoff, Isolator	2,58
Se	$[Ar]3d^{10}4s^2 4p^4$	Halbmetall, Halbleiter	2,55
Te	$[Kr]4d^{10}5s^2 5p^4$	Halbmetall, Halbleiter	2,10
Po	$[Xe]4f^{14}5d^{10}6s^2 6p^4$	Metall	2,00

Die Elemente der 6. Hauptgruppe weisen die allgemeine Elektronenkonfiguration $ns^2\, np^4$ auf, die die Oxidationszahlen +2, +4, +6 und -2 ermöglicht.

Negative Oxidationszahlen: Sie treten sowohl in ionischen als auch in kovalenten Verbindungen auf. Das zweifach negativ geladene Ion ist in der 6. Hauptgruppe weit verbreitet, wohingegen in der 5. Hauptgruppe Stickstoff und Phosphor als einzige Elemente zur Bildung diskreter Anionen fähig sind und dies auch nur in ionischen Verbindungen mit kleinen, hochgeladenen Kationen. Diese Tatsache läßt sich folgendermaßen erklären:

1. Von der 5. zur 6. Hauptgruppe nimmt die Elektronegativität zu und gleichzeitig auch die Fähigkeit, Anionen auszubilden.
2. Die Dissoziationsenergie von O_2 ist um einiges geringer als die von N_2 (Doppelbindung statt Dreifachbindung!). Dadurch wird die Bildung von Anionen leichter, d.h. der ΔH_{at}-Beitrag im

Born-Haber-Zyklus ist für Sauerstoff weniger endotherm. Die restlichen Elemente der 6. Hauptgruppe besitzen Dissoziationsenergien, die denen ihrer Analoga der 5. Hauptgruppe ähneln.

3. In der 6. Hauptgruppe erreicht man mit der Bildung von 2^--Ionen das Elektronenoktett, in der 5. Hauptgruppe ist dazu die Bildung von dreifach negativ geladenen Ionen nötig. Dies bedeutet einen weniger endothermen Beitrag der Elektronenaffinität für die Elemente der 6. Hauptgruppe. Da der Elektronenaffinitätsbeitrag also kleiner ist, reichen geringere Gitterenergien aus, um diesen endothermen Term zu kompensieren. Somit bilden eine weit größere Anzahl von Metallen mit Sauerstoff Verbindungen, die O^{2-}-Ionen enthalten, als mit Stickstoff solche, die N^{3-}-Ionen enthalten. Man ist nicht mehr auf sehr kleine Kationen beschränkt.

Schwefel, Selen und Tellur können ebenfalls als diskrete 2^--Ionen vorkommen. Allerdings bilden sich jene nur in Verbindung mit großen, elektropositiven Metallkationen wie z.B. Cäsium aus, da die größeren Ionenradien zu geringeren Gitterenergien führen. Cäsium bildet überwiegend ionische Verbindungen aus, da es leicht zu Cs^+ ionisiert werden kann. Cs^+ und E^{2-} (E = S, Se) besitzen ähnliche Ionenradien, so daß das Ionenradienverhältnis Cs^+/E^{2-} eine maximale Koordination ermöglicht. Diese Tatsache gleicht die Abnahme der Gitterenergie aus, die durch die größeren Abstände zwischen den Ionen zustandekommt (Born-Landé-Gleichung, s. Kap. 2.2.2).

Positive Oxidationszahlen: Ein M^{6+}-Ion ist in der 6. Hauptgruppe aus den gleichen Gründen instabil wie ein M^{5+}-Ion in der 5. Hauptgruppe. Tellur und Polonium lassen sich am leichtesten oxidieren (niedrige Ionisierungsenergien) und sind groß genug, so daß die entstehenden Kationen nicht allzu polarisierend auf die Bindungen wirken, d.h. keinen großen kovalenten Bindungscharakter hervorrufen. In Verbindungen mit elektronegativeren Elementen treten Tellur und Polonium vorwiegend ionisch und in den Oxidationszahlen +4 auf, z.B. PoF_4 und TeO_2. Obwohl diese Verbindungen einen hohen ionischen Charakter besitzen, ist es unwahrscheinlich, daß in ihnen diskrete +4-Ionen vorliegen. Die polarisierende Wirkung eines solchen Kations sorgt dafür, daß die tatsächliche Ladung kleiner als +4 ist, indem sie der Bindung einen geringen kovalenten Charakter verleiht. Die Elemente oberhalb Tellur in der 6. Hauptgruppe benötigen zu hohe Ionisierungsenergien für die Bildung von +4-Ionen, die durch keine anderen Energiebeiträge im Born-Haber-Zyklus (ΔH_{latt}, ΔH_{hyd}) ausgeglichen werden könnten. Selbst Substanzen wie SF_4 (bei RT gasförmig) sind überwiegend kovalent und molekular.

Unterschiedliche Oxidationszahlen und kovalente Bindungen: Die Elektronenkonfiguration der Chalkogene im Grundzustand ist $ns^2\,np^2\,np^1\,np^1$, woraus die Bildung von zwei kovalenten Bindungen folgt und damit Oxidationszahlen zwischen +2 und −2. Im ersten angeregten Zustand wurde ein Elektron aus dem p-Zustand in den d-Zustand angehoben: $ns^2\,np^1\,np^1\,np^1\,nd^1$ (vier Hybridorbitale). Dabei erhält man vier ungepaarte Elektronen und Oxidationszahlen zwischen +4 und −4. Eine weitere Anregung überführt ein Elektron aus dem s-Zustand in den d-Zustand, $ns^1\,np^1\,np^1\,np^1\,nd^1\,nd^1$, man erhält die Möglichkeit zu sechs kovalenten Bindungen und Oxidationszahlen zwischen +6 und −6.

Sauerstoff tritt in keiner Verbindung mit einer Oxidationszahl > +2 auf. Es besitzt keine d-Orbitale, und das nächste freie Orbital ist das 3s-Orbital. Die Energie, die erforderlich wäre, um ein Elektron in dieses Orbital anzuheben (eine Hauptquantenzahl bzw. Schale höher!), wird durch die Bildung einer zusätzlichen Bindung nicht mehr ausgeglichen, da die Anregungsenergie mehr als doppelt so groß ist wie die Bindungsenergie.

Die Elemente Schwefel bis Polonium besitzen ausreichend energiearme d-Orbitale und treten in den Oxidationszuständen +4 und +6 auf. Ähnlich wie in der 5. Hauptgruppe ist das Ausmaß der Bildung höherer Oxidationszustände von dem Verhältnis zwischen Anregungs- und Bindungsenergie und sterischen Faktoren abhängig. Die stärksten kovalenten Bindungen werden vom Schwefel ausgebildet, da hierbei energiearme und dichtere Orbitale benutzt werden und die Bindungen kurz sind. Schwefel der Oxidationsstufe +6 ist leicht erhältlich, z.b. in Schwefelsäure H_2SO_4 und Schwefelhexafluorid SF_6.

Halogenverbindungen: SF_6 ist eine kinetisch stabile Verbindung, SCl_6 hingegen existiert nicht. Dafür gibt es zwei Gründe:

1. *Sterische Faktoren* - die Wechselwirkungen zwischen den sechs großen Chloratomen ist bedeutend größer als zwischen den sechs kleineren Fluoratomen.

2. *Elektronische Faktoren* - die S–Cl-Bindung ist schwächer als die S–F-Bindung.

SF_5Cl und SF_4Cl_2 sind stabile Verbindungen, da sie starke S–F-Bindungen beinhalten und die Abstoßung der Liganden gegenüber SCl_6 vermindert ist. Es gibt viele Schwefel(VI)-Verbindungen, in denen das Schwefelatom von weniger als sechs Liganden koordiniert wird und die sterische Abstoßung geringer ist, z.B. SO_2F_2 und SO_3. Die Stabilität wird durch die verminderte Abstoßung der Liganden und das Verhältnis zwischen Bindungs- und Anregungsenergie bestimmt. In der 6. Hauptgruppe nimmt die Stabilität des +6-Oxidationszustandes mit steigender Ordnungszahl ab, da die Anregungsenergie nicht mehr durch die Bildung einer zusätzlichen Bindung ausgeglichen wird. Bei den schweren Homologen tritt zusätzlich wieder der Effekt des inerten Elektronenpaares auf, so daß SeF_6 und TeF_6 stabil sind, PoF_6 jedoch nicht. TeF_6 ist außerdem instabiler als SF_6 und zerfällt leicht in TeF_4 und F_2.

In Verbindungen der Chalkogene mit schwereren Halogenen sind die Bindungsenergien niedriger und die sterische Behinderung größer, so daß es keine Bromide der 6. Hauptgruppe gibt, deren Zentralatom eine Oxidationszahl > +4 aufweist, d.h. EBr_6 existiert nicht.

Wie in der 5. Hauptgruppe kann man die Stabilität der höheren Oxidationszahlen durch Abwägung der Oxidations- bzw. Reduktionskraft der Liganden abschätzen. So ist zum Beispiel Schwefel(+VI) in der Lage, Br^- zu Br_2 zu oxidieren, wobei er selbst in Schwefel(+IV) übergeht. Seine Oxidationskraft reicht jedoch nicht aus, um F^- zu F_2 zu oxidieren.

Die Kinetik spielt bei der Stabilität der unterschiedlichen Oxidationszustände ebenfalls eine Rolle. Zum Beispiel ist SF_6 im Gegensatz zu SF_4 stabil in bezug auf Hydrolyse, obwohl beide Reaktionen thermodynamisch günstig wären. Im SF_6 gibt es zwar freie d-Orbitale, diese werden jedoch vor dem Angriff durch Wassermoleküle durch die Fluoratome vollständig abgeschirmt. Der Hydrolyse müßte der Bruch einer S–F-Bindung vorausgehen, damit eine Angriffsmöglichkeit bestünde. Dies wäre eine äußerst energieaufwendige Aktivierung! SF_4 besitzt vier freie, energiearme d-Orbitale und genügend Platz für einen nucleophilen Angriff des Wassers. Auf diese Weise ist die Hydrolyse von SF_4 sowohl thermodynamisch als auch kinetisch durchführbar.

Komplexbildung: Sauerstoff, O_2, hat nur Lewisbasencharakter, da es keine energiearmen, freien Orbitale besitzt. Atomarer Sauerstoff hingegen ist aufgrund des Elektronensextetts eine weiche Lewissäure. Die restlichen Elemente können in den Oxidationszuständen +2 und +4 als Lewisbase und -säure reagieren, wie im folgenden zu sehen ist.

Lewisbase: $SCl_2 + Cl_2 \rightarrow SCl_3^+ + Cl^-$
Lewissäure: $SF_4 + F^- \rightarrow SF_5^-$

In der Oxidationsstufe +6 sind keine freien Elektronenpaare mehr zur Verfügung, es liegt folglich keine Reaktionsmöglichkeit als Lewisbase vor. Hinzu kommt, daß siebenfach koordinierte Elemente aus sterischen Gründen ungünstig sind. Dies wiederum hat zur Folge, daß EX_6-Verbindungen auch nicht als Lewissäuren reagieren, obwohl noch freie d-Orbitale (Akzeptororbitale) zur Verfügung stünden.

Bildung von Kettenmolekülen: Der Trend zur Bildung von Kettenmolekülen ähnelt dem der 5. Hauptgruppe, d.h. O < S > Se > Te > Po. Die Stellung des Sauerstoffs kommt durch die schwachen O–O-Einfachbindungen zustande, die aus der starken Abstoßung zwischen den freien Elektronenpaaren resultieren. Diese Kräfte sind in der 6. Hauptgruppe stärker als in der 5., da mehr Valenzelektronen vorhanden sind.

	O–O	N–N	S–S	Se–Se
Bindungsenergie (kJ mol^{-1})	146	167	226	172

Die Bindungsenergie im O_2-Molekül ist mehr als doppelt so groß wie die einer Einfachbindung, weil die Abstoßung der freien Elektronenpaare in sp^2-Orbitalen (O=O) geringer ist als in sp^3-Orbitalen (O–O). Die räumliche Entfernung der freien Elektronenpaare zur O–O-Verbindungsachse ist nämlich in sp^2-Orbitalen größer! O_2 ist sehr stabil und unfähig Ketten zu bilden, ohne die Doppelbindung zu spalten. Die Bindungen in Kettenmolekülen des Sauerstoffs wie O_3, H_2O_2, O_2F_2 und O_4F_2 (Zers. bei $-183°C$) weisen zum Teil einen geringen Mehrfachbindungscharakter auf.

Schwefel bildet Ringe und Ketten, die S–S-Einfachbindungen enthalten, z.B. S_8. Vom Schwefel zum Polonium nimmt die Tendenz zur Kettenmolekülbildung aufgrund der kleineren Bindungsenergien ab. Es gibt die Verbindungen der Zusammensetzung H_2S_n mit $n = 1$-8, H_2Se_n mit $n = 1$-3, H_2Te_n mit $n = 1$-2.

Oxide: Die Strukturen einiger Chalkogenoxide sind:

Die unterschiedlichen Strukturen der Oxide resultieren aus der abnehmenden Bindungsenergie der E=O-Doppelbindung im Vergleich zur E–O-Bindung beim Übergang zu den schwereren Elementen. Die Fähigkeit zur Ausbildung von π-Bindungen nimmt in dieser Richtung ab (s. Oxide der Elemente der 4. und 5. Hauptgruppe). Die Oxidstrukturen von Kohlenstoff und Schwefel bzw. Phosphor und Selen weisen eine gewisse Ähnlichkeit auf. Kohlenstoff und Schwefel bilden diskrete Oxidmoleküle, die Doppelbindungen enthalten, SO_2 und CO_2. Phosphor und Selen tendieren weniger zu π-Bindungen: P_4O_6 enthält ausschließlich P–O-Einfachbindungen mit einigen p_π-d_π-Wechselwirkungen und in P_4O_{10} liegen sowohl Doppel- als auch Einfachbindungen vor. SeO_2 weist in der Gasphase die gleiche Struktur wie SO_2 auf, unter Normalbedingungen jedoch bildet es einen kovalenten Feststoff mit Se–O-Einfachbindungen. Der ionische Charakter der Oxide nimmt innerhalb einer Hauptgruppe zu, so daß PoO_2 wie auch Bi_2O_3 vorwiegend ionisch ist.

Hydride: Die Hydride der 6. Hauptgruppe (EH_2, RSH) besitzen freie Elektronenpaare und können als Lewisbasen reagieren, z.B.

$$C_2H_5SH + TiCl_4 \rightarrow C_2H_5SH \cdot TiCl_4$$

Die Basizität ist geringer als die der analogen Verbindungen der 5. Hauptgruppe, da die Elektronegativität der Chalkogene größer ist und sie die Elektronen stärker anziehen. Diese Tatsache hat zwei zusätzliche Konsequenzen:

1. Die größere Polarisierbarkeit der E–H-Bindung bedeutet, daß EH_2 als Brönstedsäure reagieren kann, d.h. die Tendenz zur Protonenabspaltung in wäßriger Lösung ist größer als für die analogen Verbindungen in der 5. Hauptgruppe ($EH_2 + H_2O \rightarrow EH^- + H_3O^+$).
2. Der Siedepunkt von Wasser ist aufgrund der starken Wasserstoffbrückenbindungen sehr hoch. Da Sauerstoff elektronegativer ist als Stickstoff, sind die H-Brückenbindungen in H_2O stärker als in NH_3, so daß der Siedepunkt von H_2O (100 °C) um einiges höher ist als der von NH_3 (−33 °C).

Zusammenfassung der 6. Hauptgruppe

1. Sauerstoff ist unter Normalbedingungen ein Gas, Schwefel und Selen sind kovalente Feststoffe, Tellur ist ein Halbmetall und Polonium ist ein Metall.
2. O^{2-} tritt in vielen ionischen Sauerstoffverbindungen auf, N^{3-} existiert nur in ionischen Nitriden von Lithium, Magnesium und Aluminium.
3. TeO_2 und PbF_4 sind ionische Feststoffe, während SF_4 ein kovalentes Gas ist.
4. Sauerstoff nimmt im Gegensatz zu den anderen Elementen der 6. Hauptgruppe in keiner Verbindung eine Oxidationszahl > +2 ein.
5. SF_6 ist im Unterschied zu SCl_6 eine stabile Verbindung.
6. SF_4 wird leicht hydrolysiert, SF_6 nicht.
7. Die Fähigkeit zur Bildung von Kettenmolekülen variiert wie folgt: O < S > Se > Te > Po.
8. Die Strukturen der Verbindungen von Kohlenstoff- und Schwefeloxiden ähneln sich wie die von Phosphor- und Selenoxiden.
9. Die Hydride der Chalkogene sind Lewissäuren und Lewisbasen.
10. H_2O besitzt den höchsten Siedepunkt der Chalkogenhydride (er ist größer als der von NH_3).

3.1.7 Halogene (7. Hauptgruppe)

Element	Elektronenkonfiguration	Natur	1. IE (kJ mol^{-1})	Kovalenz- radius (pm)	Paulingsche EN
F	[He]$2s^2 2p^5$	zweiatomig, Gas	1681	72	4,00
Cl	[Ne]$3s^2 3p^5$	zweiatomig, Gas.	1257	99	3,16
Br	[Ar]$3d^{10} 4s^2 4p^5$	zweiatomig, flüssig	1140	114	2,96
I	[Kr]$4d^{10} 5s^2 5p^5$	zweiatomig, fest	1008	133	2,66

Im Gegensatz zur 6. Hauptgruppe, in der die schwersten Elemente Metalle sind, bildet Iod einen kovalenten Feststoff, der diskrete I_2-Moleküle enthält. Der Feststoffcharakter des Iods kommt durch die van der Waals-Wechselwirkungen zwischen den Molekülen zustande. Diese resultieren wiederum aus der hohen Elektronendichte und der Polarisierbarkeit des Iodatoms. Trotz seines metallischen Glanzes zählt Iod nicht zu den Metallen, da die Bildung eines Metallgitters die Ionisation der Atome erfordern würde. Die 1. Ionisierungsenergien sind in der 7. Hauptgruppe höher als in der 6. und können nicht mehr durch die Energie ausgeglichen werden, die bei der Bildung des Metallgitters frei würde.

Von der 3. zur 7. Hauptgruppe wird der Unterschied zwischen den Elementen der 3. und 4. Periode größer. In der 3. Hauptgruppe, die direkt nach den Übergangsmetallen kommt, werden die Elemente am meisten durch die geringe Abschirmung der d-Elektronen beeinflußt, die eine starke Zunahme der effektiven Kernladung in den Übergangsmetallen (pro Gruppe um $1 - 0,85 = 0,15$; s. Slater-Regeln) zur Folge hat. Jene Abschirmung ist auch dafür verantwortlich, daß die Zunahme der Atomradien von der 3. zur 4. Periode fast aufgehoben wird - Aluminium- und Galliumatome sind beinahe gleich groß. Beim Übergang von der 3. zur 7. Hauptgruppe werden nun der Valenzschale p-Elektronen zugefügt, die sich unvollständig abschirmen. Ab der 3. Hauptgruppe nimmt die effektive Kernladung in der 3. und 4. Periode gleichmäßig pro Gruppe um $1 - 0,35 = 0,65$ zu. Allerdings macht sich diese Zunahme in der 3. Periode stärker bemerkbar als in der 4. Periode, da man von unterschiedlich großen Werten ausgeht und sich die Valenzelektronen in der 3. Periode näher am Kern befinden und stärker durch Veränderungen der Kernladung beeinflußt werden. Der Unterschied zwischen den Elementen der 3. und 4. Periode wächst mit dem Abstand zu den Übergangsmetallen, und deshalb besitzen Chlor und Brom verschiedene Atomradien.

Die Ionisierungsenergien sind aufgrund der hohen effektiven Kernladung ziemlich groß. Sie nehmen innerhalb der Gruppe nach unten unregelmäßig ab, und deshalb werden +1-Ionen eher unter den schweren Halogenen zu finden sein. X^+-Kationen treten jedoch nie als diskrete Ionen in Feststoffen auf, da die Gitterenergie nicht ausreicht, um die Ionisation auszugleichen. Br^+ und I^+ hingegen können existieren, wenn sie von Lewisbasen komplexiert werden. $[I(Pyridin)_2]^+$ und $[Br(Chinolin)_2]^+$ existieren zum Beispiel in vorwiegend ionischen Feststoffen. Von Fluor und Chlor werden unter Normalbedingungen keine Kationen gebildet, da ihre Ionisierungsenergien viel zu hoch sind.

Oxidationszahlen: Bis auf Fluor, das ausschließlich in den Oxidationsstufen -1 und 0 auftritt, existieren die Halogene in den stabilen Oxidationszuständen -1, 0, $+1$, $+3$, $+5$, $+7$.

Alle Halogene können diskrete -1-Ionen bilden. Da sie sich in der rechten Hälfte des Periodensystems befinden und ihre Elektronegativität und Elektronenaffinität dementsprechend groß sind, haben sie eine starke Tendenz, ein Elektron aufzunehmen.

Der kovalente Charakter ihrer Bindungen nimmt innerhalb der Gruppe nach unten zu. Das I^--Ion ist als das größte Ion am leichtesten zu polarisieren und zeigt deshalb die stärkste Tendenz, seine Elektronen mit dem Kation zu teilen ($\rightarrow$ Kovalenz). Die meisten kovalenten Verbindungen entstehen, wenn die Halogenidionen Verbindungen mit sehr polarisierenden Kationen eingehen: AlF_3 ist ionisch; $AlCl_3$ ist überwiegend ionisch, bildet jedoch beim Erhitzen kovalente Al_2Cl_6-Dimere; Al_2Br_6 und Al_2I_6 sind schon unter Normalbedingungen kovalente Dimere.

Positive Oxidationszahlen: Die Elektronenkonfiguration der Halogene im Grundzustand ist $ns^2 np^2 np^2 np^1$ und führt in Verbindung mit elektronegativeren Elementen zur Abgabe eines Elektrons und damit zur Oxidationszahl $+1$. Die folgenden Elektronenkonfigurationen entstehen durch Anhebung weiterer Elektronen und ermöglichen in Verndungen mit elektronegativeren Bindungspartnern die Oxidationszahlen $+3$, $+5$ und $+7$:

$$ns^2 np^2 np^1 np^1 nd^1 \qquad +3$$
$$ns^2 np^1 np^1 np^1 nd^1 nd^1 \qquad +5$$
$$ns^1 np^1 np^1 np^1 nd^1 nd^1 nd^1 \qquad +7$$

Die Stabilität der Halogene in den jeweiligen Oxidationszuständen hängt wie bei allen anderen Gruppen von dem Verhältnis zwischen Anregungsenergie, Bindungsenergie und sterischen Faktoren ab. In Verbindungen, die nur aus Einfachbindungen bestehen, sind hohe Oxidationszahlen mit großen Koordinationszahlen verbunden, so daß dabei häufig die sterischen Faktoren die energetischen übertreffen.

Warum existiert IF$_7$, ICl$_7$ jedoch nicht?

IF$_7$ enthält starke I–F-Bindungen (hoher ionischer Anteil), und die geringe Ausdehnung der Fluoratome macht die Anordnung von sieben von ihnen um ein Iodatom herum möglich. ICl$_7$ ist nicht stabil, weil die I–Cl-Bindungen zu schwach sind, um den Abstoßungskräften zwischen den sieben großen Chloratomen entgegenzuwirken.

Im Gegensatz zu IF$_7$ existieren ClF$_7$ und BrF$_7$ nicht, da mit abnehmender Größe des Zentralatoms die Koordination von sieben Fluoratomen schwieriger wird. Dies scheint im Widerspruch zu dem Effekt in den anderen Hauptgruppen zu stehen, wonach die Stabilität der höheren Oxidationszahlen nach unten abnimmt (Effekt des inerten Elektronenpaares). Betrachtet man jedoch Verbindungen mit Mehrfachbindungen, z.B. die Halogenoxide, so sind dort die Koordinationszahlen notwendigerweise kleiner und die Stabilität des höchsten Oxidationszustandes ist im Fall des Chlors am größten, da es starke Bindungen ausbilden kann. Aus diesem Grunde ist ClO$_4^-$ in bezug auf eine Reduktion stabiler als BrO$_4^-$ und IO$_4^-$.

Der Effekt des inerten Elektronenpaares macht sich in bezug auf die Stabilität der Oxidationszahl +5 gegenüber +7 in der Gruppe nach unten bemerkbar. Das trifft jedoch nur zu, solange keine sterischen Effekte wichtig werden. Demzufolge liegt das Gleichgewicht der Teilreaktion

$$2H^+ + 2e^- + ClO_4^- \rightleftharpoons ClO_3^- + H_2O$$

mehr auf der linken Seite und die analoge Reaktion von IO$_4^-$ mehr auf der rechten.

E–E-Bindungsenergien:

	F$_2$	Cl$_2$	Br$_2$	I$_2$
Bindungsenergie (kJ mol^{-1})	158	242	193	151

Für kovalente Bindungen erwartet man normalerweise beim Übergang zu den schwereren Elementen einer Gruppe eine Abnahme der Bindungsenergien. Folglich ist die Bindungsenergie von F$_2$ unerwartet klein. Schuld daran ist die große Abstoßung, die zwischen den freien Elektronenpaaren der beiden Fluoratome herrscht, weil die F–F-Bindung so kurz ist.

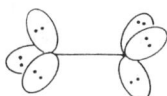

Die Bindungsenergien nehmen vom Cl$_2$ zum I$_2$ aufgrund der kleiner werdenden Überlappung der p-Orbitale erwartungsgemäß ab (3p–3p > 4p–4p > 5p–5p).

Warum ist Fluor so reaktiv?

Fluor geht mit allen anderen Elementen des Periodensystems außer Helium, Neon und Argon Verbindungen ein. Die Reaktivität des Fluors kommt durch eine Kombination aus kinetischen und thermodynamischen Faktoren zustande, die alle auf der niedrigen Bindungsenergie basieren:

1. *Kinetik:* Jeder Übergangszustand einer Reaktion beinhaltet zumindest einen teilweisen Bruch der F–F-Bindung, und da dieser nur wenig Energie benötigt, ist die Aktivierungsenergie relativ klein.

2. *Thermodynamik:* In allen Fällen ist der Energiebetrag, der für die Spaltung der F–F-Bindung nötig ist, kleiner als die Energie, die bei der Ausbildung der neuen Bindung mit anderen Elementen (ob ionisch oder kovalent) frei wird.

In überwiegend kovalenten Verbindungen erhält man durch die geringe Größe der Fluoratome und durch die nicht so diffusen Orbitale große Überlappungsintegrale mit den Orbitalen der anderen

Atome. Die hohe Elektronegativität des Fluors führt zur Polarisierung der Bindungen, wodurch der ionische Anteil und damit die Bindung verstärkt wird.

In überwiegend ionischen Verbindungen erhält man aufgrund des kleinen F^--Ions in Übereinstimmung mit der Radienverhältnis-Regel und der Born-Landé-Gleichung große Koordinationszahlen und große Gitterenergien.

Hydride: Fluorwasserstoff, HF, besitzt durch die Ausbildung starker Wasserstoffbrückenbindungen in flüssiger Phase einen relativ hohen Siedepunkt. Die restlichen Halogenwasserstoffverbindungen zeigen diese Eigenschaft nur in geringem Maße.

Die Siedepunkte der Wasserstoffverbindungen nehmen in der 2. Periode von links nach rechts aufgrund der steigenden Elektronegativität zu [Sdp.(H_2O) > Sdp.(NH_3)], so daß man für HF (19,5 °C) einen höheren Siedepunkt erwarten würde als für H_2O (100 °C). Daß dem nicht so ist, liegt daran, daß die Polarität der E–H-Bindung nicht allein die Stärke der Wasserstoffbrücken bestimmt. Sie wird durch drei zusätzliche Faktoren beeinflußt:

1. Wie schon erwähnt, sind Wasserstoffbrücken nicht nur Dipol-Dipol-Wechselwirkungen, sie beinhalten auch eine dative Bindung zwischen E und H. Aufgrund der hohen Elektronegativität von Fluor sind NH_3 und H_2O stärkere Lewisbasen als HF.

2. NH_3 und H_2O besitzen drei bzw. zwei Wasserstoffatome pro Molekül, die sich an Wasserstoffbrücken beteiligen können, HF hingegen nur eins. Deshalb sind Ammoniak und Wasser in der Lage, die Wasserstoffbrücken in mehrere Richtungen gleichzeitig auszubilden, und je mehr Wasserstoffbrücken vorhanden sind, desto mehr Energie ist erforderlich, um sie zu brechen.

3. Gasförmiger Fluorwasserstoff besteht aus Hexameren, $(HF)_6$, und mit zunehmender Temperatur steigendem Anteil an HF-Molekülen, während NH_3 und H_2O in der Gasphase als diskrete Moleküle vorliegen. Demnach müssen beim Verdampfen von flüssigem Fluorwasserstoff nicht alle Wasserstoffbrücken komplett aufgebrochen werden, und dadurch ist viel weniger Energie dazu nötig, d.h. der Siedepunkt ist niedriger.

Im Vergleich zwischen NH_3 und H_2O überwiegt der größere Dipol die beiden ersten Faktoren, so daß H_2O den höheren Siedepunkt besitzt.

Wie schon erwähnt, neigen die restlichen Halogenwasserstoffe nicht übermäßig zur Ausbildung von Wasserstoffbrücken. Allein die Tatsache, daß Chlor elektronegativer als Stickstoff ist, reicht nicht aus, um die Anwesenheit von Wasserstoffbrücken vorherzusagen. Die freien Elektronenpaare des Chlors sind zu diffus, um mit den Protonen der benachbarten Moleküle effizient überlappen zu können. Das bestätigt die Auffassung, daß Wasserstoffbrücken nicht nur aus elektrostatischen Wechselwirkungen bestehen.

Die hohe Elektronegativität der Halogene ist dafür verantwortlich, daß die HX-Verbindungen trotz der drei freien Elektronenpaare nicht als Lewisbasen, sondern als Brönstedsäuren fungieren:

$$HCl + H_2O \; \rightleftharpoons \; H_3O^+_{(aq)} + Cl^-_{(aq)}$$

Fluorwasserstoff ist im Gegensatz zu den anderen Halogenwasserstoffen aus zwei Gründen keine starke Säure in wäßriger Lösung, die beide mit der Fähigkeit zur Ausbildung von Wasserstoffbrücken zusammenhängen:

1. In wäßriger Lösung liegt das folgende Gleichgewicht vor:

$$HF + H_2O \; \rightleftharpoons \; [H_3O]^+ F^-_{(aq)} \; \rightleftharpoons \; [H_3O]^+_{(aq)} + F^-_{(aq)}$$

Die Hydroxonium-, $[H_3O]^+$, und die Fluoridionen assoziieren sehr stark, so daß die Konzentration an freien $[H_3O]^+$-Ionen und damit die Acidität der Lösung gering bleibt. Diese starke Wechselwirkung ist das Ergebnis der kleinen Radien der Ionen (vgl. Gitterenergie, Kap. 2.2.2) und der Wasserstoffbrücken.

2. Es gibt noch ein weiteres Gleichgewicht in Lösung

$$a\text{HF} + b\text{F}^- \rightleftharpoons \text{HF}_2^-, \text{H}_2\text{F}_3^-, \text{H}_3\text{F}_4^-, ...(\text{HF})_n\text{F}^-, \text{wobei } a > b$$

Wasserstoffbrücken zwischen F^- und einem bzw. mehreren HF-Molekülen erzeugen eine Reihe von Aggregaten.

Die Stärke einer Säure wird durch die Lage des Gleichgewichtes bestimmt:

$$\text{HF} + \text{H}_2\text{O} \rightleftharpoons \text{H}_3\text{O}^+ + \text{F}^- \qquad K_a = \frac{\left[\text{F}^-\right]\left[\text{H}_3\text{O}^+\right]}{[\text{HF}]}$$

Die Bildung solcher Aggregate wie $[(\text{HF})_2]\text{F}^-$, d.h. H_2F_3^-, verringert die HF-Konzentration stärker als die F^--Konzentration, so daß das Gleichgewicht gemäß Le Chatelier nach links gezwungen wird und die H_3O^+-Konzentration ebenfalls sinkt.

Die Acidität von Fluorwasserstoff nimmt im Gegensatz zu der von anderen wäßrigen Säuren mit steigender Verdünnung ab. Eigentlich sollte die zunehmende Verdünnung eine stärkere Dissoziation von HF zur Folge haben (Le Chatelier). Die entstandenen F^--Ionen bilden jedoch bevorzugt Komplexe mit anderen HF-Molekülen, d.h. je mehr F^--Ionen entstehen, desto größer wird die Aggregation und desto stärker wird das Gleichgewicht auf die linke Seite geschoben, was zu einer Abnahme der H_3O^+-Konzentration führt.

Chlorwasserstoff, HCl, ist eine stärkere Säure als HF, da der größere Radius des Cl^--Ions bedeutet, daß die Wechselwirkungen zwischen H_3O^+ und Cl^- schwächer sind und keine übermäßige Ionenpaarbildung stattfindet. HCl/Cl^- nehmen an keinen besonders starken Wasserstoffbrücken teil, und deshalb erhält man keine Aggregate der Form HCl_2^- usw.

Interhalogenverbindungen: Außer einigen ternären Verbindungen (z.B. IFCl_2) gibt es ausschließlich binäre Interhalogenverbindungen der allgemeinen Zusammensetzung XY_n, wobei n eine ungerade Zahl ist, so daß es keine ungepaarten Elektronen gibt. Ist $n \geq 3$, so handelt es sich bei Y um das leichtere Element, d.h. es gibt IF_3, aber FI_3 nicht. Dies steht auch mit den Betrachtungen über Größe und Oxidationszahlen in Einklang:

1. Die schwereren Atome sind größer und bieten mehr Platz für Liganden um sich herum als die leichteren Atome.
2. In IF_3 trägt Iod die Oxidationszahl +3 und Fluor die Oxidationszahl −1. Im umgekehrten Fall wären I(+1) und F(−3) beteiligt, was jedoch nicht möglich ist, da es zwar Halogene mit positiven Oxidationszahlen bis zu +7 gibt, aber keine mit negativen Oxidationszahlen > −1.

Die Bindungsenergien hängen von den Unterschieden in der Elektronegativität der Atome ab, die eine Bindung eingehen, so daß die I–F-Bindung am stärksten ist. Dies läßt wiederum auf einen hohen ionischen Grad der I–F-Bindung schließen und führt zu den Resonanzformeln:

$$\text{X–Y} \leftrightarrow \text{X}^+\text{Y}^- \leftrightarrow \text{X}^-\text{Y}^+$$
$$\textit{1} \qquad \textit{2} \qquad \textit{3}$$

Handelt es sich bei X um das schwerere Halogen, so leistet die Resonanzformel *3* einen sehr geringen Beitrag, während *2* den größten Anteil an den Bindungsverhältnissen ausmacht.

Dies läßt sich auf alle Interhalogene XY_n mit $n \geq 3$ anwenden. Die Bindungsenergien sind dabei jedoch niedriger als für die zweiatomigen Analoga, da die Zahl der Liganden größer ist und sich diese stärker abstoßen.

Die Tendenz, XY_n-Verbindungen mit höheren n auszubilden, hängt von der Größe und der Oxidierbarkeit des Zentralatoms und dem Unterschied der Elektronegativitäten der beteiligten Halogene ab, wobei die letzten beiden Faktoren direkt miteinander korrelieren. So existiert z.B. IF_7 im Gegensatz zu BrF_7 aus folgenden Gründen:

1. Brom ist kleiner als Iod und kann deshalb nur eine kleinere Anzahl von Liganden koordinieren.
2. Br^- ist schwerer zu oxidieren als I^-, d.h. $2I^- + Br_2 \rightarrow 2Br^- + I_2$, was wiederum bedeutet, daß es schwerer ist, Brom in den Oxidationszustand +7 überführen.
3. Die Br–F-Bindung ist schwächer als die I–F-Bindung, und die Bildung von zwei zusätzlichen Br–F-Bindungen wiegt die nötige Anregungsenergie nicht auf.

Polyhalogenidionen: In Übereinstimmung mit der Radienverhältnis-Regel bilden Polyhalogenide in Gegenwart großer Kationen stabile Salze ($r^+/r^- \approx 1 \rightarrow$ maximale Koordinationszahl). Symmetrische Polyhalogenide und solche mit einem großen Zentralatom sind am stabilsten. Die Stabilität sinkt in der Reihenfolge: $I_3^- > IBr_2^- > ICl_2^- > I_2Br^- > Br_3^- > BrCl_2^- > Br_2Cl^- > Cl_3^-$; F_3^- existiert nicht.

Dieser Trend kann durch die Betrachtung der Bindungen verstanden werden. Benutzt man die Valenzbindungsnäherung, so erhält man folgende Resonanzstrukturen:

$$I\text{–}I \; I^- \leftrightarrow I^- \; I\text{–}I \leftrightarrow I^- \; I^+ \; I^-$$

Die Bindung in den ersten beiden Formeln beinhaltet die Polarisation des Iodmoleküls durch das Iodidion, das einen Dipol induziert (es „drückt" die I_2-Bindungselektronen von sich weg) und damit gleichzeitig anziehende Kräfte hervorruft, d.h.

Die Bindung in der dritten Resonanzstruktur ist rein elektrostatischer Natur. Tatsächlich liegt ständig eine Mischung aus allen drei Formen vor.

Dies erklärt die Nichtexistenz von F_3^-: Die ersten beiden Resonanzformeln treffen nicht zu, weil F_2 sich nicht ausreichend polarisieren läßt, und die 3. Form ist nicht möglich, da Fluor in einem positiven Oxidationszustand unbekannt ist.

Im allgemeinen steigt die Stabilität der Polyhalogenide mit der Polarisierbarkeit der X–Y-Bindung und der Leichtigkeit, mit der Y eine positive Oxidationszahl einnimmt.

Quadropol-Kernresonanz-Untersuchungen (s. Kap. 10.3) beweisen, daß die negative Ladung in allen XY_2^--Verbindungen in Übereinstimmung mit den Resonanzformeln auf die äußeren Atome verteilt ist.

Polyiodide: Verbindungen der Zusammensetzung X_n^- mit $n > 3$ existieren nur für Iod, z.B. I_5^-.

Die Bildung solcher Verbindungen beruht auf der leichten Polarisierbarkeit des Iodatoms.

Polykationen: Viele Interhalogenverbindungen unterliegen der Autoionisation, z.B.

$$2ICl_3 \rightarrow [ICl_2]^+ + [ICl_4]^-.$$

Ebenso reagieren sie mit Lewissäuren, z.B.

$$BrF_5 + SbF_5 \rightarrow [BrF_4]^+[SbF_6]^-.$$

Unter den Ionen der Zusammensetzung XY_2^+ (X und Y können identisch sein) ist I_3^+ das stabilste und F_3^+ existiert überhaupt nicht. Die Gründe hierfür sind dieselben wie oben schon für die Polyhalogenide diskutiert wurde. Die Resonanzformeln für I_3^+ sind

$$I-I\ I^+ \leftrightarrow I^+\ I-I \leftrightarrow I^+\ I^-\ I^+$$

Bildung von Kettenmolekülen: In allen anderen Hauptgruppen des Periodensystems nimmt die Tendenz zur Bildung von Kettenmolekülen nach unten ab (z.B. Blei ↔ Kohlenstoff). Bei den Halogenen jedoch ist Iod das Element mit der stärksten Neigung zur Kettenmolekülbildung (Polyiodide). Die Art der Bindung wurde schon ausgiebig diskutiert und der Grad der Kettenbildung ist das Ergebnis der guten Polarisierbarkeit des Iods.

Zusammenfassung der 7. Hauptgruppe

1. Alle Halogene sind Nichtmetalle.
2. Die Änderung der Eigenschaften ist von Chlor über Brom zum Iod kontinuierlich.
3. Fluor existiert nicht in positiven Oxidationszuständen.
4. IF_7 existiert im Gegensatz zu ClF_7 und das, obwohl ClO_4^- stabiler ist als IO_4^-.
5. Fluor ist das reaktivste Element der 7. Hauptgruppe.
6. Fluorwasserstoff, HF, siedet höher als die anderen Halogenwasserstoffe. Er stellt in wäßriger Lösung eine schwache Brönstedsäure dar.
7. IF_3 existiert, FI_3 jedoch nicht.
8. Die I–F-Bindung ist stärker als die Cl–F- oder Br–F-Bindungen.
9. I_3^- ist stabiler als Cl_3^-, F_3^- existiert nicht.
10. Iod zeigt den größten Hang zur Ausbildung von Kettenmolekülen.

3.1.8 Edelgase (8. Hauptgruppe)

Element	Elektronenkonfiguration	Natur
He	$1s^2$	atomar, Gas
Ne	$[He]2s^22p^6$	atomar, Gas
Ar	$[Ne]3s^23p^6$	atomar, Gas
Kr	$[Ar]3d^{10}4s^24p^6$	atomar, Gas
Xe	$[Kr]4d^{10}5s^25p^6$	atomar, Gas
Rn	$[Xe]4f^{14}5d^{10}6s^26p^6$	atomar, Gas

Die Elemente der 8. Hauptgruppe sind unter Normalbedingungen gasförmig. Ihre Siedepunkte nehmen nach unten zu, da die Zahl der Elektronen und damit die Polarisierbarkeit wächst und deshalb die van der Waals-Wechselwirkungen zunehmen.

Radon hat mehr Elektronen und eine größere Masse als Br_2 und müßte aufgrunddessen eigentlich bei Raumtemperatur flüssig sein. Trotzdem ist Radon ein Gas. Ein Br_2-Molekül ist viel leichter polarisierbar als ein Radonatom, und daher sind die van der Waals-Wechselwirkungen in Brom stärker. Die größere Polarisierbarkeit des Brommoleküls ist der Tatsache zu verdanken, daß sich die energiereichsten Elektronen in einem antibindenden MO (s. Kap. 2) befinden und deren Entfernung zum Kern so groß ist, daß sie leichter durch Elektronendichten der angrenzenden Moleküle beeinflußt werden können. Ein Beispiel für die hohe Polarisierbarkeit von Br_2 ist seine Reaktion mit Ethen:

Elektronenkonfiguration und Reaktionsträgheit: Die Elemente der 8. Hauptgruppe sind extrem reaktionsträge. Helium, Neon und Argon gehen überhaupt keine Verbindungen ein und Krypton, Xenon und Radon reagieren nur mit äußerst elektronegativen Elementen. Es gibt also praktisch nur Edelgasfluoride, -oxide und -oxofluoride.

Die Reaktionsträgheit (Inertheit) der Edelgase ist eine Folge der vollständig gefüllten Valenzschalen (Edelgaskonfiguration). Die „magische" Stabilität dieser Elektronenkonfiguration entsteht durch die Schwierigkeit, positive bzw. negative Ionen und kovalente Bindungen zu bilden.

Positive Ionen: Edelgaskationen sind schwierig zu bilden, weil die Edelgase die höchste effektive Kernladung besitzen und damit gleichzeitig die höchste Ionisierungsenergie. Obwohl keines der Edelgase diskrete Kationen bildet, kann Xenon positive Komplexe formen, wenn die dabei freiwerdende Bindungsenergie ausreicht, um die Ionisierungsenergie auszugleichen, z.B. $[XeF]^+$.

Negative Ionen: Edelgase bilden keine diskrete Anionen. Die Elektronegativität nimmt über eine Periode von links nach rechts zu (höhere effektive Kernladung), und deshalb ist die Elektronegativität in jeder Periode für die Edelgase am größten. Elektronegativität bezieht sich auf die Anziehung, die ein Atom auf die Elektronendichte seiner Bindungen ausübt, und da Helium, Neon und Argon überhaupt keine Bindungen ausbilden, ist es eigentlich nicht möglich, daß sie eine Elektronegativität besitzen. Man kann eine grobe Korrelation zwischen der Elektronegativität eines Atoms und seiner Tendenz, negative Ionen zu bilden, d.h. seiner Elektronenaffinität, beobachten. Diese Korrelation ist im Fall der Edelgase gleichfalls ungültig, da hier Orbitalen der äußersten Schale Elektronen zugefügt werden müßten. Die Anziehung des Kerns auf diese Elektronen wären nur gering, da sie weit von ihm entfernt wären und außerdem durch die unteren, vollbesetzten Schalen fast vollständig abgeschirmt würden (man vergleiche mit den Alkalimetallen, deren Ionisierungsenergien klein sind, da bei dem Prozeß ein Elektron aus der äußeren Schale entfernt wird). Obwohl die Elektronenaffinität der Edelgase exotherm ist, ist sie nicht annähernd so stark exotherm wie die der Halogene, sondern fast thermoneutral.

Die Tatsache, daß die Elektronenaffinität der Edelgas nur „schwach exotherm" ist, erklärt noch nicht, warum es keine Edelgasanionen gibt. Die Elektronenaffinität des Prozesses $S \rightarrow S^{2-}$ ist sogar endotherm und trotzdem existieren S^{2-}-Ionen. Um diese Tatsache zu verstehen, muß man eine Frage klären:

Warum existiert CsI, jedoch CsKr nicht?
Eine Erklärung hierfür läßt sich durch Betrachtung der einzelnen Terme des Born-Haber-Zyklus finden, zu denen die Anionen beitragen.

Für Iod ist die Atomisierungsenergie, ΔH_{at}, endotherm (107 kJ mol^{-1}) und die Elektronenaffinität exotherm (-314 kJ mol^{-1}). Bei der Bildung eines $I^-_{(g)}$ wird insgesamt eine Energie von -207 kJ mol^{-1} frei. Die Bildungsenthalpie von $CsI_{(s)}$ beträgt gemäß dem Born-Haber-Zyklus -337 kJ mol^{-1}.

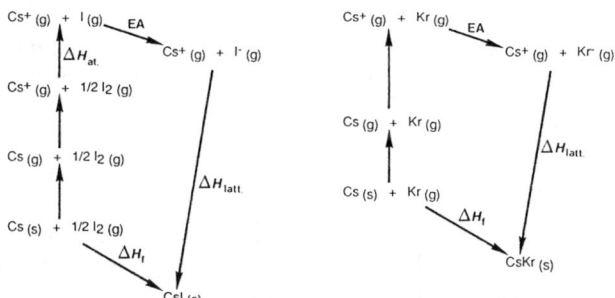

Für Krypton existiert ΔH_{at} nicht, da es schon atomar vorliegt. Die Elektronenaffinität ist bedeutend geringer als die des Iods, aber immer noch exotherm. Somit ist die Bildungsenthalpie von Kr^- klein und exotherm.

Die Bildungsenthalpien von $I^-_{(g)}$ und $Kr^-_{(g)}$ unterscheiden sich also nur geringfügig. Die Gitterenergien sind ebenso vergleichbar, da die beiden Ionen in etwa die gleiche Größe besitzen und das Kation in beiden Fällen identisch ist. Demnach gibt es keinen ersichtlichen Grund, warum CsI existieren sollte und CsKr nicht. Tatsächlich müßte die Bildung von CsKr exotherm sein, obwohl die Elektronenaffinität von Krypton Null und die Gitterenergie von CsKr um 100 kJ mol^{-1} kleiner als die von CsI ist.

Ausschlaggebend dafür, ob eine Reaktion thermodynamisch begünstigt ist oder nicht, bleibt die freie Reaktionsenergie (ein positives ΔG bedeutet, daß die Reaktion nicht freiwillig abläuft).

$$\Delta G = \Delta H - T\Delta S$$

Bei der Reaktion zwischen Cäsium und Iod reagieren zwei Feststoffe zu einem Feststoff. Die Entropie nimmt nur geringfügig ab. Selbst wenn man die Reaktion von gasförmigen Iod mit Cäsium betrachtet, ist die Reaktion entropisch nicht so ungünstig, da Iod ursprünglich aus zweiatomigen Molekülen besteht. ΔG für die Bildung von CsI wird durch hauptsächlich von ΔH bestimmt.

Bei der Reaktion zwischen Cäsium und Krypton entsteht aus einem atomaren Gas und einem Feststoff wiederum einen Feststoff. Die Entropie im atomaren Gas ist sehr hoch (große Unordnung) und geht bei der Bildung von CsKr völlig verloren (ΔS ist negativ). Dieser Term läßt sich auch durch ΔH nicht ausgleichen, und deshalb führt er zu einem positiven Wert für ΔG (die Reaktion läuft nicht freiwillig ab). Edelgase bilden folglich keine negativen Ionen in Salzen.

Oxidationszahlen und Reaktionen: Die schwereren Edelgase können in den Oxidationszahlen +2, +4, +6 und +8 auftreten, z.B. XeF_2, XeF_4, XeF_6 und XeO_6^{4-}. XeF_8 ist wahrscheinlich aus sterischen Gründen nicht stabil. Die Oxidationszahl +8 wird nur in Oxoverbindungen mit Mehrfachbindungen eingenommen (geringere Koordination). Die Edelgas-Fluor-Bindungen weisen einen hohen ionischen Charakter auf, der die Stärke der Bindungen beeinflußt. Der Elektronegativitätsunterschied von Xenon zu Fluor ist größer als von Krypton zu Fluor, und folglich sind die Xe–F-Bindung stärker, d.h. XeF_2 ist stabiler als KrF_2.

Neben Sauerstoff und Fluor, die die meisten Verbindungen mit Edelgasen ausbilden, gibt es auch noch einige Edelgasverbindungen mit Kohlenstoff und Stickstoff. Diese Verbindung enthalten $(FO_2S)_2N$- und CF_3-Liganden, die beide sehr elektronegativ sind (ähnlich wie Fluorid) und Pseudohalogene darstellen.

Zusammenfassung der 8. Hauptgruppe
1. Edelgase sind im allgemeinen sehr reaktionsträge.
2. Von Helium, Neon und Argon sind keine Verbindungen bekannt. Krypton, Xenon und Radon werden in Verbindungen mit äußerst elektronegativen Liganden angetroffen.

3.2 Die Perioden

In Kapitel 1 wurden solche Größen wie Atomradien, Elektronegativitäten etc. innerhalb des Periodensystems verglichen. Im ersten Teil dieses Kapitels wurden die Trends innerhalb der Gruppen aufgezeigt. Im Anschluß folgt nun eine Zusammenfassung dieser Trends innerhalb der Perioden und einige allgemeingültige Aussagen über das Periodensystem.

3.2.1 Struktur und Bindungen in den Elementen

Der metallische Charakter nimmt im Periodensystem von links nach rechts ab und von oben nach unten zu.
– 1. Hauptgruppe: Alle Elemente sind Metalle.
– 4. Hauptgruppe: Kohlenstoff ist ein Nichtmetall, Silicium und Germanium sind Halbmetalle und Zinn und Blei sind Metalle.
– 7. Hauptgruppe: Von den Halogenen hat ausschließlich Iod einige metallische Eigenschaften, es zählt jedoch trotzdem zu den Nichtmetallen.
Von metallischer Bindung spricht man, wenn positive Ionen von einem Elektronengas umgeben sind. Die Tendenz zur Ausbildung einer solchen Bindung hängt von
1. der Ionisierungsenergie, die innerhalb einer Periode zu- und innerhalb einer Gruppe abnimmt, und
2. der Verfügbarkeit von Elektronen für kovalente E–E-Bindungen und deren Stärke ab.
Die Elemente der 1. Hauptgruppe besitzen niedrige Ionisierungsenergien und bilden daher leicht Kationen, umgeben von delokalisierten Elektronen. Da diese Elemente nur ein Valenzelektron besitzen, können sie Dimere M_2 bilden. Jene bezeichnet man als Elektronenmangelverbindungen, die aufgrund der kleinen Überlappungsintegrale nur schwache Bindungen aufweisen. Die verfügbaren Elektronen und Orbitale werden in der delokalisierten Metallstruktur viel besser genutzt.

Geht man weiter zur 4. Hauptgruppe, so weisen die Elemente dort höhere Ionisierungsenergien, dichtere Valenzorbitale und genügend Elektronen auf, um starke 2e2z-Bindungen auszubilden, die zur Edelgaskonfiguration führen. Deshalb bilden die Elemente am Anfang der 4. Hauptgruppe kovalente, dreidimensionale Strukturen. Mit steigender Ordnungszahl werden die kovalenten Bindungen schwächer, da die Valenzorbitale diffuser werden und die Ionisierungsenergien abnehmen. Somit wird es leichter, metallische Strukturen mit delokalisierten Elektronen als Strukturen mit kovalenten Bindungen auszubilden.

In der 7. Hauptgruppe, in der die Elektronegativität groß ist, die Valenzorbitale dicht (starke kovalente Bindung) und die Ionisierungsenergien hoch sind ($E \rightarrow E^+ + e^-$ ist ungünstig, und aus diesem Grund wird keine metallische Bindung beobachtet) und nur ein Elektron zur Edelgasschale fehlt, bilden die Elemente diskrete, zweiatomige Moleküle E_2.

Die Struktur der Elemente und die Tendenz zum metallischen Charakter spiegelt sich in den elektrischen Leitfähigkeitseigenschaften der Elemente wieder (Kap. 9):
1. Die Elemente der 1. Hauptgruppe (Alkalimetalle) sind allesamt elektrische Leiter.

2. Kohlenstoff, ein Element der 4. Hauptgruppe, kommt vor allem in zwei Modifikationen vor: Die eine, Diamant, ist ein Isolator und die zweite, Graphit, leitet den elektrischen Strom entlang der Schichten. Silicium und Germanium sind Halbleiter. Zinn und Blei sind metallische Leiter.
3. Die Elemente der 7. Hauptgruppe sind unter Normalbedingungen alle Isolatoren.

3.2.2 Ionischer Charakter von Verbindungen

Der ionische Charakter von Verbindungen aus Elementen der äußeren Gruppen des Periodensystems ist am größten. Auf der linken Seite nimmt er von oben nach unten zu und auf der rechten Seite in derselben Richtung ab:
- 1. Hauptgruppe: Die Alkalimetalle bilden vorwiegend ionische Verbindungen aus, in denen sie als M^+-Ionen vorliegen. Lithium zeigt die größte Tendenz zu kovalenter Bindung.
- 4. Hauptgruppe: Zinn und Blei tendieren als einzige zu ionischen Bindungen.
- 7. Hauptgruppe: Die Halogene bilden eine große Zahl ionischer und kovalenter Verbindungen aus. Der ionische Charakter ist dabei im Fall des Fluors am größten.

Am Anfang und am Ende der Perioden bedarf es nur der Bildung von einfach (1. und 7. Hauptgruppe) bzw. zweifach geladenen Ionen (2. und 6. Hauptgruppe), um eine volle Valenzschale zu erreichen. Diese Prozesse erfordern wenig Energie (bei der Bildung von E^- in der 7. Hauptgruppe wird sogar Energie frei), die leicht durch exotherme Gitterenergien ΔH_{latt} ausgeglichen wird.

In der linken Hälfte des Periodensystems werden Kationen gebildet, was nach unten immer leichter wird, da die Ionisierungsenergien abnehmen. Die Polarisationskraft der Kationen M^+, d.h. die Fähigkeit, die Elektronendichten des Anions anzuziehen und damit den kovalenten Charakter der Bindung zu erhöhen, nimmt gleichfalls ab. Diese beiden Faktoren führen dazu, daß der ionische Charakter der von diesen Kationen gebildeten Verbindungen innerhalb der Gruppe nach unten zunimmt.

In der rechten Hälfte des Periodensystems werden Anionen gebildet - die Elektronenaffinität (exotherm für den Prozeß $E + e^- \rightarrow E^-$) nimmt im allgemeinen innerhalb einer Gruppe von oben nach unten ab. Außerdem ist die Polarisierbarkeit von M^- bei den schweren Elementen größer und damit auch die Tendenz zu kovalenten Bindungen. Der ionische Charakter ist also am Anfang der Gruppe am größten.

Elemente der rechten Hälfte des Periodensystems nehmen häufig an kovalenten Bindungen teil, da ihre Orbitale aufgrund der hohen effektiven Kernladung weniger diffus sind und große Überlappungsintegrale, d.h. starke kovalente Bindungen ergeben.

In der Mitte des Periodensystems (4. Hauptgruppe) liegt die Elektronegativität am Anfang der Gruppe im mittleren Bereich, die Orbitale sind ausreichend dicht (gute Überlappung in kovalenten Bindungen) und die Ionisierungsenergien bzw. Elektronenaffinitäten zur Ausbildung von +4/–4-Ionen sind extrem hoch, so daß überwiegend kovalente Verbindungen gebildet werden. Geht man zu den schwereren Homologen über, so nimmt die Ionisierungsenergie ab (die Bildung von Kationen wird möglich) und die Valenzorbitale werden diffuser (schlechte Überlappung in kovalenten Bindungen). Folglich nimmt der ionische Charakter zu, und Zinn und Blei bilden in Verbindung mit ausreichend elektronegativen Elementen (z.B. Fluor und Sauerstoff) überwiegend ionische Verbindungen: PbF_4 und PbO.

3.2.3 Reaktivität

Über die Reaktivität lassen sich schlecht Verallgemeinerungen machen, da sie von vielen Faktoren (thermodynamische und kinetische) abhängt. Sie wird durch Bindungsenergien, Elektronenaffinitäten, Atomisierungsenergien etc. beeinflußt. Als grobe Richtlinie ist die Reaktivität der Elemente auf der rechten und linken Seite des Periodensystems am größten und in der Mitte am geringsten. In der linken Hälfte nimmt sie innerhalb der Gruppe nach unten zu und in der rechten Hälfte in der gleichen Richtung ab.

Die Reaktivität der Alkalimetalle ist eine Folge der niedrigen Atomisierungsenergien (offene Strukturen mit schwachen, metallischen Bindungen) und 1. Ionisierungsenergien (leichte Bildung von M^+-Ionen). Diese Faktoren tragen zur Aktivierungsenergie einer Reaktion (Kinetik) und der Stabilität der dabei gebildeten Verbindung (Thermodynamik) bei. Da die Ionisierungs- und Atomisierungsenergie innerhalb der Gruppe nach unten abnimmt, steigt die Reaktivität in der gleichen Richtung. So explodiert Cäsium, wenn es mit Wasser in Berührung kommt, während Lithium nur sprudelt (langsam reagiert).

In der rechten Hälfte des Periodensystems (7. Hauptgruppe) sind die Bildung von Anionen, E^-, exotherm und die Gitterenergien in Verbindung mit den kleinen Halogenidionen groß. Insofern besteht eine große Tendenz zur Ausbildung ionischer Verbindungen. Die hohe Elektronegativität hingegen bewirkt, daß die Valenzorbitale starke kovalente Bindungen mit Nichtmetallen ergeben, so daß die Tendenz zur Bildung von kovalenten Verbindungen stark ist. Die außergewöhnlich hohe Reaktivität des Fluors wurde bereits bei den Halogenen diskutiert (s. Kap. 3.1.7). Die Abnahme der Reaktivität innerhalb der Gruppe wird durch die Zunahme der Atomradien, die niedrigeren Elektronenaffinitäten und Gitterenergien, die abnehmende Elektronegativität und die diffuseren Valenzorbitale verursacht.

In der Mitte des Periodensystems (4. Hauptgruppe) sind die Atomisierungs- und Ionisierungsenergien groß, die Elektronenaffinitäten stark endotherm und die Reaktivität im allgemeinen gering.

3.2.4 Oxide und π-Bindung

Über die Oxide der Elemente lassen sich folgende Aussagen machen:
1. Der ionische Grad der Oxidverbindungen nimmt innerhalb der Perioden von links nach rechts ab und innerhalb der Gruppen von oben nach unten zu.
2. Im Fall der eher kovalenten Oxide nimmt die Tendenz zur Ausbildung diskreter Moleküle mit E=O-Doppelbindungen von links nach rechts zu und von oben nach unten ab.
3. Die Tendenz zur Bildung kovalenter Oxidstrukturen nimmt innerhalb der Gruppen nach unten zu. In der 1. Hauptgruppe sind alle Oxide ionisch. In der 4. Hauptgruppe gibt es CO_2 mit Mehrfachbindungen, kovalentes SiO_2 und vorwiegend ionisches PbO_2. In der 7. Hauptgruppe sind die Oxide diskrete Moleküle und sogar Iod bildet E–O-π-Bindungen aus.

Der ionische Charakter wurde bereits diskutiert. Die Tendenz zur Ausbildung von π-Bindungen hängt von der Elektronegativität und den Atomradien ab (s. Kap. 4). Diese sind für die Elektronendichte der Orbitale (je dichter, desto besser die Überlappung), die Kompatibilität der p-Orbitale vom Sauerstoff (je geringer die Energiedifferenz zwischen den Orbitalen, desto besser die Wechselwirkung) und die E–O-Bindungslänge (je länger die Bindung, desto schwächer die π-Wechselwirkungen) verantwortlich. Die Elektronegativität nimmt innerhalb einer Gruppe von oben nach unten ab und steigt von links nach rechts. Deshalb werden die Orbitale von links nach rechts dichter und von oben nach unten diffuser, und die Kompatibilität der p-Orbitale mit denen des Sauerstoffs nimmt nach unten ab. Die Atomradien und damit auch die E–O-Bindungen werden nach unten hin größer und von links nach rechts kleiner. Insgesamt nimmt der π-Bindungsanteil von links nach rechts zu und von oben nach unten ab.

3.2.5 Wasserstoffverbindungen

Die Basizität der Wasserstoffverbindungen sinkt im allgemeinen von links nach rechts und steigt von oben nach unten. In der linken Hälfte des Periodensystems handelt es sich um basische Wasserstoffverbindungen $[M^{n+}(H^-)_n]$, die mit Wasser zu MOH und H_2 reagieren, z.B.

$$NaH + H_2O \rightarrow NaOH + H_2$$

Geht man weiter nach rechts, so werden die Wasserstoffverbindungen weniger basisch. In der 4. Hauptgruppe sind sie am Anfang der Gruppe neutral und am Ende nur schwach basisch. Rechts von der Kohlenstoffgruppe sind die Wasserstoffverbindungen eher schwach sauer, und die Acidität nimmt bis zu den Halogenwasserstoffverbindungen weiter zu, z.B.

$$HCl_{(aq)} \rightleftharpoons H^+_{(aq)} + Cl^-_{(aq)}$$

Dieser Trend im Periodensystem läßt sich durch den Elektronegativitätsunterschied zwischen Wasserstoff und dem Element, an das es gebunden ist, erklären. In der linken Hälfte des Periodensystems sind die Elemente alle elektropositiver als Wasserstoff, so daß jener negativ polarisiert $E^{\delta+}-H^{\delta-}$, d.h. hydridisch ist. Beim Übergang zur 4. Hauptgruppe nähern sich die Elektronegativitäten der Elemente der des Wasserstoffs an, und die Bindungen sind im wesentlichen unpolar. Die Elemente rechts der Kohlenstoffgruppe sind im allgemeinen elektronegativer als Wasserstoff, und man erhält $E^{\delta-}-H^{\delta+}$, d.h. protonischen Wasserstoff und damit saure Wasserstoffverbindungen. Innerhalb einer Gruppe nimmt die Elektronegativität nach unten ab, so daß der Wasserstoff Hydridcharakter annimmt und seinen Protonencharakter verliert. Die Acidität der Wasserstoffverbindungen sollte also folglich innerhalb einer Gruppe von oben nach unten abnehmen. Tatsächlich ist die Sache nicht ganz so einfach, da die Acidität von weiteren Faktoren abhängt. Iodwasserstoff ist in Wirklichkeit acider als Fluorwasserstoff (s. Kap. 3.1.7).

3.3 Übungen

1. Setze die folgenden Daten in einen Zusammenhang

	NaF	MgF$_2$	AlF$_3$	SiF$_4$	PF$_5$	SF$_6$
Schmp. (°C)	988	1266	1291	–90	–94	–50

		InF$_3$	SnF$_4$	SbF$_5$	TeF$_6$
Schmp. (°C)		1170	705	8	–36

Antwort: Ionische Salze bestehen aus einer unendlichen Reihe von Anionen und Kationen, die durch elektrostatische Anziehungskräfte zusammengehalten werden. Beim Schmelzen eines solchen Feststoffes zerfällt diese Struktur in bewegliche Ionen. Um alle ionischen Bindungen aufzubrechen, bedarf es großer Energie (hoher Temperaturen).

Die meisten kovalenten Verbindungen enthalten diskrete Moleküle. Die Wechselwirkungen zwischen solchen Molekülen sind relativ schwach (Dipol-Dipol, van der Waals). Beim Schmelzen einer kovalenten Verbindung werden nur die intermolekularen Kräfte und nicht die kovalenten Bindungen aufgebrochen, so daß nicht so viel Energie nötig ist und ein niedriger Schmelzpunkt daraus folgt.

Natrium, Magnesium, Aluminium, Indium und Zinn besitzen eine geringere Elektronegativität als Fluor, weshalb ihre Fluoride einen hohen ionischen Charakter und Schmelzpunkt aufweisen. Diese

Elemente besitzen niedrige Ionisierungsenergien, die durch den großen, bei der Bildung des Ionengitters frei werdenden Energiebetrag kompensiert werden können.

Die Elektronegativitätsdifferenz zwischen Fluor und Silicium, Phosphor, Schwefel, Antimon und Tellur ist relativ klein, und diese Verbindungen sind vorwiegend kovalenter Natur mit niedrigen Schmelzpunkten. Diese Elemente bilden mit Fluor keine ionischen Strukturen, da die Ionisierungsenergien zu hoch sind und jene nicht durch die Gitterenergien ausgeglichen werden können. Außerdem sind die Valenzorbitale dieser Elemente so dicht (hohe effektive Kernladung), daß sie starke kovalente Bindungen ausbilden können.

Der Schmelzpunkt von Natriumfluorid ist niedriger als der von Magnesiumfluorid. Elektrostatische Wechselwirkungen sind dem Produkt der Ladungen direkt und dem Abstand zwischen den Ionen umgekehrt proportional. Die elektrostatischen Wechselwirkungen in MgF_2 (+2/–1) sind größer als die in NaF (+1/–1), und infolgedessen wird mehr Energie bzw. eine höhere Temperatur benötigt, um MgF_2 zu schmelzen. Dieser Trend wird noch durch den kleineren Radius von Mg^{2+} unterstützt (Mg^{2+} hat einen ähnlichen Radius wie Li^+), der zu einem kleineren Abstand zwischen den Ionen führt.

Diese Überlegungen würden die Vermutung aufkommen lassen, daß der Schmelzpunkt von AlF_3 höher ist als der von MgF_2. Die Ladungen (+3/–1) sollten zu stärkeren Wechselwirkungen führen als (+2/–1), und Al^{3+} ist kleiner als Mg^{2+}. Aufgrund seines geringen Radius und seiner hohen Ladung wirkt Al^{3+} jedoch stark polarisierend. Al^{3+} zieht die Elektronen des F^- zu sich, erhöht den kovalenten und schwächt den ionischen Charakter der Bindung. Der Schmelzpunkt ist aufgrunddessen nicht so hoch wie er für eine rein ionische Verbindung wäre, d.h. die tatsächlichen Ladungen der Ionen sind kleiner als +3 und –1. In der ersten Koordinationssphäre eines einzelnen Al^{3+}-Ions wird dieser Verlust der elektrostatischen Anziehung durch die zunehmenden, kovalenten Wechselwirkungen mit benachbarten F^--Ionen ausgeglichen. Solch ein „kovalenter Ausgleich" existiert nicht mehr für den Verlust der elektrostatischen Wechselwirkungen über die erste Koordinationssphäre hinaus, d.h. weitreichende, rein elektrostatische Anziehungskräfte sind ebenfalls in dem dreidimensionalen Gitter aktiv und halten es zusammen.

Der kovalente Charakter von AlF_3 kann auch aus einem anderen Blickwinkel verstanden werden. Die Ionisierungsenergie zur Bildung von Al^{3+} ist zu hoch, so daß das Aluminium nur unvollständig ionisiert im Feststoff vorliegt. Dies bedeutet einen unvollständigen Transfer negativer Ladung auf das Fluoridion und damit eine kovalente Bindung.

Der größere Radius von Indium im Vergleich zum Aluminium (der Atomradius nimmt innerhalb einer Gruppe nach unten zu) hat zur Folge, daß die interionischen Abstände im Indiumfluorid länger, die elektrostatischen Wechselwirkungen dadurch schwächer und der Schmelzpunkt von InF_3 niedriger sind.

SnF_4 weist eine hohen kovalenten Charakter auf (Sn^{4+} wirkt stark polarisierend) und vermindert somit die Ladung des Sn-Kations auf einen Wert << +4. Die verringerte Ladung und der relativ große Atomradius des Sn-Kations führt dazu, daß SnF_4 den niedrigsten Schmelzpunkt der „ionischen" Verbindungen besitzt.

Von AlF_3 zu SiF_4 nimmt der Schmelzpunkt deutlich ab. Grund hierfür ist der Übergang von einer ionischen Gitterstruktur zu kovalenten Molekülen. Die unterschiedlichen Bindungsarten von Silicium und Aluminium resultieren aus dem Zusammenwirken von Ionisierungsenergie und Atomradius. Die Ionisierungsenergie für die Bildung eines Si^{4+}-Ions ist sehr groß, und das gebildete Kation wäre stark polarisierend. Das Siliciumion ist außerdem viel kleiner als das Aluminiumion und könnte in einer ionischen Verbindung weniger Liganden um sich herum anordnen. Eine niedrigere Koordinationszahl bedingt eine geringere Anzahl ionischer Bindungen und damit eine weniger stabile Struktur. Silicium besitzt ausreichend dichte Valenzorbitale (höhere effektive Kernladung) und ist deshalb in der Lage, starke kovalente Bindungen auszubilden. Die Bildung einer kovalenten Struktur ist hierbei günstiger als die Bildung eines Ionengitters.

Silicium und Zinn sind Elemente derselben Hauptgruppe, aber ersteres bildet kovalente Fluoride und letzteres ionische. Der Unterschied resultiert aus der abnehmenden Ionisierungsenergie, wodurch Zinn stärker zur Ausbildung von Kationen fähig ist.

Die Unterschiede in den Schmelzpunkten der kovalenten Fluorverbindungen kommen durch mehrere Faktoren zustande. Van der Waals-Kräfte werden mit zunehmender Elektronenzahl der Moleküle stärker, so daß sie entlang der Reihe SiF_4, PF_5 und SF_6 und innerhalb einer Gruppe nach unten zunehmen (von SF_6 zu TeF_6). Der Schmelzpunkt von SiF_4 ist größer als der von PF_5, da die SiF_4-Tetraeder dichter gepackt werden können.

SbF_5 hat den höchsten Schmelzpunkt der in der Tabelle aufgeführten Verbindungen, da es aus Tetrameren besteht, die über F-Brücken gebildet werden, und deshalb eine große Molmasse besitzt (große van der Waals-Kräfte):

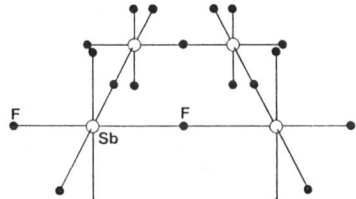

2. Durch Alkylsubstituenten am Ammoniak nimmt die Tendenz zur Komplexbildung in der Reihenfolge $NH_3 > RNH_2 > R_2NH > R_3N$ ab. Die analoge Reihe der Phosphine zeigt exakt das entgegengesetzte Verhalten. Wie ist das zu verstehen?

Antwort: Hier müssen elektronische und sterische Faktoren berücksichtigt werden. Ersetzt man ein Proton durch eine Alkylgruppe, so erhöht man die Elektronendichte am Donoratom, das dann noch bessere Donoreigenschaften besitzt. Dies ist nur für die Phosphine der Fall und nicht für die Amine. Stickstoff ist ein kleines Atom, deshalb sind die E–N-Bindungen kurz und die Liganden räumlich dichter benachbart. Je mehr Alkylgruppen an den Stickstoff gebunden sind, desto größer wird die sterische Abstoßung innerhalb des Komplexes und jene hebt jeglichen elektronischen Vorteil auf. E–P-Bindungen sind länger, wodurch die sterischen Effekte ihre Dominanz verlieren und die elektronischen Effekte überwiegen.

4 π-Systeme der Hauptgruppen

Dieses Kapitel beschäftigt sich mit π-Bindungen zwischen Elementen der Hauptgruppen und der Stabilität der so gebildeten Verbindungen. Die π-Bindungen können in folgende Kategorien eingeteilt werden:

2. Periode - 2. Periode,

2. Periode - 3. Periode,

3. Periode - 3. Periode,

wobei die Stabilität der π-Bindungen in bezug auf die entsprechenden σ-Bindungen von oben nach unten abnimmt.

4.1 Stabilität der π-Bindungen

1. π-Bindungen entstehen durch Überlappung von p- oder d-Orbitalen, und ihre Stärke hängt in hohem Maße von der Elektronendichte und der Entfernung der miteinander wechselwirkenden Orbitale ab. *Je diffuser und weiter sie voneinander entfernt sind, desto schwächer ist die π-Bindung.* In einer Hauptgruppe werden die Valenzorbitale mit steigender Ordnungszahl diffuser, da die Elektronen weiter vom Kern entfernt sind und weniger durch ihn beeinflußt werden. Elektronegativere Atome ziehen ihre Valenzelektronen stärker an, die Orbitale sind dichter.

2. Die Stärke einer π-Bindung nimmt mit zunehmender *EN*-Differenz der beteiligten Atome ab. Ein großer Elektronegativitätsunterschied bedeutet im allgemeinen, daß der Energieunterschied der wechselwirkenden Orbitale sehr groß ist und sie deshalb nur schlecht überlappen (4. Regel, s. Kap. 2.1.2).

3. Kinetische Faktoren: Zentralatome mit freien, energiearmen und unbesetzten Valenzorbitalen sind ein beliebter Angriffspunkt für Nucleophile (Elektronendonatoren), wodurch die kinetische Stabilität der Verbindung vermindert wird. Je polarer die π-Bindung ist, desto leichter findet ein nucleophiler/elektrophiler Angriff statt. Nucleophile reagieren dabei mit dem partiell positiv geladenen Atom der Bindung und Elektrophile mit dem partiell negativ geladenen.

Häufig ist die Dissoziationsenergie einer E=E-Doppelbindung weniger als doppelt so groß wie die Dissoziationsenergie einer E–E-Einfachbindung. In diesem Fall ist eine Polymerisation thermodynamisch begünstigt. Natürlich findet diese nicht statt, wenn die Aktivierungsenergie für diesen Prozeß zu groß ist (s. 3. Periode-3. Periode π-Bindungen).

Die oben erwähnte Reihenfolge der Stabilität kann folgendermaßen verstanden werden:

2. Periode-2. Periode: Die Wechselwirkungen der Orbitale sind hier am effektivsten, da es sich um ausreichend dichte Orbitale handelt, die nicht allzu weit voneinander entfernt sind (kleine Atomradien). Die Abwesenheit energiearmer d-Orbitale vermindert die Möglichkeit zur Erweiterung der Koordinationszahl, da der Angriffspunkt für Nucleophile fehlt. Die Verbindungen sind kinetisch stabil. All dies führt dazu, daß die π-Bindungen in der 2. Periode die stärksten im gesamten Periodensystem sind.

2. Periode-3. Periode: Die π-Bindungen zwischen einem Element der 2. Periode und einem der dritten sind stärker als die zwischen zwei Atomen der 3. Periode. Es gibt einige Beispiele für solche Bindungen (s. u.). Aufgrund der größeren *EN*-Differenz der Atome sollte man das eigentlich nicht erwarten (s. Stabilitätsfaktoren), der kleinere Atomabstand wiegt diese Tatsache jedoch wieder auf.

Außerdem wechselwirkt ein 2p- mit einem 3p-Orbital, was zu einer stärkeren Überlappung führt als die Wechselwirkung zweier 3p-Orbitale.

3. Periode-3. Periode: Die hier zur Bildung von π-Bindungen verwendeten Orbitale sind diffuser, die Bindungen länger (vgl. Atomradien), und es gibt freie d-Orbitale, die von Nucleophilen angegriffen werden können. Elemente der 3. Periode sind im Gegensatz zu denen der 2. Periode zur Erweiterung ihrer Koordinationssphäre fähig (z.B. existiert Phosphorpentafluorid PF_5, das Stickstoffanalogon NF_5 jedoch nicht). Die Aktivierungsenergie für einen nucleophilen Angriff ist sehr niedrig, und daher sind die π-Bindungen zwischen Atomen der 3. Periode reichlich instabil und selten anzutreffen.

Zusammengefaßt nimmt die Stärke der π-Bindungen wie folgt ab:

$$2p_\pi\text{--}2p_\pi > 2p_\pi\text{--}3p_\pi > 3p_\pi\text{--}3p_\pi$$

4.1.1 Mehrfachbindungen zwischen Elementen der 2. Periode

Stickstoff N_2: Die Dreifachbindung im Stickstoffmolekül ist extrem stabil. Ihre Dissoziationsenergie ist fünfmal so groß wie die einer Einfachbindung. Aus diesem Grund ist eine N≡N-Dreifachbindung thermodynamisch günstiger als drei N–N-Einfachbindungen, und Stickstoff tritt molekular auf, N_2.

Warum ist diese Bindung so stark?
1. Sie kommt durch die Überlappung von 2p-Orbitalen zustande (dicht und klein).
2. Die wechselwirkenden Orbitale besitzen die gleiche Energie.
3. Der Bindungsabstand ist kurz, so daß die p-Orbitale dicht beisammen sind und ein großes Überlappungsintegral ergeben.

Ein Teil der Stabilität der N≡N-Dreifachbindung läßt sich durch die Schwäche der N–N-Einfachbindung erklären (Abstoßung zwischen den freien Elektronenpaaren, s. Kap. 3.1.5). Alle Reaktionen, bei denen sich N≡N-Dreifach- in N–N-Einfachbindungen umwandeln, sind thermodynamisch ungünstig. Viele Verbindungen mit N–N-Einfachbindungen sind explosiv und zersetzen sich spontan, wobei neben einer großen Menge Energie auch elementarer Stickstoff frei wird.

Wird eine Dreifachbindung aus einer σ- und zwei π-Bindungen gebildet, so verringert sich der Abstand zwischen den Atomen, und die π-Wechselwirkungen verstärken sich. Dies sollte für P_2 genauso gelten wie für N_2. Unter Normalbedingungen existiert P_2 jedoch nicht (Bindungsenergie (P≡P) = 2,5 · Bindungsenergie (P–P), so daß die Bildung von drei P–P-Einfachbindungen aus einer Dreifachbindung thermodynamisch günstig ist). Der Grund hierfür ist die mit abnehmendem Bindungsabstand größer werdende Abstoßung der Elektronen und Kerne. Im Fall des Stickstoffs wird diese Abstoßung durch den Energiegewinn bei Ausbildung der extrem starken π-Bindung ausgeglichen (dichtere 2p-Orbitale!). Der Phosphor besitzt eine größere Anzahl Elektronen als der Stickstoff und weniger dichte Valenzorbitale (3p), so daß die resultierenden, verhältnismäßig schwachen π-Bindungen die zunehmende Abstoßung nicht mehr ausgleichen können. Deshalb bevorzugt Phosphor überwiegend Einfachbindungen in seiner P_4-Struktur (s. Kap. 3.1.5).

Alkine: Die Dissoziationsenergie einer C≡C-Dreifachbindung ist 2,5 mal so groß wie die einer C–C-Einfachbindung. Obgleich die Energieverhältnisse denen des Stickstoffs ähnlich sind, gibt es drei Faktoren, die den Unterschied der Bindungsverhältnisse erklären:
1. Stickstoff ist elektronegativer als Kohlenstoff, deshalb sind seine Orbitale weniger diffus und bilden eine bessere π-Überlappung aus.
2. Stickstoff ist kleiner als Kohlenstoff, so daß die p-Orbitale der benachbarten Atome sich näher kommen und stärker miteinander wechselwirken können.

3. N–N- und C–C-Einfachbindungen lassen sich nicht ohne weiteres vergleichen, da die Abstoßung der freien Elektronenpaare nur im Fall des Stickstoffs auftritt.

Bortrifluorid BF₃: π-Bindungen kommen in diesem Molekül zustande, indem die Fluoratome Elektronen aus ihren gefüllten p-Orbitalen in die leeren p-Orbitale des sp^2-hybridisierten Boratoms abgeben.

Obwohl der π-Charakter der Bindungen in BF₃ aufgrund des großen *EN*-Unterschieds zwischen Bor und Fluor nicht sehr groß ist, hat er doch einen Einfluß auf die physikalischen und chemischen Eigenschaften des Bortrifluorids. Das heißt, die B–F-Bindungen sind kürzer als die Summe der kovalenten Radien, und BF₃ ist eine schwächere Lewissäure, als man aus den Elektronegativitätsbetrachtungen erwarten könnte (Bor sollte eigentlich eine relativ hohe positive Partialladung tragen). Eine Dimerisierung wäre mit dem Verlust des π-Charakters verbunden, da vierfachkoordiniertes Bor nicht mehr an π-Bindungen teilnehmen kann. BF₃ dimerisiert im Gegensatz zu BH₃ folglich nicht, letzteres liegt als B_2H_6 vor (ohne π-Bindung).

Borazol:

$$3B_2H_6 + 6NH_3 \rightarrow 3[BH_2(NH_3)_2]^+[BH_2]^- \xrightarrow{\Delta T} 2B_3N_3H_6 + 12H_2$$

Borazol weist eine planare, hexagonale Ringstruktur auf. Die Stickstoff- und Boratome können als sp^2-hybridisiert angesehen werden, wobei jedes N-Atom ein volles und jedes B-Atom eine freies p-Orbital senkrecht zur Ebene besitzt. Die Valenzbindungs-Strukturen sind:

Die tatsächliche Struktur ist ein Hybrid dieser beiden Strukturen. Obwohl in beiden Resonanzformeln die positive Partialladung dem Stickstoff zugeschrieben wird, haben Rechnungen und Reaktivitäten gezeigt, daß die positive Partialladung bei der B–N-Bindung am Bor sitzt. Aufgrund seiner höheren Elektronegativität zieht der Stickstoff die π- und σ-Bindungselektronen zu sich.

Die Bindung kann auch mittels MO-Betrachtungen erklärt werden. Demnach wären die sechs freien Elektronen wie im Benzol über den ganzen Ring delokalisiert.

Die Stärke der BN-π-Bindung: Stickstoff ist elektropositiver als Fluor, und deshalb ist die Energiedifferenz der p-Orbitale zwischen Bor und Stickstoff geringer als zwischen Bor und Fluor. Eine BN-π-Bindung wie im Borazol sollte folglich stärker sein als eine BF-π-Bindung wie in BF_3. Dies findet man zum Beispiel in $B(NMe_2)_3$ wieder, das eine schwächere Lewissäure als BF_3 ist: Der π-Charakter geht bei der Einführung eines vierten Liganden (Lewisbase) verloren. Der bei der Adduktbildung von BF_3 auftretende Verlust der π-Bindung wird durch die Bildung der zusätzlichen Bindung kompensiert. Im Fall des $B(NMe_2)_3$ trifft das jedoch nicht zu, da die π-Bindung stärker ist. Sterische Effekte können hierbei ebenfalls eine Rolle spielen, da die drei voluminösen Dimethylaminogruppen kaum noch Platz für einen Angriff auf das kleine Boratom lassen.

Vergleich zwischen Borazol und Benzol: B–N ist isoelektronisch zu C–C und daher ist auch Borazol $(BN)_3H_6$ isoelektronisch zu Benzol $(CC)_3H_6$. Aus diesem Grunde nennt man das Borazol „anorganisches Benzol". Die physikalischen Eigenschaften von Borazol und Benzol sind sich sehr ähnlich (z.B. sind beide bei RT und Normaldruck flüssig), die chemischen Eigenschaften unterscheiden sich jedoch deutlich. Borazol ist reaktiver als Benzol, es reagiert z. B. mit HCl:

Dieser Unterschied kommt dadurch zustande, daß
1. die Bindung im Borazol aufgrund des *EN*-Unterschiedes zwischen Bor und Stickstoff polarisiert ist ($B^{\delta+}–N^{\delta-}$),
2. die p-Orbitale unterschiedliche Energien besitzen und die Delokalisation der Elektronen im Borazol nicht so vollständig ist wie im Benzol.

HCl ist polar, und der erste Schritt der Reaktion, die Anlagerung eines Protons, wird durch die Polarität der B–N-Bindung ermöglicht. Die C–C-Bindungen des Benzols sind unpolar und bieten keine Möglichkeit für eine solche Anlagerung.

Der aromatische Charakter geht auf der Stufe des Übergangszustandes verloren. Um die Aromatizität im Benzolring aufzuheben, wäre ein größerer Energiebetrag nötig. Die Aktivierungsenergie für die Reaktion mit HCl ist für Borazol folglich geringer als für Benzol. Eine hohe E_{akt} bedeutet, daß eine Reaktion unmeßbar langsam abläuft: $k = a \cdot e^{-E_{akt}/RT}$.

Am Benzol finden bevorzugt elektrophile Substitutionsreaktionen statt, bei denen die Aromatizität erhalten bleibt, was die größere Stabilität des aromatischen Systems im Benzol verdeutlicht.

Die Benzol- und Borazolderivate reagieren mit Übergangsmetallen auf eine ähnliche Weise: Sie bilden Komplexe, wobei der Borazolring im Gegensatz zum Benzolring im Komplex nicht planar ist.

4.1.2 Mehrfachbindungen zwischen Elementen der 2. und 3. Periode

$2p_\pi$-$3p_\pi$-Bindung: Die Stabilität der Mehrfachbindungen zwischen Atomen der 2. und 3. Periode nimmt in der folgenden Anordnung zu

$$Si=C < P=C < S=C$$

So ist zum Beispiel Silabenzol ($SiHC_5H_5$) instabiler als Phosphabenzol (PC_5H_5) und dieses wiederum labiler als Thiophen (C_4H_4S). Hervorgerufen wird dieser Effekt durch eine Reihe kinetischer und thermodynamischer Faktoren.

Kinetik: Die Bindungen sind wie folgt polarisiert

$$C^{\delta-}-Si^{\delta+} \qquad\qquad C^{\delta-}-P^{\delta+} \qquad\qquad C^{\delta+}-S^{\delta-}$$

Der *EN*-Unterschied zwischen Kohlenstoff und Silicium ist relativ groß (0,8) und führt zu einer ziemlich polaren Bindung. Zusätzlich verfügt das Siliciumatom über freie d-Orbitale, die einen nucleophilen Angriff ermöglichen.

Zwischen Phosphor und Kohlenstoff gibt es ebenfalls einen, wenn auch kleineren, *EN*-Unterschied (0,4), so daß die P=C-Bindung wie die Si=C-Bindung nucleophil angegriffen werden kann.

Die Elektronegativitäten von Kohlenstoff und Schwefel sind fast identisch und die C–S-Bindung somit beinahe unpolar. Findet dennoch ein nucleophiler Angriff statt, so erfolgt dieser immer am schwach positiven Kohlenstoffatom. Allerdings ist er nicht so einfach, da es sich bei Kohlenstoff um ein Element der 2. Periode handelt und ihm die freien d-Orbitale zur Aufnahme von Elektronen fehlen.

Thermodynamik: Ein großer *EN*-Unterschied zwischen den an einer π-Bindung beteiligten Atome hat eine große Energiedifferenz der miteinander wechselwirkenden Atomorbitale zur Folge. Als Konsequenz davon sind die Austauschenergien klein und die Bindungen schwach.

p_π-d_π-Bindungen: Der Grad, mit dem d-Orbitale an π-Bindungen teilnehmen, ist umstritten. Es wird diskutiert, daß die 3d-Orbitale zu energiereich und diffus sind, um ausschlaggebend an π-Wechselwirkungen teilnehmen zu können. Es gibt in Verbindungen aus Elementen der 2. und 3. Periode jedoch einige Phänomene, die ohne Einbeziehung von p_π-d_π-Wechselwirkungen schwierig zu erklären sind. Man nimmt im allgemeinen an, daß ein Atom, an das elektronenziehende Gruppen gebunden sind, durch die zunehmende effektive Kernladung die d-Orbitale stärker anzieht. Diese werden dadurch in ihrer Energie erniedrigt und gleichzeitig dichter, so daß sie für π-Bindungen zugänglich werden.

Vergleich zwischen Trimethylamin, NMe₃, und Tris(trimethylsilyl)amin, N(SiMe₃)₃,

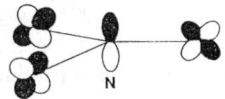

Die VSEPR-Regel würde in beiden Fällen eine trigonal pyramidale Struktur vorhersagen. Tatsächlich ist das Silylamin jedoch planar, was man mittels p_π-d_π-Wechselwirkungen erklären könnte.

Die Planarität verstärkt die π-Wechselwirkungen.

Da das Kohlenstoffatom keine freien d-Orbitale besitzt, gibt es im Trimethylamin solche π-Wechselwirkungen nicht. Seine Struktur wird einzig und allein durch die VSEPR-Regel bestimmt, d.h. es ist pyramidal.

Tris(trimethylsilyl)phosphin weist hingegen trotz freier d-Orbitale am Phosphoratom eine pyramidale Struktur auf. Die π-Bindungen beinhalten hier nämlich 3p-3d-Wechselwirkungen, die im Gegensatz zu 2p-3d-Wechselwirkungen nicht stark genug sind, um die Abstoßungskräfte der Elektronen (freies Elektronenpaar–Bindungselektronen) zu kompensieren.

Gegner der „p_π-d_π-Bindungstheorie" erklären die beobachteten Strukturen ausschließlich mittels sterischer und elektrostatischer Effekte. Die voluminösen SiMe₃-Liganden haben im Fall des Amins in der pyramidalen Struktur nicht genügend Platz. Die Abstoßung zwischen ihnen führt dazu, daß eine planare Struktur angenommen wird. Bei der homologen Phosphorverbindung ist das nicht erforderlich, da das Zentralatom größer ist.

Ylide und Ylene:

Ph₃P══════C══════PPh₃

Ylen

Ph₃$\overset{+}{P}$╱ $\overset{2-}{C}$ ╲$\overset{+}{P}Ph_3$

Ylid

Diese beiden Formelbilder geben zwei Extreme der Bindungsverhältnisse in P=C-Verbindungen wieder. Bei reinem π-Charakter würde man einen P–C–P-Bindungswinkel von 180° erwarten (Ylen). Der Winkel im Ylid hingegen sollte 109° groß sein. Der tatsächliche Bindungswinkel in Bis(triphenylphosphinyl)ethen beträgt 130° und deutet damit an, daß die Bindungen einen unverkennbaren π-Anteil aufweisen.

Trisubstituierte Phosphin- und Stickstoffoxide:

R╲
R—P══O
R╱

Verbindung	F_3PO	Cl_3PO	Me_3PO
θ_{P-O} (cm^{-1})	1404	1295	1176

Die IR-Valenzschwingung θ der P–O-Bindung ist ein direkter Hinweis auf die P–O-Bindungsstärke. Eine höhere Frequenz (größere Wellenzahl) ist gleichbedeutend mit einer stärkeren Bindung (s. Kap. 10.6.1).

Die P–O-Valenzschwingung ist im Fall der Fluorverbindung am größten. Der Grund hierfür liegt in der höheren Elektronegativität des Fluors, die die Elektronendichte am Phosphoratom verringert. Dadurch wird die Energie der d-Orbitale des Phosphoratoms verringert und diese so für p_π-d_π-Wechselwirkungen mit dem 2p-Orbital des Sauerstoffs zugänglich gemacht. Dieser Effekt nimmt von Fluor über Chlor zur Methylgruppe ab, da die Elektronegativität in der gleichen Richtung sinkt. Methylgruppen üben eher einen elektronenschiebenden Einfluß aus, so daß die 3d-Orbitale des Phosphors energetisch angehoben werden.

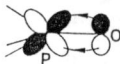

Die Bindung läßt sich alternativ durch die Resonanzformel R_3P^+–O^- beschreiben, die einen hohen ionischen Charakter aufweist. Je elektronegativer der Substituent R ist, desto höher wird die positive Ladung des Phosphoratoms und desto größer ist der ionische Anteil der Bindung. Daraus folgt eine zunehmende Bindungsstärke und eine größere P–O-Valenzschwingungsfrequenz. Außerdem hat eine Zunahme der positiven Ladung am Phosphoratom eine energetische Absenkung der σ-Orbitale des Phosphors zur Folge, die stärker mit denen des Sauerstoffs wechselwirken können. Dieselbe Argumentation läßt sich auch bei R_3NO anwenden, wobei der Unterschied der Valenzschwingungen sehr viel kleiner ist und deshalb eine Erklärung mit Hilfe der p_π-d_π-Bindungen angebrachter erscheint. Die Ladung des Stickstoffatoms wird in geringerem Maße durch die Art der Substituenten beeinflußt als die des Phosphors, da die *EN*-Differenz geringer ist.

Siloxane und Phosphazene: Weder SiO noch PN existieren bei Raumtemperatur. Beide Verbindungen sind gegenüber Oligomerisierung oder Polymerisierung instabil, da die p_π-d_π-Wechselwirkungen in den Monomeren zu schwach sind. Es ist also günstiger, zwei Si–O- bzw. P–N-Einfachbindungen auszubilden, als eine Si=O- bzw. P=N-Doppelbindung (s. Kap. 3.1.4). Die Chemie dieser Verbindungen ähnelt sich und wird durch die Bildung von Ringen und Ketten dominiert, z.B.

$$n\ R_2SiO \rightarrow (R_2SiO)_n \qquad \text{Siloxane}$$

$$n\ R_2PN \rightarrow (R_2PN)_n \qquad \text{Phosphazene}$$

Siloxane: Ein Beispiel ist $Me_6Si_3O_3$

Aufgrund sterischer Effekte würde man für diese Verbindung eine gewellte Struktur vorhersagen (vgl. Cyclohexan), doch tatsächlich ist der Ring planar. Nur so kann es zu einer maximalen p_π-d_π-Wechselwirkung zwischen dem freien Elektronenpaar des Sauerstoffs und einem freien d-Orbital des Siliciums kommen. Die Planarität des Benzols wird hingegen durch p_π-p_π-Wechselwirkungen verursacht.

Mit zunehmender Ringgröße wird die gewellte Struktur aus sterischen und entropischen Gründen bevorzugt. Ein starrer, planarer Ring ist geordneter als eine flexible, gewellte Form und dieser Entropieunterschied nimmt mit steigender Zahl der Ringelemente zu. Die gewellte Struktur ist keinesfalls gleichbedeutend mit dem totalen Verlust des π-Charakters der Bindung. Jener ist auch noch in Ringen aus acht und mehr Ringelementen teilweise vorhanden.

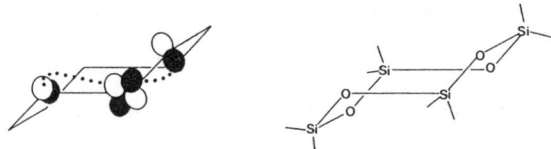

Der O–Si–O-Bindungswinkel in $Me_8Si_4O_4$ ist größer als der C–C–C-Winkel in Cyclooctan (109°). Die ideale Konformation wird demnach im Siloxan für die Erhaltung der π-Bindungen geopfert.

Ein guter Hinweis auf die Si–O-Bindungsstärke sind die Valenzschwingungsfrequenzen dieser Verbindungen, die demselben Trend folgen, der bei den R_3PO-Verbindungen beobachtet wurde. Die Argumentationsweise läßt sich dabei vollständig übernehmen.

Phospazene (Phosphonitrile):

$$PCl_5/NH_4Cl \rightarrow P_3N_3Cl_6 \text{ und andere Produkte}$$

$P_3N_3Cl_6$ bildet einen planaren Ring, wobei alle P–N-Bindungen gleich lang sind und zwar kleiner als die Summe der kovalenten Radien.

Die Bindung setzt sich aus zwei Komponenten zusammen:
1. Zu dem Gerüst aus σ-Bindungen gibt es zusätzlich in der Ringebene Wechselwirkungen zwischen den p-Orbitalen des Stickstoffs und den d-Orbitalen des Phosphors.

2. Um vier Einfachbindungen ausbilden zu können, benötigt das Phosphoratom vier ungepaarte Elektronen. Diese erhält es durch die Anhebung eines Elektrons vom 3s- auf das 3d-Niveau.

$$3s^2\,3p^1\,3p^1\,3p^1\,d^0 \rightarrow 3s^1\,3p^1\,3p^1\,3p^1\,3d^1$$

Auf diese Weise werden p_π-d_π-Wechselwirkungen möglich (Überlappung halbgefüllter d-Orbitale des Phosphors mit halbgefüllten p-Orbitalen des Stickstoffs).

Über den gesamten Ring läßt sich jedoch keine Delokalisierung der π-Elektronen erreichen, da es an einer Stelle zu einem „Mismatch" kommt:

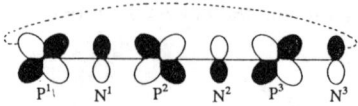

Vom P^1 zum N^3 sind alle Wechselwirkungen bindender Art, zwischen P^1 und N^3 kann es jedoch nicht zu bindenden Wechselwirkungen kommen („Mismatch").

Man kann die Bindung auch als das Resultat einer Rehybridisierung der *out of plane*-d-Orbitale zu d-Hybridorbitalen ansehen, die in Richtung der Stickstoffatome zeigen.

Hierbei verändert man lediglich das Achsensystem und damit den Blickwinkel auf das System. Man erhält dabei 2e3z-π-Bindungen über jede P–N–P-Gruppe.

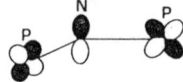

Daraus folgen ein Knoten pro Phosphoratom und drei „Inseln" von π-Bindungen statt einer vollständigen Delokalisation.

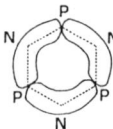

Über die exakten Bindungsverhältnisse ist man sich nicht einig. Man stimmt jedoch darin überein, daß die Delokalisation nicht vollständig ist.

Warum ist die Struktur von $P_4N_4Cl_8$ gewellt und die von $P_4N_4F_4$ planar?
Fluor ist elektronegativer als Chlor und senkt deshalb die Energien der 3d-Orbitale des Phosphors stärker ab. Jene sind dadurch den 2p-Orbitalen des Stickstoffs energetisch näher und können starke π-Bindungen mit ihnen ausbilden. Die Folge ist eine planare Struktur. In $P_4N_4Cl_8$ reicht die Absenkung der d-Orbitale nicht aus, um so starke π-Bindungen ausbilden zu können, daß das Molekül in die Planarität gezwungen wird. Trotzdem sind die d-Orbitale anpassungsfähig, und wie im Fall der Siloxane ist eine gewellte Struktur nicht gleichbedeutend mit dem völligen Verlust des π-Charakters.

Wie bei den Siloxanen und R_3PO ist die Valenzschwingung der P–N-Bindung ein direktes Maß für deren Stärke. In Verbindungen der allgemeinen Zusammensetzung $(PNR_2)_n$ wird die Valenzschwingung in der Reihe R = F > Cl > Br > Me kleiner.

Reaktionen: Beim Erhitzen von $P_3N_3Cl_6$ entsteht ein Polymer der Zusammensetzung $(Cl_2PN)_n$, das genauso reaktiv ist wie die zyklische Verbindung. Grund hierfür sind die verbleibenden π-Bindungen.

Die Ring- und Kettenmoleküle reagieren mit NaOR unter Substitution der Chloratome durch OR. Die Reaktivität dieser Polymere steht im Gegensatz zu organischen Polymeren, die in der Regel weniger reaktiv sind als ihre Monomere.

SN-Ketten, -Ringe und -Käfige: SN-Verbindungen (π-Bindung) sind beträchtlich stabiler als ihre PN- bzw. SiO-Analoga. Die Elektronegativitäten von Schwefel und Stickstoff sind beinahe gleich groß und die π-Bindungen infolgedessen stabil (Thermodynamik). Außerdem ist die Bindung nur schwach polar, so daß sie weder für einen nucleophilen noch elektrophilen Angriff Möglichkeiten bietet (Kinetik).

Vergleiche die folgenden S–N-Bindungslängen:

S–N	FS–N	F_3S–N
149 pm	145 pm	142 pm

Eine mögliche Erklärung für diese Beobachtung ist, daß die Fluoratome die Elektronendichte am Schwefelatom verringern und zugleich die Energie der 3p- und 3d-Orbitale des Schwefels herabsetzen. Dadurch werden sie dichter und den 2p-Orbitalen des Schwefels energetisch angenähert, was zu einer besseren Überlappung führt. Auch hier könnte man natürlich mit Bindungspolaritäten argumentieren und müßte nicht Zuflucht bei p_π-d_π-Wechselwirkungen wie bei R_3PO suchen.

Tetraschwefeltetranitrid S_4N_4

Diese Verbindung nimmt die gleiche Struktur wie Realgar, As_4S_4, ein („Käfigstruktur").

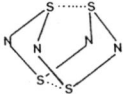

Alle S–N-Bindung sind gleich lang und kürzer als die Summe der Kovalenzradien. Zwischen den transannularen Schwefelatomen müssen Wechselwirkungen herrschen, da der S⋯S-Abstand kleiner ist als die Summe der van der Waals-Radien. Diese Annahme wird durch Röntgenbeugungsaufnahmen bei tiefen Temperaturen unterstützt, die eine meßbare Elektronendichte auf der S····S-Achse erkennen lassen.

Jedes Schwefel- und Stickstoffatom stellt für SN-σ-Bindungen zwei Elektronen zur Verfügung und besitzt zusätzlich ein freies Elektronenpaar, das von dem Käfig wegweist. Bleiben noch zwei Elektronen für den Schwefel und eins für den Stickstoff, um π-Bindungen auszubilden und für die transannulare Wechselwirkung. Die Bindungen in diesem Molekül können nur durch eingehende MO-Betrachtungen erklärt werden; es gibt kein einfaches Bindungsschema. Gemäß der Anzahl von π-Elektronen (ungleich $4n+2$) liegt kein aromatisches Hückel-System vor. Dies würde erklären, warum S_4N_4 nicht planar ist. Trotzdem weisen die gleichlangen S–N-Bindungen auf eine Delokalisierung hin, obgleich jene auch mittels Polarität der S–N-Bindung erklärt werden kann (ionischer Charakter der Bindung). p_π-d_π-Wechselwirkungen lassen sich ebenfalls nicht ausschließen - Stickstoff ist reichlich elektronegativ und in der Lage, die Energie der 3d-Orbitale des Schwefels so weit herabzusetzen, daß sie an π-Bindungen teilnehmen können. Die Beschreibung wird durch die transannularen S····S-Bindungen erschwert, deren Bindungsverhältnisse noch nicht aufgeklärt sind.

Tetraschwefeltetranitridkation $[S_4N_4]^{2+}$

Gesamtvalenzelektronen	$4 \cdot 6 + 4 \cdot 5 - 2$	42 Elektronen
	Schwefel/Stickstoff/Ladung	
8 S–N-Bindungen	$8 \cdot 2$	– 16 Elektronen
8 freie Elektronenpaare	$8 \cdot 2$	– 16 Elektronen
Anzahl der Elektronen in π-Bindungen		10 Elektronen

Es befinden sind zehn Elektronen in π-Bindungen ($4n+2$, $n = 2$). Folglich ist das System aromatisch und planar (maximale Überlappung), wobei alle S–N-Bindungen gleich lang und kürzer als die Summe der Kovalenzradien sind.

$[S_3N_3]^-$

Gesamtvalenzelektronenzahl	$3 \cdot 6 + 3 \cdot 5 + 1$	34 Elektronen
	Schwefel/Stickstoff/Ladung	
6 S–N-Bindungen		– 12 Elektronen
6 freie Elektronenpaare		– 12 Elektronen
Anzahl der Elektronen in π-Bindungen		10 Elektronen

Auch bei diesem Molekül handelt es sich um ein planares, aromatisches ($4n+2$)-Benzolanalogon.

Im scharfen Kontrast zu planaren, aromatischen Kohlenwasserstoffen sind alle zyklischen SN-Verbindungen farbig. Dies ist wiederum eine Folge der schwächeren π-Bindung zwischen Schwefel und Stickstoff. Die MO-Diagramme von $[S_3N_3]^-$ und C_6H_6 :

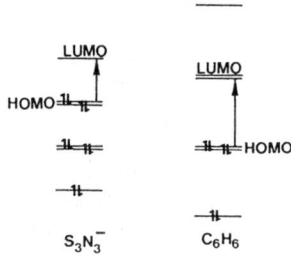

Die Farbigkeit einer Verbindung hängt davon ab, wieviel Energie für die Anhebung eines Elektrons aus dem HOMO in das LUMO benötigt wird. Je größer die Lücke zwischen diesen beiden Orbitalen ist, desto höher ist die Frequenz (~Wellenlänge^{-1}) der absorbierten Strahlung.

Die Größe der genannten Lücke hängt unmittelbar mit der Stärke der π-Bindung zusammen, da zwischen jedem Satz von Orbitalen zwei weitere antibindende Wechselwirkungen (Knoten) eingeführt werden. Im Fall des Benzols sind die π-Bindungen stark (Elemente der 2. Periode, gleiche Elektronegativität) und die Energiedifferenz so groß, daß es im UV-Bereich absorbiert, d.h. es ist farblos. Im $[S_3N_3]^-$ sind die π-Bindungen schwächer (2. Periode-3. Periode, unterschiedliche Elektronegativitäten) und die Energiedifferenz kleiner, wodurch die Absorption im Bereich des sichtbaren Lichtes stattfindet und das Molekül farbig ist.

S_2N_2

Gesamtvalenzelektronenzahl	$2 \cdot 6 + 2 \cdot 5$	22 Elektronen
	Schwefel/Stickstoff	
4 S–N-Bindungen	$4 \cdot 2$	– 8 Elektronen
4 freie Elektronenpaare	$4 \cdot 2$	– 8 Elektronen
Anzahl der Elektronen in π-Bindungen		6 Elektronen

Es handelt sich um ein $(4n+2)$-System mit $n = 1$ und aus diesem Grund ist S_2N_2 aromatisch und planar.

In allen bisher vorgestellten aromatischen SN-Verbindungen ist die Delokalisierung der π-Elektronen nicht vollständig, da die Atome unterschiedliche Elektronegativitäten besitzen. Die $(4n+2)$-Regel (Hückel) läßt sich nur bei p_π-p_π-Systemen anwenden und versagt sobald p_π-d_π-Wechselwirkungen ins Spiel kommen, z.B. bei den Phosphazenen. So ist $P_4N_4F_8$ mit acht Elektronen in π-Bindungen planar und weist ausschließlich gleich lange P–N-Bindungen auf, obwohl laut Hückel das Gegenteil der Fall sein müßte.

Erwärmt man S_2N_2 auf 20 °C, so erhält man $(SN)_x$, ein lineares Kettenpolymer, das metallisch glänzt. Die Kette ist beinahe planar und die Bindungen sind fast gleich lang (geringe Unterschiede kommen durch die Packung im Festkörper zustande), was für einen hohen Delokalisierungsgrad entlang der Kette spricht. Die Atome können als sp^2-hybridisiert angesehen werden. Sie bilden zwei S–N-Bindungen (2e) aus, jedes Schwefelatom besitzt ein freies Elektronenpaar und jedes Stickstoffatom ein freies Elektron in p-Orbitalen senkrecht zur Kettenebene, die die π-Bindung ausbilden.

Diese p-Orbitale überlappen über die ganze Länge der Kette und bilden ein volles und ein halbvolles Band (s. Kap. 9, ein Band wird mit $2n$ Elektronen gefüllt). Die Elektronen im halbgefüllten Band können sich beim Anlegen einer elektrischen Potentialdifferenz frei bewegen, so daß man entlang der

Kette eine elektrische Leitung erhält. $(SN)_x$ ist ein eindimensionaler Leiter. Aufgrund des teilweise gefüllten Bandes nimmt die Leitfähigkeit wie bei einem metallischen Leiter mit fallender Temperatur zu (s. Kap. 9.2.4). In der Tat wird $(SN)_x$ unterhalb 0,26 K zum Supraleiter.

$(SN)_x$ kann mit Brom dotiert werden und ergibt Verbindungen der Zusammensetzung $(SNBr_{0,25})_x$ bis $(SNBr_{1,5})_x$. Die Leitfähigkeit dieser Substanzen ist höher als die ihrer Ausgangsverbindungen.

4.1.3 Mehrfachbindungen zwischen Elementen der 3. Periode

Bei der Bildung dieser Art von Verbindungen gibt es zwei grundlegende Probleme:
1. 3p-3p-π-Bindungen sind schwach und unterliegen deshalb der Polymerisation. Der Grund hierfür liegt in der Dissoziationsenergie der E=E-Doppelbindung, die weniger als doppelt so groß ist wie die einer E–E-Einfachbindung (thermodynamisch instabil).
2. Ungleich ihrer Homologen der 2. Periode besitzen die Elemente der 3. Periode freie, energiearme d-Orbitale und bieten deshalb Angriffsmöglichkeiten für Nucleophile (kinetisch instabil).

Um solche Verbindungen dennoch herstellen zu können, muß man die Möglichkeit einer Polymerisation und eines nucleophilen Angriffs verringern. Man kann das π-System zum Beispiel durch die Einführung sperriger Substituenten vor jeglichem Angriff abschirmen.

In dem gezeigten Beispiel, Tetramesityldisilen, wird eine Polymerisation durch die voluminösen Mesitylgruppen sehr effektiv verhindert, aber nucleophile Angriffe können, wenn auch erschwert, nach wie vor stattfinden, z. B.

Die Triebkraft ist hierbei die Bildung starker Si–O-Bindungen, die teilweise durch $2p_\pi$-$3d_\pi$-Wechselwirkungen verstärkt werden.

Vergleiche die oben gezeigte Reaktion mit

$$C_2H_4 + 3O_2 \rightarrow 2CO_2 + 2H_2O$$

Bei Raumtemperatur findet die Oxidation von Ethen nicht statt. Die 2p-2p-π-Bindung ist zu stark, und der Kohlenstoff besitzt keine freien Orbitale für einen nucleophilen Angriff. Obwohl die Reaktion zu thermodynamisch günstigen Produkten führen würde, läuft sie nicht ab, weil sie kinetisch gehemmt ist.

Von Silicium über Phosphor zum Schwefel nimmt die Elektronegativität zu, was stärkere π-Bindungen des Schwefels zur Folge hat (die Orbitale sind dichter und überlappen stärker). Die Schwefelverbindungen mit Kohlenstoff, Stickstoff, Sauerstoff und Fluor sind unpolarer als ihre Phosphor- bzw. Siliciumanaloga und deshalb weniger anfällig für nucleophile Angriffe, z.B.

$$FS-SF \xrightarrow{\ T > -50\,°C\ } F_2S=S$$

Das Dischwefeldifluorid benötigt keine sperrigen Liganden, um eine Polymerisation oder einen nucleophilen Angriff zu verhindern. Die S–S–π-Bindung ist stark und wenig polar, und außerdem ist die Bildung von zwei S–S-Einfachbindungen aus einer S=S-Doppelbindung thermodynamisch ungünstig.

4.2 Zusammenfassung

1. Die Stärke der π-Bindungen nimmt in der Reihenfolge ab: 2p-2p > 2p-3p > 3p-3p ....
2. Der Anteil der π-Bindung sinkt mit zunehmendem Unterschied in der Elektronegativität der an der Bindung beteiligten Atome.
3. N_2 ist im Gegensatz zu P_2 unter Normalbedingungen stabil.
4. Borazol ist reaktiver als Benzol.
5. Die Stärke der π-Bindung zwischen Kohlenstoff und den Elementen der 3. Periode variiert wie folgt: S=C > P=C > Si=C.
6. $N(SiMe_3)_3$ ist planar und $P(SiMe_3)_3$ ist pyramidal.
7. In Verbindungen der Zusammensetzung $R_3P=O$, $(R_2PN)_n$ und $(R_2SiO)_n$ ist die Valenzschwingungsfrequenz der π-Bindung für R = F größer als für R = Me.
8. Zyklische Phosphazene weisen kein vollständig delokalisiertes π-System auf.
9. S_4N_4 nimmt eine „Käfig-Struktur" ein, $[S_4N_4]^{2+}$ ist planar.
10. Doppelbindungen in zweiatomigen, homonuklearen Verbindungen der Elemente der 3. Periode werden gewöhnlich durch sterisch anspruchsvolle Liganden stabilisiert.

4.3 Übungen

1. $S_4N_4H_4$ und $S_4N_4F_4$ besitzen die Strukturen

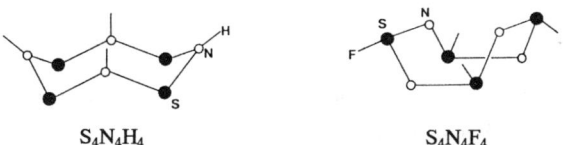

$$S_4N_4H_4 \qquad\qquad\qquad S_4N_4F_4$$

Die Struktur von $S_4N_4H_4$ ist gewellt und ähnelt der Kronenstruktur des S_8-Ringes. Alle S–N-Bindungen sind gleich lang (165 pm). Im $S_4N_4F_4$ wechseln sich Doppel- (155 pm) und Einfachbindungen (165 pm) ab. Die resultierende Struktur ist ebenfalls gewellt. Diskutiere die unterschiedlichen Bindungsverhältnisse und Strukturen der beiden Verbindungen.

Antwort: Im $S_4N_4F_4$ sind die Fluoratome an den Schwefel gebunden. Da sie eine höhere Elektronegativität besitzen als Schwefel, verringern sie dessen Elektronendichte, senken die Energie seiner d-Orbitale ab und verdichten jene, so daß sie für p_π-d_π-Wechselwirkungen zugänglich werden. Jedes Stickstoffatom steuert zwei Elektronen zur Ausbildung von σ-Bindungen mit den benachbarten Schwefelatomen bei und behält ein einzelnes Elektron in einem Hybridorbital und ein freies Elektronenpaar zurück. Letzteres ragt aus dem Ring heraus und ist an keiner Bindung beteiligt. Jedes Schwefelatom verwendet drei Elektronen für die Ausbildung von drei kovalenten Einfachbindungen (zwei zum Stickstoff, eine zum Fluor). Dies erfordert die vorherige Anhebung eines Elektrons in den d-Zustand, d.h.

$$3s^2\,3p^2\,3p^1\,3p^1\,3d^0 \rightarrow 3s^2\,3p^1\,3p^1\,3p^1\,3d^1$$

Am Schwefelatom verbleiben ebenfalls ein freies Elektronenpaar, das nicht an der Bindung beteiligt ist, und ein einzelnes Elektron in einem d-Orbital. Durch die Überlappung dieses Orbitals mit einem Hybridorbital des Stickstoffs entsteht die p_π-d_π-Wechselwirkung, woraus die kurzen S–N-Bindungsabstände (155 pm) resultieren. Die S–F- und N–F-σ-Bindungen sind etwa gleich stark, so daß die Fluoratome ausschließlich an den Schwefel binden, weil sie mit ihm die stärkeren π-Bindungen ausbilden.

In $S_4N_4H_4$ bildet jedes Schwefelatom Einfachbindungen zu den beiden benachbarten Stickstoffatomen aus und behält zwei freie Elektronenpaare zurück. Die Stickstoffatome gehen drei Bindungen ein (zwei endozyklische zu den Schwefelatomen und eine exozyklische zum Wasserstoffatom) und besitzen noch ein freies Elektronenpaar. p_π-p_π-Bindungen sind folglich nicht möglich, da hierbei gefüllte Orbitale miteinander überlappen würden. Die Wasserstoffatome sind nicht elektronegativ genug, um die drei d-Orbitale der Schwefelatome in ihrer Energie so weit abzusenken, daß p_π-d_π-Wechselwirkungen möglich werden. Die N–H-Bindung (2p-1s) ist bedeutend stärker als die S–H-Bindung (3p-1s), nichtzuletzt wegen des größeren Elektronegativitätsunterschiedes zwischen Stickstoff und Wasserstoff im Vergleich zu Schwefel und Wasserstoff. Da die S–H- im Gegensatz zu den S–F-Bindungen nicht durch einen π-Anteil verstärkt werden, bilden sich ausschließlich die stärkeren N–H-Bindungen. Das Fehlen eines π-Systems bedeutet, daß alle Bindungen ungefähr die gleiche Länge wie die Einfachbindungen im $S_4N_4F_4$ besitzen.

2. Erkläre das folgende Phänomen:
   In dem Molekül

bilden die drei Stickstoffatome mit den fluorierten Phosphoratomen eine planare Ebene aus, aus der das phenylsubstituierte Phosphoratom um 20 pm herausragt.

Antwort: In der oben gezeigten Verbindung liegen P=N-π-Bindungen (3d-2p) vor. Die Stärke dieser π-Wechselwirkungen hängt vom Energieunterschied der 2p-Orbitale des Stickstoffs zu den 3d-Orbitalen des Phosphors ab. Je niedriger die d-Orbitalenergie liegt, desto stärker wird die Bindung.

Fluoratome sind elektronegativere Substituenten als der Phenylring und haben daher eine höhere positive Partialladung zur Folge. Dadurch werden die d-Orbitale der fluorierten Phosphoratome in ihrer Energie stärker herabgesetzt als die des phenylsubstituierten P-Atoms und für π-Bindungen zugänglich. Eine maximale Überlappung der wechselwirkenden Orbitale wird durch Planarität erreicht, und deshalb liegen die fluorsubstituierten Phosphoratome mit den Stickstoffatomen in einer Ebene. In einer planaren Struktur ist allerdings die Abstoßung zwischen den Liganden größer als in einer gewellten Struktur (letztere liegt in Cyclohexan vor, das nur σ-Bindungen enthält). Im Fall der Ph$_2$P-Gruppe ist die P=N-Bindung nicht stark genug, um diese Abstoßungskräfte auszugleichen, so daß jene aus der Ebene herausragt.

5 Hauptgruppenmetallorganyle

5.1 Was versteht man unter Hauptgruppenmetallorganylen?

Hauptgruppenmetallorganyle liegen immer dann vor, wenn eine Bindung zwischen dem Kohlenstoffatom einer organischen Gruppe und einem Hauptgruppenmetall ausgebildet wird. Darin eingeschlossen sind Bindungen zu Halbmetallen wie Silicium und Arsen.

5.2 Stabilität der Hauptgruppenmetallorganyle

5.2.1 Thermodynamische Stabilität

Die Bindung in metallorganischen Verbindungen kann man sich aus zwei Anteilen zusammengesetzt vorstellen: einem ionischen und einem kovalenten. Wieviel Bedeutung diesen Komponenten jeweils zukommt, hängt von dem Elektronegativitätsunterschied zwischen dem Metall M und dem Kohlenstoff des organischen Liganden ab. Im Fall der elektropositiven Elemente (1. und 2. Hauptgruppe) ist die Bindung hautsächlich ionisch, vor allem dann, wenn die organischen Liganden stabile Anionen bilden. Ein Beispiel dafür ist $Na^+(C_5H_5)^-$, worin der Cyclopentadienyl-Ligand $(C_5H_5)^-$ mit 6 π-Elektronen aromatisch und damit sehr stabil ist. In Verbindung mit elektronegativeren Metallen ist die Bindung stärker kovalent, z.B. in $SiMe_4$. In den meisten Verbindungen weisen die Bindungsverhältnisse sowohl ionische als auch kovalente Anteile auf.

Die Stärke einer ionischen Verbindung hängt weniger von den Oxidationszahlen, sondern vielmehr von den tatsächlichen Ladungen der Atome bzw. Ionen und den Abständen zwischen ihnen ab. Wie schon in Kapitel 2 gezeigt wurde, führen kleine, hochgeladene Ionen zu starken, elektrostatischen Wechselwirkungen. Die Stärke der kovalenten Komponente einer Bindung hängt hingegen von der Dichte der wechselwirkenden Orbitale und ihrem Energieunterschied ab. Dichte Orbitale vergleichbarer Energie führen zu starken, kovalenten Wechselwirkungen.

Obwohl einige Verbindungen stabiler sind als die Elemente, so sind doch alle Hauptgruppenmetallorganyle gegenüber der Bildung von M–O-Bindungen (z.B. Oxide, Hydroxide etc.) thermodynamisch instabil, da diese stärker sind als M–C-Bindungen. Die leichte Oxidierbarkeit führt dazu, daß die meisten Metallorganyle unter trockenem Stickstoff oder gar in Inertgasatmosphäre gehandhabt werden müssen. Trotzdem gibt es Verbindungen, die in der Gegenwart von Sauerstoff stabil sind (z.B. SiR_4), was allein über deren kinetische Stabilität erklärt werden kann, d.h. die Aktivierungsenergie des Oxidationsprozesses ist zu hoch.

5.2.2 Kinetische Stabilität

Wahrscheinlich beinhaltet der wichtigste Zersetzungsmechanismus als ersten Schritt eine β-Eliminierung.

Diese kann natürlich nur ablaufen, wenn der Ligand ein β-H-Atom besitzt. Die Stabilität ist somit bei Abwesenheit eines β-H-Atoms größer, z.b. siedet PbMe$_4$ ohne Zersetzung bei 110 °C während sich PbEt$_4$ bei der gleichen Temperatur zersetzt.

Die geringe Stabilität der Hauptgruppenmetallorganyle wurde bis jetzt als negative Eigenschaft dargestellt, aber gerade sie macht diese Verbindungen so nützlich. Sie können als „Quellen" für die Darstellung neuer organischer Gruppen dienen, z.B.:

$$MeLi + CH_3CH_2Br \rightarrow CH_3CH_2CH_3 + LiBr$$

Die Stabilität der Hauptgruppenmetallorganyle in bezug auf die Reaktion mit Luft und Wasser hängt im allgemeinen von drei Faktoren ab:

1. *von der Polarität der M–C-Bindung*; je größer die *EN*-Differenz zwischen M und C ist, desto positiver und damit anfälliger für nucleophile Angriffe ist das Metallatom.
2. *von der Verfügbarkeit freier Orbitale am Metallatom und der Fähigkeit des Metalls, seine Koordinationsphäre zu erweitern.*
3. *von sterischen Effekten*, die einen Einfluß auf die Aktivierungsenergie einer Reaktion haben (Kinetik).
   Beispiel: Me$_3$In (Δ_{EN} = 0,8) entzündet sich an der Luft, Me$_4$Si (Δ_{EN} = 0,7) hingegen ist in Luft und Wasser inert. Abgesehen von der geringfügig größeren *EN*-Differenz in Me$_3$In, wird das Siliciumatom durch die vier Methylliganden sterisch so stark abgeschirmt, daß es gegenüber Hydrolyse bzw. Oxidation kinetisch stabil ist.

Metalle, die freie, energiearme Orbitale besitzen und ihre Koordinationszahl erweitern können, werden leicht von Nucleophilen angegriffen. Der erste Schritt des nucleophilen Angriffs kann dabei auf ein freies Orbital stattfinden, ohne daß ein Ligand abgespalten werden muß. Die Aktivierungsenergie ist in solch einem Fall niedrig, d.h. die Verbindung ist kinetisch instabil.

5.3 Alkalimetalle

5.3.1 Lithiumorganyle

Lithiumalkyle bilden Aggregate der Zusammensetzung (RLi)$_n$. In Abwesenheit von Donorliganden erhält man Tetra- und Hexamere. Die Bindungsverhältnisse in lithiumorganischen Verbindungen lassen sich weder über einen rein ionischen noch einen rein kovalenten Ansatz exakt beschreiben.

Kovalente Bindung: Nimmt man an, daß die Bindungen überwiegend kovalent sind, so handelt es sich bei den Verbindungen um Elektronenmangelverbindungen. Die RLi-Einheiten werden durch 2e4z-Bindungen zusammengehalten, z.B. Li$_4$Me$_4$, das folgende Struktur aufweist:

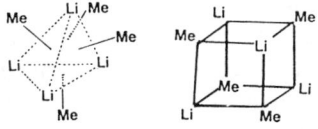

Es gibt keine direkten Li–Li-Bindungen. Die Wechselwirkungen zwischen den Metallzentren finden über die Methylgruppen statt. Die Struktur, wie sie oben gezeigt ist, scheint 12 Li–C-Bindungen aufzuweisen, aber es gibt insgesamt nur acht Valenzelektronen (eins pro Lithiumatom und eins pro Methylgruppe) und damit vier Elektronenpaare, die für Bindungen zur Verfügung stehen. Die Verbindung weist also insofern einen Elektronenmangel auf, als nicht genug Elektronen für die 2e2z-Bindungen aller benachbartern Atome vorhanden sind.

Die Bindungen werden besser durch Mehrzentrenwechselwirkungen repräsentiert. Man kann jedes Lithiumatom als sp^3-hybridisiert betrachten, wobei ein Hybridorbital in die Mitte jeder Tetraederfläche zeigt. Es kommt zu einer Überlappung der sp^3-Hybridorbitale von drei Lithiumatomen pro Tetraederfläche (Dreieck) und einem sp-Hybridorbital der Methylgruppe senkrecht auf dieser Fläche, d.h.

$$CH_3$$

Li \quad Li \quad Li

Es gibt folglich auf jeder Tetraederfläche eine Vierzentrenbindung, und vier Elektronenpaare füllen die vier bindenden Molekülorbitale, d.h. es liegen vier 2e4z-Bindungen vor. Li_4Me_4 weist keinen Elektronenmangel in bezug auf die Besetzung der bindenden Molekülorbitale auf. Trotzdem bleibt die Verbindung eine Elektronenmangelverbindung in bezug auf 2e2z-Bindungen!

Das vierte sp^3-Orbital des Lithiums enthält keine Elektronen und nimmt nicht an der Bindung innerhalb des Tetraeders teil. Es ragt aus der Tetraederecke heraus, so daß im Feststoff Wechselwirkungen zwischen den Lithiumatomen und den Methylgruppen angrenzender Tetraeder stattfinden können.

Wie kann man die Bildung von Lithiumaggregaten mittels kovalenter Bindung erklären?
1. Lithium hat nur ein Valenzelektron, aber vier Valenzorbitale. Durch die Bildung von Aggregaten nutzt es seine Orbitale so effektiv wie möglich, um seinen Elektronenmangel auszugleichen.
2. Vergleicht man LiMe mit RbMe, so enthält ersteres diskrete Tetraeder, die ineinander verschachtelt sind, während RbMe eine unendliche, ionische Gitterstruktur besitzt. Dies ist das Ergebnis der folgenden Faktoren:
   a) Lithium ist das kleinere Metallatom. Die fast vollständige Abschirmung der Li_n-Gruppe durch den Ligandenpolyeder verhindert die Ausbildung einer unendlichen, ionischen Gitterstruktur. Rubidium ist größer als Lithium und wird nicht so stark abgeschirmt, so daß Wechselwirkungen zwischen Rubidium und den weiter entfernten Methylgruppen stattfinden können (über die 1. Koordinationssphäre hinaus).
   b) Die Bindungen der Lithiumverbindungen weisen einen höheren kovalenten Charakter auf. Wie in Kapitel 3 gezeigt wurde, stellt Lithium innerhalb der 1. Hauptgruppe aufgrund der hohen Polarisationskraft des Li^+-Ions eine Ausnahme dar. Es tendiert im Gegensatz zu den anderen Alkalimetallen stärker zu kovalenten Bindungen. Rubidium bevorzugt ionische Strukturen.

Der Grad der Aggregation von Lithiumalkylen hängt von der Anwesenheit und der Art des Lösungsmittels ab. Toluol ist ein nichtkoordinierendes Lösungsmittel und bildet keine Bindung zum Lithium aus. Deshalb lagern sich die LiR-Gruppen zusammen (sie aggregieren), um untereinander die beste Bindung zu erreichen. Diethylether ist ein schwach koordinierendes Lösungsmittel, in dem die Hexamere aufgebrochen werden und Tetramere vorliegen, die über freigewordene sp^3-Orbitale Bindungen zu den Lösungsmittelmolekülen ausbilden können. Hierbei sind die Li-Solvens-Bindungen (2e2z) stärker als die Bindungen innerhalb des Lithiumhexamers. Sie reichen jedoch nicht aus, um die gesamte Struktur aufzubrechen.

Zusammenhang zwischen der Aggregation von Methyllithium und dem Lösungsmittel:

Lösungsmittel	Toluol	Et$_2$O	TMEDA
Oligomer	Hexamer	Tetramer	Monomer

Tetramethylethylendiamin (TMEDA) ist ein sehr stark solvatisierendes Lösungsmittel, und die Lithiumatome bilden stärkere Bindungen zu den Stickstoffatomen von TMEDA als zu benachbarten Lithiumatomen aus (2e2z-Li–N-Bindungen sind stärker als 2e4z-Li–C-Bindungen). Zusätzlich handelt es sich bei TMEDA um einen zweizähnigen Liganden, der aufgrund des Chelateffekts zu einer Stabilisierung führt (s. Kap. 6.3.1).

Ionische Bindung: Die Meinungen darüber, welche Bindungsverhältnisse in Lithiumalkylen tatsächlich vorliegen, Li–R oder Li$^+$R$^-$, gehen auseinander. Die oben verwendete Erklärung wird weithin akzeptiert, und dennoch ist es möglich, die Bindungen als überwiegend ionisch anzusehen und Struktur, Bindungsverhältnisse und allgemeinen Eigenschaften damit zu erklären. Stellt man sich Li$_4$Me$_4$ aus Molekülen aufgebaut vor, wobei diesmal die Bindungen ionischer Natur sind, so erhält man:

Das Molekül wird durch elektrostatische Wechselwirkungen zwischen den Li$^+$- und den CH$_3{}^-$-Ionen zusammengehalten.

Warum bildet LiMe kein Ionengitter aus?
Wie oben erwähnt, gibt es im Feststoff Wechselwirkungen zwischen Lithiumatomen des einen Tetraeders und Methylgruppen des benachbarten. Die Li–C-Abstände sind innerhalb der tetraedrischen Einheiten fast genauso groß wie zwischen den einzelnen Tetraedern (letztere sind geringfügig länger). Diese Tatsache läßt sich nur schwer mittels kovalenter Bindungen erklären: Welches der freien sp^3-Orbitale wechselwirkt mit dem der Methylgruppe? Im ionischen Modell hingegen kann man die Wechselwirkungen als elektrostatische Anziehung zwischen Li$^+$ und CH$_3{}^-$ ansehen. Die Bindungsabstände sind nicht identisch, da das Li$^+$-Ion klein ist und nicht mehr als vier CH$_3$-Liganden koordinieren kann. Man könnte sich auch denken, daß die Li$_4$-Einheiten von den organischen Liganden vor weiterer Assoziation abgeschirmt werden. Deshalb sind die Bindungen innerhalb eines Li$_4$Me$_4$-Tetraeders stärker als zwischen den Li$_4$Me$_4$-Einheiten.

Warum ist Methylrubidium ionisch?

Das Rubidiumatom ist größer als das Lithiumatom und wird durch die Methylgruppen nicht so stark abgeschirmt, so daß Wechselwirkungen über die erste Koordinationssphäre hinaus stattfinden können. Daraus erhält man insgesamt höhere elektrostatische Anziehungskräfte, die in der Bildung eines Ionengitters resultieren. Die Verbindung weist einige makroskopische Eigenschaften auf, die man traditionell mit ionischen Verbindungen in Zusammenhang bringt: hoher Schmelzpunkt etc. Die Eigenschaften, die man normalerweise ionischen (hoher Schmelzpunkt, leitfähige Schmelzen) bzw. kovalenten Verbindungen (niedriger Schmelzpunkt, Schmelzen aus molekularen Einheiten) zuordnet, sind tatsächlich jedoch eher eine Eigenschaft der Gesamtstruktur der *Ver*bindung als der Natur der Bindung (s. Kap. 2.3). Eine Verbindung, die aus „ionischen" Molekülen aufgebaut ist, sollte demnach dieselben Eigenschaften haben wie eine traditionelle kovalente Verbindung, d.h. sie sollte bei relativ niedrigen Temperaturen schmelzen und dabei Moleküle bilden.

5.3.2 Die höheren Alkalimetalle

Der ionische Charakter nimmt innerhalb der Gruppe mit steigender Ordnungszahl zu und die Elektronegativität in der gleichen Richtung ab. Die Alkylverbindungen der höheren Alkalimetalle bilden Ionengitter und sind extrem reaktiv, was auf die Polarität der Bindungen zurückzuführen ist.

5.4 Erdalkalimetalle

5.4.1 Berylliumorganyle

Die Elektronegativität von Beryllium ($EN_{Be} = 1,6$; $EN_{Li} = 1,0$), die hohe Ionisierungsenergie für die Bildung des Be^{2+}-Ions und die starke Polarisationskraft des Be^{2+}-Ions führen dazu, daß Berylliumorganyle einen noch stärker kovalenten Charakter aufweisen als ihre Lithiumanaloga. Die starke Polarisierung der Bindung durch das kleine, hochgeladene Be^{2+}-Ion erniedrigt dabei die Elektronendichte am Anion und verleiht der Bindung auf diese Weise den kovalenten Charakter. Die Strukturen der Berylliumorganyle können unter der Annahme kovalenter Mehrzentrenbindungen verstanden werden.

BeMe$_2$ ist im festen Zustand polymer,

wobei die Bindungen 2e3z-Alkylbrücken beinhalten,

Jedes Berylliumatom besitzt zwei Valenzelektronen, und so enthält jede (BeMe)$_2$-Einheit ein Elektron pro Berylliumatom und eins pro Methylgruppe, d.h. es gibt vier Elektronen und damit genug für zwei 2e3z-Bindungen. Es sind also genügend Elektronen vorhanden, um die bindenden Molekülorbitale zu füllen, und trotzdem handelt sich um eine Elektronenmangelverbindung, da für vier 2e2z-Bindungen nicht ausreichend Elektronen vorhanden sind (vgl. Borane, Kap. 8). Die Polymerisation wird durch das Streben nach einer vollen Valenzschale (Oktettregel, Edelgaskonfiguration) und die begrenzte Zahl von Valenzelektronen verursacht. Im Monomer besitzt jedes Berylliumatom nur vier Elektronen in zwei 2e2z-Bindungen (Gasphase).

Mit zunehmender Größe der Alkylsubstituenten nimmt der Hang zur Polymerisation ab, so ist z.B. Be(^{t}Bu)$_2$ ein monomeres, lineares Molekül.

R$_2$Be-Verbindungen sind starke Lewissäuren und bilden leicht monomere Addukte wie R$_2$Be(OEt$_2$)$_2$. In dieser Verbindung besitzt Beryllium eine volle Valenzschale.

Gemischte Berylliumalkylhydride können ebenfalls gebildet werden, wobei in allen Fällen die Brückenpositionen bevorzugt von den Wasserstoffatomen besetzt werden. Dafür ist das Zusammenspiel verschiedener sterischer und elektronischer Faktoren verantwortlich:

1. Ein Wasserstoffatom nimmt weniger Platz ein als ein Alkylsubstituent.
2. Die Be–H–Be-Brücke ist eine Dreizentreneinheit, in der die Wasserstoffatome stärker zwischen den Berylliumatomen liegen, so daß die Valenzelektronen der Wasserstoffatome effektiver mit denen des Berylliums wechselwirken können. In der offenen Be–Me–Be-Einheit sind die Wechselwirkungen weniger direkt.

5.4.2 Magnesiumorganyle

Ähnlich wie bei Lithium weisen die Bindungen der Magnesiummetallorganyle einen mehr oder weniger starken kovalenten Charakter auf (Diagonalbeziehung, s. Kap. 3.1.2). Er ist sogar noch um einiges ausgeprägter, da Magnesium elektronegativer ist als Lithium (EN_{Mg} = 1,3, EN_{Li} = 1,0). Der Charakter der Bindung wird natürlich in gleichem Maße durch die Art des organischen Substituenten bestimmt. MgCp$_2$ (Cp = Cyclopentadienyl) ist eine überwiegend ionische Verbindung, da das Cyclopentadienylion ein äußerst stabiles Anion ist (aromatisch, s. Kap. 5.2.1).

In Lösung liegt das folgende Schlenk-Gleichgewicht vor

$$2\,RMgX \;\rightleftharpoons\; R\!-\!\!\!\underset{X}{\overset{X}{Mg}}\!\!\!-\!R \;\rightleftharpoons\; MgR_2 \;+\; MgX_2 \;\rightleftharpoons\; \underset{R}{\overset{R}{Mg}}\underset{X}{\overset{X}{Mg}}$$

Die Lage dieses Gleichgewichtes hängt unter anderem von der Art der Substituenten R und X sowie vom Lösungsmittel ab, wobei R = Alkyl-, Aryl- und X = Halogen.

In allen oligomeren Strukturen von RMgX bildet das Halogenatom X bevorzugt die Brücke zwischen den Magnesiumatomen aus. Eine Mg–X–Mg-Brücke enthält zwei 2e2z-Bindungen und ist damit effektiver als eine Mg–R–Mg-Brücke (2e3z-Bindung).

5.4.3 Metallorganische Verbindungen der höheren Erdalkalimetalle

Diese Verbindungen sind extrem schwierig darzustellen und konnten bisher noch nicht weitreichend untersucht werden. Der ionische Grad der Bindung und die Reaktivität nimmt wie in der 1. Hauptgruppe mit steigender Ordnungszahl des Metalls zu. Er ist im Fall der Erdalkalimetallorganyle sogar noch markanter, da der Elektronegativitätsunterschied zwischen Lithium und Cäsium nur 0,2 Einheiten, aber zwischen Beryllium und Barium 0,7 Einheiten beträgt.

5.5 Borgruppe

5.5.1 Bororganyle

Die Elektronegativitäten von Bor und Kohlenstoff sind sich sehr ähnlich (Δ_{EN}(B–C) = 0,5), so daß die B–C-Bindung nur schwach polarisiert ist, was wiederum ihre kinetische Stabilität erklärt. Die meisten Boralkyle und -aryle sind daher in Wasser stabil, obwohl sie mit Luftsauerstoff reagieren. Lithiumalkyle dagegen entzünden sich spontan bei Wasserkontakt (Δ_{EN}(Li–C) = 1,5). Aufgrund der hohen Ionisierungsenergie für die Bildung des unbekannten B^{3+}-Ions und des geringen Elektronegativitätsunterschiedes zwischen Bor und Kohlenstoff, weisen die Bororganyle hauptsächlich kovalente Bindungen auf. In bezug auf 2e2z-Bindungen handelt es sich dabei ausschließlich um Elektronenmangel-Verbindungen (Kap. 8).

Boran, BH_3, dimerisiert zu Diboran, B_2H_6, (Kap. 8), während BR_3 als Monomer existiert. Seine relative Stabilität läßt sich wie folgt erklären:

1. *Sterischer Effekt:* Um ein so kleines Zentralatom wie Bor haben vier voluminöse, organische Substituenten keinen Platz.

2. *Hyperkonjugation:* Die Überlappung der C–H-σ-Orbitale mit den freien p-Orbitalen des Bors verringert den Elektronenmangel des letzteren.

Diese Hyperkonjugation geht bei der Dimerisierung verloren, da dabei das freie p-Orbital entfällt.

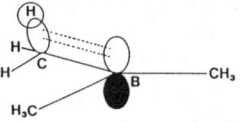

π-Bindung: Die π-Bindungen zwischen Bor und Kohlenstoff sind so stark ($2p_\pi$-$2p_\pi$), daß Borheterocyclen mit Mehrfachbindungen dargestellt werden können, z.B.

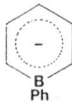

Hierbei handelt es sich mit sechs π-Elektronen um ein (4n+2)-System, also um einen sogenannten Hückel-Aromaten (s. Kap.4).

5.5.2 Aluminiumorganyle

Aluminium ist elektropositiver als Bor, und deshalb sind die E–C-Bindungen im Fall des Aluminiums polarer. Zusammen mit der Verfügbarkeit freier, energiearmer d-Orbitale am Aluminiumatom führt diese Tatsache dazu, daß AlR_3-Verbindungen extrem luft- und hydrolyseempfindlich sind.

AlR_3-Verbindungen sind aus zwei Gründen stärkere Lewissäuren als ihre Boranaloga:

1. *Sterischer Effekt:* Das Aluminiumatom kann mehr und größere Liganden koordinieren als das kleine Boratom.
2. *Elektronischer Effekt:* In MR_3-Verbindungen trägt Aluminium eine höhere positive Partialladung als Bor, d.h. es ist elektrophiler. Die Hyperkonjugation ist im Fall des Aluminiums geringer, da die 3p-Orbitale (Al) und die C–H-σ-Orbitale energetisch zu weit voneinander entfernt sind und der Elektronenmangel des Aluminiums nur schlecht ausgeglichen wird.

In unpolaren Lösungsmitteln (Kohlenwasserstoffen) und im Kristall zeigen AlR_3-Verbindungen eine Tendenz zur Dimerisierung, die stark von der Größe des Substituenten R abhängt. Beispiel: Al_2Me_6 liegt als Dimer, $Al(^iBu)_3$ hingegen als Monomer vor.

Die Bindungen in Al_2Me_6 beinhalten normale 2e2z-Bindungen zu den endständigen Methylgruppen und zwei 2e3z-Brücken (vgl. Borane, Kap.8).

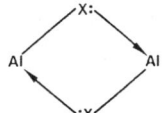

Diese Vorstellung wird durch die gemessenen Bindungslängen unterstützt: Die Bindungen zu den terminalen Methylgruppen sind kürzer (Al–C_{term} = 195 pm) als die zu den Brücken-Methylgruppen (Al–$C_{Brücke}$ = 212 pm).

Die Fähigkeit zur Besetzung der Brückenposition sinkt in Übereinstimmung mit sterischen Überlegungen in der Reihenfolge Me > Et > ^tBu.

Die Struktur von $Me^tBu_5Al_2$ ist

Dies widerspricht allen statistischen Überlegungen. Es gibt doppelt so viele terminale wie Brückenpositionen, und die Chance, die Methylgruppe in einer der endständigen Positionen anzutreffen, ist theoretisch größer, vorausgesetzt alle Positionen sind gleichberechtigt. Tatsächlich jedoch sind die ^tBu-Gruppen sterisch zu anspruchsvoll für die Brückenpositionen.

In Verbindungen der Zusammensetzung $(AlR_2X)_2$ nimmt die Fähigkeit zur Besetzung der Brückenpositionen in der Reihenfolge ab:

$$X = R_2N > RO > Cl > Br > Ph–C\equiv C > Ph$$

Die Brückeneinheit kann folgendermaßen dargestellt werden:

Und die oben aufgeführte Reihenfolge spiegelt die Lewisbasizität des Substituenten X wieder, d.h. R_2N ist die stärkste Lewisbase.

Betrachtet man das Monomer-Dimer-Gleichgewicht der gemischten Spezies,

$$2R_2AlX \rightleftharpoons (R_2AlX)_2$$

so nimmt die Bevorzugung des Dimers in der Reihe H > Cl > Br > I > CH_3 ab. Diese Abstufung wird durch die konkurrierenden Faktoren, π-Bindung im Monomer (sie geht bei der Dimerisierung verloren) und Al–X–Al-Bindung im Dimer, verursacht.

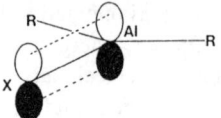

Wasserstoff kann an keiner π-Bindung teilnehmen, ist aber zur Ausbildung starker 2e3z-Bindungen fähig (Dimer bevorzugt). Chlor bildet stärkere 2e3z-Bindungen aus, dafür geht die π-Bindung des Monomers bei der Dimerisierung verloren. Die Al–Br-π-Bindungen sind schwächer ($3p_\pi$-$4p_\pi$), was eine Dimerisierung vorteilhaft erscheinen läßt, die 2e3z-Bindungen sind jedoch noch schwächer und machen diesen Vorteil wieder zunichte.

5.5.3 Metallorganische Verbindungen der höheren Borgruppenelemente

Gallium-, Indium- und Thalliumorganyle neigen nicht im geringsten zur Dimerisierung, da sich die großen Metallatome stark abstoßen und die langen M–C-Bindung nur schwach sind.

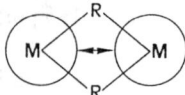

Die MR_3-Verbindungen der höheren Homologen sind insgesamt schwächere Lewissäuren als AlR_3, und die Lewisacidität nimmt innerhalb der Gruppe von oben nach unten ab. Die Akzeptororbitale werden in dieser Richtung zunehmend diffuser, so daß die Bindungen zu Lewisbasen immer schwächer werden. Die Lewisacidität der metallorganischen Verbindungen der Elemente der 3. Hauptgruppe variiert im allgemeinen wie folgt: B < Al > Ga > In > Tl.

5.6 Kohlenstoffgruppe

5.6.1 Siliciumorganyle

Alle SiR_4-Moleküle besitzen gemäß der VSEPR-Regeln eine tetraedrische Geometrie mit vier kovalenten 2e2z-Bindungen und einer vollständig gefüllten Valenzschale des Siliciumatoms. Die Si–C-Bindung ist mit 311 kJ mol^{-1} beinahe so stark wie eine C–C-Bindung (358 kJ mol^{-1}). Die relativ hohe Elektronegativität des Siliciums erzeugt dichte Valenzorbitale, die gute energetische Übereinstimmung mit den Orbitalen des Kohlenstoffatoms aufweisen.

Die geringe Polarität ($\Delta_{EN} = 0{,}7$) und die große Stärke der Si–C-Bindung sind die Gründe für die relativ hohe kinetische und thermodynamische Stabilität der Siliciumalkyle und -aryle gegenüber

Wasser und Luftsauerstoff (z.B. $SiMe_4$). Sie sind im allgemeinen stabiler gegen Oxidation und Hydrolyse als die homologen Borverbindungen und das, obwohl die B–C-Bindung aufgrund des geringeren *EN*-Unterschiedes zwischen Bor und Kohlenstoff weniger polar ist. Tatsächlich beinhaltet der Angriff eines Elektronendonors auf das Boratom einen energieärmeren Reaktionsweg, da ein 2p-Orbital involviert ist. Im Fall des Siliciums muß der Angriff auf ein 3d-Orbital erfolgen.

Si–C-Bindungen weisen dennoch eine geringe Polarität auf, wobei das Siliciumatom die positive Partialladung trägt. Diese Polarität und die Anwesenheit freier, energiearmer 3d-Orbitale erleichtern den nucleophilen Angriff auf das Siliciumatom, z.B.

$$Me_3SiCR_3 + OR^- \rightarrow Me_3SiOR + CR_3^-$$

In einer großen Zahl metallorganischer Siliciumverbindungen bildet Silicium Bindungen zu anderen Heteroatomen aus wie Sauerstoff, Stickstoff, Schwefel etc.

Siloxane wie

können durch die Hydrolyse von Alkylsiliciumhalogeniden dargestellt werden. Siloxane bestehen aus Ringen und Ketten, die Si–O-Einfachbindungen enthalten. Kohlenstoff bildet im Vergleich dazu häufig C=O-Doppelbindungen aus. Dieser Unterschied kommt dadurch zustande, daß $3p_\pi$-$2p_\pi$-Bindungen ein kleineres Überlappungsintegral aufweisen als $2p_\pi$-$2p_\pi$-Bindungen. Die Si–O-Bindungen werden durch p_π-d_π-Wechselwirkungen verstärkt (s. Kap. 4.1.3).

Mehrfachbindungen:

Si=C

Einfache Verbindungen wie $HMeC=SiMe_2$ existieren nur bei tiefen Temperaturen (kinetisch stabil). Eine Si–C-π-Bindung ist schwächer als eine Si–C-σ-Bindung ($3p_\pi$-$2p_\pi$, Kap. 4), und deshalb sind die Reaktionen durch die Tendenz zur Dimerisierung bzw. zur Bildung von Einfachbindungen bestimmt.

Bei der Dimerisierung entstehen statt C–C- und Si–Si-Bindungen vier Si–C-Einfachbindungen.

		$C–C = 358$ kJ mol^{-1}
		$Si–Si = 222$ kJ mol^{-1}
	$4\ Si–C = 4 \cdot 311$ kJ mol^{-1}	$2\ Si–C = 2 \cdot 311 = 622$ kJ mol^{-1}
Bindungsenergien	1244 kJ mol^{-1}	1202 kJ mol^{-1}

Eine Dimerisierung kann durch die Anwesenheit sterisch anspruchsvoller Substituenten am Silicium und Kohlenstoff verhindert werden. Durch die Abstoßung dieser Liganden können die Si=C-Bindungen nicht erfolgreich miteinander wechselwirken, die Verbindungen sind kinetisch stabil.

(Me$_3$Si)$_2$Si═══ C ⟨OSiMe$_3$ / A⟩

A = 2–adamantyl

Silabenzol, ein Analogon des Benzols

existiert im Bereich niedriger Temperatur, polymerisiert jedoch bei höheren Temperaturen.

Si=Si

Si=Si-π-Bindungen (3p$_\pi$-3p$_\pi$) sind noch schwächer als Si=C-π-Bindungen und ebenfalls nur bei tiefen Temperaturen stabil, wenn keine voluminösen Liganden die Polymerisation unterbinden.

ist bei Raumtemperatur unter Inertgas stabil.

5.6.2 Germaniumorganyle

Die GeR$_4$-Verbindungen sind ähnlich thermostabil und inert gegenüber Wasser und Luftsauerstoff wie ihre Siliciumanaloga. Der Grund hierfür ist die starke Ge–C-Bindung (213 kJ mol^{-1}) und die geringe Polarität derselben (Δ_{EN} = 0,5). Wie die Siliciumanaloga sind die Germaniumverbindungen aufgrund freier d-Orbitale dem Angriff von Nucleophilen ausgesetzt. Die geringere Polarität der Bindung und die höhere Energie der d-Orbitale bewirken zusammen mit der geringeren Dichte jedoch, daß Germanium nicht so leicht nucleophil angegriffen wird wie Silicium.

Dimere Germoxane, R$_3$GeOGeR$_3$, können dargestellt werden und weisen einen kleineren Winkel auf als die entsprechenden Siloxane.

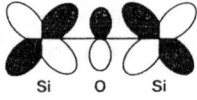

Die annähernd lineare Struktur der Siloxane (140-180°) kann durch p$_\pi$-d$_\pi$-Wechselwirkungen erklärt werden.

Die π-Wechselwirkungen sind bei linearer Anordnung am größten.

Die 4d-Orbitale des Germaniums sind diffuser als die 3d-Orbitale des Siliciums, und dadurch ist die Überlappung mit dem 2p-Orbital des Sauerstoffs schlechter. Die schwächere π-Wechselwirkung hat zur Folge, daß das Molekül die gewinkelte Struktur einnimmt, in der die sterische Abstoßung geringer ist. Der Bindungswinkel von etwa 140° (vgl. idealer Tetraederwinkel = 109°) spricht dennoch für einen geringen Anteil an p_π-d_π-Wechselwirkungen.

Die gleichen Wechselwirkungen findet man in Alkylgermaniumhalogeniden, R_nGeX_{4-n}, die schwerer hydrolisiert werden als die Siliciumanaloga. Der Angriff auf die d-Orbitale erfolgt im Fall des Germaniums nicht so leicht, da sie energetisch höher liegen und diffuser sind.

Mehrfachbindungen:

Ge=C
Die Ge–C-π-Bindung ($4p_\pi$-$2p_\pi$) ist schwächer als die Si–C-π-Bindung und Verbindungen, die eine derartige Gruppe enthalten, wie zum Beispiel das Germabenzol, existieren nur als Zwischenstufen in Polymerisationsreaktionen, bei denen Einfachbindungen gebildet werden.

Ge=Ge
Ähnlich wie beim Silicium kann eine solche Doppelbindung durch die Gegenwart sperriger Liganden stabilisiert werden, die die Annäherung der Ge=Ge-Einheiten verhindert, z.B.

5.6.3 Zinnorganyle

Zinntetraalkyle bzw. -aryle sind kinetisch und thermodynamisch relativ stabil (Gründe s.o.). Zum Beispiel ist SnMe$_4$ inert gegenüber Wasser und Luftsauerstoff und kann ohne Zersetzung auf 400°C erhitzt werden.

Die Tetraalkylverbindungen reagieren leicht mit Halogenen:

$$SnMe_4 + 2Br_2 \rightarrow Me_2SnBr_2 + 2MeBr \qquad \text{(zwei Sn–C-Bindungen wurden gebrochen)}$$

aber $\quad SiMe_4 + Br_2 \rightarrow Me_3SiBr + MeBr \qquad \text{(eine Si–C-Bindung wurde gebrochen)}$

und $\quad CMe_4 + Br_2 \rightarrow Me_3C–CH_2Br + HBr \qquad \text{(keine C–C-Bindung wurde gebrochen)}$

Diese Reihe von Reaktionen veranschaulicht die Abnahme der E–C-Bindungsstärke innerhalb der Gruppe (die wechselwirkenden Orbitale unterscheiden sich stärker in ihrer Energie und werden diffuser).

Zinn unterscheidet sich von den leichteren Elementen der 4. Hauptgruppe dadurch, daß es seine Koordinationszahl aufgrund seiner Größe weitaus bereitwilliger erweitert ($r_{Si} \cong r_{Ge}$, Kap. 3). Zinn bildet fünffach und höher koordinierte Addukte und Polymere wie z.B. Me$_3$SnF.

Stannoxane sind fünffach koordinierte, vernetzte Polymere

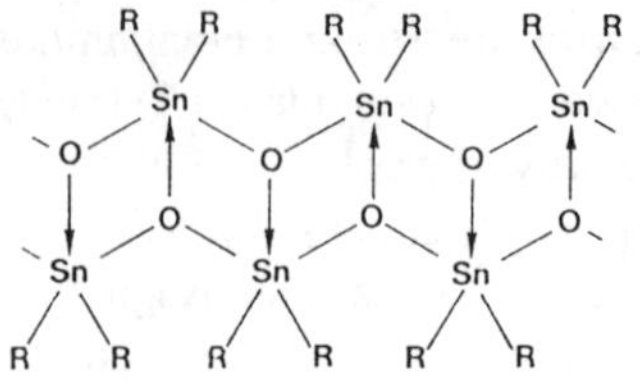

Mehrfachbindungen:

Sn=Sn

Sn=Sn-Bindungen können nur durch sterisch anspruchsvolle Substituenten stabilisiert werden, z.B.

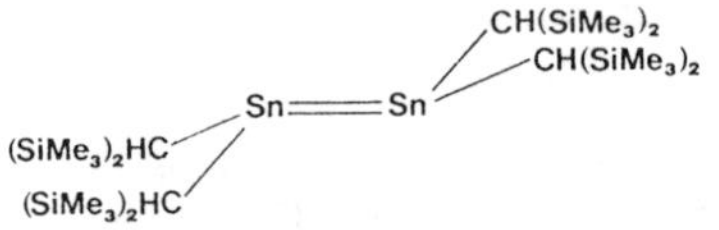

5.6.4 Bleiorganyle

PbR$_4$-Verbindungen sind die thermolabilsten dieser Gruppe (schwache Pb–C-Bindung). PbMe$_4$ ist jedoch bei Raumtemperatur immer noch metastabil und wird auch durch Wasser bzw. Luftsauerstoff nicht angegriffen.

Die Bleitetraalkyle und -aryle werden leicht homolytisch gespalten,

$$PbEt_4 \rightarrow Et_3Pb\cdot + Et\cdot$$

was für die geringe Bindungsenergie derselben spricht (6p-2p-σ-Bindungen).

Die metallorganische Chemie des Bleis ist weitestgehend vergleichbar mit der des Zinns. Die Größe des Bleiatoms führt dazu, daß es innerhalb der 4. Hauptgruppe die größte Tendenz zur Erweiterung der Koordinationszahl zeigt.

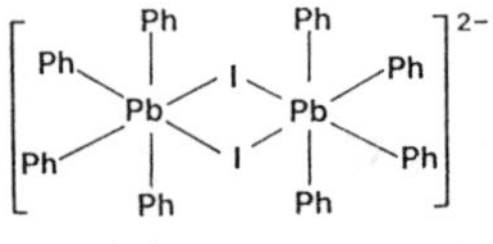

Obwohl die Pb–Pb-Bindung schwach ist (6p-6p-σ-Wechselwirkung, ca. 100 kJ mol^{-1}), können Verbindungen hergestellt werden, die diese Einheit enthalten, z.B. Ph$_3$Pb–PbPh$_3$.

Pb=Pb- (6p$_\pi$-6p$_\pi$) und Pb=C-Bindungen (6p$_\pi$-2p$_\pi$) wären sehr schwach und wurden bis jetzt noch nie nachgewiesen.

5.7 Pnictogene (As, Sb, Bi)

In der 5. Hauptgruppe gibt es zwei Klassen von Metallorganylen: MR$_3$- und MR$_5$-Verbindungen.

Moleküle der Zusammensetzung MR$_5$ sind gemäß der VSEPR-Regeln trigonal bipyramidal, wobei die Energiedifferenz zur quadratisch pyramidalen Konfiguration von den Liganden abhängt und für schnelle bzw. langsame Pseudorotation verantwortlich ist (die Bindungsverhältnisse wurden bereits in Kap. 2 diskutiert). Die geringe Polarität der M–C-Bindung führt dazu, daß diese Verbindungen leidlich hydrolysebeständig sind.

MR$_5$-Verbindungen können als Lewissäuren und als Lewisbasen reagieren, wie z.B.

Lewissäure: $Ph_3SbCl_2 + 3PhLi \rightarrow 2LiCl + Li^+[SbPh_6]^-$

Lewisbase: $SbPh_5 + I_2 \rightarrow [Ph_4Sb]^+I^- + PhI$

MR$_3$-Moleküle sind pyramidal (vgl. NH$_3$). Es liegen ausschließlich 2e2z-Bindungen vor, die zu einem Elektronenoktett am Metallatom führen. Da das Metallatom durch drei Liganden schwächer abgeschirmt wird als in MR$_5$-Verbindungen, ist es anfälliger gegenüber dem Angriff durch Luftsauerstoff. Die Luftempfindlichkeit sinkt in der Reihenfolge:

(luftempfindlich) $R_3Bi > R_3Sb > R_3As$ (weniger luftempfindlich)

Bismut ist hierbei das größte Metallatom (der Sauerstoff eine große Angriffsfläche), die Bi–C-Bindung ist die schwächste (lange Bindung, die 6s/p-Orbitale beinhaltet) und die polarste der oben genannten drei Verbindungen (Bismut ist am elektropositivsten).

MR$_3$-Verbindungen können als Lewisbasen fungieren und weisen eine besonders reichhaltige Chemie auf, die die Koordination zu Übergangsmetallen einschließt, z.B. Cr(CO)$_5$(AsR$_3$). Die Lewisbasizität nimmt folgendermaßen ab,

$R_3As > R_3Sb > R_3Bi$

worin sich die Elektronegativität des Metalls und die Dichte der Orbitale der freien Elektronenpaare wiederspiegeln. Die höhere Elektronegativität des Arsens bewirkt zum Beispiel, daß es stärker mit Lewissäuren wechselwirkt. Die freien Elektronenpaare werden zwar stärker festgehalten, trotzdem führt die höhere Dichte der Orbitale zu stärkeren Bindungen mit den Lewissäuren, da das *lone pair* am Metall den größten p-Anteil hat und somit das am stärksten ausgerichtete ist.

Die dreifach koordinierten Alkylhalogenide von Arsen, Antimon und Bismut ergeben bei ihrer Hydrolyse Oligomere/Polymere mit M–O-Einfachbindungen. Aus den stickstoffanalogen Verbindungen hingegen entstehen durch die Reaktion mit Wasser Stickoxide mit N=O-Mehrfachbindungen ($3p_\pi$-$2p_\pi$-Bindungen sind schwächer als $2p_\pi$-$2p_\pi$-Bindungen).

$RAsX_2 + 2H_2O \rightarrow RAs(OH)_2 + 2HX$

$nRAs(OH)_2 \rightarrow (RAsO)_n + H_2O$

Der As–O–As-Winkel von 137° weist auf die Anwesenheit von p_π-d_π-Wechselwirkungen hin (vgl. Silicium und Germanium).

Ketten- und Ringmoleküle: Die M–M-Bindungsstärke nimmt von Arsen über Antimon zum Bismut ab, was sich in der Stabilität der Verbindungen wiederspiegelt, die jene Bindungen enthalten. Me$_2$As–AsMe$_2$ ist trotz kleiner Substituenten stabil. Um luftstabile Sb–Sb-Verbindungen zu erhalten, bedarf es größerer Reste, die einen nucleophilen Angriff verhindern. So reagiert Me$_2$Sb–SbMe$_2$ an der Luft pyrophor, während $^tBu_2Sb$–Sb$^tBu_2$ an der Luft stabil ist.

Die Bi–Bi-Bindung ist sehr schwach und es ist bis jetzt keine Verbindung bekannt, in der sie vorkommt (bis auf Cluster wie [Bi$_9$]$^{5+}$, s. Kap. 8.3).

Mehrfachbindungen:

M=C

Durch die Verwendung sperriger Substituenten, den Einschluß in aromatische Systeme oder die Koordination von Übergangsmetallen können stabile Verbindungen hergestellt werden, die M=C-Bindungen enthalten.

Die Stabilität der Benzolderivate nimmt innerhalb der 5. Hauptgruppe aufgrund der schwächer werdenden π-Bindungen nach unten ab. Deshalb sind Phospha- und Arsabenzol bei Raumtemperatur in der Abwesenheit von Luft stabil, wohingegen Bismabenzol nur einen Übergangszustand darstellt.

Die Benzolderivate der 5. Hauptgruppe sind aufgrund der höheren Elektronegativität insgesamt stabiler als ihre analogen Verbindungen der 4. Hauptgruppe. Je elektronegativer das Heteroatom ist, desto dichter und energetisch ähnlicher sind die verwendeten Orbitale, so daß sie besser mit den p-Orbitalen des Kohlenstoffatoms wechselwirken können. Außerdem ist die M–C-Bindung für die Stickstoffgruppe weniger polar und weniger anfällig für einen nucleophilen Angriff. Silabenzol ist im Gegensatz dazu oberhalb von 10 K nicht mehr stabil.

M=M

Isolierbare Verbindungen mit M=M-Doppelbindungen erhält man durch Einführung sperriger Liganden, z.B.

Obwohl die π-Bindung stärker ist als für die Elemente der 4. Hauptgruppe (dichtere Orbitale), sind im allgemeinen voluminösere Liganden nötig, um sie zu stabilisieren. Grund hierfür ist die größere Angriffsfläche, welche die zweifach koordinierten Atome der 5. Hauptgruppe gegenüber den dreifach koordinierten Atomen der 4. Hauptgruppe bieten.

Die Sb=Sb-π-Bindung erfordert im Gegensatz zu der von Arsen die Verwendung sperriger Liganden *und* die Koordination durch ein Übergangsmetall.

5.8 Chalkogene (Se, Te)

Die zweiwertigen, metallorganischen Verbindungen von Selen und Tellur sind gewinkelt und enthalten 2e2z-Bindungen. Die beiden Elemente tendieren nur wenig zur Ausbildung von Oxidationsstufen größer als +2. Der Schwefel bildet hingegen SR_4-Verbindungen aus.

C=Se- und Se=Se-Doppelbindungen sind halbwegs stabil, da die Valenzorbitale des Selens dicht und energetisch niedrig sind und der Elektronegativitätsunterschied zwischen Selen und Kohlenstoff praktisch Null ist. Selen ist folglich weder für einen nucleophilen noch für einen elektrophilen Angriff anfällig, so daß es keiner Stabilisierung durch große Substituenten bedarf.

In dieser Verbindung ist nur eine Seite des Moleküls sterisch abgeschirmt.

5.9 Zusammenfassung

1. Die meisten metallorganischen Verbindungen der Hauptgruppenmetalle sind wasser- und luftempfindlich.
2. Lithiumalkyle bilden molekulare Aggregate, während Rubidiumalkyle Ionengitter ausbilden.
3. Bei $BeMe_2$ handelt es sich um ein Polymer, Be^tBu_2 hingegen liegt als Monomer vor.
4. Die Fähigkeit in Mehrzentrenbindungen die Brückenpositionen einzunehmen, nimmt in der Reihenfolge Halogen > H > Alkyl ab.
5. Die meisten Boralkyle und -aryle sind in Wasser stabil, aber Aluminiumorganyle werden leicht hydrolisiert.
6. Die Lewissäurestärke der MR_3-Verbindungen der 3. Hauptgruppe variiert wie folgt:

   B < Al > Ge > In > Tl
7. Siliciumorganyle sind im allgemeinen oxidations- und hydrolysebeständig.
8. Germoxane, $R_3GeOGeR_3$, sind stärker gewinkelt als ihre Siliciumanaloga, $R_3SiOSiR_3$.
9. Verbindungen der 4. Hauptgruppe, die E=C- oder E=E-Bindungen enthalten, werden durch große Substituenten an der Polymerisation gehindert.
10. Metallorganische Verbindungen der 5. Hauptgruppe mit der Zusammensetzung MR_3 sind unterschiedlich luftempfindlich:

    $R_3Bi > R_3Sb > R_3As$

5.10 Übungen

1. Vergleiche
   a) die Lewisacidität,
   b) die Lewisbasizität und
   c) die Fähigkeit, als ein Carbanion-Reagenz zu reagieren,
   der folgenden Verbindungen: LiPh, PhMgCl, BPh_3, $GePh_4$, $AsPh_3$, $AsPh_5$.

Antwort:
a) Die Lewissäurestärke einer Verbindung entspricht ihrer Fähigkeit, ein Elektronenpaar in eines ihrer Valenzorbitale aufzunehmen. Um als Lewissäure fungieren zu können, muß die Verbindung also Akzeptororbitale besitzen und ein Elektronendefizit aufweisen.

Betrachtet man die Bindungen in LiPh, PhMgCl und BPh_3 als kovalent, so handelt es sich um Elektronenmangelverbindungen, die über Akzeptororbitale verfügen. Deshalb sind sie starke Lewissäuren, z.B.

$$BPh_3 + Ph^- \rightarrow BPh_4^-$$

In $GePh_4$ und $AsPh_3$ weisen die Metallatome eine volle Valenzschale auf. Immerhin besitzen sowohl Germanium als auch Arsen fünf freie 4d-Orbitale, die ein Elektronenpaar aufnehmen können.

$$AsPh_3 + Ph^- \rightarrow AsPh_4^-$$

$GePh_4$ und $AsPh_3$ sind demnach beides Lewissäuren, jedoch schwächere als LiPh, PhMgCl und BPh_3.

$AsPh_5$ besitzt ebenfalls freie 4d-Orbitale, die ein Elektronenpaar aufnehmen können und ist gleichfalls eine Lewissäure.

$$AsPh_5 + Ph^- \rightarrow AsPh_6^-$$

Da es schwieriger ist, sechs relativ große Liganden zu koordinieren, ist $AsPh_5$ eine noch schwächere Lewissäure als $GePh_4$ und $AsPh_3$.
b) Die Lewisbasizität einer Verbindung entspricht ihrer Fähigkeit, als Elektronenpaardonor zu fungieren. Von den genannten Verbindungen besitzt nur $AsPh_3$ ein freies Elektronenpaar, das angelagert werden kann.
c) Carbanionen sind Spezies mit einem am Kohlenstoff lokalisierten Ladungsüberschuß (C^-). Damit eine Verbindung Carbanionen bildet, müssen die Bindungen einen hohen ionischen Charakter aufweisen, d.h. die Resonanzformel M^+R^- muß einen Großteil der Bindung beschreiben. Der ionische Grad einer Bindung steigt mit zunehmendem Elektronegativitätsunterschied zwischen dem Metall- und dem Kohlenstoffatom des organischen Liganden. Dieser Unterschied ist im Fall von Lithium und Magnesium am größten (Δ_{EN}(Li–C) = 1,5, Δ_{EN}(Mg–C) = 1,2) und kleiner im Fall von Bor, Germanium und Arsen. Aus diesem Grund besitzen die Bindungen in Lithium- und Magnesiumorganylen einen eher ionischen und die in Bor-, Germanium- und Arsenorganylen einen eher kovalenten Charakter.

$$LiPh + ClML_n \rightarrow PhML_n + LiCl$$

jedoch

$$GePh_4 + ClML_n \rightarrow \text{keine Reaktion}$$

2. Dimethylphosphin, Me_2PH, reagiert mit Diboran, B_2H_6, unter Eliminierung von Wasserstoff und der Bildung von $(Me_2PBH_2)_3$. Diese Verbindung ist außergewöhnlich stabil und sogar die B–H-Bindungen werden nicht leicht hydrolisiert. Dimethylstibin ergibt hingegen bei der Reaktion mit Diboran das relativ stabile Monomer Me_2SbBH_2. Erkläre diese Beobachtung!

Antwort: In $(Me_2PBH_2)_3$ besitzen die Phosphor- und Boratome eine volle Valenzschale.

In dieser Verbindung liegen keine π-Bindungen vor, da alle vier Valenzorbitale des Bors an σ-Bindungen beteiligt sind. Es weist ein Elektronenoktett in der Valenzschale auf und somit keinen Elektronenmangel. Die Reaktionsträgheit von $(Me_2PBH_2)_3$ wird durch zwei Faktoren hervorgerufen:

- Die Elektronegativität von Bor reicht nicht aus, um die Energie der 3d-Orbitale des Phosphors so weit herabzusetzen, daß sie für nucleophile Angriffe zugänglich werden.
- Der Elektronegativitätsunterschied zwischen Phosphor und Bor ist sehr klein (ersterer ist geringfügig elektronegativer), die P–B-Bindungen folglich überwiegend unpolar und somit weniger nucleophilen/elektrophilen Angriffen ausgesetzt.

Die Stabilität von $(Me_2PBH_2)_3$ ist demnach die Folge kinetischer Faktoren.

Me_2SbBH_2 polymerisiert nicht, da die schwachen 4p-2p-σ-Bindungen die sterischen Abstoßungskräfte nicht ausgleichen können, die durch die Koordination des kleinen Boratoms mit zwei großen Antimonatomen entstehen. Bor bildet in dieser Verbindung drei kovalente Bindungen aus und weist einen Elektronenmangel auf (nur sechs Valenzelektronen). Die Anwesenheit eines freien p-Orbitals am Boratom macht jenes für den Angriff eines Nucleophils zugänglich. Der Prozeß der Elektroneneinlagerung in ein freies p-Orbital des Bors beinhaltet eine niedrige Aktivierungsenergie. Die Verfügbarkeit dieser p-Orbitale wird durch p_π-p_π-Bindungen leicht reduziert.

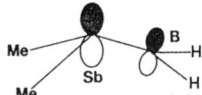

Dieser Effekt ist jedoch nicht allzu groß, da es sich, wie schon erwähnt, um die schwache π-Bindung zwischen einem 4p-Orbital des Antimons und einem 2p-Orbital des Bors handelt.

6 Übergangsmetalle

Sc Ti V Cr Mn Fe Co Ni Cu Zn

Die Übergangsmetalle der 4. Periode besitzen mit zwei Ausnahmen (Chrom und Kupfer) die Elektronenkonfiguration $3d^n4s^2$, wobei das 4s-Orbital energetisch niedriger liegt als die 3d-Orbitale. Die zweifach positiv geladenen Übergangsmetallionen weisen ohne Ausnahme die Elektronenkonfiguration $3d^n4s^0$ auf, d.h. bei der Ionisierung scheinen die energieärmeren 4s-Elektronen entfernt zu werden.

Bei dieser Betrachtung ergeben sich aber nicht wirklich Probleme, da man nicht die Energie der einzelnen Elektronensets betrachten muß, sondern die Gesamtenergie des Ions. Die Abgabe von Elektronen des s-Zustandes führt zu einem stabileren +2-Ion als die Abgabe eines d-Elektrons. Der Grund hierfür ist, daß die s-Elektronen in der Lage sind, die d-Elektronen effektiv abzuschirmen und letztere in Abwesenheit ersterer eine höhere effektive Kernladung erfahren, d.h. sie werden stärker vom Kern angezogen und dadurch stabilisiert. Die 3d-Elektronen schirmen die 4s-Elektronen nicht so effektiv ab (Reihenfolge der Abschirmungskraft s > p > d > f, s. Kap. 1.1.2), und ihre Abgabe würde die 4s-Elektronen und somit auch das Gesamtion nur geringfügig stabilisieren. Mit anderen Worten, durch die Ionisierung wird die energetische Lage der 3d- und 4s-Zustände umgekehrt. Dabei spielt es keine Rolle, welchen Zustand die abgegebenen Elektronen besetzt hatten.

6.1 Bindung in Metallkomplexen

Die d-Orbitale in einem Polardiagramm dargestellt:

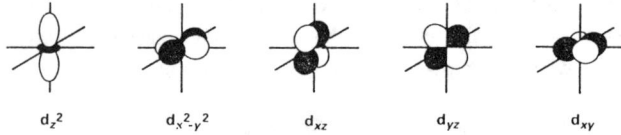

d_{z^2} $d_{x^2-y^2}$ d_{xz} d_{yz} d_{xy}

Übergangsmetallkomplexe, ML_n, bestehen aus einem zentralen Metallatom, das von anderen Atomen bzw. Gruppen, den sogenannten Liganden, umgeben ist, z.B. $[Ti(H_2O)_6]^{3+}$. Die Bindung kann exakt in der gleichen Weise betrachtet werden, wie es für die Hauptgruppen-Komplexe (z.B. SF_6) der Fall ist (s. Kap. 2.5). Eine der wichtigsten Geometrien ist dabei der oktaedrische Komplex (ML_6).

$$\begin{array}{c} L \\ | \quad L \\ L-M \\ L \; | \quad L \\ L \end{array}$$

Betrachtet man die σ-Bindungen, so besitzt jeder Ligand ein σ-bindendes Orbital, das auf das Zentralatom ausgerichtet ist. Dabei kann es sich um ein freies Elektronenpaar handeln wie im Fall des Wassers oder um ein halbgefülltes Orbital wie im Fall von Chlor.

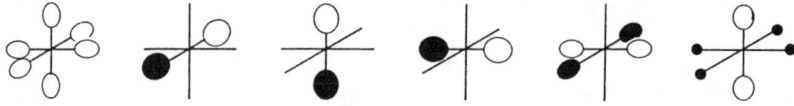

Die sechs Liganden können als eine einzelne Einheit betrachtet werden, für die dieselben symmetrieadaptierten Orbitale konstruiert werden können wie für SF_6.

In der 4. Periode benutzen die Übergangsmetalle ihre 3d-, 4s- und 4p-Orbitale zur Ausbildung von Bindungen. Obwohl in den Übergangsmetallen das 4s-Orbital normalerweise eine niedrigere Energie besitzt als das 3d-Orbital, kann sich dieses Verhältnis durch die effektive Kernladung des Metallatoms umdrehen. Dadurch kann unter Umständen das 3d-Orbital energieärmer sein als das 4s-Orbital. Die symmetrieadaptierten Ligandenorbitale sind im allgemeinen energieärmer als die 3d-Orbitale des Metallatoms, da die Liganden elektronegativer sind ($EN_O > EN_{Ti}$).

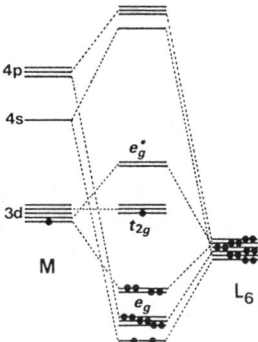

Nur Orbitale gleicher Symmetrie können miteinander wechselwirken, d.h. wie im Beispiel SF_6 wechselwirkt das s-Orbital des Metalls mit dem symmmetrieadaptierten s-Orbital der Liganden usw. Es gibt keine symmetrieadaptierten σ-Orbitale, die dieselbe Symmetrie besitzen wie das d_{xy}-, d_{xz}- und d_{yz}-Orbital des Metallatoms und deshalb bleiben jene nichtbindend.

Im Fall von $[Ti(H_2O)_6]^{3+}$ stehen folgende Elektronen für die Besetzung der Molekülorbitale zur Verfügung: vier Elektronen aus den d- und s-Orbitalen des Titans und sechsmal je zwei Elektronen vom Wasser. Um die Ladung +3 zu erreichen, muß man drei Elektronen abziehen, d.h. es sind dreizehn Elektronen verfügbar (s. Schema).

6.1.1 Die Kristallfeldtheorie

Die Kristallfeldtheorie stellt eine rein elektrostatische Näherung zur Beschreibung der Bindungen in Übergangsmetallkomplexen dar. Es ist keine sehr realistische Näherung, da man z.B. im Fall des Permanganations, MnO_4^-, von einem Mn^{7+}-Kation und vier O^{2-}-Ionen ausgeht. Die Ionisierungsenergie für die Bildung eines siebenfach geladenen Kations wäre so groß und das gebildete Ion so extrem polarisierend, daß die Bindung einen hohen kovalenten Anteil bekäme. Die Theorie bietet jedoch für einige Eigenschaften der Übergangsmetallkomplexe erstaunlich gute, teilweise quantitative Erklärungen und wird weitverbreitet genutzt.

Kristallfeldaufspaltung:

a) *Oktaedrische Komplexe*
Ursprünglich ging man bei dieser Theorie von einem Metallion aus, das von einer gleichmäßig negativ geladenen Sphäre mit dem Radius *r* umgeben ist. Die d-Elektronen des Metallatoms werden durch die so verteilte negative Ladung alle gleich stark abgestoßen, d.h. sie werden in ihrer Energie angehoben, wobei sie entartet bleiben (alle Orbitale besitzen die gleiche Energie).

Nähert man dem Metallatom die negative Ladung entlang der drei Raumachsen an, so werden die Elektronen im d_{z^2}- und $d_{x^2-y^2}$-Orbital (jene liegen auf den Achsen) stärker abgestoßen als die im d_{xz}-, d_{yz}- und d_{xy}-Orbital (jene liegen zwischen den Achsen). Die Elektronen im d_{z^2}- und $d_{x^2-y^2}$-Orbital erfahren dadurch eine energetische Anhebung, während die anderen in ihrer Energie abgesenkt werden.

Die Entfernung r des Metallkations zur negativen Ladung bleibt gleich, egal ob man letztere über die ganze Kugeloberfläche verteilt oder in Form negativer Liganden entlang der Achsen anordnet (sechs Liganden in oktaedrischer Anordnung). Deshalb ist auch die Gesamtenergie in beiden Betrachtungsweisen gleich groß: Die potentielle, elektrostatische Energie ist umgekehrt proportional zum Radius r. Damit die Gesamtenergie unverändert bleibt, muß die Anhebung der zwei Orbitale d_{z^2} und $d_{x^2-y^2}$ eineinhalb mal so groß sein wie die Absenkung der drei Orbitale d_{xz}, d_{yz} und d_{xy}. Dies bezeichnet man als *Schwerpunkt-Satz*.

Die Energiedifferenz zwischen den zwei Sets von Orbitalen nennt man Δ_{okt} (manchmal auch Δ_o oder 10 Dq).

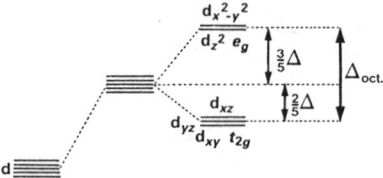

Die d_{xz}-, d_{yz}- und d_{xy}-Orbitale sind entartet, d.h. sie besitzen die gleiche Energie, da sie die gleiche Form aufweisen und äquivalente Positionen einnehmen (die Achsen eines Oktaeders sind gleichberechtigt). Warum aber sollten d_{z^2} und $d_{x^2-y^2}$ ebenfalls entartet sein? Das d_{z^2}-Orbital kann als Linearkombination aus den folgenden zwei Funktionen dargestellt werden:

Beide tragen zu gleichen Teilen zur Linearkombination bei. Sie haben die gleiche Form wie $d_{x^2-y^2}$, liegen direkt auf den Achsen und werden deshalb genauso stark abgestoßen wie $d_{x^2-y^2}$. Eine andere mögliche Betrachtungsweise von d_{z^2} liegt darin, daß sich 30 Prozent seiner Elektronendichte in der xy-Ebene befindet („Doughnut") und aus diesem Grunde nicht nur durch Liganden entlang der z-Achse abgestoßen wird, sondern auch durch solche in der xy-Ebene.

b) *Tetraedrische Komplexe*
Die Geometrie eines Tetraeders läßt sich von einem Würfel ableiten.

Diesmal befindet sich die negative Ladung zwischen den Achsen und die Elektronen in den d_{xz}-, d_{yz}- und d_{xy}-Orbitalen werden stärker abgestoßen als die in den d_{z^2}- und $d_{x^2-y^2}$-Orbitalen.

Keines der Orbitale liegt direkt in Richtung der negativen Ladungen. Die Stabilisierung bzw. Destabilisierung ist bei tetraedrischer Koordination folglich nicht so groß wie im Fall des Oktaeders, und deshalb ist die Energiedifferenz Δ_{tet} zwischen den zwei Sets von Orbitalen kleiner.

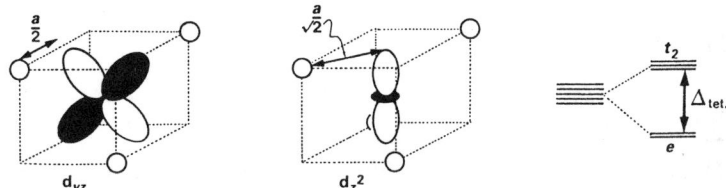

In einem reinen Punktladungsmodell (gleiche Bindungslängen und Ladungen vorausgesetzt) beträgt die Energiebeziehung zwischen den beiden Geometrien

$$\Delta_{tet} = 4/9 \; \Delta_{okt}$$

In Wirklichkeit ist Δ_{tet} im allgemeinen ca. $1/2 \; \Delta_{okt}$.

c) Quadratisch planare Komplexe

Die quadratisch planare Geometrie läßt sich von der oktaedrischen ableiten, indem man die Ladungen entlang der z-Achse als unendlich weit entfernt betrachtet.

Das $d_{x^2-y^2}$-Orbital besitzt die höchste Energie, da es genau in Richtung der negativen Ladungen liegt. Das d_{xy}-Orbital weist nicht genau in Richtung der Ladungen, liegt jedoch als einziges der restlichen Orbitale in der xy-Ebene, in der die Elektronendichte am höchsten ist. Demzufolge ist es das Orbital mit der zweithöchsten Energie. Die Differenz zwischen $d_{x^2-y^2}$ und d_{xy} bleibt Δ_{okt}, da die Abwesenheit der Ladungen in z-Richtung nichts an ihrer Situation gegenüber der im oktaedrischen Ligandenfeld ändert.

Das nächsthöhere Orbital ist d_{z^2}, das eine nicht unerhebliche Elektronendichte in der xy-Ebene aufweist. d_{xz} und d_{yz} bleiben entartet und energetisch die niedrigsten Orbitale.

Bei diesen Betrachtungen ist es immer wichtig, daran zu denken, daß diese Reihenfolgen nur für ideale Geometrien gelten und jede Abweichung eine Vorhersage über die energetische Abfolge der d-Orbitale erschwert. Die Aufspaltungsdiagramme basieren im allgemeinen auf empirischen Daten, z.B. auf solchen aus der Elektronenspektroskopie.

Faktoren, die die Kristallfeldaufspaltung beeinflussen:

1. *Oxidationszustand des Metallatoms:* Je höher die Oxidationszahl eines Metallatoms ist, desto größer wird die Aufspaltung. Die höhere positive Ladung hat zur Folge, daß die Liganden stärker angezogen werden und auf diese Weise in höherem Maße mit den Orbitalen des Metallatoms wechselwirken. Dadurch verursachen Sie eine größere Abstoßung und damit gleichzeitig eine größere Aufspaltung:

$$\Delta_{okt} \text{ in } [Fe(H_2O)_6]^{2+} = 10400 \text{ cm}^{-1}$$

$$\Delta_{okt} \text{ in } [Fe(H_2O)_6]^{3+} = 17400 \text{ cm}^{-1}$$

2. *Geometrie um das Metallatom:* Die räumliche Verteilung der Liganden um das Metallatom herum beeinflußt, wie schon erwähnt, die Aufspaltung der d-Orbitale

$$\Delta_{tet} \cong 1/2 \; \Delta_{okt}$$

3. *Die Stellung des Übergangsmetalls im Periodensystem:* Innerhalb einer Übergangsmetalltriade (Nebengruppe) nimmt die Aufspaltung nach unten hin zu.

Verbindung	$[Co(NH_3)_6]^{3+}$	$[Rh(NH_3)_6]^{3+}$	$Ir[(NH_3)_6]^{3+}$
Δ_{okt} (cm^{-1})	22900	34100	41000

Die d-Orbitale werden in dieser Richtung diffuser und durch ihre größere Ausdehnung nähern sie sich den Liganden stärker an, d.h. die Abstoßung zwischen den d-Orbitalen des Metallatoms und den Ligandenorbitalen wird größer. Zur Erinnerung: Die Wechselwirkungen zwischen dem Metall und seinen Liganden sind elektrostatischer Natur, und die Abstoßung findet zwischen den nichtbindenden Elektronen der Anionen und Kationen statt. Je weiter sich die Elektronen des Metalls also in Richtung Anionen erstrecken, desto größer ist die Abstoßung.

4. *Art der Liganden:* siehe *spektrochemische Reihe.*

Spektrochemische Reihe: Für ein gegebenes Metallatom können die Liganden gemäß der zunehmenden Aufspaltung Δ folgendermaßen angeordnet werden:

$$I^- < Br^- < Cl^- < F^- < OH^- < O^{2-} < H_2O < NH_3 < PR_3 < CN^- \approx CO$$

Liganden wie Kohlenmonoxid, CO, erzeugen starke Ligandenfelder mit großer Aufspaltung und Liganden am Anfang der Reihe erzeugen schwache Ligandenfelder mit geringer Aufspaltung. Die oben aufgeführte Reihe ist nicht absolut und geringfügige Vertauschungen können vorkommen.

Gemäß der Kristallfeldtheorie sollte F^- eigentlich ein starkes Ligandenfeld erzeugen, da es klein und negativ geladen ist und die Metallelektronen stark abstößt. Es sollte infolgedessen eine große Aufspaltung verursachen, tatsächlich ist jedoch das Gegenteil der Fall. Um dieses Phänomen zu erklären, wurde die Kristallfeldtheorie zur Ligandenfeldtheorie erweitert, die auch kovalente Bindungsanteile berücksichtigt.

Der Unterschied zwischen Kristall- und Ligandenfeldtheorie besteht darin, daß die Kristallfeldtheorie eine rein elektrostatische Näherung der Bindungsverhältnisse in Übergangsmetallkomplexen darstellt, wohingegen die Ligandenfeldtheorie dieselben Grundprinzipien enthält und zusätzlich noch kovalente Bindungsanteile in Form lokalisierter σ- und π-Wechselwirkungen mit den Liganden berücksichtigt.

Starke und schwache Ligandenfelder: Liganden erzeugen starke Felder, wenn sie in der Lage sind, Elektronen des Metallatoms in die energiereichen, unbesetzten Orbitale (LUMO) einzulagern und π-Bindungen mit den d-Orbitalen der korrekten Symmetrie auszubilden. Das bezeichnet man als π-Acidität (eine Lewissäure ist ein Elektronenakzeptor).
Beispiel Kohlenmonoxid CO:

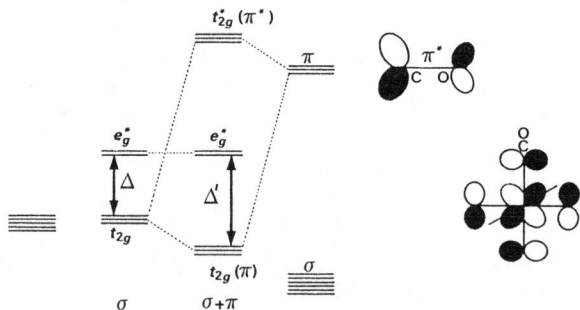

Die antibindenden CO-π^*-Orbitale wechselwirken mit den t_{2g}-Orbitalen des Metalls und ergeben ein bindendes und ein antibindendes Set von π-Orbitalen. Die CO-π^*-Orbitale besitzen eine höhere Energie als die t_{2g}-Orbitale, so daß das gebildete π-Set einen ähnlichen Charakter aufweist wie die t_{2g}-Orbitale des Metalls (t_{2g} (π), s. Kap. 2.1.2). Das π^*-Set ähnelt den CO-π^*-Orbitalen. CO liefert keine Elektronen (π^* ist leer), und deswegen füllen ausschließlich Metallelektronen das bindende π-Set. Die Aufspaltung Δ' zwischen dem bindenden π-Set und e_g^* ist dadurch größer als im Fall der reinen σ-Bindung.

Liganden erzeugen schwache Felder, wenn sie in der Lage sind, dem Metall Elektronen aus energiearmen, besetzten Orbitalen (HOMO) mit π-Symmetrie abzugeben. Beispiel: Cl^-

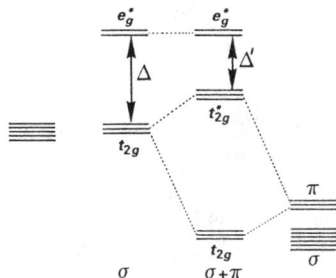

Auch hierbei wechselwirken die t_{2g}-Ligandenorbitale mit dem t_{2g}-Set des Metalls, um drei bindende und drei antibindende Orbitale zu erzeugen. Zuerst wird das t_{2g}-Set mit Elektronen gefüllt, dann das t_{2g}^*-Set. Die Aufspaltung Δ' entspricht nun der Lücke zwischen den t_{2g}^*- und e_g^*-Orbitalen und ist daher kleiner als in einem reinen σ-Bindungsschema.

Vergleich zwischen low spin und high spin-Komplexen:
a) *Oktaedrische Anordnung der Liganden*
   Für jede der d^3-d^7-Ionen gibt es zwei mögliche Elektronenkonfigurationen. Die eine weist die größtmögliche Anzahl ungepaarter Elektronen (*high spin*) und die andere die kleinstmögliche Anzahl ungepaarter Elektronen (*low spin*) auf. Welche Konfiguration man erhält, hängt von zwei Faktoren ab:
   – von der Größe der Aufspaltung Δ_{okt}, und
   – von der Energie, die benötigt wird, um zwei Elektronen in demselben Orbital unterzubringen (*Spinpaarungsenergie, P*).

Ist in einer oktaedrischen Geometrie die Aufspaltung größer als die Spinpaarungsenergie, so braucht man mehr Energie, um ein Elektron in das e_g-Set anzuheben als zwei Elektronen im energieärmeren t_{2g}-Set zu paaren, d.h. man erhält eine *low spin*-Konfiguration. Der umgekehrte Fall führt zu einer *high spin*-Konfiguration. Im allgemeinen gilt: *Liganden mit starken Feldern verursachen eine große Aufspaltung und eine low spin-Konfiguration, Liganden mit schwachen Feldern hingegen eine geringe Aufspaltung und gewöhnlich eine high spin-Konfiguration.*

b) *Tetraedrische Anordnung der Liganden*
Bei dieser Geometrie sind sowohl *high spin*- als auch *low spin*-Komplexe theoretisch möglich, aber aufgrund der kleinen Aufspaltung ($\Delta_{tet} = 1/2\,\Delta_{okt}$) werden die *high spin*-Komplexe bevorzugt.

c) *Quadratisch planare Anordnung der Liganden*
Diese Komplexe besitzen immer eine *low spin*-Konfiguration, wenn das $d_{x^2-y^2}$-Orbital nicht besetzt ist, d.h. im Fall der d^8-Elektronenkonfiguration. Der Grund hierfür liegt in der großen Aufspaltung zwischen dem d_{xy}- und $d_{x^2-y^2}$-Orbital.

Low spin

Kristallfeld-Stabilisierungsenergie (KFSE): Bei der Aufspaltung im Kristallfeld wird eine d-Elektronenkonfiguration um einen Energiebetrag stabilisiert, den man als Kristallfeld-Stabilisierungsenergie bezeichnet. Der Bezugspunkt für die Aufspaltungsenergie ist der hypothetische Fall, in dem die d-Orbitale nicht aufgespalten sind, d.h. das Metallion von einem gleichmäßigen Feld aus Ladungen umgeben ist. In einem oktaedrischen Komplex trägt ein Elektron aus einem t_{2g}-Orbital $-2/5\,\Delta_{okt}$ zur KFSE bei, während jedes e_g-Elektron das System um $+3/5\,\Delta_{okt}$ destabilisiert. In einem tetraedrischen Komplex ist es genau umgekehrt: Jedes e_g-Elektron stabilisiert das System um $-3/5\,\Delta_{tet}$ und jedes t_{2g}-Elektron destabilisiert es um $+2/5\,\Delta_{tet}$.

$$\text{CFSE} = -\tfrac{6}{5}\Delta_{\text{oct.}} \qquad \text{CFSE} = -\tfrac{3}{5}\Delta_{\text{oct.}} \qquad \text{CFSE} = -\tfrac{2}{5}\Delta_{\text{tet.}}$$

Anwendung der KFSE: Die Kristallfeld-Stabilisierungsenergie ist ein kleiner Energieterm (selten größer als 10% der Gesamtenergie eines Komplexes), der sich jedoch in einigen Fällen bemerkbar macht.

a) *Hydratationsenthalpie von M^{2+}-Übergangsmetallionen*
Die Hydratationsenthalpie entspricht der Energieänderung des folgenden Prozesses:

$$M^{2+}{}_{(g)} + 6\,H_2O_{(l)} \rightarrow [M(H_2O)_6]^{2+}{}_{(aq)}$$

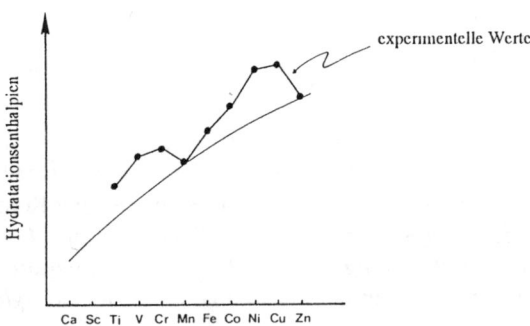

Im vorangegangenen Diagramm sind die Hydratationsenthalpien der 1. Übergangsmetallreihe in Abhängigkeit von der d-Elektronenkonfiguration aufgetragen. Entlang der Übergangsmetallreihe nimmt die effektive Kernladung Z_{eff} zu, so daß die Valenzelektronen stärker angezogen werden, die Ionenradien ab- und die Ionenpotentiale zunehmen. Je größer das Ionenpotential ist, desto stärker werden die Wassermoleküle vom Kation angezogen und desto höher ist der Betrag der Hydratationsenthalpie. Gemäß des abnehmenden Radius der M^{2+}-Ionen sollte man eine stetig steigende Funktion (untere Linie) für die Hydratationsenthalpie erwarten. Experimentell läßt sich jedoch die obere Funktion mit den zwei Maxima beobachten.

In diesen Komplexen sind die Metallionen *high spin*-konfiguriert, und zieht man die berechnete KFSE von der oberen Funktion (zwei Maxima) ab, so erhält man die untere, stetige Kurve. Die hydratisierten Metallionen sind also stabiler als erwartet und zwar genau um den Betrag der KFSE. Die d^0-, d^5- (*high spin*) und d^{10}-Elektronenkonfigurationen weisen keine KFSE auf, die Punkte liegen alle auf der unteren hypothetischen Funktion.

b) *Die Gitterenergien von MX_2-Salzen (X = Halogen)*
Diese Salze bestehen aus Übergangsmetall^{2+}-Ionen, die in einem dreidimensionalen Gitter oktaedrisch von je sechs Halogenidionen umgeben sind. Die Auftragung der Gitterenergien in Abhängigkeit von der d-Elektronenkonfiguration ergibt auch hierbei eine Funktion mit zwei Maxima (zusätzliche Stabilität durch die KFSE).

Der einzige Unterschied zwischen den oben genannten Systemen liegt in der Elektronenkonfiguration des Metallions und somit in der KFSE. Gewöhnlich ist diese nur dann von Bedeutung, wenn sich alle anderen Terme wie sterische Effekte, Bindungsenergien o.ä. kompensieren.

c) *Vergleich zwischen okta- und tetraedrischer Koordination*
Es gibt hauptsächlich drei Faktoren, die bestimmen, welche Geometrie ein Komplex einnimmt.
1. Es ist immer günstiger, sechs Bindungen auszubilden als vier (es wäre auch günstiger, noch mehr Bindungen auszubilden, nur läßt sich dies aufgrund sterischer Effekte wie Ligandenabstoßung und fehlender Orbitale nicht verwirklichen).
2. Große und/oder hoch geladene Liganden unterliegen einer großen Ligandenabstoßung und bevorzugen deshalb eine tetraedrische Geometrie (zwischen vier Liganden herrschen weniger Abstoßungskräfte als zwischen sechs).
3. Die KFSE ist für die oktaedrische Geometrie immer größer als für die tetraedrische (außer bei d^0, $d^5[high\ spin]$ und d^{10}), da $\Delta_{okt} = 1/2\Delta_{tet}$.

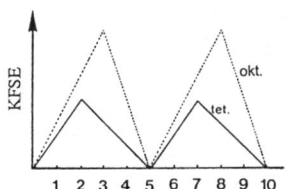

Zahl der d-Elektronen

Aufgrund der KFSE würden also immer die oktaedrischen Komplexe den tetraedrischen vorgezogen (außer bei d^0, d^5 und d^{10}), wobei das Maß dieser Bevorzugung von der Anzahl der d-Elektronen abhängt. Die oktaedrische Geometrie wird von *high spin*-Komplexen mit den folgenden d-Elektronenkonfigurationen bevorzugt:

$$d^3, d^8 \text{ (am häufigsten oktaedrisch)} > d^4, d^9 > d^2, d^7 > d^1, d^6$$

Diese Reihenfolge ergibt sich aus der Subtraktion der KFSE eines oktaedrischen Komplexes von der eines tetraedrischen. Demnach sind tatsächlich tetraedrische Komplexe am wahrscheinlichsten für d^1 (z.B. $[TiCl_4]^-$), d^5 (z.B. $[MnCl_4]^{2-}$) und d^6 (z.B. $[FeCl_4]^{2-}$) anzutreffen. Aber auch für d^2 (z.B. $Cr(OR)_4$) und d^7 (z.B. $[CoCl_4]^{2-}$) ist die Bevorzugung der oktaedrischen Geometrie aufgrund der KFSE nicht so groß, so daß auch diese Ionen häufig tetraedrisch koordiniert angetroffen werden. Im Fall der d^3- und d^8-Konfiguration wird die oktaedrische Geometrie stärker bevorzugt, und es gibt nur wenige tetraedrische Komplexe mit dieser d-Elektronenzahl (z.B. $NiBr_2(PEt_3)_2$). Die Bevorzugung der oktaedrischen Geometrie durch die KFSE kann durch Liganden mit starken Feldern noch verstärkt werden, da jene die Aufspaltung Δ und dadurch gleichzeitig den Unterschied zwischen okta- und tetraedrischer Geometrie vergrößern. Außerdem können Liganden mit starken Feldern zur Bildung von *low spin*-Komplexen führen, die starke Kristallfeld-Stabilisierungsenergien (stärkere Besetzung energieärmerer d-Orbitale) aufweisen und deshalb die oktaedrische Geometrie bevorzugen.

Wie schon erwähnt, ist die KFSE nur einer von vielen Faktoren, die die Geometrie eines Komplexes bestimmen, und sehr oft ist er nicht der entscheidende Faktor.

Alle diese Dinge zusammengenommen führen zu der Aussage, daß *negativ geladene, große Liganden mit schwachen Ligandenfeldern (z.B. Br⁻) die tetraedrische Geometrie der oktaedrischen vorziehen.*

Grenzen der Kristallfeld-Stabilisierungsenergie:

1. Die Kristallfeld-Stabilisierungsenergie ist nur ein kleiner Energiebetrag, selten größer als 10% der Gesamtbildungsenergie eines Komplexes, und kann deshalb neben Energietermen wie Bindungs-, Solvatisierungs- und Gitterenergien vernachlässigt werden.
2. Die Kristallfeld-Stabilisierungsenergien werden als Vielfaches von Δ angegeben, und dabei vergißt man meistens, daß Δ für verschiedene Komplexe unterschiedlich groß ist. Vergleicht man zum Beispiel die KFSE von $[Cr(H_2O)_6]^{2+}$ mit der von $[Fe(H_2O)_6]^{2+}$, so kann man nicht einfach sagen: Im ersten Fall beträgt sie $3/5\,\Delta$ und im zweiten $2/5\,\Delta$, da für Chrom $\Delta = 14000\ cm^{-1}$ und für Eisen $\Delta = 10400\ cm^{-1}$ ist. Dieser Unterschied ist hauptsächlich eine Folge der unterschiedlichen Bindungslängen M–L.

6.1.2 Termsymbole

Einem Termsymbol kann man die Anordnung von Elektronen entnehmen, z.B. wie die n Elektronen einer d^n-Konfiguration auf die fünf d-Orbitale verteilt sind. Die verschiedenen Anordnungsmöglichkeiten der Elektronen besitzen unterschiedliche Energien, je nachdem wie stark die d-Elektronen miteinander wechselwirken, z.B. abgestoßen werden.

Freie Ionen: Man betrachtet generell den Grundzustand. Es gibt eine einfache Methode, das Grundzustand-Termsymbol für ein freies Übergangsmetallion vorherzusagen (keine Liganden). Dazu müssen die Hundschen Regeln in der folgenden Reihenfolge beachtet werden:

1. Der Grundzustand ist der Zustand, der die größte Multiplizität aufweist, d.h. die größtmögliche Zahl ungepaarter Elektronen besitzt. Im Grundzustand gilt Gesamtspin $S = M_s = \Sigma m_s$, wobei $m_s = \pm 1/2$.
2. Bei gleicher Multiplizität ist der Zustand mit dem größten Gesamtbahndrehimpuls L der Grundzustand. Es gilt $L = M_l = \Sigma m_l$, wobei sich m_l auf den Bahndrehimpuls des Elektrons bezieht (m_l ist der Anteil des Bahndrehimpulses in eine bestimmte Richtung).

3. Der Grundzustand hat immer das kleinste J, wenn die Schale weniger als halbvoll ist, und das größte J, wenn die Schale mehr als halbvoll ist. Dabei kann J (Gesamtdrehimpuls-Quantenzahl) die folgenden Werte annehmen: $L+S$, $L+S-1$, $L+S-2$,...., $L-S$.

Beispiele:

d^2

Fünf Kästchen sollen die d-Orbitale repräsentieren, wobei $m_l = +2$ (links) bis -2 (rechts). Die Kästchen (Orbitale) werden von links nach rechts mit Elektronen aufgefüllt, so daß man die größtmögliche Anzahl ungepaarter Spins erhält (Regel 1).

Nun ist

$$S = M_s = \Sigma m_s = 1/2 + 1/2 = 1$$

$$L = M_l = \Sigma m_l, \text{ d.h. } L = 2 + 1 = 3$$

Den verschiedenen Werten von L werden Symbole zugeordnet (vgl. Kap. 1)

$$L = \quad 0 \quad 1 \quad 2 \quad 3 \quad 4 \quad 5 \quad ...$$
$$\quad\quad S \quad P \quad D \quad F \quad G \quad H$$

Ein Termsymbol sieht folgendermaßen aus

$$^{2S+1}L_J$$

wobei $2S+1$ der Multiplizität entspricht. Zum Beispiel ist für die d^2-Elektronenkonfiguration das Grundzustand-Termsymbol ^3F (Triplett F Term!).

Für Zustände, in denen $S \neq 0$ und $L \neq 0$, erhält man Spinbahnkopplung. Jene kann als Kopplung zwischen dem Spin und dem Bahndrehimpuls betrachtet werden und bedeutet mathematisch die Addition des Spinvektors zu dem Bahndrehimpulsvektor. Der resultierende Vektor ist der Gesamtdrehimpulvektor.

J, die Gesamtdrehimpuls-Quantenzahl, kann folgende Werte einnehmen:

$$L+S, L+S-1, L+S-2........|L-S|$$

d.h. für d^2 kann J gleich 4, 3 und 2 sein.

Wendet man Regel 3 an, so erhält man als vollständiges Termsymbol des Grundzustandes für die d^2-Elektronenkonfiguration (Spin-Bahn-Kopplung berücksichtigt) $^3F_2$.

d^7

$S = 3/2$, daraus folgt für $2S+1 = 4$

$L = 3$ und J kann die Werte 9/2, 7/2, 5/2 und 3/2 annehmen.

Das Termsymbol für diese Elektronenkonfiguration (Grundzustand) ist $^4F_{9/2}$. J nimmt hier den größten Wert an, weil die Schale mehr als halbvoll ist.

Anwendungen eines Kristallfeldes: In der Gegenwart eines oktaedrischen Kristallfeldes wird das Grundzustands-Termsymbol aufgespalten. Der Spin bleibt dabei unbeeinflußt, und dementsprechend verändert sich die Multiplizität auch nicht. Der Term wird in der gleichen Weise aufgespalten wie die Atomorbitale:

$$S \rightarrow A_1$$
$$P \rightarrow T_1$$
$$D \rightarrow E \text{ und } T_2$$
$$F \rightarrow A_2, T_2 \text{ und } T_1$$

Die Buchstaben bezeichnen die unterschiedlichen Grade der Entartung: A steht für einfach-, E für zweifach- und T für dreifach entartet.

Die Bezeichnungen g und u werden auch hier nur bei Komplexen mit Symmetriezentren verwendet (s. Kap. 2.5).

Genauso wie ein Set von d-Atomorbitalen in einem oktaedrischen Feld in t_{2g}- und e_g-Orbitale aufgespalten werden, so wird ein D-Term in einen E_g-Term und einen T_{2g}-Term aufgespalten. Während in einem oktaedrischen Komplex die t_{2g}-Orbitale immer energieärmer sind als die e_g-Orbitale, entspricht mal der E_g-Term und mal der T_{2g}-Term dem Grundzustand. *Dabei darf nicht vergessen werden, daß sich diese Termsymbole auf Anordnungen von Elektronen in t_{2g}- und e_g-Orbitalen beziehen, wobei die ersteren im Fall des oktaedrischen Kristallfeldes immer energieärmer sind als letztere.*

Die Bezeichnung T tragen Elektronenkonfigurationen, die einen Bahndrehimpuls haben, d.h. $L = 1$. Für A- bzw. E-Terme ist $L = 0$, sie besitzen keinen Bahndrehimpuls (*Auswahlregel*).

Man kann das Grundzustand-Termsymbol herleiten, indem man feststellt, ob eine bestimmte Elektronenkonfiguration ein Bahndrehmoment besitzt oder nicht. Beispiel: d^1 in einem oktaedrischen Feld:

$$\underline{\quad\quad} \; \underline{\quad\quad} \quad e_g$$
$$\underline{1\,} \; \underline{\quad} \; \underline{\quad} \quad t_{2g}$$

Die d_{xy}-, d_{yz}- und d_{xz}-Orbitale sind entartet (t_{2g}-Set) und haben die gleiche Form. Man kann sich also vorstellen, daß die Orbitale durch Rotation ineinander überführt werden können. Besetzt nun ein Elektron eins dieser Orbitale, so verursacht die Überführung der Orbitale ineinander praktisch, daß das Elektron den Kern umkreist. Dieses Elektron besitzt dadurch ein Bahndrehmoment. Für die d^1-Elektronenkonfiguration ist das Termsymbol des freien Ions ^2D. In einem Kristallfeld spaltet es in ^2E_g und $^2T_{2g}$ auf. Ein T-Term hat im Gegensatz zu einem E-Term ein Bahndrehmoment, und deshalb erhält man im oktaedrischen Fall einen $^2T_{2g}$-Grundterm.

d^3 - oktaedrisch

Das Termsymbol des freien Ions im Grundzustand ist ^4F, das im Kristallfeld in $^4A_{2g}$, $^4T_{2g}$ und $^4T_{1g}$ aufspaltet. Die Anordnung der Elektronen in den Orbitalen ist

$$\underline{\quad\quad} \; \underline{\quad\quad} \quad e_g$$
$$\underline{1\,} \; \underline{1\,} \; \underline{1\,} \quad t_{2g}$$

In diesem Fall ist es nicht möglich, die t_{2g}-Orbitale durch Rotation ineinander zu überführen, da jedes Orbital mit einem Elektron des gleichen Spins besetzt ist und sich zwei Elektronen mit gleichem Spin gemäß des Pauli-Verbots nicht in derselben Region aufhalten können. Da die Elektronen den Kern also nicht umkreisen, ist kein Bahndrehmoment vorhanden und man erhält einen $^4A_{2g}$-Grundzustand (die Terme $^4T_{2g}$ und $^4T_{1g}$ sind ausgeschlossen, da sie ein Bahndrehmoment besitzen).

d^4 - oktaedrisch (high spin)

Das Termsymbol des freien Ions im Grundzustand ist ^5D.

Hierbei besetzt ein Elektron das e_g-Set. Die e_g-Orbitale ($d_{x^2-y^2}$ und d_{z^2}) haben unterschiedliche Formen und können nicht durch Rotation ineinander überführt werden. Ein Elektron im e_g-Set kann also keinen Bahndrehimpuls besitzen.

$$\underline{1}\quad e_g$$
$$\underline{1\,1\,1}\quad t_{2g}$$

Das Termsymbol für den Grundzustand ist ^5E_g.

Zwei Dinge müssen beachtet werden:

1. Diese einfache Methode, Termsymbole auszuarbeiten, läßt sich nur bei *high spin*-Komplexen anwenden. In *low spin*-Komplexen ist die Kristallfeldaufspaltung größer als die Elektronenabstoßung und die Situation um einiges komplexer.

2. Das verwendete Schema ist unter der Bezeichnung *Russel-Saunders-Kopplung* bekannt geworden. Hierbei erfolgt die Kopplung der Spins untereinander zu einem Gesamtspin S (z.B. Singulett, Triplett) und alle Bahndrehimpulse der Elektronen koppeln zu einem Gesamtbahndrehimpuls L (z.B. P, D). L und S koppeln zu einem Gesamtdrehimpuls J. Die Spin-Bahn-Kopplung der einzelnen Elektronen wird als geringe Störung betrachtet.

6.1.3 Elektronenspektren von Übergangsmetallkomplexen

Dieser Abschnitt beschäftigt sich mit Elektronenspektren. Es gibt drei Arten von Übergängen, die zu Spektren von Übergangsmetallkomplexen führen.

1. *Charge transfer*-Übergänge (Metall→Ligand oder Ligand→Metall).
2. Übergänge zwischen Ligandenorbitalen (Intraliganden-Spektren)
3. d↔d-Übergänge

Art des Überganges	Region des elektromagnetischen Spektrums
Charge transfer	ultraviolett, einige Banden im sichtbaren Bereich
Intraligand	ultraviolett
d↔d	gewöhnlich im sichtbaren Bereich

Auswahlregeln geben Auskunft darüber, ob ein bestimmter Elektronenübergang erlaubt oder verboten ist. Sie lauten:

1. $\Delta S = 0$, d.h. der Gesamtspin der Elektronen darf sich nicht verändern (Multiplizitäts-Verbot).
2. $\Delta l = \pm 1$
3. $g \leftrightarrow u$

Die Regeln 2 und 3 kennt man zusammen unter *Laporte-Auswahlregel*. Diese besagt, daß Elektronenübergänge zwischen Orbitalen des gleichen Typs innerhalb derselben Schale verboten sind (z.B. 3d↔3d-Übergänge).

Charge transfer-Spektren: Unter einem *charge transfer* versteht man den Übergang eines Elektrons von einem MO mit Ligandencharakter zu einem MO mit Metallcharakter und umgekehrt. Dabei unterscheidet man zwischen Metall-Ligand- und Ligand-Metall-Übergängen. Zum Beispiel:

- Bei den beiden Komplexionen MnO_4^- und CrO_4^{2-} entstehen die Farben durch Ligand-Metall-Übergänge, da die beiden Metallatome formal eine d^0-Konfiguration aufweisen (Mn^{7+} und Cr^{6+} haben keine Elektronen für d↔d-Übergänge).
- Metall-Ligand-Übergänge kann man in solchen Komplexen wie $[Fe(phen)_3]^{2+}$ beobachten, in denen die Liganden niedrige π^*-Orbitale besitzen, die Elektronen des Metalls aufnehmen können.

Ligand-Metall-*charge transfer*-Übergänge werden durch leicht reduzierbare Metallionen (Metalle mit hoher Oxidationszahl) und leicht oxidierbare Liganden (Brom ist dafür geeigneter als Chlor) begünstigt. Metall-Ligand-*charge transfer*-Übergänge hingegen bilden sich aus, wenn die Liganden leicht reduziert und die Metallionen leicht oxidiert werden.

Intraligand-Spektren: Diese Art von Spektren entsteht durch Übergänge von Elektronen zwischen zwei Orbitalen, die Ligandencharakter haben. Sie werden im allgemeinen in Komplexen gefunden, die aromatische Liganden enthalten, in denen es zu $\pi \rightarrow \pi^*$-Übergängen kommt, z.B. Pyridin bzw. Bipyridin.

d↔d Spektren: Elektronenübergänge zwischen d-Orbitalen derselben Schale sind gemäß der Laporte-Regel verboten, weswegen sie eigentlich nicht stattfinden dürften. Diese Regel wird jedoch teilweise gebrochen, und man erhält schwache Banden im sichtbaren Bereich.

Im Spektrum eines gegebenen Komplexes gibt es gewöhnlich einige d↔d-Absorptionsbanden, die die Elektronenanordnung innerhalb des d-Orbitalsets wiedergeben. Die Anzahl und Position dieser Banden hängt von mehreren Faktoren ab:

1. *vom Metall und seiner Oxidationszahl* – die Spektren von $[Co(H_2O)_6]^{2+}$, $[Co(H_2O)_6]^{3+}$ und $[Ni(H_2O)_6]^{2+}$ unterscheiden sich z.B. voneinander in der Anzahl, Art und Intensität der Banden. Die Faktoren, die die Spektren beeinflussen, sind:
   a) *die Elektronenkonfiguration des Metalls,* d.h. die Anzahl der Elektronen und die *low spin-* bzw. *high spin-*Konfiguration. Unterschiedliche Elektronenkonfigurationen ergeben ein völlig unterschiedliches Set von Übergängen.
   b) *der Oxidationszustand des Metalls.* Bei gleicher Elektronenkonfiguration und unterschiedlicher Oxidationszahl (z.B. Mn^{2+}, d^5–*high spin*; Fe^{3+}, d^5–*high spin*) ist die Anzahl und Erscheinung der Banden sehr ähnlich. Die mit höherer Oxidationszahl größer werdende Aufspaltung Δ verursacht eine Verschiebung der Banden zu kürzeren Wellenlängen.
2. *von der Änderung der Geometrie.* Der oktaedrische Komplex $[Co(H_2O)_6]^{2+}$ ist zum Beispiel blaß rosa, während der tetraedrische Komplex $[CoCl_4]^{2-}$ tief blau ist (s. u.).
3. *von den Liganden, die das Metallion umgeben.* In diesem Punkt trifft man auf eine Bestätigung der spektrochemischen Reihe: $[Ni(NH_3)_6]^{2+}$ ist blau-violett und $[Ni(H_2O)_6]^{2+}$ ist grün, wobei die allgemeine Form der Banden ähnlich ist, die Übergänge jedoch aufgrund der verschiedenen Δ-Werte bei unterschiedlichen Frequenzen stattfinden.

Linienintensitäten (der „Zusammenbruch" der Laporte-Regel): Damit man d↔d-Übergänge in Spektren von Übergangsmetallkomplexen beobachten kann, muß die Laporte-Regel gebrochen werden. Es gibt eine Reihe von Möglichkeiten, wie das geschehen kann.

a) *Oktaedrische Komplexe*
1. Schwingungsbedingte Veränderungen der Molekülsymmetrie führen in oktaedrischen Komplexen am häufigsten zum Bruch der Auswahlregel.
   In einem oktaedrischen Komplex gibt es erlaubte Schwingungen, die für einen kurzen Augenblick zu einer antisymmetrischen Anordnung der Liganden führen. Sobald das Symmetriezentrum nicht

mehr existiert, kann man die Bezeichnungen *g* und *u* nicht mehr anwenden. Genau zu diesem Zeitpunkt können die Elektronenübergänge stattfinden, die weniger Zeit brauchen als der Schwingungsvorgang (*Franck-Condon-Prinzip: Elektronenübergänge sind verglichen mit der Zeit, die eine Molekülschwingung braucht, sehr schnell, und deshalb finden sie statt, während alle Atome in ihrer Bewegung eingefroren sind*). In der Abwesenheit eines Symmetriezentrums ist es möglich, d- und p-Orbitale miteinander zu vermischen, wenn sie dieselbe Symmetrie besitzen (in einem Oktaeder hingegen haben d-Orbitale *g*-Symmetrie und p-Orbitale *u*-Symmetrie, dort kann keine Mischung stattfinden). Aus diesem Grund handelt es sich bei den Elektronenübergängen nicht länger ausschließlich um d$\leftrightarrow$d-, sondern um teilweise d$\leftrightarrow$p-Übergänge ($\Delta l = \pm 1$), die erlaubt sind.

2. π-Akzeptor und π-Donorliganden sind in der Lage, mit den d-Orbitalen des Metalls ein bindendes und ein antibindendes Set von π-Orbitalen auszubilden (s. *spektrochemische Reihe*). In Übereinstimmung mit der LCAO-Näherung (s. Kap. 2.1.2) stellen diese Orbitale eine Mischung der Liganden- und Metallorbitale dar, und deshalb sind die Elektronenübergänge keine reinen d$\leftrightarrow$d-Übergänge.

Wie kommen diese Elektronenspektren zustande?
Nur im Fall des oktaedrischen Systems mit d^1-Konfiguration kann man davon sprechen, daß ein Elektron von einem t_{2g}- in ein e_g-Orbital angehoben wird. Bei allen anderen Konfigurationen beeinflußt die Bewegung des einen Elektrons alle anderen Elektronen, und infolgedessen muß man hierbei die Termsymbole benutzen (Termsymbole geben die unterschiedlichen Anordnungen von Elektronen innerhalb des Sets von d-Orbitalen wieder, verschiedene Termsymbole stellen verschiedene Anordnungen der Elektronen dar).

Das Spektrum von $[Ti(H_2O)_6]^{3+}$ enthält eine Bande, die dem Übergang $^2T_{2g} \rightarrow {}^2E_g$ entspricht (bei der d^1-Konfiguration entspricht dies dem Übergang eines Elektrons aus einem t_{2g}- in ein e_g-Orbital). Die Energie dieses Überganges wird in einem Vielfachen von Δ wiedergegeben. Im Spektrum von $[V(H_2O)_6]^{3+}$ gibt es drei d$\leftrightarrow$d-Übergänge, von denen tatsächlich nur zwei beobachtet werden, da der dritte durch eine *charge transfer*-Bande überlagert wird. Das Termsymbol für ein freies V^{3+}-Ion im Grundzustand ist ^3F. In einem oktaedrischen Feld spaltet es in $^3T_{1g}$, $^3T_{2g}$ und $^3A_{2g}$-Terme auf, wobei $^3T_{1g}$ der energieärmste Term ist. Man erhält also zwei Übergänge: $^3T_{1g} \rightarrow {}^3T_{2g}$ und $^3T_{1g} \rightarrow {}^3A_{2g}$.

Der dritte Übergang geht von dem zweitniedrigsten Term des freien Ions aus, dem ^3P, der im oktaedrischen Kristallfeld zu $^3T_{1g}$ wird. Der dritte Übergang ist $^3T_{1g}$ (F) $\rightarrow {}^3T_{1g}$ (P).
Diese Übergänge können wie folgt zusammengefaßt werden:

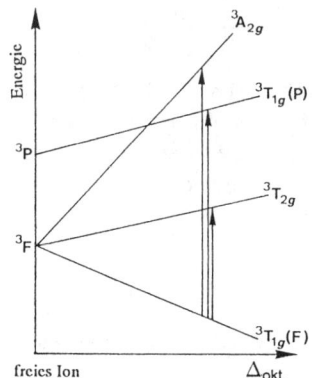

b) *Tetraedrische Komplexe*

Die Spektren von tetraedrischen Komplexen unterscheiden sich hauptsächlich in zwei Punkten von denen der oktaedrischen:

1. Im Fall der tetraedrischen Komplexe sind die Banden zu niedrigeren Frequenzen des sichtbaren Bereichs verschoben: $\Delta_{tet} \cong 1/2\,\Delta_{okt}$

2. Die Banden der tetraedrischen Komplexe sind gewöhnlich bis zu tausendmal intensiver als die der oktaedrischen. $[CoCl_4]^{2-}$ ist z.B. intensiv blau.

Die größere Intensität ist eine Folge davon, daß tetraedrische Komplexe kein Symmetriezentrum besitzen. Die Bezeichnungen *g* und *u* fallen weg, wodurch eine bessere Mischung der p- und d-Orbitale möglich wird als bei oktaedrischen Komplexen (bei letzteren findet jene nur während eines antisymmetrischen Schwingungszustandes statt). Die Übergänge werden damit teilweise zu d↔p-Übergängen und sind erlaubt, was zu intensiveren Banden führt.

c) *Die Breite der Banden*

Für Spektren von Übergangsmetallkomplexen sind breite Absorptionsbanden charakteristisch, die durch folgende Faktoren verursacht werden:

1. *Schwingungen:* Betrachtet man die totalsymmetrische Schwingung eines oktaedrischen Komplexes, so wird klar, daß das Ligandenfeld nicht konstant ist, sondern kontinuierlich zwischen einem Minimum (maximaler M–L-Abstand) und einem Maximum (minimaler M–L-Abstand) variiert. Bewegen sich alle Liganden im gleichen Maß vom Zentralatom weg, so nimmt der Wert von Δ_{okt} ab, da die Wechselwirkungen zwischen den Liganden und den d-Orbitalen des Metallions schwächer werden (geringere Abstoßung). Umgekehrt wird Δ_{okt} größer, wenn sich die Liganden gemeinsam auf das Zentralatom zubewegen.

   Das Franck-Condon-Prinzip sagt aus, daß Elektronenübergänge in einem kürzeren Zeitraum ablaufen als Schwingungen, und deshalb kann ein Molekül während eines Elektronenüberganges als starr angesehen werden. Im Laufe einer Schwingung finden folglich mehrere Elektronenübergänge mit unterschiedlichen Δ_{okt}-Werten statt. Man erhält eine breite Absorptionsbande.

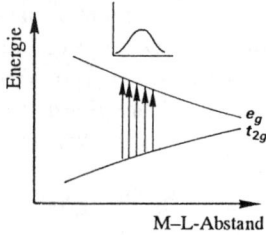

M–L-Abstand

2. *Spin-Bahn-Kopplung:* Dieser Effekt ist bei den Übergangsmetallen der 4. Periode nicht sehr ausgeprägt, und infolgedessen resultiert nur eine geringe Aufspaltung. Zwischen den beiden Niveaus finden zwar Übergänge statt, die Energiedifferenzen sind jedoch so gering, daß man statt separierter Linien nur eine breite Bande vorfindet.

3. *Der Jahn-Teller-Effekt:* Jener kann gleichfalls zu einer kleinen Aufspaltung und damit zu einer Verbreiterung der Banden führen.

Der Jahn-Teller-Effekt: Das Jahn-Teller-Theorem besagt: *Jedes nichtlineare Molekül in einem entarteten Elektronenzustand wird sich so verdrehen, daß die Entartung aufgehoben wird.* Wird mit anderen Worten ein entartetes Set von Orbitalen unsymmetrisch besetzt, so tritt eine Verzerrung des Moleküls ein, die die Entartung aufhebt.

Am besten läßt sich das anhand eines Beispiels erläutern. Betrachtet man einen oktaedrischen Cu^{2+}-Komplex (d^9), so ist die Aufspaltung im Kristallfeld wie folgt:

$$=\text{⇅} \text{ } \text{⥮}= \quad e_g$$
$$=\text{⥮} \text{⥮} \text{⥮}= \quad t_{2g}$$

Das e_g-Set besteht aus dem $d_{x^2-y^2}$- und dem d_{z^2}-Orbital. Diese beiden entarteten Orbitale werden mit drei Elektronen besetzt, und die unsymmetrische Anordnung führt zu einer Verzerrung. Befinden sich zwei Elektronen im d_{z^2}-Orbital und nur eins im $d_{x^2-y^2}$-Orbital, so werden die Liganden in z-Richtung stärker abgestoßen als jene in der xy-Ebene, d.h. die Bindung in z-Richtung wird länger. Dies wiederum erlaubt den Liganden in der xy-Ebene, sich dem Metallatom stärker zu nähern.

Aufgrund der längeren Bindung in z-Richtung wirkt auf die Elektronen im d_{z^2}-Orbital eine geringere Abstoßung durch die anderen Liganden. d_{z^2} erfährt im Vergleich zu $d_{x^2-y^2}$ eine Stabilisierung.

$$x^2-y^2 \text{—⥯—} \cdots \text{⦙} \delta$$
$$z^2 \text{—⥮—} \cdots \text{⦙} \delta$$

$$xy \text{—⥮—}$$
$$xz \text{⥮—⥮} yz$$

Die Verzerrung resultiert in der Stabilisierungsenergie δ, da zwei Elektronen das d_{z^2}-Orbital besetzen (stabilisierend) und sich nur eins im $d_{x^2-y^2}$-Orbital aufhält (destabilisierend).

Die Besetzung des $d_{x^2-y^2}$-Orbitals mit zwei Elektronen erschiene zwar vernünftig, tritt jedoch nicht ein, und alle Komplexe weisen in Wirklichkeit eine verlängerte z-Achse auf. Beim Entfernen der Liganden in z-Richtung oder in der xy-Ebene wird die Symmetrie des Komplexes reduziert, und es kommt daher zu einer Mischung der d_{z^2}- und s-Orbitale.

Die nachstehenden Diagramme zeigen die Aufspaltungen im Fall der M–L-Verlängerung in z-Richtung (**I**) und in der xy-Ebene (**II**).

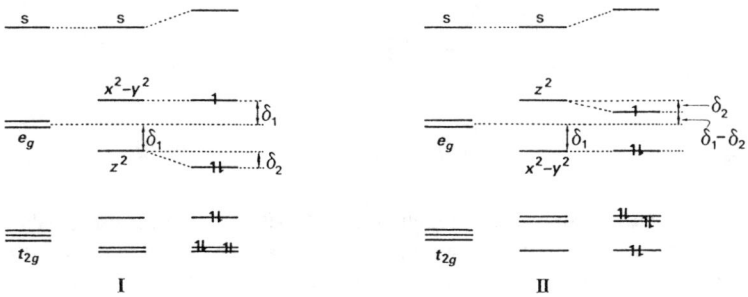

In I führt die s-d_{z^2}-Mischung zu einer Erhöhung des s- und einer Absenkung des d_{z^2}-Orbitals. Die zwei Elektronen im d_{z^2}-Orbital werden um den Betrag von $2(\delta_1+\delta_2)$ stabilisiert. Die Gesamtstabilisierungsenergie beträgt $2(\delta_1+\delta_2)-\delta_1=\delta_1+2\delta_2$.

In II ist nur ein Elektron um δ_2 stabiler, daraus ergibt sich eine Gesamtstabilisierungsenergie von $2\delta_1-(\delta_1-\delta_2)=\delta_1+\delta_2$. Sie ist kleiner als in I, und folglich wird eine Verlängerung in z-Richtung bevorzugt.

Verlängerungen entlang der z-Achse führen zu einer Aufspaltung des t_{2g}-Sets, d_{xz} und d_{yz} werden abgesenkt und d_{xy} wird angehoben. Diese Aufspaltung ist kleiner als die des e_g-Sets, da die t_{2g}-Orbitale nicht genau in Richtung der Liganden liegen und demzufolge nicht so empfindlich auf Änderungen der M–L-Abstände reagieren. Eine ungleichmäßige Besetzung des t_{2g}-Sets (z.B. d^2) führt zu ähnlichen Verzerrungen, jedoch ist deren Ausmaß um einiges kleiner als es bei der unsymmetrischen Besetzung des e_g-Sets der Fall ist.

Man hat den Jahn-Teller-Effekt in folgenden Fällen oktaedrischer Komplexe zu erwarten:

Starke Verzerrung	Geringe Verzerrung	Keine Verzerrung
d^4 (high spin), d^7 (low spin), d^9	d^1, d^2, d^4 (low spin) d^5 (low spin), d^6 (high spin) d^7 (high spin)	d^0, d^3, d^5 (high spin), d^6 (low spin), d^8 (high spin), d^{10}

Die ungleiche Besetzung der d-Metallorbitale eines tetraedrischen Komplexes müßte eigentlich auch zu einer Jahn-Teller-Verzerrung führen. Da jedoch keines der d-Orbitale direkt auf die Liganden weist, ist der Effekt nicht so stark und bis jetzt weniger bekannt.

Der Jahn-Teller-Effekt macht sich in der Röntgenkristallographie anhand der unterschiedlichen Bindungslängen in z-Richtung und in der xy-Ebene bemerkbar, und man trifft ihn ebenfalls in Elektronenspektren an. Das Spektrum von $[Cu(H_2O)_6]^{2+}$ weist zum Beispiel eine Schulter auf, die durch die Überlappung von zwei breiten Banden entsteht (Übergang vom t_{2g}-Set zum höheren $d_{x^2-y^2}$-Orbital und zum niedrigeren d_{z^2}-Orbital).

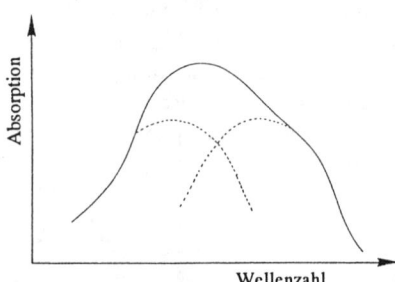

6.1.4 Magnetochemie

Dieser Abschnitt beschäftigt sich mit „verdünnten" magnetischen Substanzen, also mit solchen, in denen keine Kopplung der magnetischen Momente benachbarter Metallzentren auftritt. Eine derartige Kopplung führt zur komplexeren Formen des Magnetismus (z.B. Ferromagnetismus), auf die hier nicht eingegangen wird.

In magnetisch verdünnten Substanzen gibt es zwei Arten von Magnetismus:

1. *Diamagnetismus:* Alle Atome, die vollbesetzte Schalen besitzen, sind aufgrund der Bewegung der Ladungen innerhalb dieser Schalen diamagnetisch. Bis auf das Wasserstoffatom besitzen also alle Elemente diamagnetische Anteile und werden von einem inhomogenen Magnetfeld abgestoßen. Dieser Effekt ist um einiges kleiner als der Paramagnetismus.

2. *Paramagnetismus:* Stoffe, die ungepaarte Elektronen aufweisen, sind paramagnetisch und werden von einem inhomogenen Magnetfeld angezogen.

Die Komplexe der 1. Übergangsmetallreihe können in zwei Gruppen unterteilt werden: eine mit A- oder E-Grundzustandstermen (kein Bahndrehimpuls) und eine mit T-Grundzustandsterm (Bahndrehimpuls im Grundzustand).

Komplexe mit A- und E-Grundzustandstermen: Das magnetische Moment für einen A- bzw. E-Grundzustandsterm läßt sich mit Hilfe der sogenannten *spin only*-Formel abschätzen.

$$\mu_{s.o.} = \sqrt{4S \cdot (S+1)}$$

wobei $S = \Sigma s$ und $\mu_{s.o.}$ = magnetisches Moment in Bohrschen Magnetonen (BM). μ ist ein Maß für die Anzahl ungepaarter Elektronen.

Zahl der ungepaarten Elektronen	1	2	3
S	1/2	1	3/2
$\mu_{s.o.}$ (BM)	1,73	2,83	3,87

Abweichungen von der oben genannten Formel treten auf, wenn der Grundzustand des freien Ions einem D- oder F-Term entspricht. Ein E-Term, der von einem D-Term eines freien Ions (D→E, T_2) abgeleitet wird, hat einen T_2-Term der gleichen Multiplizität über sich und ein A_2-Term, der von einem F-Term abstammt, hat T_2- und T_1-Terme der gleichen Multiplizität über sich. Die Spin-Bahn-Kopplung hat zur Folge, daß etwas T-Charakter in den Grundzustand gemischt wird und jener auf diese Art einen geringen Bahndrehimpuls, I_x, bekommt. Das magnetische Moment ist nun gegeben durch:

$$\mu_{eff} = \mu_{s.o.} \cdot \left(1 - \frac{\alpha\lambda}{\Delta} \right)$$

$\alpha = 2$ für E und 4 für A
λ = Spin-Bahn-Kopplungskonstante (ein Maß für die Stärke der Kopplung)
Δ = Kristallfeld-Aufspaltungsenergie

Die auf diese Weise errechneten Werte stimmen gut mit den beobachteten überein. Zum Beispiel beträgt das magnetische Moment von Ni^{2+} in oktaedrischen Komplexen im allgemeinen 3,1 BM, genau wie es diese Gleichung vorhersagt. Die *spin only*-Gleichung berechnet hierfür 2,83 BM.

Oktaedrische Komplexe von Mn^{2+} (*high spin*) besitzen einen $^6A_{1g}$-Grundzustand (abgeleitet vom ^6S-Term des freien Ions) und gehorchen der *spin only*-Formel, da es keine T-Terme der gleichen Multiplizität oberhalb des Grundzustandes gibt.

Die magnetischen Momente von Komplexen mit A- und E-Termen sind temperaturunabhängig. Dieses Phänomen bezeichnet man als *temperaturunabhängigen Paramagnetismus.*

Komplexe mit T-Grundzustandstermen: Hierbei handelt es sich um eine komplexere Situation und die magnetischen Momente dieser Art von Komplexen können nicht auf einfache Art berechnet werden.

Das magnetische Moment eines Atoms oder Ions mit dem Grundzustand $^{2S+1}L_J$ beträgt

$$\mu = g \cdot \sqrt{J(J+1)}$$

wobei
$$g = 1 + \frac{J(J+1) - L(L+1) + S(S+1)}{2J(J+1)}$$

Auch diese Formel liefert für einen Komplex mit T-Grundzustandsterm keinen Wert, der mit den experimentell gefundenen übereinstimmt. Sie wurde nämlich für freie Ionen bzw. Atome konstruiert und vernachlässigt, wenn sie auf einen Komplex angewendet wird, sämtliche Wechselwirkungen mit den Liganden. Bei der Bildung eines Komplexes aus einem freien Ion werden die Bahndrehimpulse durch die Aufspaltung der d-Orbitale gelöscht. Im freien Ion besitzen alle d-Orbitale die gleiche Energie und Form. Man kann sich vorstellen, daß ein Elektron den Kern umkreist, indem es sich von Orbital zu Orbital bewegt, und auf diese Weise einen Bahndrehimpuls besitzt. Die Aufspaltung in einem Kristallfeld hat zur Folge, daß $d_{x^2-y^2}$ und d_{z^2} nicht länger dieselbe Energie besitzen wie die restlichen Orbitale, und somit wird das Bahndrehmoment gelöscht. Geschieht dies vollständig, so läßt sich die *spin only*-Gleichung anwenden. Teilweises Löschen jedoch, wie es bei T-Grundzustands-termen der Fall ist, bedeutet, daß der Ausdruck für das magnetische Moment des freien Ions nicht länger verwendet werden kann.

Der ^{3}T-Term spaltet in drei Niveaus auf, $J = L+S, L+S-1, L-S$, d.h. $J = 4, 3, 2$. Die einzelnen J-Zustände sind durch den Betrag kT voneinander entfernt, so daß die Population der verschiedenen Niveaus und damit auch μ von der Temperatur abhängt. Es handelt sich hier demnach um *temperaturabhängigen Paramagnetismus*.

Das Zusammenspiel von asymmetrischen Ligandenfeldern und Jahn-Teller-Verzerrungen führt manchmal rein zufällig zu magnetischen Momenten von T-Grundzustandstermen, die nicht allzuweit von denen entfernt sind, die sich aus der *spin only*-Gleichung ergeben.

Beispiel:

Stereochemie von Ni^{2+}: Mit Hilfe des magnetischen Moments kann man zum Beispiel die verschiedenen stereochemischen Anordnungen des Ni^{2+}-Ions unterscheiden.

Ni^{2+} bildet im allgemeinen oktaedrische, tetraedrische und quadratisch planare Komplexe.

oktaedrisch   tetraedrisch   quadratisch planar

Die quadratisch planaren Komplexe lassen sich sofort von den anderen unterscheiden, da sie im Gegensatz zu jenen diamagnetisch sind.

Der Grundzustandsterm des freien Ni^{2+}-Ions (d^8) ist ^{3}F. Der oktaedrische Komplex ($^3A_{2g}$) weist im Gegensatz zum tetraedrischen ($^3T_1$) keinen Bahndrehimpuls auf. Der Paramagnetismus des oktaedrischen Komplexes ist somit temperaturunabhängig, und sein magnetisches Moment läßt sich durch die *spin only*-Formel berechnen. Das magnetische Moment der tetraedrischen Komplexe hingegen ist temperaturabhängig und kann nicht auf diese Weise ermittelt werden.

Beachte: Aus den Aufspaltungsdiagrammen und der An- bzw. Abwesenheit eines Bahndrehmoments kann man schließen, ob das magnetische Moment eines Komplexes temperaturabhängig ist oder nicht. Dadurch erspart man sich das langwierige Herleiten der Termsymbole.

6.1.5 Zusammenfassung

1. Bei der Oxidation von Übergangsmetallen werden immer die $(n+1)$s-Elektronen vor den nd-Elektronen abgegeben.

2. Die Kristallfeld-Aufspaltungsdiagramme für oktaedrische, tetraedrische und quadratisch planare Komplexe sind

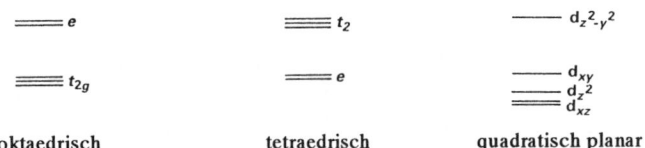

| oktaedrisch | tetraedrisch | quadratisch planar |

3. Die Kristallfeld-Aufspaltungsenergie ist am größten für einen Komplex bestehend aus einem Übergangsmetall der 6. Periode mit hoher Oxidationszahl und π-Donor-Liganden.

4. Die spektrochemische Reihe ist verkürzt $I^- < Br^- < H_2O < PR_3 < CO$.

5. Oktaedrische Komplexe mit starken Ligandenfeldern sind gewöhnlich *low spin-*, solche mit schwachen Ligandenfeldern meistens *high spin*-konfiguriert.

6. Tetraedrische Komplexe sind *high spin*-Komplexe.

7. Bei quadratisch planaren d^8-Komplexen handelt es sich immer um *low spin*-Komplexe.

8. Die Hydratationsenthalpie der M^{2+}-Ionen hat in der 1. Übergangsmetallreihe zwei Maxima.

9. Große negativ geladene Liganden bevorzugen eine tetraedrische Geometrie.

10. Ein Termsymbol beschreibt die Elektronenkonfiguration. Schreibweise: $^{2S+1}L_J$.

11. Terme werden im Kristallfeld aufgespalten.

12. Die Auswahlregeln für die Beobachtung von Elektronenübergängen sind: $\Delta S = 0$, $\Delta l = \pm 1$, $g \leftrightarrow u$. Zum Beispiel sind $d \leftrightarrow d$-Übergänge verboten. Die Farbigkeit vieler Übergangsmetallkomplexe kommt dadurch zustande, daß diese Regeln oft gebrochen werden.

13. Die Elektronenspektren von Übergangsmetallkomplexen werden durch die Oxidationszahl des Metalls, die Geometrie des Komplexes und die Art der Liganden beeinflußt.

14. Die Absorptionsbanden von Übergangsmetallkomplexen in Elektronenspektren sind gewöhnlich breit.

15. Cu^{2+}-Komplexe weisen Jahn-Teller-Effekte auf.

16. Komplexe mit A- und E-Grundtermen gehorchen der *spin only*-Formel für magnetische Momente und weisen einen temperaturunabhängigen Paramagnetismus auf.

17. Das magnetische Moment von Komplexen mit T-Grundterm kann nicht durch die *spin only*-Formel vorhergesagt werden und verändert sich mit der Temperatur.

6.2 Chemie der Übergangsmetalle

6.2.1 Größe und Koordinationszahl

Der Atom- und damit auch der Ionenradius nimmt in der 1. Übergangsmetallreihe bei gegebener Oxidationszahl von links nach rechts ab. Die Kernladung wird von Titan bis Kupfer pro Element um eins größer, und die hinzukommenden d-Elektronen schirmen sich gegenseitig nur schlecht ab. Durch die höhere effektive Kernladung wirkt auf die Valenzelektronen eine größere Anziehung.

Die Abnahme des Atom/Ionenradius hat zur Folge,

- daß die Elektronegativität zunimmt (Kap. 1) und
- die Hydratationswärme, ΔH_{hyd}, eine steigende Tendenz aufweist (die Energieänderung des Prozesses $M^{2+}_{(g)} + aq. \rightarrow [M(H_2O)_6]^{2+}_{(aq)}$, s. KFSE).

Die maximale Koordinationszahl der Übergangsmetalle nimmt aufgrund des geringeren Ionenradius ebenfalls von links nach rechts ab. Die Metalle in der rechten Hälfte der 1. Übergangsreihe liegen nur noch selten sechsfach koordiniert vor, da ihre Größe nicht ausreicht, um sechs Liganden anlagern zu können.

Die Elemente von Titan bis Kobalt treten maximal achtfach koordiniert auf, z.B. $Ti(NO_3)_4$, $[Cr(O_2)_4]^{3-}$, $[Co(NO_3)_4]^{2-}$.

Titan kommt in einigen Verbindungen mit der Koordinationszahl sieben oder acht vor, während der Kobaltnitrat-Komplex einer der wenigen Komplexe ist, in denen Kobalt höher als sechsfach koordiniert ist.

Die maximale Koordinationszahl des Nickels ist sieben und das auch nur in Verbindung mit makrozyklischen Liganden wie in $[Ni(DAPBH)(H_2O)_2]^{2+}$.

Kupfer tritt in keinem seiner Komplexe mit einer Koordinationszahl größer sechs auf, z.B. $[Cu(H_2O)_6]^{2+}$.

Beachte: Diese Diskussion der Koordinationszahl geht davon aus, daß ein Cyclopentadienyl-Ring (Cp, C_5H_5) drei und nicht fünf Koordinationsstellen des Metalls einnimmt. Ferrocen hätte demnach eine pseudo-oktaedrische Struktur.

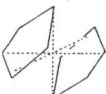

In einigen Büchern wird das Eisen in Ferrocen als zehnfach koordiniert angesehen, so wie Titan in $[Ti(Cp)_2(CO)_2]$ angeblich zwölffach koordiniert ist. Dies beeinflußt die oben genannten Prinzipien jedoch nicht.

6.2.2 Stereochemie

Koordinationszahlen größer sechs werden häufig nur mit zwei- bzw. mehrzähnigen Liganden erreicht. Diese nehmen weniger Platz ein, und die Abnahme der Entropie ist durch die geringere Anzahl an Molekülen, die koordiniert werden, kleiner (Chelat-Effekt s.o.). Die möglichen Anordnungen für die Liganden um ein Zentralatom mit der Koordinationszahl 8 sind das Dodekaeder, das quadratische Antiprisma und der Würfel.

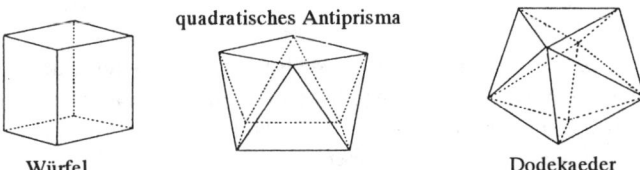

quadratisches Antiprisma

Würfel   Dodekaeder

Das Dodekaeder ist hierbei geringfügig stabiler als das quadratische Antiprisma und jenes wiederum favorisierter als der Würfel. Die Komplexe der Elemente der 1. Übergangsmetallreihe zeigen ausschließlich dodekaedrische bzw. verzerrt dodekaedrische Geometrien.

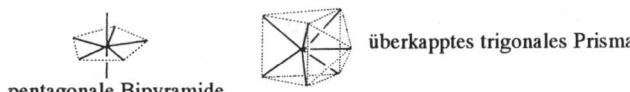

überkapptes trigonales Prisma

pentagonale Bipyramide

Die pentagonale Bipyramide (z.B. $TiCl(S_2CNMe_2)_3$) und das überkappte trigonale Prisma (z.B. $Cr(CO)_2(diars)_2X$) sind geometrische Anordnungen der Liganden bei der Koordinationszahl 7. Die beiden unterscheiden sich nur geringfügig in ihren Energien.

Bei der Koordinationszahl 6, die am häufigsten bei Übergangsmetallkomplexen auftritt, findet man als Koordinationspolyeder das Oktaeder. Diese Bevorzugung der oktaedrischen Anordnung der Liganden kommt durch das ausgewogene Verhältnis zwischen maximaler Anzahl starker Bindungen, die nicht allzu große Abstoßung zwischen den Liganden und die Kristallfeld-Stabilisierungsenergie, die für das Oktaeder am größten ist.

Das trigonale Prisma bietet eine weitere Möglichkeit, sechs Liganden um ein Zentralatom zu gruppieren. Diese Anordnung wird für Elemente der 1. Übergangsmetallreihe jedoch nicht vorgefunden. Die beiden bekannten Vertreter dieser Struktur sind MoS_2 und WS_2.

Bei den Übergangsmetallen trifft man im allgemeinen die Koordinationszahl 5 weniger häufig an als die Koordinationszahlen 4 und 6. Die Koordinationszahl 5 gibt zur Ausbildung von zwei geometrischen Formen Anlaß, nämlich zur trigonalen Bipyramide (z.B. $CrCl_3(NMe_3)_2$) und zur quadratischen Pyramide (z.B. $[Co(CN)_5]^{3-}$). Letztere ist gewöhnlich etwas verzerrt, so daß das Metallatom leicht oberhalb der quadratischen Ebene liegt.

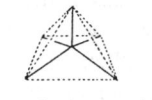

quadratisch pyramidal   trigonal bipyramidal

Die beiden Strukturen sind gewöhnlich nur durch kleine Energiebeträge voneinander getrennt, und häufig liegt ein Gleichgewicht zwischen ihnen vor. In der Verbindung $[Cr(en)_3][Ni(CN)_5] \cdot 1,5\ H_2O$ liegen sogar beide Anordnungen zur gleichen Zeit nebeneinander im Kristall vor.

Die quadratische Pyramide wird von starken π-Akzeptorliganden bevorzugt. Sie leitet sich vom Oktaeder ab und die Metallorbitale eignen sich gut für π-Bindungen.

Eine nicht selten angetroffene Klasse von fünffach koordinierten Komplexen enthält das $[VO]^{2+}$-Pseudoion, z.B. das quadratisch pyramidale $VO(acac)_2$. Die Bezeichnung Pseudoion kommt daher, daß diese Einheit eine sehr starke V=O-Doppelbindung enthält, die in einer Reihe von Verbindungen beibehalten wird. Fünffach koordinierte VO-Komplexe gehen oftmals in einen verzerrten Oktaeder über, indem sie eine schwache Bindung zu einem sechsten Liganden ausbilden (z.B. $[VO(bipy)_2Cl]$). Dabei handelt es sich um ein weit verbreitetes Phänomen: Fünffach und niedriger koordinierte Komplexe lagern häufig Lösungsmittelmoleküle an, da die größtmögliche Anzahl von Bindungen ausgebildet wird, solange es sterische Faktoren erlauben.

Für alle Elemente der 1. Übergangsmetallreihe ist die tetraedrische Anordnung der Liganden weit verbreitet (z.B. $[CoCl_4]^{2-}$, $[MnO_4]^{2-}$). Welche Gründe dazu führen, daß die tetraedrische Anordnung der oktaedrischen vorgezogen wird, wurde bereits ausführlich behandelt (s. Kap. 6.1.1).

Die quadratisch planare Geometrie wird gewöhnlich nur für Ni^{2+}-Komplexe (d^8) gefunden, da in ihr das energiereiche $d_{x^2-y^2}$-Orbital unbesetzt bleibt. Vierfach koordinierte Mangan-, Kupfer- und Cobaltkomplexe weisen diese Geometrie nur in Verbindung mit besonderen, planaren Liganden auf, z.B. $[Mn(phthalocyanin)]^{2-}$.

Ebenso wie fünffach koordinierte, quadratisch pyramidale Komplexe einen sechsten Liganden binden können und dabei zu einem Oktaeder werden, können quadratisch planare Komplexe einen oder zwei Liganden anlagern. Ein Beispiel dafür ist das Lifschitz-Salz $Ni(L–L)_2X_2$, wobei L–L für ein substituiertes Ethylendiamin und X für eine Reihe von Anionen steht. Einige dieser Komplexe sind gelb, diamagnetisch (s.o.) und planar, $[Ni(L–L)_2]^{2+}[X^-]_2$, andere hingegen sind blau, paramagnetisch und oktaedrisch, $[Ni(L–L)_2X_2]$ oder $[Ni(L–L)_2(Lösungsmittelmolekül)_2]^{2+}[X^-]_2$. Welcher Komplex ausgebildet wird, hängt von dem substituierten Ethylendiamin L–L, dem Anion X und der Art des Lösungsmittels ab.

In einigen Fällen wurde Kupferkomplexen fälschlicherweise eine quadratische Geometrie zugewiesen, z.B. $(NH_4)_2(CuCl_4)$. Tatsächlich handelt es sich jedoch um Oktaeder, deren z-Achsen durch den Jahn-Teller-Effekt extrem verlängert sind.

Koordinationszahlen kleiner vier sind seltener anzutreffen und meist nur in Verbindung mit voluminösen Liganden zu finden, die eine weitere Koordination verhindern, z.B. $Ti[N(SiMe_3)_2]_3$ und $Co[N(SiMe_3)_2]_2$. Drei Liganden um ein Zentralatom können mit diesem sowohl ein ebenes Dreieck als auch eine Pyramide mit dreieckiger Grundfläche bilden, wobei das Zentralatom des Komplexes an der Pyramidenspitze sitzt. Das kleine Kupfer(I)-Ion benötigt keine sperrigen Liganden, um einen dreifach koordinierten Komplex ausbilden zu können, z.B. das helicale Polymer $[Cu(CN)_2]^-$. Es zeigt außerdem eine starke Tendenz zu zweifacher Koordination wie im linearen $[CuCl_2]^-$.

Am Beispiel der Verbindung $[Cu(CN)_2]^-$ kann man deutlich zeigen, daß die stöchiometrische Zusammensetzung einer Verbindung keine Schlüsse auf ihre Stereochemie und Koordination zuläßt.

Sobald Liganden verbrückende Eigenschaften aufweisen, strebt die Koordination des Metalls der oktaedrischen Geometrie zu, z.B. $NiCl_2py_2$.

Meistens nehmen die Halogenatome die Brückenpositionen ein.

6.2.3 Oxidationszahlen

Die Ionisierungsenergie nimmt innerhalb einer Übergangsmetallreihe von links nach rechts zu, da die effektive Kernladung in dieser Richtung steigt und die Valenzelektronen somit stärker festgehalten werden. Diese Tatsache wirkt sich auf die Oxidationszahlen der Übergangsmetalle aus. Am leichtesten fällt die Betrachtung der Oxidationszahlen, wenn man von rein ionischen Verbindungen ausgeht. Die Oxidationszahl ist dann gleich der Ladung und korreliert direkt mit der Fähigkeit, Elektronen abzugeben.

Übergangsmetalle treten normalerweise in positiven Oxidationszuständen auf und nehmen negative nur in Anwesenheit von π-Akzeptorliganden ein, die in der Lage sind, die Elektronendichte am Metall zu verringern und somit negative Oxidationszahlen zu stabilisieren, z.B. $[Fe(CO)_4]^{2-}$ mit Eisen in der Oxidationsstufe -2 (s. Kap. 7).

Im allgemeinen zeigen die Metalle der linken Hälfte einer Übergangsreihe eine größere Auswahl an positiven Oxidationszahlen (bis zur $3d^04s^0$-Konfiguration). Mit steigender Ordnungszahl nimmt die Stabilität der höheren Oxidationsstufen ab und die der niedrigeren zu. Eine Tatsache, die höhere Oxidationsstufen erstrebenswert macht, ist die stärkere M–L-Wechselwirkung. Betrachtet man nämlich die Bindung als rein ionisch, so sind die elektrostatischen Anziehungskräfte zwischen M^{3+} und L^- größer als zwischen M^+ und L^-. Faktoren, die höhere Oxidationsstufen verhindern können, sind:
1. hohe Ionisierungsenergien,
2. steigende sterische Wechselwirkungen durch die kürzeren M–L-Abstände (dies ist vor allem bei den kleineren Übergangsmetallen in Verbindung mit voluminösen Liganden von Bedeutung),
3. Kristallfeldeffekte, die bestimmte Oxidationszustände begünstigen, und
4. Elektronenkonfigurationen, die eine „magische" Stabilität aufweisen, wie z.B. voll- und halbbesetzte Schalen.

Titan kommt am häufigsten in der Oxidationsstufe +4 vor und bildet eine große Anzahl von Verbindungen aus wie TiO_2 und alle möglichen Titantetrahalogenide TiX_4. Titan(III) ist ebenfalls verbreitet, besitzt jedoch stark reduzierende Eigenschaften. Es wird in Lösung bereits durch Luftsauerstoff oxidiert. Der +2-Oxidationszustand wirkt stark reduzierend, so daß TiF_2 nicht gebildet werden kann. Den Oxidationszustand 0 erhält man in Verbindung mit organischen Liganden, die durch ihr π-System in der Lage sind, die Elektronendichte am Metall zu verringern, z.B. $Ti(dipy)_3$. Die Bindungsverhältnisse in diesem Molekül sind umstritten und werden wahrscheinlich besser durch die Resonanzformel $Ti^{3+}(dipy\cdot^-)_3$ wiedergegeben, d.h. es wird jeweils ein Elektron in das π^*-System jedes dipy eingelagert. Es konnte mittels ESR gezeigt werden, daß sich die ungepaarten Elektronen zumindest zeitweise näher am dipy aufhalten.

Vanadium tritt in allen Oxidationsstufen von 0 bis +5 (d^0) auf (z.B. V_2O_5), wobei es in der Oxidationsstufe +5 stark oxidierend wirkt. Tatsächlich ist es in der Oxidationsstufe +4 am stabilsten gegenüber Oxidation bzw. Reduktion (z.B. VCl_4). Es gibt eine reichhaltige V(III)-Chemie, obwohl jenes wie Ti(III) durch Luftsauerstoff oxidiert wird.

Alle Elemente bis einschließlich Mangan können die maximale Oxidationsstufe der Gruppe annehmen, die durch die Anzahl der Elektronen in der äußersten Schale gegeben ist: $[Cr_2O_7]^{2-}$ mit Cr^{6+} (d^0) und $[MnO_4]^-$ mit Mn^{7+} (d^0). Die Elemente in der Mitte treten in einer großen Variationsbreite von Oxidationszahlen auf. Die Ionisierungsenergien sind dort nicht extrem hoch, so daß auch höhere positive Oxidationsstufen eingenommen werden können. Die niedrigeren Oxidationsstufen werden dadurch stabilisiert, daß sie genügend d-Elektronen besitzen, um p_π-d_π-Wechselwirkungen (*back donation*) mit Akzeptorliganden einzugehen. Das bedeutet, die Elektronendichte am Metallzentrum wird verringert. *Beachte:* Titan bildet kein binäres Carbonyl $Ti(CO)_n$ aus, da die Stabilität dieser Verbindung von der π-Rückbindungsfähigkeit des Metalls (s. Kap. 7) abhängt und Titan nicht genügend Elektronen dafür besitzt.

Mangan zeigt eine ausgeprägte Chemie in der Oxidationsstufe +2 (d^5), z.B. $[Mn(H_2O)_6]^{2+}$, die in wäßriger Lösung bei weitem die stabilste ist. Die hohe Stabilität rührt von der halbbesetzten d-Schale her, in der alle Elektronen ungepaart vorliegen.

Eisen ist das erste Element der 1. Übergangsmetallreihe, das die Gruppenvalenz nicht mehr aufweist. Die höchste Oxidationsstufe, in der es auftritt, ist +6 (z.B. $[FeO_4]^{2-}$). Beim Eisen ist die effektive Kernladung so hoch, daß die achtfache Ionisierungsenergie nicht mehr durch andere Terme wie Bindungsenthalpien oder Gitterenergien usw. ausgeglichen werden kann. Eisen in Oxidationsstufen größer +3 sind selten und wirken stark oxidierend, so daß zum Beispiel $[FeO_4]^{2-}$ Ammoniak bei Raumtemperatur zu elementarem Stickstoff oxidiert. Man muß sich dabei immer ins Gedächtnis rufen, daß die Oxidationszahlen nur einem Formalismus und nicht der wirklichen Ladung des Ions entsprechen. Trotzdem wäre die reale Ladung des Eisens in einer Verbindung mit der Oxidationszahl +8 größer als in einer mit der Oxidationszahl +6, und die zusätzlich benötigte Energie könnte nicht durch thermodynamische Faktoren ausgeglichen werden.

Die Chemie des Eisens wird durch die Oxidationszustände +2 und +3 dominiert (z.B. $[FeCl_4]^{2-}$, Fe_2O_3), wobei die Fe(II)-Salze leicht durch Luftsauerstoff zu Fe(III)-Salzen oxidiert werden.

Kobalt tritt wie Eisen ebenfalls überwiegend in den Oxidationszuständen +2 und +3 auf (z.B. $[CoCl_4]^{2-}$, $[CoF_6]^{3-}$), wohingegen es nur wenige Nickelverbindungen in einer Oxidationsstufe größer als +2 gibt. Die höchste Oxidationsstufe, die Nickel erreicht, ist +4 (z.B. K_2NiF_6), aber seine Chemie wird durch die Oxidationszahl +2 bestimmt (z.B. $[Ni(H_2O)_6]^{2+}$).

Die höchste Oxidationsstufe des Kupfers ist gleichfalls +4 (z.B. $[CuF_6]^{2-}$), aber auch seine Chemie wird vom +2-Zustand dominiert. Außerdem gibt es eine Reihe von Verbindungen mit Kupfer in der Oxidationsstufe +1 (z.B. CuI).

6.2.4 Halogen- und Sauerstoffverbindungen

Die Stabilität der verschiedenen Oxidationszustände läßt sich durch Betrachtung der Halogen- und Sauerstoffverbindungen der Metalle abschätzen. Im allgemeinen werden die höchsten Oxidationsstufen nur in Verbindung mit stark elektronegativen Liganden (O und F) erreicht. Die höchsten Oxidationsstufen der Übergangsmetalle erhält man nicht, wenn Iod der Bindungspartner ist, und die niedrigsten Oxidationsstufen erhält man genausowenig, wenn Fluor koordiniert wird. Dies kann wie folgt verstanden werden.

Ionische Bindung: Die elektrostatische Wechselwirkungsenergie ist dem Produkt der Ladungen von Anion und Kation direkt und dem Abstand zwischen den Ladungen umgekehrt proportional. O^{2-} und F^- sind kleine Ionen und führen zu starken elektrostatischen Wechselwirkungen, die mit zunehmender Ladung des Metallions größer werden. Das I^--Ion ist groß und auch hier nimmt die elektrostatische Wechselwirkung mit steigender Ladung des Kations zu, jedoch nicht so ausgeprägt, da der Abstand der Ionen zueinander größer ist.

I^- läßt sich leichter oxidieren als F^-. Letzteres ist in bezug auf Oxidation ausreichend stabil, so daß es zusammen mit Metallen in hohen Oxidationsstufen koexistieren kann. Elementares Fluor ist aufgrund seiner stark oxidierenden Eigenschaft in der Lage, Metalle niedriger Oxidationsstufen zu oxidieren. Ein Metall höherer Oxidationsstufe vermag Iodid zu Iod zu oxidieren, wobei es selbst in eine niedrigere Oxidationsstufe übergeht. Diese Tatsache ist eine Folge der stärkeren Polarisierbarkeit des I^- im Vergleich zum F^-, d.h. seine Valenzelektronen werden schwächer festgehalten. Ein hochgeladenes Metallion kann dem Iodid diese Elektronen wegnehmen, sich selbst dabei reduzieren und I^- zu I_2 oxidieren (z.B. wird I^- durch Fe^{3+} oxidiert, letzteres geht gleichzeitig in Fe^{2+} über).

Kovalente Bindung: Die dichten Valenzorbitale der Sauerstoff- und Fluorliganden bilden mit den Metallorbitalen eine gute Überlappung und starke kovalente Bindungen aus. Starke Bindungen werden immer so viele wie möglich ausgebildet, was durch die kleinen Radien von Sauerstoff und Fluor in dem Sinne unterstützt wird, als sie sterisch nur wenig anspruchsvoll sind und die Abstoßung somit nicht so groß ist.

Das Iodidion ist groß und seine Valenzorbitale sind diffus. Deshalb sind die M–I-Bindungen schwach, und bei der Bildung einer größeren Anzahl solcher Bindungen entsteht nicht genügend Energie, um die Abstoßung zwischen den voluminösen I^--Liganden auszugleichen. Man erhält niedrige Oxidationsstufen.

Die Bindungen in Übergangsmetallkomplexen sind nicht einfach *nur* ionisch *oder* kovalent. Die beste Beschreibung erhält man durch Mischung der beiden Anteile. Hohe Oxidationsstufen der Metallatome werden in Verbindung mit Sauerstoff- und Fluorliganden also aufgrund einer Mischung von ionischer und kovalenter Bindung bevorzugt.

Von Titan kennt man alle Tetrahalogenverbindungen, TiF_2 jedoch konnte bis jetzt noch nicht dargestellt werden. Die einzige Pentahalogenverbindung des Vanadiums ist VF_5 und das höchste Iodid ist VI_3. Mangan bildet als höchstes neutrales Fluorid MnF_4 und als höchstes Iodid MnI_2 aus. Die Gruppenvalenz erreicht es nur in Verbindung mit mehrfach gebundenem Sauerstoff (z.B. $[MnO_4]^-$), was auf sterische Faktoren zurückgeführt werden kann. In der Verbindung MnF_7 würde die hohe Oxidationsstufe +7 dazu führen, daß die Liganden zu stark angezogen würden und die Abstoßung der Liganden überhandnehme. Den höchsten Oxidationszustand des Eisens (+6) trifft man ebenfalls in den Oxidverbindungen an (z.B. $[FeO_4]^{2-}$). Nickel und Kupfer treten ausschließlich in Fluorkomplexen mit ihrer größten Oxidationszahl (+4) auf, ($[NiF_6]^{2-}$, $[CuF_6]^{2-}$). Nickel bildet im Gegensatz zu Kupfer mit allen Halogenen $M(Hal)_2$-Verbindungen. Mit Iod bildet Kupfer nur $Cu(+1)I$.

6.2.5 *High spin - low spin*

Es wurde bereits gezeigt, welche Faktoren den Gesamtspin eines Übergangsmetalls beeinflussen.

Als grobe Faustregel kann man sich merken, daß +3-Ionen stärker zur *low spin*-Konfiguration tendieren als +2-Ionen, da die Aufspaltungsenergie Δ für erstere größer ist (s. Kap. 6.1.1). Die meisten Komplexe der M^{2+}-Ionen sind *high spin*-Komplexe (z.B. $[M(H_2O)_6]^{2+}$), *low spin*-Komplexe werden nur mit starken π-Akzeptorliganden ausgebildet (z.B. $[M(CN)_6]^{4-}$). Die meisten $[M(H_2O)_6]^{3+}$-Komplexe sind *low spin*-konfiguriert, wobei es einige Ausnahmen gibt wie zum Beispiel $[Fe(H_2O)_6]^{3+}$ (*high spin*).

Eisen(III) tendiert ausgesprochen stark zur Ausbildung von *high spin*-Komplexen. Die *low spin*-Konfiguration erreicht man nur mit Liganden, die starke Felder erzeugen, wie dipy, CN^- u.a. Der Grund hierfür ist die „magische" Stabilität der halbgefüllten Valenzschale des Fe^{3+} (d^5, *high spin*), in der alle Elektronen ungepaart sind, also die Anzahl der ungepaarten Spins maximal ist (Austauschenergie, s. Kap. 1.1.3).

Kobalt(III) bildet in etwa der gleichen Stärke bevorzugt *low spin*-Komplexe aus. Es sind nur zwei *high spin* Co(III)-Komplexe bekannt: $[CoF_6]^{3-}$ und $CoF_3(H_2O)_3$, wobei in beiden das schwache Ligandenfeld des Fluors beteiligt ist. Diese Bevorzugung der *low spin*-Konfiguration entsteht durch die Kombination der Elektronenkonfiguration t_{2g}^6 und der Oxidationsstufe. t_{2g}^6 besitzt die größtmögliche Kristallfeld-Stabilisierungsenergie ($-12/5\Delta$); ein Effekt, der durch den großen Wert für Δ noch verstärkt wird (Oxidationszahl +3). Eisen(II) ist ebenfalls in der Lage, t_{2g}^6 auszubilden, die kleinere Aufspaltung Δ führt jedoch dazu, daß es $t_{2g}^4 e_g^2$-Komplexe (*high spin*) bevorzugt. Die Änderung des Spinzustandes für Eisen(II) findet man zwischen

$$[Fe(phen)_2(H_2O)_2]^{2+} \rightarrow [Fe(phen)_3]^{2+}$$
$$\quad\quad high\ spin \quad\quad\quad\quad\quad low\ spin$$

Manchmal ist es möglich, den Übergang von low zu *high spin*-Zuständen über eine Temperaturerhöhung zu erreichen. Dabei spricht man von sogenannten *spin cross over*-Komplexen. Ein Beispiel für solch ein System ist $Fe[S_2CN(CH_3)_2]_3$, das bei tiefen Temperaturen *low spin*-konfiguriert ist und mit steigender Temperatur eine größer werdende Besetzung des *high spin*-Zustandes aufweist (nachvollziehbar durch magnetische Messungen). Die Besetzung der *low*- und *high spin*-Zustände hat die Form einer Boltzmannverteilung, so daß es nie zu einer vollständigen Besetzung des *high spin*-Zustandes kommt. Das magnetische Moment μ liegt zwischen dem des *low spin* und dem des *high spin*-Zustandes.

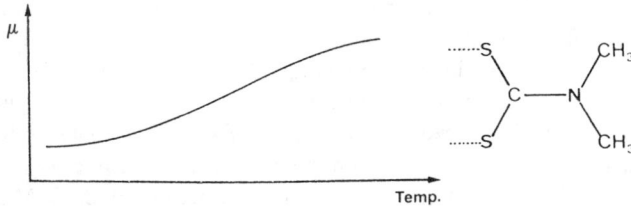

6.2.6 Vergleich der drei Übergangsmetallreihen

Die Elemente der 1. Übergangsmetallreihe unterscheiden sich von denen der 2. und 3. Reihe in den nachstehenden Punkten:

1. Bewegt man sich in einer Triade von oben nach unten, so findet man einen großen Unterschied der Atomradien zwischen der 1. und der 2. Reihe, nur einen kleinen zwischen der 2. und 3. Reihe. Der Grund liegt in der Lanthanidenkontraktion. Da Eigenschaften wie Koordinationszahl, Hydratationsenthalpien und Gitterenergien von der Atomgröße abhängen, sind sich die Elemente der 2. und 3. Reihe darin sehr ähnlich.

   Die größeren Übergangsmetalle treten häufig mit den Koordinationszahlen 7, 8 und 9 auf, z.B. OsF_7, $[Mo(CN)_8]^{4-}$, $[ReH_9]^{2-}$.

2. Die Kristallfeld-Stabilisierungsenergie Δ nimmt innerhalb einer Gruppe mit steigender Ordnungszahl zu. Je stärker ausladend die d-Orbitale sind, desto größer ist die Abstoßung zwischen den Elektronen der d-Orbitale und denen der Liganden. Von der 1. zur 2. Reihe verdoppelt sich der Wert von Δ, da die 4d-Orbitale deutlich diffuser sind als die 3d-Orbitale. Von der 2. zur 3. Reihe steigt Δ nur noch etwa um 25%, was wie Punkt 1 durch die Lanthanidenkontraktion bewirkt wird.

3. Die *Paarungsenergie P* der Elektronen nimmt in einer Triade nach unten ab, da die Orbitale größer und die Abstoßung zwischen den beiden Elektronen eines Orbitals schwächer werden.

   Die Punkte 2 und 3 bewirken zusammen, daß alle Komplexe der Übergangsmetalle der 2. und 3. Reihe *low spin*-konfiguriert sind. So handelt es sich beispielsweise bei $[CoF_6]^{3-}$ um einen *high spin*-Komplex, während $[RhF_6]^{3-}$ ein *low spin*-Komplex ist.

4. Die Spin-Bahn-Kopplung nimmt innerhalb einer Gruppe nach unten zu. Somit läßt sich das Russell-Saunders-Kopplungsschema nicht mehr länger anwenden, da jenes die Spin-Bahn-Kopplung vernachlässigt. Für Übergangselemente der 2. und 3. Reihe muß man das *j-j-Kopplungsschema* verwenden.

   Große Spin-Bahn-Kopplungen resultieren in ausgeprägten Feinstrukturen der Elektronenspektren, die durch Übergänge zwischen den Spin-Bahn-Niveaus entstehen. Auf diese Weise werden die Spektren schwierig zu interpretieren. Dieses Phänomen ist für die Übergangselemente der 1. Reihe unbekannt.

   Der Magnetismus stellt sich für Verbindungen der 2. und 3. Reihe sehr kompliziert dar. Die *spin only*-Gleichung kann hier nicht verwendet werden, denn sie ergibt nur zufällig die richtigen Werte.

5. Metall-Metall-Bindungen werden bei den Übergangsmetallen der 2. und 3. Reihe häufiger angetroffen als bei jenen der 1. Reihe, da die Metall-Metall-Bindungen mit zunehmender Größe der d-Orbitale stärker werden. Die längeren Bindungsabstände führen gleichzeitig zu geringeren Abstoßungskräften zwischen den Liganden der benachbarten Metallatome. Und gerade jene Abstoßungskräfte sind Schuld, daß Metallbindungen für Elemente der 1. Reihe ungünstig sind (kleinere Atome und damit größere Abstoßung der Liganden durch kürzeren Bindungsabstand).

6. Der Anteil an paramagnetischen Verbindungen ist in der 2. und 3. Übergangsmetallreihe im Verhältnis zur ersten geringer. Das ist unter anderem eine Folge der Tendenz zu *low spin*-Komplexen und des höheren Grades an Metall-Metall-Bindungen (die Elektronen werden dort gepaart). Komplexe der Zusammensetzung $[M_2Cl_9]^{3-}$ mit M = Cr, Mo, W haben folgende Struktur:

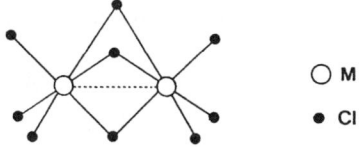

○ M

● Cl

Die Metall-Metall-Abstände sind

Cr–Cr	Mo–Mo	W–W
310 pm	267 pm	241 pm

Dieser Effekt beruht auf der zunehmenden Metall-Metall-Bindung innerhalb einer Triade. Im Chromkomplex liegt keine Metall-Metall-Bindung vor, und das magnetische Moment entspricht dem einer d^3-Konfiguration. Zwischen den beiden Wolframatomen besteht eine Dreifachbindung, in denen alle d^3-Elektronen gepaart sind. Dieser Komplex ist diamagnetisch. Der Molybdänkomplex zeigt ein Verhalten, das zwischen dem der anderen beiden liegt.

7. Die Stabilität der höheren Oxidationsstufen nimmt in einer Nebengruppe mit steigender Ordnungszahl zu, da in derselben Richtung die Ionisierungsenergien abnehmen. OsO_4 existiert zum Beispiel, während FeO_4 nicht stabil ist.

Lanthanidenkontraktion: In der Lanthaniden-Reihe erfolgt die Besetzung der 4f-Orbitale. Da Elektronen in f-Orbitalen nur schlecht abschirmen, nimmt die effektive Kernladung mit steigender Ordnungszahl zu und hat somit eine Abnahme der Atomradien zur Folge. Die gleichzeitige Zunahme der effektiven Kernladung reicht aus, um die Zunahme der Atomradien durch Auffüllung der äußeren 5d-Orbitale (3. Reihe) bzw. 4d-Orbitale (2. Reihe) auszugleichen. Dadurch weisen die Übergangsmetalle der 2. und 3. Reihe ähnlich große Atomradien auf.

6.2.7 Die Lanthaniden (Ln)

In der Lanthaniden-Reihe werden die sieben 4f-Orbitale mit Elektronen besetzt, so daß es 14 Elemente gibt:

(La) Ce Pr Nd Pm Sm Eu Gd Tb Dy Ho Er Tm Yb Lu

Strenggenommen gehört Lanthan nicht zu den Lanthaniden, da es in keiner seiner Verbindungen teilweise gefüllte f-Schalen besitzt (vgl. Scandium).

Oxidationszustände: Alle Lanthaniden bilden fast ausschließlich Ln^{3+}-Ionen.

In den freien Atomen haben 4f- und 5d-Orbitale ähnliche Energien. Die Elektronenkonfiguration von Gadolinium ist $4f^7 5d^1 6s^2$ statt $4f^8 6s^2$ (vgl. Chrom und Kupfer mit ihren Elektronenkonfigurationen $3d^5 4s^1$ und $3d^{10} 4s^1$). Bei der Ionisierung wird das äußerste Elektron entfernt. Die 6s- und 5d-Elektronen schirmen deutlich besser ab, als die 4f-Elektronen. Da diese Orbitale alle vergleichbare Energien besitzen, ist es günstiger ein Elektron aus dem 6s-Orbital zu entfernen. Hierbei erhöht man die effektive Kernladung um einen größeren Betrag, und die Elektronenwolke wird stärker vom Kern angezogen, als wenn man ein 4f-Elektron entfernt hätte. Bei der Bildung der Ln^{3+}-Ionen werden also 6s- und 5d-Elektronen entfernt, so daß man die Elektronenkonfiguration $4f^n$ erhält. Die 4f-Orbitale werden dabei derart in ihrer Energie abgesenkt, daß es unmöglich wird, ein Elektron aus ihnen zu entfernen.

Für die Bildung von Ln^{3+}-Ionen benötigt man einen großen Energiebetrag, der aber durch die Gitterenergie bzw. Hydratationsenthalpie ausgeglichen wird. Die Bildung von Ln^{4+}-Ionen hingegen erfordert einen Energiebetrag, der im allgemeinen durch keine Enthalpie mehr kompensiert werden kann.

Ausnahmen: Aufgrund der Stabilität halb- und ganz gefüllter Orbitale sind auch Eu^{2+}-(f^7), Ce^{4+}-(f^0) und Yb^{2+}-Ionen (f^{14}) in Lösung stabil. Die Elektronenkonfiguration kann jedoch nicht die einzige

Erklärungsgrundlage bzw. Ursache sein, da sie weder die Existenz von Sm^{2+} (f^6) noch die von Tm^{2+} (f^{13}) zuläßt.

Die unterschiedlichen Oxidationszustände lassen sich am besten durch Abwägung von Atomisierungs-, Gitter- und Ionsisierungsenergien (Born-Haber-Zyklus) erklären.

Die Lanthanidenkontraktion: Über die Reihe der Lanthaniden hinweg nimmt der Atom/Ionenradius beträchtlich ab (ca. 25%). Dieses Phänomen ist nicht ungewöhnlich, denn Kontraktionen dieser Art finden im gesamten Periodensystem statt (Sc → Zn, Na → Ar). Lediglich das Ausmaß ist im Fall der Lanthaniden erheblich größer. Wie schon erwähnt, ist der Grund hierfür die schlechte Abschirmung durch die f-Elektronen (Abschirmung s > p > d > f). Die Lanthanidenkontraktion hat hauptsächlich drei Konsequenzen:

1. Sie hebt die Zunahme der Ionenradien von der 2. zur 3. Übergangsmetallreihe auf und führt sogar zum Teil zu kleineren Radien:

Ti	Zr	Hf
130 pm	145 pm	144 pm

Aufgrund der ähnlichen Radien findet man zum Beispiel in vielen Zirkoniumvorkommen Kontaminationen von Hafnium und umgekehrt.

2. Mit steigender Ordnungszahl nimmt die Koordination der Lanthaniden ab:

Verbindung	$CeCl_3$	$TbCl_3$	$LuCl_3$
Koordinationszahl	9	8	6

3. Da die meisten Lanthanidenionen dreifach positiv geladen sind, zeigen sie ein ähnliches chemisches Verhalten und sind deshalb nur schwer voneinander zu trennen. Als beste Trennmethode für Lanthaniden hat sich die Ionenaustauschchromatographie erwiesen, die im wesentlichen den Effekt der Lanthanidenkontraktion ausnutzt.

Trennung der Lanthaniden: Gibt man eine Mischung von Lanthanidenionen zu einem Kationenaustauscher-Harz ($-SO_3^-H^+$), so verdrängen jene die H^+-Ionen von ihren Plätzen und werden auf dem Harz zurückgehalten ($-SO_3^-Ln^{3+}$). Die Gleichgewichtskonstante dieses Prozesses ist für alle Lanthaniden ähnlich groß.

$$Ln^{3+}_{Lösung} \rightleftharpoons Ln^{3+}_{Harz} \qquad K_{Harz} = \frac{\left[Ln^{3+}_{Harz}\right]}{\left[Ln^{3+}_{Lösung}\right]}$$

Anschließend eluiert man mit einem Chelatbildner, der in der Lage ist, die Lanthanidenionen zu komplexieren, z.B. EDTA (s. Kap. 3.1.2). Die Wechselwirkungen zwischen EDTA und den Lanthanidenionen sind vorwiegend ionischer Art, so daß sie stark vom Ladungs/Radius-Verhältnis der Ln^{3+}-Ionen abhängen. Die kleineren Ionen werden folglich zuerst eluiert, da ihr Ionenpotential am größten ist.

$$Ln^{3+}_{Harz} \rightleftharpoons Ln^{3+} \cdot EDTA \qquad K = \frac{\left[Ln^{3+} \cdot EDTA\right]}{\left[Ln^{3+}_{Harz}\right]}, \text{ wobei } K(Lu) > K(La)$$

Bindung und Ligandenfeld-Effekte: Lanthaniden in der Oxidationsstufe +3 besitzen 4f-Orbitale mit niedriger Energie, so daß sie von Liganden weitestgehend unbeeinflußt sind und keine kovalenten Bindungen ausbilden können. Dies hat hauptsächlich zwei Konsequenzen:

1. Die Bindungen in Lanthanidenverbindungen sind fast vollständig ionisch; man kann sich vorstellen, daß die Verbindungen Ln^{3+}-Ionen enthalten, die von Anionen umgeben sind.

2. Die Kristallfeld-Aufspaltung von 4f-Orbitalen ist minimal.

Ungleich der d-Orbitale in Übergangsmetallen verändern die f-Orbitale in Lanthaniden ihre Energien nur geringfügig durch Wechselwirkungen mit Liganden, d.h. sie werden im Kristallfeld weniger stark aufgespalten als d-Orbitale. Lanthanidenverbindungen weisen noch kleinere KFSE-Werte auf als Übergangsmetallverbindungen und obwohl die kleinen Kristallfeld-Stabilisierungsenergien der Übergangsmetallkomplexe immer noch tiefgehende Effekte verursachen, sind die der Lanthanidenkomplexe so klein, daß man sie beinahe vernachlässigen kann.

Die Punkte 1 und 2 haben für Verbindungen der Lanthaniden folgende Konsequenzen:

a) Für eine gegebene Koordinationszahl wird keine bestimmte Anordnung bevorzugt. Die Bindung ist überwiegend ionisch, wobei das Metallatom wenig stereochemische Ansprüche hat. Die Geometrie der Verbindung wird daher durch die Liganden und deren Streben nach optimaler Anordnung bestimmt. Das Ziel ist die maximale Wechselwirkung zwischen entgegengesetzten und der minimale Kontakt zwischen gleichen Ladungen. Sechsfach koordinierte Übergangsmetallkomplexe sind z.B. fast ausschließlich oktaedrisch, da die Kristallfeld-Stabilisierungsenergie für diese Geometrie groß ist. Lanthanidenkomplexe weisen dagegen genauso häufig eine trigonal prismatische Anordnung auf.

b) Lanthaniden können aufgrund ihrer Größe, der fehlenden Bevorzugung einer Richtung der 4f-Orbitale (ionische Wechselwirkungen!) und der geringen Kristallfeld-Stabilisierungsenergie bis zu zwölffach koordiniert auftreten.

c) Elektronenspektren: Die meisten Ln^{3+}-Ionen sind schwach gefärbt (Ausnahmen: La^{3+} (f^0), Gd^{3+} (f^7), Lu^{3+} (f^{14}))

   Die Farben der Übergangsmetallkomplexe kommen durch Elektronenübergänge innerhalb des d-Orbitalsets zustande, die der Lanthanidenkomplexe durch Übergänge innerhalb des f-Niveaus. Beide Arten von Übergängen sind gemäß der Laporte Auswahlregeln (s. Kap. 6.1.3) verboten. Im Fall der Übergangsmetalle wird das Paritätsverbot, wie diese Regeln auch genannt werden, durch folgende Effekte abgeschwächt:

   (i) Hybridisierung von nd- mit $(n+1)$p-Orbitalen und
   (ii) kovalenter Charakter der Bindung.

Bei den Lanthaniden würde der Mechanismus (i) eine Hybridisierung von 4f- mit 5d-Orbitalen beinhalten. Obwohl die Oxidationszahlen nur formale Werte darstellen, sind die Lanthaniden in ihren Verbindungen tatsächlich hoch geladen. Die effektive Kernladung ist also sehr hoch, was dazu führt, daß die 4f- und 5d-Orbitale energetisch sehr verschieden sind, weil sie verschiedenen Schalen angehören. Die beiden Arten von Orbitalen lassen sich demzufolge nicht gut mischen, und deshalb erhält man keine effektive Abschwächung der Laporte-Regeln.

Über den Mechanismus (ii) läßt sich das Paritätsverbot ebensowenig umgehen, da die kovalenten Wechselwirkungen zwischen den 4f-Orbitalen und den Liganden nur schwach sind.

Die Elektronenspektren von Übergangsmetallverbindungen zeichnen sich durch breite Linien aus, während die Banden in Lanthanidenspektren sehr schmal sind. Die Breite der Übergangsmetallbanden kommt durch drei Effekte zustande:

1. Während der Schwingungen der Liganden verändert sich das Kristallfeld, was sich wiederum auf das Zentralatom und die Aufspaltung seiner d-Orbitale auswirkt.

2. Jahn-Teller-Effekt.

3. Spin-Bahn-Kopplung.

Die beiden ersten Effekte haben bei den Lanthaniden aufgrund der verminderten Wechselwirkungen zwischen den f-Orbitalen und den Liganden nur eine geringe Bedeutung. Die Spin-Bahn-Kopplung ist jedoch größer als im Fall der Übergangsmetalle, wodurch man getrennte, scharfe Übergänge zwischen den einzelnen Spin-Bahn-Niveaus erhält. Die Intensitäten sind dafür bei den Lanthaniden schwächer, da die überwiegend ionischen Bindungen die Laporte-Regel nicht genauso effektiv abschwächen.

Magnetismus: Der Magnetismus von Ln^{3+}-Komplexen ist sehr einfach, da die f-Orbitale nur schwach mit den Ligandenorbitalen wechselwirken und das magnetische Moment dem der freien Ionen entspricht. Es läßt sich mit Hilfe der folgenden Gleichung (*Hundsche Formel*) berechnen:

$$\mu = g \cdot \sqrt{J(J+1)}$$

wobei

$$g = 1 + \frac{J(J+1) + L(L+1) + S(S+1)}{2J(J+1)}$$

Um das magnetische Moment berechnen zu können, muß man unter Beachtung der bekannten Regeln das Termsymbol für das freie Ion im Grundzustand ausarbeiten. Durch Einsetzen der entsprechenden Werte für S, L und J in obige Gleichung erhält man μ.

Dabei geht man davon aus, daß bei normalen Temperaturen nur ein J-Zustand besetzt ist, da die Spin-Bahn-Kopplung groß ist. Dies trifft mit Ausnahme von zwei Lanthanidenionen (Sm^{3+} und Eu^{3+}) auch zu. Bei diesen Ionen liegen die J-Zustände nahe genug beieinander, so daß auch bei Raumtemperatur höhere Zustände besetzt werden. Liegt zwischen den beiden Zuständen eine Boltzmannverteilung vor, so erhält man eine gute Übereinstimmung zwischen den gemessenen und den berechneten magnetischen Momenten.

Die Lanthaniden werden häufiger mit den Erdalkalimetallen verglichen als mit den Übergangsmetallen.

Wie gezeigt werden konnte, sind die Ligandenfeldeffekte, Magnetismus und Elektronenspektren eingeschlossen, für die Lanthaniden völlig verschieden von denen der Übergangsmetalle, so daß die Lanthaniden den Erdalkalimetallen tatsächlich ähnlicher sind:

1. Die Erdalkalimetalle und die Lanthaniden besitzen ähnliche Elektronegativitäten (z.B. $EN_{Ba} = 0,9$ und $EN_{La} = 1,1$, aber $EN_{Ti} = 1,6$).
2. Die Lanthaniden neigen wie die Erdalkalimetalle zur Bildung überwiegend ionischer Verbindungen bzw. Komplexe ($PrCl_3$ und $BaCl_2$ sind ionische Salze), während die Übergangsmetallverbindungen einen hohen kovalenten Charakter aufweisen ($TiCl_4$ ist eine niedrig siedende, molekulare Flüssigkeit).
3. Alle Lanthaniden und Erdalkalimetalle laufen an der Luft an und reagieren mit Wasser unter Freisetzung von Wasserstoff. Die Triebkraft dieser Reaktionen ist die Gitterenergie bzw. Hydratationsenthalpie, die bei der Bildung der Oxide bzw. hydratisierten Ionen frei wird. Übergangsmetalle reagieren unter normalen Bedingungen nur schwach mit Luftsauerstoff und Wasser.
4. Eu^{2+} tritt in der Natur zusammen mit Ba^{2+}-Verbindungen auf.
5. Die meisten Erdalkalimetalle und Lanthaniden lösen sich im Gegensatz zu Übergangsmetallen in flüssigem Ammoniak unter Entwicklung einer intensiv blauen Färbung, die für solvatisierte Elektronen charakteristisch ist.

6.2.8 Die Actiniden

(Ac) Th Pa U Np Pu Am Cm Bk Cf Es Fm Md No Lr

Die Elektronenkonfiguration der Actiniden läßt sich nicht genau bestimmen, da die 5f-, 6d- und 7s-Orbitale ziemlich ähnliche Energien besitzen. Der Grund hierfür ist der abnehmende Einfluß des Kerns auf die äußeren Elektronen. Je weiter diese vom Kern entfernt sind, desto geringer werden die Unterschiede zwischen den einzelnen Orbitalen, d.h. sie kommen sich in ihren Energien näher. (Vergleiche das Wasserstoffatomspektrum: Je weiter die Anregungsniveaus vom Kern entfernt sind, desto dichter werden sie, um schließlich in einem Kontinuum zu enden.) Im Fall der Actiniden hängt die relative Anordnung der äußeren Orbitale vom jeweiligen Element und seinem Oxidationszustand ab. Das bedeutet, man kann nicht mit Sicherheit angeben, wie die vorhandenen Elektronen auf die Orbitale verteilt sind.

Das chemische Verhalten der Actiniden läßt sich mal mit dem der Übergangsmetalle und mal mit dem der Lanthaniden vergleichen. Wem sie ähnlicher sind, hängt davon ab, ob die 5f-Orbitale gerade zu den äußeren oder zu den inneren Orbitalen gehören. Dies läßt sich in einer Reihe von Punkten beobachten:

1. Die frühen Actiniden (Th bis Pu) gleichen in ihrer Chemie den Übergangsmetallen:

    a) Sie treten in unterschiedlichen Oxidationsstufen auf. Uran kommt zum Beispiel in den Oxidationszuständen +3 bis +6 vor (UCl_3, UBr_4, UF_6^-, UF_6). Bei den Lanthaniden liegen die 4f-Orbitale unter den 5d- und 6s-Orbitalen und sind deshalb nicht richtig für Bindungen zugänglich. In den frühen Actiniden besitzen die 5f-Orbitale vergleichbare Energien wie die 6d- und 7s-Orbitale, d.h. sie werden nicht von ihnen abgeschirmt und stehen für Bindungen zur Verfügung. Bei den Lanthaniden führen positive Oxidationszustände dazu, daß die Energie der 4f-Orbitale abgesenkt wird und sie zu inneren Orbitalen werden. Die 5f-Orbitale der frühen Actiniden werden von der Kernladung weniger stark beeinflußt und selbst bei der Oxidationsstufe +3 sind sie immer noch als Valenzorbitale für Bindungen zugänglich. Dadurch sind für die Actiniden höhere Oxidationsstufen möglich.

    b) Bedeutende Wechselwirkungen mit Liganden führen dazu, daß

    – die Kristallfeldaufspaltung größer ist als im Fall der Lanthaniden,

    – die Banden der Actiniden in Absorptionsspektren bis zu zehnmal intensiver und beträchtlich breiter sind als die der Lanthaniden und

    – die magnetischen Eigenschaften der Actiniden sehr komplex sind, d.h. die Actiniden können nicht als freie Ionen behandelt werden.

    c) Die Bindungen weisen einen deutlich kovalenten Charakter auf. Die 5f- und 6d-Orbitale sind in der Lage, stärker mit den Liganden wechselzuwirken als ihre Gegenstücke in der Reihe der Lanthaniden. Beispiel: $[UO_2]^{2+}$ oder $[O=U=O]^{2+}$. Die U–O-Abstände sind kleiner als die Summe der Ionenradien von U^{6+} und O^{2-}. Das Molekülion wird als linear postuliert und die Bindung, an der 6d- und 5f-Orbitale beteiligt sind, weist einen hohen kovalenten Charakter auf.

O   U   O

2. Geht man zu höheren Ordnungszahlen über, so nimmt die Ähnlichkeit der Actiniden mit den Lanthaniden aufgrund der steigenden effektiven Kernladung zu. Zum ersten Mal wird diese Tatsache bei Curium offensichtlich, das nur noch wenige Oxidationsstufen ausbildet. Ab Californium

ist die Ähnlichkeit am ausgeprägtesten. Die nachfolgenden Elemente der Actinidenreihe gleichen den Lanthaniden in den folgenden Punkten:

a) Die effektive Kernladung nimmt innerhalb der Reihe zu, wodurch auch die Energiedifferenz zwischen 5f und 6d größer wird. Ab Californium ist die Energiedifferenz so groß, daß wie bei den Lanthaniden fast ausschließlich +3-Ionen gebildet werden.

b) Die Verbindungen der späteren Actiniden weisen einen zunehmend ionischen Charakter auf. Die Radioaktivität der schwereren Actiniden macht die Untersuchung ihrer Verbindungen so schwierig. Sie reicht häufig aus, um chemische Bindungen zu brechen, und daher läßt sich das Ausmaß der Ähnlichkeit der späteren Actiniden mit den Lanthaniden nicht genau bestimmen. Die früheren Actiniden zerfallen nicht so schnell, und die Chemie von Thorium bis Uran ist ausgedehnt, so daß der Vergleich mit den Übergangsmetallen zulässig ist.

Die Actinidenkontraktion: Über die Reihe der Actiniden hinweg nimmt der Atomradius ab, so daß es zu einer ähnlichen Kontraktion kommt wie bei den Lanthaniden.

Die unterschiedlichen Radien und die Verfügbarkeit verschiedener Oxidationsstufen werden zur chemischen Trennung der Actiniden verwendet.

Magnetische und spektrale Eigenschaften: Der Magnetismus der Actiniden ist um einiges komplizierter als der der Lanthaniden: Die 5f-Orbitale sind dem Einfluß der Liganden stärker ausgesetzt als die 4f-Orbitale der Lanthaniden. Die Spin-Bahn-Kopplung und die Kristallfeld-Aufspaltung haben jedoch ungefähr dieselbe Größe. Das magnetische Moment läßt sich nicht über die Hundsche Formel berechnen und ist im allgemeinen stärker temperaturabhängig als das der Lanthaniden.

f↔f-Übergänge in Elektronenspektren sind immer noch verboten (Laporte), aber das Kristallfeld hat einen größeren Einfluß auf die 5f-Orbitale, so daß es zu einer besseren Abschwächung dieses Verbotes kommt. Die Banden der Actiniden sind fast zehnmal so intensiv wie die der Lanthaniden und ungefähr genauso intensiv wie die von d↔d-Übergängen in oktaedrischen Übergangsmetallkomplexen. Die Banden der Actinidenspektren sind außerdem doppelt so breit wie die der Lanthaniden, was durch den größeren Einfluß von Ligandenschwingungen auf die Aufspaltung der f-Orbitale verursacht wird (*Franck-Condon-Prinzip*, s. Kap. 6.1.3).

Darstellung neuer Actiniden: Die schweren Actiniden (Am bis Lr) werden durch Beschuß der leichteren Actiniden mit Atomen von Helium bis Neon hergestellt, z.B.

$$^{238}_{92}U + {}^{14}_{7}N \rightarrow {}^{248}_{99}Es + 4\,{}^{1}_{0}n$$

In diesen extrem teuren Experimenten werden nur etwa 50 Atome pro Experiment hergestellt und es stellt sich die Frage, warum sie dennoch unternommen werden? Es existiert allgemein die Auffassung, daß die Stabilität von Kernen nicht linear mit steigender Ordnungszahl abnimmt. In Anlehnung an die Existenz besonders stabiler Elektronenkonfigurationen werden sogenannte Stabilitätsinseln postuliert, in denen ein bestimmtes Proton/Neutron-Verhältnis vorliegt. Sobald man das Element $^{298}_{114}X$ gefunden hat, erhofft man sich einen Zugang zu einer neuen Reihe stabiler Elemente.

6.2.9 Zusammenfassung

1. Die Atomradien nehmen in der 1. Übergangsmetallreihe mit steigender Ordnungszahl ab und damit auch die Koordinationszahlen.
2. Die schweren Elemente der 1. Übergangsmetallreihe zeigen eine geringere Tendenz zur Ausbildung der Gruppenvalenzen.
3. Die Übergangsmetalle der 2. und 3. Reihe besitzen ähnliche Radien.

4. Bei Komplexen der Elemente der 2. und 3. Übergangsmetallreihe handelt es sich ausschließlich um *low spin*-Komplexe.
5. Metall-Metall-Bindungen werden gewöhnlich häufiger im Fall der Metalle der 2. und 3. Übergangsmetallreihe angetroffen.
6. Die Stabilität der höheren Oxidationsstufen nimmt innerhalb einer Triade nach unten ab.
7. Die Lanthaniden treten in ihren Verbindungen fast ausschließlich in der Oxidationsstufe +3 auf.
8. In Lanthanidenverbindungen liegen überwiegend ionische Bindungsverhältnisse vor.
9. Ein Gemisch von Lanthanidenionen läßt sich mittels Ionenaustauschchromatographie trennen.
10. Auf die Lanthaniden wirken nur kleine Kristallfeldeffekte.
11. Die Elektronenabsorptionsspektren der Lanthanidenverbindungen weisen wie die von Atomen scharfe Banden auf.
12. Lanthaniden ähneln in ihrem chemischen Verhalten stärker den Erdalkalimetallen als den Übergangsmetallen.
13. Die Elektronenkonfigurationen lassen sich im Fall der Actiniden nicht genau bestimmen.
14. Die leichteren Actiniden ähneln in ihrer Chemie den Übergangsmetallen, während sich die schweren mehr wie die Lanthaniden verhalten.

6.3 Thermodynamische Stabilität von Übergangsmetallkomplexen

Die Substitution eines Wassermoleküls aus einem Hydratkomplex durch einen Liganden L kann durch folgendes Gleichgewicht beschrieben werden:

$$[M(H_2O)_n]^{x+} + L \; \rightleftharpoons \; [M(H_2O)_{n-1}L]^{x+} + H_2O$$

Der Einfachheit halber läßt man die Wasserliganden dabei weg, so daß das Gleichgewicht vereinfacht formuliert werden kann:

$$M + L \; \rightleftharpoons \; ML \qquad\qquad 1$$
$$ML + L \; \rightleftharpoons \; ML_2 \qquad\qquad 2$$
usw. $$ML_{n-1} + L \; \rightleftharpoons \; ML_n \qquad\qquad n$$

Die Gleichgewichtskonstanten für diese Reaktionen sind:

$$K_1 = \frac{[ML]}{[M][L]} \qquad K_2 = \frac{[ML_2]}{[ML][L]} \qquad .... K_n = \frac{[ML_n]}{[ML_{n-1}][L]}$$

wobei die K_i-Werte ($i = 1,2,...,n$) die *individuellen Stabilitätskonstanten* darstellen. Die *Bruttostabilitätskonstante* β_i gibt die Stabilität des gesamten Gleichgewichts wieder.

$$M + nL \; \rightleftharpoons \; ML_n \qquad\qquad \beta_n = \frac{[ML_n]}{[M][L]^n}$$

6.3.1 Bildungskonstanten

Bei Reaktionen, in denen die Substitution von Liganden keine Veränderung der Stereochemie zur Folge hat, ist $K_1 > K_2 > K_3 > ... > K_n$, und zwar aus mehreren Gründen:

1. *Statistische Betrachtungen:* Die Wahrscheinlichkeit, daß in einem Komplex $[M(H_2O)_6]^{2+}$ ein Wassermolekül durch einen Liganden ersetzt wird, ist größer als in einem Komplex $[M(H_2O)_5L]^{2+}$. Im ersten Fall beinhaltet jede Substitution den Austausch eines Wassermoleküls durch einen Liganden, im zweiten Fall tun dies nur fünf von sechs. Im sechsten Gleichgewicht wird ein Ligand durch einen anderen ausgetauscht.
2. *Sterische Faktoren:* Ist der Ligand größer als ein Wassermolekül, so wird es mit zunehmender Zahl an Liganden schwieriger noch weitere H_2O-Moleküle durch einen Liganden zu verdrängen.
3. *Ladungseffekte:* Werden die Wassermoleküle durch negativ geladene Liganden ersetzt, so erschwert die zunehmende elektrostatische Abstoßung die Einführung weiterer negativer Ladungen.

Die Bruttostabilitätskonstante eines Übergangsmetallkomplexes nimmt im Fall von harten Metallionen mit steigender Oxidationszahl zu, da die Wechselwirkungen harter Lewissäuren mit harten Lewisbasen in erster Linie elektrostatischer Natur sind und deshalb mit zunehmender Ladung stärker werden (~ Produkt der Ladungen; s. Kap. 2.3.1).

Betrachtet man Komplexe mit gleichbleibenden Liganden, so variiert die Bruttostabilitätskonstante gemäß dem Ionenpotential (Ladungs/Radius-Verhältnis), d.h. für Metallionen der gleichen Ladung nimmt das Ionenpotential mit kleiner werdendem Radius des Ions ab. Die Stabilität von Übergangsmetallkomplexen bei gegebenen Liganden variiert wie folgt (*Irving-Williams Reihe*):

$$Mn^{2+} < Fe^{2+} < Co^{2+} < Ni^{2+} < Cu^{2+} > Zn^{2+}$$

Der Ionenradius nimmt von Mn^{2+} bis Ni^{2+} ab (Zunahme der effektiven Kernladung) und von Ni^{2+} bis Zn^{2+} zu (Kristallfeldeffekte - in oktaedrischen Komplexen besetzen Elektronen Orbitale, die genau in der Richtung der Liganden liegen (d_{z^2} und $d_{x^2-y^2}$) und jene vor den Anziehungskräften des Kerns abschirmen; als Folge davon bewegen sich die Liganden nach außen). Die außergewöhnliche Position des Kupfers kommt dadurch zustande, daß hier nicht gleiches mit gleichem verglichen wird. Die Reihe bezieht sich auf die Stabilität oktaedrischer Komplexe, im Fall des Cu^{2+}-Ions sind die Liganden entlang der x-Achse jedoch durch den Jahn-Teller Effekt schwächer gebunden als die in der xy-Ebene.

Die Kristallfeld-Stabilisierungsenergie hat ebenfalls einen Einfluß auf die Stabilitätskonstanten innerhalb dieser Reihe; Mn^{2+}-(d^5, *high spin*)- und Zn^{2+}-(d^{10})-Komplexe weisen keine KFSE auf ($\rightarrow$ niedrige Stabilitätskonstante).

6.3.2 Der Chelat-Effekt

Komplexe, die mehrzähnige Liganden enthalten, sind im allgemeinen stabiler als jene mit vergleichbaren einzähnigen Liganden. Zum Beispiel läuft die folgende Reaktion bevorzugt ab:

$$[Ni(NH_3)_6]^{2+} + 3\ en \ \rightleftharpoons \ [Ni(en)_3]^{2+} + 6\,NH_3$$

(en steht für Ethylendiamin, $H_2NCH_2CH_2NH_2$)

Hierbei handelt es sich um ein rein thermodynamisches Phänomen, d.h. es beeinflußt lediglich die Lage des Gleichgewichtes und nicht die Zeit, die es dauert, bis es erreicht ist.

Man muß dabei zwei Faktoren berücksichtigen:

1. In dem oben genannten Gleichgewicht nimmt die Entropie des Systems von links nach rechts zu, da sich die Anzahl der freien Moleküle erhöht. Geht man davon aus, daß die Bildungsenthalpie des Komplexes, ΔH, für NH_3 und en gleich ist (beidesmal koordiniert der Stickstoff in ähnlicher

Umgebung, M–NH₃ gegen M–NH₂R), dann ist die freie Reaktionsenthalpie, ΔG, für die Bildung des en-Komplexes negativer, das Gleichgewicht liegt auf der rechten Seite.

2. Ist erst einmal das eine Ende eines Chelatliganden an ein Zentralatom koordiniert, dann ist es günstiger im zweiten Schritt das andere Ende zu koordinieren als einen weiteren Liganden aus der Lösung. Tatsächlich ist der Chelatligand schon durch die einfache Koordination derart in seiner Bewegungsfreiheit eingeschränkt, daß der Entropieverlust geringer ist, wenn die zweite Koordination durch sein freies Ende geschieht statt durch ein freies Molekül aus der Lösung.

Ein Komplex mit drei Chelatringen stellt eine stabilere Situation dar als einer mit zwei oder gar nur einem Chelatring.

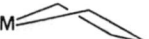

Fünfgliedrige Chelatringe sind stabiler als sechsgliedrige und jene wiederum stabiler als siebengliedrige Ringe. Solche mit weniger als fünf Ringelementen sind äußerst ungünstig. Die relativen Stabilitäten der unterschiedlichen Ringgrößen ergeben sich aus zwei Punkten:

1. *Entropie-Effekte:* Betrachtet man das eine Ende eines zweizähnigen Liganden bereits als an ein Metallatom gebunden, so bewegt sich der Rest des Liganden umso stärker, je länger die Kette ist. Der Entropieverlust durch Koordination des anderen Endes wird somit ebenfalls größer.

2. *Ringspannung:* Die Bindungswinkel in einem planaren fünfgliedrigen Ring sind dem idealen Tetraederwinkel von 109° am nächsten. Ringe mit mehr als fünf Gliedern nehmen eine gewellte Form an, um die günstigsten Winkel zu erreichen. Die Bindungswinkel in kleineren Ringen sind deutlich kleiner als 109°, so daß es zu starken Ringspannungen kommt.

Aus diesen Faktoren ergibt sich die Stabilität des Fünfringes.

6.3.3 Isomerie

In Übergangsmetallkomplexen sind verschiedene Arten von Isomerie anzutreffen.

Geometrische Isomerie: Quadratisch planare Komplexe, MA_2B_2 unterliegen der *cis/trans*-Isomerie. Zum Beispiel $Pt(NH_3)_2Cl_2$

In oktaedrischen Komplexen gibt es im Gegensatz zu tetraedrischen Komplexen ebenfalls *cis*- und *trans*-Isomere, z.B. $[Co(NH_3)_4Cl_2]^+$. Außerdem unterscheidet man bei oktaedrischen Komplexen der Zusammensetzung MA_3B_3 zusätzlich zwischen facialen (*fac*) und meridionalen (*mer*) Isomeren, z.B.

trans	*cis*		*fac*	*mer*
MA_4B_2			MA_3B_3	

Optische Isomerie: Ein Komplex ist chiral, wenn er keine Drehspiegelachse S_n enthält. Zu einem chiralen Komplex gibt es immer ein Spiegelbild, Enantiomer genannt, z.B.

$$\left[Co(C_2O_4)_3\right]^{3-}$$

Enantiomere drehen die Ebene des polarisierten Lichtes um den gleichen Betrag in entgegengesetzte Richtungen. Um optische Aktivität zu erhalten, muß es möglich sein, die chirale Verbindung in die einzelnen Enantiomeren zu trennen. Chirale Komplexe lassen sich nur trennen, wenn das System kinetisch inert ist, so daß der Ligandenaustausch langsamer vonstatten geht als die Trennung. So läßt sich der inerte, chirale Komplex $[Co(C_2O_4)_3]^{3-}$ (d^6, *low spin*) im Gegensatz zu dem labilen Komplex $[Fe(C_2O_4)_3]^{3-}$ (d^5, *high spin*) in die Enantiomere trennen. Die meisten Komplexe, die bis jetzt getrennt werden konnten, enthielten mehrzähnige Liganden.

Eine Mischung optisch aktiver, kationischer Komplexe überführt man durch Reaktion mit optisch aktiven Anionen in Diastereomere, die sich aufgrund ihrer verschiedenen physikalischen Eigenschaften (Schmelzpunkt, Löslichkeit, etc.) voneinander trennen lassen.

Strukturisomerie: In einem Übergangsmetallkomplex kann das Zentralatom gleichzeitig verschiedene Stereochemien aufweisen. Ein elegantes Beispiel dafür ist $[Ni(CN)_5][Cr(en)_3]\cdot 1{,}5H_2O$, in dem trigonal bipyramidale und quadratisch pyramidale $[Ni(CN)_5]^{3-}$-Einheiten nebeneinander im gleichen Kristall existieren.

Ein weiteres Beispiel ist $NiCl_2py_2$, das im festen Zustand aus einer polymeren Kette mit oktaedrisch koordiniertem Nickel besteht.

In Lösung liegt die Verbindung je nach Lösungsmittel in tetraedrischen oder quadratisch pyramidalen Monomeren vor.

Ionisation/Hydratisomerie: Hexaquochromtrichlorid, $CrCl_3\cdot 6H_2O$, besitzt drei Isomere

$$[Cr(H_2O)_4Cl_2]^+(Cl^-)\cdot 2H_2O \qquad (1)$$
$$[Cr(H_2O)_5Cl]^{2+}(Cl^-)_2\cdot H_2O \qquad (2)$$
$$[Cr(H_2O)_6]^{3+}(Cl^-)_3 \qquad (3)$$

Die verschiedenen Isomere lassen sich mittels argentometrischer Chloridbestimmung gut voneinander unterscheiden. (1) reagiert mit einem Äquivalent Silbernitrat, (2) mit zwei und (3) schließlich mit drei Äquivalenten.

Salzisomerie: Salzisomere erhält man immer dann, wenn ein Ligand mehr als ein koordinationsfähiges Atom enthält, z.B. gibt es $(Ph_3P)_2Pd(SCN)_2$ und $(Ph_3P)_2Pd(NCS)_2$. Im ersten Fall wird das Palladiumatom durch den Schwefel, im zweiten durch den Stickstoff des Thiocyanats koordiniert. Thiocyanat gehört zu den sogenannten *ambidenten* Liganden.

Koordinationsisomerie: Von Koordinationsisomerie spricht man, wenn die Liganden des Zentralatoms im Kation mit denen des Zentralatoms im Anion vertauscht sind, wie in

$$[Co(NH_3)_6][Cr(CN)_6] \text{ und } [Cr(NH_3)_6][Co(CN)_6]$$

Der Komplex $Pt(NH_3)_2Cl_2$ weist einige Arten von Isomerien auf, d.h. es gibt *cis*- und *trans*-$Pt(NH_3)_2Cl_2$, $[PtCl_4]^{2-}[Pt(NH_3)_4]^{2+}$ und

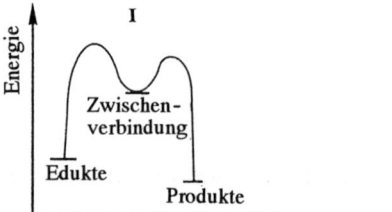

6.3.4 Reaktionen der Übergangsmetalle

Ligandensubstitutionsreaktionen: Folgende Reakton gehört zu den Ligandenaustauschreaktionen

$$L_nMX + Y \rightleftharpoons L_nMY + X$$

Wird das Gleichgewicht in weniger als einer Minute erreicht, so bezeichnet man den Startkomplex als *labil*, dauert es länger, dann ist er *inert*. Hierbei handelt es sich ausschließlich um kinetische und nicht um thermodynamische Stabilität.

Substitutionsprozesse können über zwei Mechanismen ablaufen: **A** (assoziativ) und **D** (dissoziativ). In beiden Fällen läßt sich die Existenz einer Zwischenverbindung nachweisen (Reaktionsprofil **I**).

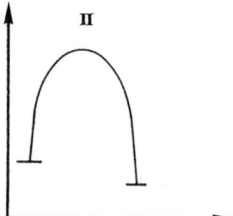

Die Bildung der Zwischenverbindung ist in diesem Fall der geschwindigkeitsbestimmende Schritt der Reaktion.

In einem assoziativen Prozeß **A** weist die Zwischenverbindung eine höhere Koordinationszahl auf als der Startkomplex, d.h.

$$L_nMX + Y \xrightarrow{\text{langsam}} L_nMXY \xrightarrow{\text{schnell}} L_nMY + X$$

Die Geschwindigkeit der Reaktion hängt von der Konzentration und Art des Liganden Y ab (S_N2).

In einem dissoziativen Prozeß **D** ist die Zwischenverbindung niedriger koordiniert als der Startkomplex, d.h.

$$L_nMX + Y \xrightarrow{\text{langsam}} L_nM + X + Y \xrightarrow{\text{schnell}} L_nMY + X$$

In diesem Fall ist die Geschwindigkeit der Reaktion unabhängig von der Konzentration von Y (S_N1).

Oft ist es nicht möglich, eine Zwischenverbindung nachzuweisen, d.h. die Reaktion verläuft gemäß Reaktionsprofil **II**. Der Eintritt des neuen Liganden verläuft zeitgleich mit dem Austritt des alten Liganden (**I** = Interchange).

$$[X\cdots M\cdots Y]^{\ddagger}$$

Auch hier unterscheidet man auf molekularer Ebene zwischen einem assoziativen (**I$_a$**) oder dissoziativen (**I$_d$**) Interchange-Prozeß.

I$_a$: Im Übergangszustand sind für kurze Zeit sowohl der eintretende als auch der austretende Ligand stark kovalent gebunden. Der letztere bestimmt hauptsächlich die Energie des Übergangszustandes und seine Konzentration beeinflußt die Reaktionsgeschwindigkeit.

I$_d$: Die eintretende und die austretende Gruppe sind im Übergangszustand nur schwach kovalent gebunden und die Reaktionsgeschwindigkeit ist weitestgehend unabhängig von der Konzentration und Art des eintretenden Liganden.

Im allgemeinen verlaufen nucleophile Substitutionsreaktionen an vierfach koordinierten, planaren Übergangsmetallkomplexen über den assoziativen Mechanismus **A**, da sie leicht einen weiteren Liganden aufnehmen können. Oktaedrische Komplexe reagieren hingegen gemäß den Mechanismen **D**, **I$_d$** und gelegentlich **I$_a$**. Der Mechanismus **A** ist für sie ungünstig, da er die kurzfristige Koordination eines zusätzlichen, siebenten Liganden beinhalten würde.

Stabilität und Elektronenkonfiguration: Die Stabilität und relative Reaktionsgeschwindigkeit der Substitution an einem oktaedrischen Komplex lassen sich erfolgreich mit der Kristallfeld-Stabilisierungsenergie korrelieren. Aus oktaedrischen Komplexen entstehen während der nucleophilen Substitution fünffach koordinierte, quadratisch pyramidale Übergangszustände. Die Kristallfeld-Aktivierungsenergien KFAE ergeben sich aus der Subtraktion der KFSE des Startkomplexes von der des Übergangszustandes.

Solche Berechnungen führen zu den folgenden Vorhersagen:
1. d^0-, d^5 (*high spin*)- und d^{10}-Komplexe sind labil, da die KFSE im Grundzustand und im Übergangszustand Null ist.
2. Für d^1, d^2, d^4 (*high spin*), d^6 (*high spin*), d^7 (*high spin*) und d^9 sind die Kristallfeld-Aktivierungsenergien sehr klein und deshalb sind diese Komplexe ebenfalls labil.
3. Die Kristallfeld-Aktivierungsenergien für d^3, d^4 (*low spin*), d^5 (*low spin*), d^6 (*low spin*) und d^8-Elektronenkonfigurationen sind groß und die Komplexe inert. Die Reaktionsgeschwindigkeit nimmt in der folgenden Weise ab

$$d^5 > d^4 > d^8 \approx d^3 > d^6$$

Diese Vorhersagen entsprechen den experimentellen Beobachtungen.

Da die Ausarbeitung der Kristallfeld-Aktivierungsenergien nicht trivial ist, werden hier keine Zahlenwerte für sie angegeben. Bei ihrer Anwendung ergeben sich außerdem folgende Probleme:
1. Der Übergangszustand wird als reguläre quadratische Pyramide angenommen, was sicherlich nicht immer der Realität entspricht.
2. Die Bindungslängen und Δ-Werte werden vom Grundzustand unverändert übernommen, obwohl z.B. fünf Liganden keinesfalls zu den gleichen Δ-Werten führen wie sechs.
3. Das Modell der Kristallfeld-Aktivierungsenergie enthält zusätzlich alle Probleme, die auch mit der KFSE assoziiert sind. Zum Beispiel ist die KFAE nur einer der vielen Beiträge zur Aktivierungsenergie, und sie geht von einem vollständig ionischen Modell aus (Grundlage der Kristallfeld-Theorie).

Trotzdem erhält man eine bemerkenswert gute Übereinstimmung der berechneten Kristallfeld-Aktivierungsenergien und den Reaktionsgeschwindigkeiten.

Wasseraustauschreaktion:

$$[M(H_2O)_6]^{n+} + H_2O \rightleftharpoons [M(H_2O)_6]^{n+} + H_2O$$

Metall	Geschwindigkeitskonstante (s^{-1})	Metall	Geschwindigkeitskontstante (s^{-1})
Cr^{2+}	$7 \cdot 10^9$	Mn^{2+}	$3 \cdot 10^7$
Fe^{2+}	$3 \cdot 10^6$	Co^{2+}	$1 \cdot 10^6$
Ni^{2+}	$3 \cdot 10^4$	Cu^{2+}	$8 \cdot 10^9$
Fe^{3+}	$3 \cdot 10^3$	Cr^{3+}	$3 \cdot 10^{-6}$
Rh^{3+}	$4 \cdot 10^{-8}$		

Diese Reaktion verläuft über den dissoziativen Mechanismus I_d, d.h. die M–OH$_2$-Bindung ist im Übergangszustand deutlich geschwächt. Die Geschwindigkeit der Austauschreaktion hängt folglich von der M–OH$_2$-Bindungsstärke ab.

2^+-Ionen

Alle $[M(H_2O)_6]^{2+}$-Komplexe sind *high spin*-konfiguriert.

Die Cr^{2+}-$(t_{2g}{}^3 e_g{}^1)$ und Cu^{2+}-$(t_{2g}{}^6 e_g{}^3)$-Komplexe unterliegen Jahn-Teller-Verzerrungen, die zur Verlängerung und Schwächung der axialen Bindungen führen. Die axialen Wassermoleküle werden am leichtesten ausgetauscht und weisen so die schnellsten Geschwindigkeitsraten für den Wasseraustausch auf. d^4 (*high spin*) und d^9 sollten aufgrund der KFAE die labilsten Komplexe bilden.

d^5, d^6, d^7-Komplexe weisen geringere Geschwindigkeiten auf als d^4, d^9-Komplexe, da sie dem Jahn-Teller-Effekt nicht ausgesetzt sind. Ihre Geschwindigkeiten werden von den folgenden, gegenläufigen Faktoren beeinflußt, von denen ersterer überwiegt:

1. *Abnehmender Ionenradius von d^5 nach d^7.* Die M–OH$_2$-Bindung ist für d^7 kürzer und damit auch stärker, woraus für d^7 eine geringere Austauschgeschwindigkeit folgt.
2. *Kristallfeld-Aktivierungsenergie.* Sie sagt für die drei Komplexe eine geringe Stabilität voraus mit zusätzlich leicht fallender Tendenz von d^5 nach d^7.

Die relative Stabilität der Ni^{2+}-Komplexe ist so groß wie die Kristallfeld-Aktivierungsenergie und die geringe Größe des d^8-Ions vermuten läßt.

3^+-Ionen

Die Austauschraten sind für die 3^+-Komplexe allgemein langsamer, was mit den stärkeren M–OH$_2$-Bindungen zusammenhängt. Die hochgeladenen Metallionen ziehen die Liganden so stark an, daß jene nur schwer ersetzt werden können.

Die Kristallfeld-Aktivierungsenergie sagt für Fe^{3+}(d^5, *high spin*)-Komplexe eine geringe Stabilität voraus (die KFSE ist im Grund- und Übergangszustand Null).

$Cr^{3+}(t_{2g}{}^3)$ und $Rh^{3+}(t_{2g}{}^6$, *low spin*) sollten aufgrund der KFAE inert gegenüber Substitutionsreaktionen sein. Rh^{3+} bildet die stabileren Komplexe von beiden, da Δ für Elemente der 2. Übergangsreihe größer ist.

Der trans-Effekt und der trans-Einfluß: Von *trans*-Effekt spricht man gewöhnlich im Zusammenhang mit quadratisch planaren Übergangsmetallkomplexen.

Bei diesem Effekt handelt es sich um ein kinetische Phänomen: Dabei handelt es sich um den Effekt, den ein Ligand auf die Austauschrate des zu ihm *trans*-ständigen Liganden ausübt. Die Fähigkeit zur Destabilisierung eines *trans*-ständigen Liganden variiert wie folgt:

$H_2O \approx OH \approx NH_3 \approx Amine < Cl < Br < I < CH_3 < PR_3 \approx H^- < Olefine \approx CO \approx CN$

Die Substitution des Chlorliganden in *trans*-[Pt(PEt₃)₂LCl]

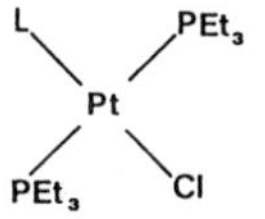

ist rund 10^5 mal schneller für L = H statt L = Cl.

Der *trans*-Einfluß ist ein thermodynamisches Phänomen (Grundzustand) und beschreibt das Ausmaß, mit dem ein Ligand die Bindung zum *trans*-ständigen Liganden schwächt (Grundzustand, Gleichgewicht). Im großen und ganzen besitzen die Liganden mit dem größten *trans*-Effekt auch den stärksten *trans*-Einfluß. So ist z.B. die Pt–Cl-Bindung in *trans*-[Pt(PEt₃)₂Cl₂] um 12 pm kürzer als in *trans*-[Pt(PPh₂Et)₂HCl].

Der trans-Effekt und Synthese:

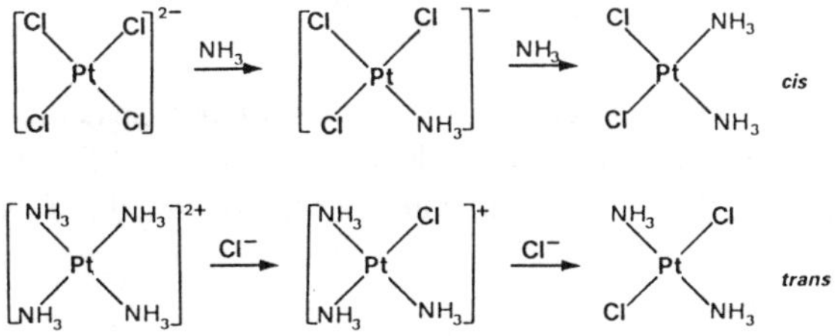

Die gezeigten Produkte entstehen, da Chlor einen stärkeren *trans*-Effekt aufweist als NH₃. Deshalb werden Liganden, die *trans*-ständig zu Cl sind, leichter ausgetauscht als jene, die *trans*-ständig zu NH₃ sind.

Indem man den *trans*-Effekt und die Tatsache ausnutzt, daß M–X-Bindungen (X = Halogen) im allgemeinen schwächer sind als M–N-Bindungen (Cl ist ein schlechterer σ-Donor als N, was man auch daran sehen kann, daß es keine Addukte der Art H–Cl:→E gibt, wohl aber der Art H₃N:→E), lassen sich durch einfache Variation der Reihenfolge der Substitution verschiedene Isomere herstellen, d.h.

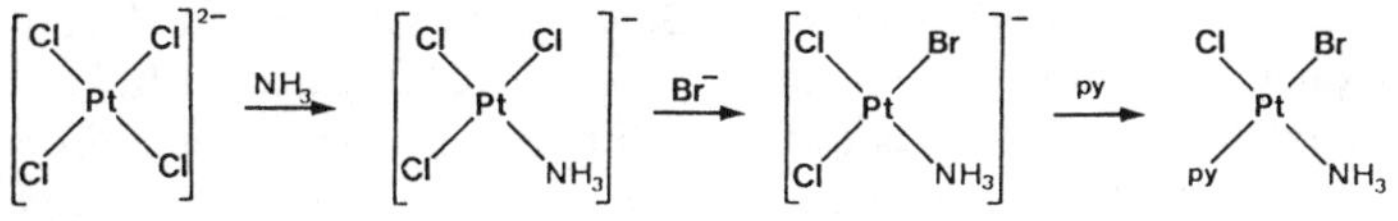

py = Pyridin

trans-Effekt: Br > Cl > NH₃.

trans-Effekt: Br > Cl > py

Der zweite Schritt beruht auf der Tatsache, daß die Pt–N-Bindung in Pt–py stabiler ist als die Pt–Cl-Bindung, so daß anstelle des Pyridins ein Chlorligand ersetzt wird.

trans-Effekt: $Br > Cl > py > NH_3$

Der dritte Schritt entspricht nicht der Erwartung, da aufgrund des *trans*-Effektes eigentlich der NH_3-Ligand eher ausgetauscht werden sollte als der Cl-Ligand. Das tatsächliche Produkt kommt aufgrund der schwächeren M–Cl-Bindung zustande.

Ein weiteres Problem des *trans*-Effektes ist, daß sich die obige Reihenfolge durch die Art des eintretenden Liganden geringfügig verändern kann.

Erklärung des trans-Effektes und des trans-Einflusses: Es gibt keine einfache und gute Erklärung, die alle Aspekte des *trans*-Effektes und *trans*-Einflusses erfaßt. Man muß sich immer darüber im Klaren sein, daß es sich um ein kinetisches Phämomen handelt und es nicht ausreicht, allein den Grundzustand zu betrachten. Der Übergangszustand müßte in die Überlegungen mit eingehen, was jedoch nicht möglich ist, da man die exakte Natur des Übergangszustandes nicht kennt.

Gewöhnlich unterteilt man die Erklärung in σ- und π-Beiträge:

a) *σ-Beiträge*

1. *Elektronegativität*: Mit abnehmender Elektronegativität eines Liganden L wird die Bindung zum *trans*-ständigen Liganden länger. Der Grund hierfür ist: In einer XML-Einheit erhöht ein weniger elektronegativer Ligand L die Elektronendichte am M, wodurch die X–M-σ-Bindung geschwächt wird.

2. *Polarisierbarkeit*:

Handelt es sich bei L um einen polarisierbaren Liganden, so induziert das Metallatom einen Dipol wie in der schematischen Darstellung gezeigt. Dieser Dipol induziert nun seinerseits im Metallatom einen Dipol, der dem natürlichen Dipol von X entgegengesetzt ist, und damit wird die M–X-Bindung geschwächt. Dieser Effekt nimmt mit steigender Polarisierbarkeit des Metallatoms zu, d.h. er ist in Pt(II)-Komplexen größer als in Ni(II)-Komplexen (Pt hat eine größere Ausdehnung als Ni und die äußeren Elektronen werden schwächer angezogen).

In beiden Faktoren geht es um die Schwächung einer Bindung im Grundzustand und damit den *trans*-Einfluß. Trotzdem kann man in ihnen auch eine Bedeutung für den *trans*-Effekt sehen, wenn man erkennt, daß *trans*-ständige Liganden eines quadratisch planaren Komplexes mit demselben p-Orbital wechselwirken, während die Wechselwirkungen im trigonal bipyramidalen Übergangszustand nicht so direkt sind.

quadratisch planar   trigonal bipyramidal

Nimmt man tatsächlich an, daß die meisten Wechselwirkungen über das gemeinsame p-Orbital stattfinden, so dürften die erwähnten Elektronegativitäts- und Polarisationseffekte im Übergangszustand weniger relevant sein. Ein Ligand, der im Grundzustand die Bindung zum *trans*-ständigen Liganden schwächt, sollte das im Übergangszustand demnach nicht können, so daß der Grundzustand relativ zum Übergangszustand destabilisiert wird.

b) π-*Beiträge*

Oft handelt es sich bei stark *trans*-dirigierenden Liganden um gute π-Akzeptoren, z.B. CO (Kap.7). Sind L und X gute π-Akzeptoren, so konkurrieren sie um die verfügbare d-Elektronendichte am Metallatom.

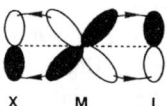

Je größer die π-Akzeptoreigenschaften von L sind, desto mehr Elektronendichte wird X vorenthalten und desto schwächer wird die M–X-π-Bindung. Auch hierbei handelt es sich um einen Effekt des Grundzustandes. Er erklärt unterschiedliche Bindungslängen, wenn L und X π-Orbitale besitzen, aber nicht wenn X keine π-Orbitale aufweist wie z.B. NH_3.

Die π-Beiträge können zur Erklärung der Labilität eines Komplexes herangezogen werden, da ein starker π-Akzeptor durch die Verringerung der Elektronendichte am Metallatom dessen Bereitwilligkeit zur Aufnahme eines fünften Liganden steigert.

Das sind also die Hauptargumente, die zur Erklärung des *trans*-Effektes und des *trans*-Einflusses herangezogen werden. Es gibt noch andere Theorien, aber inwieweit sie die Realität richtig wiedergeben ist umstritten. Die σ- und π-Beiträge werden mit großer Wahrscheinlichkeit einen Anteil daran haben.

Es gibt einige Hinweise darauf, daß es in oktaedrischen Komplexen ebenfalls so etwas wie *trans*-Effekte und -Einflüsse gibt. In den wenigen Arbeiten, die darüber durchgeführt wurden, zeigte sich, daß sich die Liganden gemäß ihrer Destabilisierungsfähigkeiten in einer *trans*-Effekt Reihe anordnen lassen, die fast identisch ist mit der für die quadratisch planaren Komplexe. Die Situation wird dadurch erschwert, daß die Liganden eine Reihe von *cis*-Destabilisierungen aufweisen (viele von ihnen üben auf *cis*-ständige Liganden sogar einen größeren Effekt aus als auf *trans*-ständige).
Die Verlängerung der Bindungen (*trans*-Einfluß, Grundzustand) läßt sich am häufigsten in Komplexen beobachten, in denen Liganden mit *trans*-ständigen π-Akzeptorliganden um die π-Elektronendichte konkurrieren, z.B.

	$Cr(CO)_6$	$Cr(CO)_3(PH_3)_3$
Cr–C-Bindung in pm	191	184

Der Mechanismus des *trans*-Effektes und -Einflusses ist für oktaedrische Komplexe genauso unsicher wie für quadratisch planare. Man nimmt an, daß in beiden Fällen dieselben Faktoren eine Rolle spielen, was noch zu beweisen wäre.

Elektronentransfer-Reaktionen: Bei den folgenden Reaktionen finden Elektronenübertragungen statt:

$$[*Fe^{III}(CN)_6]^{3-} + [Fe^{II}(CN)_6]^{4-} \longrightarrow [*Fe^{II}(CN)_6]^{4-} + [Fe^{III}(CN)_6]^{3-} \tag{1}$$

wobei *Fe radioaktiv-markiertes Eisen darstellt.

$$[Co(NH_3)_5Cl]^{2+} + [Cr(H_2O)_6]^{2+} \xrightarrow{\ H^+\ } Co^{2+}_{(aq)} + 5\,NH_4^+ + [Cr(H_2O)_5Cl]^{2+} \tag{2}$$

Es gibt zwei Arten von Elektronentransfer-Prozessen:
1. *Outer sphere*: Die Wechselwirkungen zwischen dem Oxidations- und dem Reduktionsmittel sind zur Zeit der Elektronenübertragung gering. Beide Komplexe besitzen ihre intakten Koordinationsschalen und das Elektron muß beide durchdringen. Reaktion (1) gehört zu *outer sphere*-Prozessen.
2. *Inner sphere*: Mindestens ein Ligand bildet während der Elektronenübertragung eine Brücke zwischen dem Oxidations- und dem Reduktionsmittel, so daß das Elektron über diesen Liganden von einem Zentralatom zum anderen gelangt. Ein Beispiel für einen solchen Prozeß bietet Reaktion (2).

Outer sphere-Reaktionen: Damit es sich unzweifelhaft um einen *outer sphere*-Elektronentransfer handelt, bedarf es Reaktanten, bei denen die Ligandensubstitution langsamer verläuft als die Elektronenübertragung. Dies ist keine notwendige Bedingung für den Prozeß an sich, sondern vielmehr für dessen Nachweismöglichkeit.

Der einfachste Fall einer *outer sphere*-Reaktion liegt vor, wenn die Edukte und Produkte chemisch identisch sind (1). Die Geschwindigkeiten der Elektronenübertragungen können mittels radioaktiver Isotopenmarkierung und NMR untersucht werden. Die freie Reaktionsenthalpie ΔG ist für diese Prozesse gleich Null, da sich enthalpisch und entropisch nichts ändert. Die Aktivierungsenergie hingegen ist ungleich Null und setzt sich aus drei Komponenten zusammen:
1. *Abstoßung der wechselwirkenden Komplexe:* Sind die Komplexe beide gleichartig geladen, so benötigt man Energie, um die beiden einander anzunähern. Bei neutralen Komplexen stoßen sich die gefüllten Elektronenschalen der Liganden gegenseitig ab.

   Die Geschwindigkeit der Reaktion ist unter anderem von der Art des Gegenions in Lösung abhängig. Zum Beispiel hängt die Reaktion

$$[*MnO_4]^-_{(aq)} + [MnO_4]^{2-}_{(aq)} \rightarrow [*MnO_4]^{2-}_{(aq)} + [MnO_4]^-_{(aq)}$$

   davon ab, welches Kation in der Lösung vorhanden ist. Die Geschwindigkeit nimmt in der Reihe $Cs^+ > K^+ > Na^+ > Li^+$ ab. Eine starke Assoziation zwischen Anion und Kation hat zur Folge, daß man es mit quasi neutralen Reaktanten zu tun hat, die sich leichter annähern lassen als negativ geladene Komplexe. Das Ionenpaar ist für Cs^+ am stärksten, da dieses den kleinsten Hydratradius aufweist (s. Kap. 1.1.3) und demzufolge die stärksten elektrostatischen Kräfte auf das Anion ausübt.
2. *Solvatation:* Jeder Komplex besitzt eine Solvathülle, die erst durch Aufbringung von Energie zerstört werden muß, bevor die Reaktanten sich nahe genug kommen können, damit die Elektronenübertragung stattfinden kann.
3. *Franck-Condon-Einschränkungen*: Die Zeit, in der eine Elektronenübertragung stattfindet, ist kurz verglichen mit der Zeit, in der ein Molekül eine Schwingung ausführt. Elektronenübergänge finden folglich statt während alle Atome an ihren Positionen festgefroren sind, d.h. die Bindungslängen in dem Moment starr.

Betrachte die Reaktion

$$[*Fe^{III}(H_2O)_6]^{3+} + [Fe^{II}(H_2O)_6]^{2+} \longrightarrow [*Fe^{II}(H_2O)_6]^{2+} + [Fe^{III}(H_2O)_6]^{3+}$$

Die Fe–O-Bindungen sind im Fe^{III}-Komplex bedeutend kürzer als im Fe^{II}-Komplex (die Liganden werden durch die höhere positive Ladung des Zentralatoms stärker angezogen). Wenn ein Elektron von Fe^{II} auf Fe^{III} übertragen wird, entsteht ein Fe^{III}-Komplex mit langen und ein Fe^{II}-Komplex mit kurzen Fe–O-Bindungen, d.h. es werden zwei Moleküle erzeugt, die in einem angeregten Schwingungzustand sind und unter Abgabe von Energie an die Umgebung in ihren Grundzustand übergehen. Da sich bei der Reaktion chemisch nichts ändert, würde das bedeuten, daß man Energie aus dem Nichts erzeugt, was dem 1. und 2. Hauptsatz der Thermodynamik widerspräche.

Daraus folgt, daß eine Verzerrung der Komplexe stattfinden muß bevor die Elektronenübertragung abläuft. Dieser Vorgang verbraucht seinerseits Energie und bildet einen Teil der Aktivierungsenergie des Prozesses. Ein Übergangszustand, den man sich vorstellen könnte, wäre ein Komplex, in dem die Fe^{II}–O- auf Fe^{III}–O-Bindungslängen (Gleichgewicht) komprimiert (Energie = A) und die Fe^{III}–O- zu Fe^{II}–O-Bindungen (Grundzustand) verlängert wurden (Energie = B und die Gesamtaktivierungsenergie = A+B). Die niedrigste Aktivierungsenergie weist jedoch der Reaktionspfad auf, in dem die Fe^{II}–O- und Fe^{III}–O-Abstände des Übergangszustandes gleich lang sind (Aktivierungsenergie = C+D).

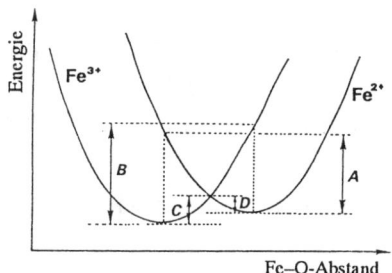

Je stärker sich die Bindungslängen der beteiligten Komplexe voneinander unterscheiden, desto langsamer werden die Elektronenübertragungen, da daraus höhere Aktivierungsenergien (Verzerrungsenergien) resultieren.

In Anlehnung daran gehen Reaktionen mit $e_g \leftrightarrow e_g$ oder $t_{2g} \leftrightarrow t_{2g}$ Elektronenübergängen schneller vonstatten als jene, die $t_{2g} \leftrightarrow e_g$ Übergänge beinhalten. Der Grund hierfür liegt in der Tatsache, daß es sich bei t_{2g} um σ-nichtbindende und bei e_g um σ^*-antibindende Orbitale handelt und der Übergang eines Elektrons von einem nicht- zu einem antibindenden Orbital mit einer enormen Änderung der Bindungslängen verknüpft ist. Zum Beispiel ist die Reaktion zwischen V^{II} und $[Co(NH_3)_6]^{3+}$ schneller $\{V^{II}(t_{2g}^3) \rightarrow V^{III}(t_{2g}^2)\}$ als zwischen Cr^{II} und $[Co(NH_3)_6]^{3+}$ $\{Cr^{II}(t_{2g}^3 e_g^1) \rightarrow Cr^{III}(t_{2g}^3)\}$

Beinhaltet die Reaktion gleichzeitig eine chemische Veränderung und ist exotherm, dann sind die Franck-Condon-Einschränkungen nicht so streng. Es gibt keine Notwendigkeit für die Angleichung der Bindungsabstände mehr. Die Energie, die beim Übergang vom angeregten Schwingungszustand in den Grundzustand frei wird, stellt dann einen Teil der Gesamtenergie der Reaktion dar. Für endotherme Reaktionen sind die Franck-Condon-Einschränkungen sehr viel strenger. Folglich sind exotherme Elektronentransferreaktionen schneller als Gleichgewichtsreaktionen und jene wiederum schneller als endotherme.

Der Mechanismus einer *outer sphere*-Reduktion basiert auf der starken Wechselwirkung zwischen den beteiligten Komplexen (Billardkugelmodell) und einem Elektronentransfer über quantenmechanische Tunnelprozesse durch die Ligandenschalen hindurch.

Inner sphere-Reaktionen: Bei dem folgenden Beispiel erfolgt die Elektronenübertragung von einem Metallatom zum anderen über einen verbrückenden Liganden.

$$[Co(NH_3)_5Cl]^{2+} \; + \; [Cr(H_2O)_6]^{2+} \xrightarrow{\;H^+\;} [Co(H_2O)_6]^{2+} \; + \; 5NH_4^+ \; + \; [Cr(H_2O)_5Cl]^{2+}$$

$$Co^{3+}d^6(t_{2g}^{\;6}) \qquad Cr^{2+}d^4(t_{2g}^{\;3}e_g^{\;1}) \qquad\qquad Co^{2+}d^7(t_{2g}^{\;5}e_g^{\;2}) \qquad\qquad\qquad Cr^{3+}d^3(t_{2g}^{\;3})$$

$$\text{inert} \qquad\qquad\quad \text{labil} \qquad\qquad\qquad\qquad \text{labil} \qquad\qquad\qquad\qquad\qquad \text{inert}$$

Das Chloratom im Startkomplex kann radioaktiv markiert (diesen Prozess bezeichnet man als „labeling") werden, und wenn die Reaktion in Gegenwart freier, ungelabelter Cl^--Ionen ausgeführt wird, findet man im Cr^{3+}-Komplex ausschließlich radioaktives Chlor wieder.

Verliefe die Reaktion über einen *outer sphere*-Mechanismus, dann entstünde aus dem $[Cr(H_2O)_6]^{2+}$-Komplex durch die Elektronenübertragung ein stabiler, inerter $[Cr(H_2O)_6]^{3+}$-Komplex (d^3), der nur ungern ein Chloridion aus der Lösung anlagern würde. Selbst wenn er das täte, sollte man keine Bevorzugung der radioaktiv markierten Cl^--Ionen beobachten können, die beim Zerfall des labilen Co^{2+}-Komplexes entstehen. Eine vollständige Übertragung des gelabelten Chlorids erhält man nur, wenn jenes eine Brücke zwischen den beiden Startkomplexen bildet und anschließend am inerten Cr^{3+}-Komplex verbleibt, wenn die Bindung gebrochen wird.

Der Elektronentransfer verläuft dabei über den folgenden Mechanismus

$$[Co^{III}(NH_3)_5Cl]^{2+} + [Cr^{II}(H_2O)_6]^{2+}$$

$$\downarrow$$

Vorläufer-Komplex $\qquad [(NH_3)_5Co^{III}-Cl-Cr^{II}(H_2O)_5]^{4+} + H_2O$

$$\downarrow$$

Folge-Komplex $\qquad [(NH_3)_5Co^{II}-Cl-Cr^{III}(H_2O)_5]^{4+}$

$$\downarrow$$

$$[Co(NH_3)_5]^{2+} + [Cr(H_2O)_5Cl]^{2+}$$

$$\downarrow\; H^+/H_2O$$

$$[Co(H_2O)_6]^{2+} + 5\,NH_4^+$$

Die Bildung des Vorläufer-Komplexes erfordert die Abspaltung eines Wassermoleküls aus dem Cr^{2+}-Komplex, was durch dessen Labilität (d^4) erleichtert wird. Wenn der Folge-Komplex zerfällt, bleibt der Cl-Ligand am stabileren Komplex gebunden, und Cr^{III} (d^6, *low spin*) ist stabiler als Co (d^7).

Im allgemeinen gilt:

1. Der überbrückende Ligand stammt gewöhnlich aus dem Komplex, der reduziert wird.
2. Es ist nicht notwendig, daß der Brückenligand vom Metallzentrum dissoziert, an das er ursprünglich gebunden war. Es gibt vielmehr drei Möglichkeiten.

$$R + X-O \;\;\rightarrow\;\; O + X-R$$
$$\text{oder} \;\; O-X + R$$
$$\text{oder} \;\; O + X + R$$

wobei R = Reduktionsmittel und O = Oxidationsmittel.

3. Jeder der folgenden Schritte kann geschwindigkeitsbestimmend sein:

Brückenbildung

Diese ist geschwindigkeitsbestimmend, wenn die Ligandensubstitution im Startkomplex langsamer abläuft als der Elektronentransfer. Ein Ligand muß abgespalten werden, damit eine freie Koordinationsstelle entsteht, bevor eine Brücke gebildet werden kann. Dieser Reaktionstyp hängt stark von der Art des Brückenliganden ab, d.h. davon ausgehend, daß die überbrückenden Liganden vom oxidierenden Komplex kommt, hängt die Geschwindigkeit der Reaktion von der Affinität des Reduktionsmittel zu jenem Liganden ab.

Elektronentransfer

Die Geschwindigkeit wird auch hierbei stark durch die Art der Brücke beeinflußt. Das hängt zum einen mit dem vorgelagerten Gleichgewicht, der Brückenbildung, und zum anderen mit der Übertragung des Elektrons über die Brücke zusammen. Da zwei Faktoren involviert sind, läßt sich nur schlecht verallgemeinern, in welchem Maße sich ein einfacher Ligand zur Brückenbildung eignet. Zum Beispiel hängt die Geschwindigkeit der Bildung von Halogenbrücken vom Härtegrad des Reduktionsmittels, d.h. dessen Affinität zur harten Base Fluor oder zur weichen Base Brom, und der Polarisierbarkeit des Brückenatoms ab. Brom läßt sich leichter polarisieren als Fluor, wodurch der Elektronentransfer erleichtert wird. Bei Reduktionen durch harte, kationische Komplexe nimmt die Geschwindigkeit in der Reihe F > Cl > Br ab. Wenn das Reduktionsmittel jedoch aus einem weichen, kationischen Komplex besteht, dreht sich diese Reihenfolge um (HSAB-Prinzip, s. Kap. 2.3.1).

Bei mehratomigen Brücken wird die Elektronenübertragung durch die Anwesenheit konjugierter Systeme zwischen den Metallzentren erleichtert, z.B.

Der Elektronentransfer kann hierbei auf zwei Wegen erfolgen:
1. Über einen chemischen Mechanismus, bei dem ein Elektron vom Reduktionsmittel über den Brückenliganden auf das Oxidationsmittel übertragen wird. Die Geschwindigkeit ist in diesem Fall größer, wenn das Donororbital des Reduktionsmittels und die Akzeptororbitale der Liganden und des Oxidationsmittels die gleiche Symmetrie (d.h. σ oder π) besitzen. Bei Orbitalen gleicher Symmetrie kann man sich vorstellen, daß das Elektron einen direkten Weg hat.

Bei einem Mismatch der Orbitale ist der Elektronentransfer langsamer und manchmal ist es möglich, die Anwesenheit einer Zwischenstufe nachzuweisen, die einen reduzierten Liganden enthält, z.B.

2. Über einen Tunnelprozeß durch die Potentialenergiebarriere, die von den überbrückenden Liganden gebildet werden.

Brückenbruch

Handelt es sich bei dem Brückenbruch um den geschwindigkeitsbestimmenden Schritt, so ist es manchmal möglich, den Folge-Komplex zu isolieren. In der Reaktion zwischen $[Fe(CN)_6]^{3-}$ und $[Co(CN)_5]^{3-}$ kann der Komplex $[(CN)_5Fe-CN-Co(CN)_5]^{6-}$ isoliert werden, was einen weiteren Beweis für einen *inner sphere*-Mechanismus liefert.

6.3.5 Zusammenfassung

1. Die Irving-Williams Reihe lautet: $Mn^{2+} < Fe^{2+} < Co^{2+} < Ni^{2+} < Cu^{2+} > Zn^{2+}$
2. Komplexe mit mehrzähnigen Liganden sind meistens stabiler als Komplexe mit entsprechenden einzähnigen Liganden.
3. Übergangsmetallkomplexe weisen sechs Grundarten von Isomerie auf.
4. Es gibt vier grundsätzliche Mechanismen für Substitutionsreaktionen an Übergangsmetallkomplexen: D, A, I_a und I_d.
5. In bezug auf Ligandenaustauschprozesse sind Komplexe mit der Elektronenkonfiguration d^0, d^5 (*high spin*),d^{10}, d^1, d^2, d^4 (*high spin*), d^6 (*high spin*), d^7 (*high spin*), d^9 labil und mit d^3, d^4 (*low spin*), d^5 (*low spin*), d^6 (*low spin*) und d^8 inert.
6. Der *trans*-Effekt variiert wie folgt
   $H_2O \approx OH^- \approx NH_3 \approx Amine < Cl^- < Br^- < I^- < CH_3^- < PR_3 \approx H^- < Olefine \approx CO \approx CN^-$
7. Es gibt zwei Arten von Elektronenübergangsreaktionen: *inner sphere* und *outer sphere*.

6.4 Übungen

1. Warum bilden Lanthaniden mit elektronegativen Liganden die stärksten Bindungen, während die M–L-Bindungsstärke für Metalle der 1. Übergangsreihe in der Reihe $CO > NH_3 > H_2O > F^-$ abnimmt?

Antwort: Die Bindungen in Lanthanidenverbindungen sind fast rein ionischer Natur. Die 4f-Orbitale werden von den vollen 5s- und 5p-Orbitalen verdeckt und können nicht mit den Liganden wechselwirken. Die stärksten ionischen Bindungen bilden sich aus, wenn die Liganden klein und hoch geladen sind (elektrostatische Energie verhält sich zum Produkt der Ladungen direkt und zum Abstand der Ladungen umgekehrt proportional), also z.B. mit F^-. *Beachte:* Im allgemeinen zeigen die elektronegativsten Liganden die größte Tendenz zur Bildung von Anionen.

Die Bindungen in Übergangsmetallverbindungen besitzen aufgrund der d-Orbitale, die als echte Valenzorbitale mit den Liganden wechselwirken können, einen beträchtlichen kovalenten Charakter. Die unterschiedliche Verfügbarkeit der 3d- und der 4f-Orbitale läßt sich anhand der unterschiedlichen Aufspaltungen im Kristallfeld veranschaulichen. Die 4f-Orbitale der Lanthaniden werden im Kristallfeld nur um einige hundert cm^{-1} aufgespalten, während die Aufspaltung der d-Orbitale der Übergangsmetalle (1. Reihe) im allgemeinen in der Größenordnung von 10 000 cm^{-1} liegt.

Die Bindung in Übergangsmetallkomplexen besteht aus einer Kombination von σ- und π-Effekten.

a) CO ist ein reiner σ-Donor, es nimmt aber bereitwillig Elektronen in seine C–O–π*-Orbitale auf, um starke π-Bindungen auszubilden. Die 4f-Orbitale der Lanthaniden sind nicht in der Lage, an π-Bindungen teilzunehmen, und Lanthanidencarbonyle neigen deshalb zur Instabilität (s. Kap. 7.6).

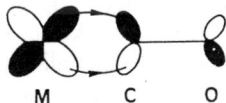

b) NH_3 und H_2O nehmen an keinen π-Wechselwirkungen teil, und die Bindung kommt hauptsächlich durch die Wechselwirkung nichtbindender σ-Orbitale mit den freien Orbitalen der Metallionen zustande. Es gibt zusätzlich einen ionischen Beitrag zur Bindung, der aus der Wechselwirkung des positiven Zentralatoms mit dem negativen Ende des Ligandendipols besteht. Dieser elektrostatische Effekt ist bei H_2O stärker als bei NH_3 (Sauerstoff ist elektronegativer als Stickstoff und trägt eine negative Partialladung). Aufgrund der geringeren Elektronegativität ist Stickstoff jedoch ein besserer σ-Donor, so daß die M–N-Bindung letztendlich stärker ist als die M–O-Bindung.

c) F^- ist weder ein guter σ-Donor noch ein guter π-Donor, was sich auf die geringe Polarisierbarkeit des Ions zurückführen läßt. In Verbindungen der Zusammensetzung MX hat Fluor von allen Halogenen die größte Tendenz zu ionischer Bindung. Der große ionische Beitrag zur Bindung in Fluorverbindungen reicht im allgemeinen nicht aus, um die geringe σ- und π-Bindung auszugleichen.

2. Diskutiere die aufgeführten magnetischen Momente

Verbindung	$[CoF_6]^{3-}$	$[RhF_6]^{3-}$	$NiCl_2(PPh_3)_2$	$NiCl_2(PEt_3)_2$
Magnetisches Moment (BM)	4,9	0,0	3,3	0,0

Antwort: Co^{3+} und Rh^{3+} weisen eine d^6-Konfiguration (oktaedrisch) auf, für die es zwei mögliche Elektronenanordnungen gibt.

⥮ ⥮ e_g		── ──	
⥮ ⥮ ⥮ t_{2g}		⥮ ⥮ ⥮	
high spin		*low spin*	
Gesamtspin $S = 4 \cdot 1/2 = 2$		Gesamtspin $S = 0$	

Setzt man diese Werte in die *spin only*-Gleichung ein,

$$\mu = \sqrt{4S(S+1)}$$

so erhält man $\mu = 4,9$ BM für $S = 2$ und $\mu = 0$ BM für $S = 0$. Daraus läßt sich schließen, daß der Co^{2+}-Komplex d^6 *high spin*- und der Rh^{3+}-Komples d^6 *low spin*-konfiguriert ist.

Ob man eine *high* oder *low spin*-Konfiguration erhält, hängt von der relativen Größe der Kristallfeld-Stabilisierungsenergie Δ zur Paarungsenergie P (Energie bei Paarung zweier Spins im selben Orbital) ab. Ist $\Delta > P$, so erhält man *low spin*-Komplexe, ist $\Delta < P$ dementsprechend *high spin*-

Komplexe. Innerhalb einer Gruppe nimmt Δ von oben nach unten zu, da die d-Orbitale ausladender werden und stärker mit den Liganden wechselwirken. Das führt dazu, daß die Komplexe der 2. und 3. Übergangsmetallreihe alle *low spin*-konfiguriert sind. *P* nimmt in der gleichen Richtung ab, da die Orbitale größer sind und die Abstoßung zwischen den Elektronen geringer wird. Dieser Effekt wird jedoch durch die Zunahme von Δ mehr als ausgeglichen. Es sollte erwähnt werden, daß es sich bei dem gezeigten Kobaltkomplex um einen der wenigen *high spin*-Komplexe von Co^{3+} handelt. Außerdem ist der Grundzustandsterm für Co^{3+} (*high spin*, oktaedrisch) $^4T_{2g}$, und das magnetische Moment sollte sich erwartungsgemäß mit der *spin only*-Formel nicht vorhersagen lassen. Obwohl sie sich für einen T-Grundzustand strenggenommen nicht anwenden läßt, liefert sie dennoch einen Hinweis auf die Zahl der ungepaarten Elektronen.

Beide Ni^{2+}-Komplexe sind d^8 und vierfach koordiniert. Die Liganden lassen sich entweder quadratisch planar oder tetraedrisch anordnen.

quadratisch planar ($S = 0$)   tetraedrisch ($S = 1$)

In einem quadratisch planaren Komplex (d^8) ist die *low spin*-Konfiguration bevorzugt (keine ungepaarten Elektronen, $\mu = 0$, diamagnetisch, da sie die Besetzung des energiereichen $d_{x^2-y^2}$-Orbitals umgeht. $NiCl_2(PEt_3)_2$ ist deshalb quadratisch planar.

Der tetraedrische Komplex sollte entsprechend der zwei ungepaarten Elektronen ein magnetisches Moment besitzen. Setzt man $S = 1$ in die *spin only*-Formel ein, so erhält man $\mu = 2{,}83$ BM, was mit dem Wert ganz gut übereinstimmt, der in der Tabelle für $NiCl_2(PPh_3)_2$ aufgeführt ist. Die Differenz zwischen dem berechneten und dem angeführten Wert erhält man, da es sich um einen $^3T_1$-Grundterm handelt und die *spin only*-Formel auch hier keine exakten Werte liefern kann. Die andere mögliche Struktur von $NiCl_2(PPh_3)_2$ enthält oktaedrisch koordiniertes Nickel und Chlorliganden als Brückenatome wie in $NiCl_2py_2$. Der Grundzustandsterm von oktaedrischem Ni^{2+} ist $^3A_{2g}$ und ergibt ein magnetisches Moment, das dem *spin only*-Wert von 2,83 BM näher kommt.

Der Unterschied zwischen diesen beiden Komplexen liegt an einer Kombination von sterischen und KFSE-Faktoren:

a) In der tetraedrischen Geometrie sind die vier Liganden am weitesten voneinander entfernt, sie wird also aus sterischen Gründen bevorzugt.

b) Die Kristallfeld-Stabilisierungsenergie ist im Fall des quadratisch planaren Komplexes größer (er leitet sich von einem oktaedrischen Komplex ab).

Demnach wird die quadratisch planare Geometrie (90°-Winkel) bevorzugt, wenn keine sterischen Faktoren dagegen sprechen. Im Fall der voluminösen PPh_3-Liganden jedoch ist die Abstoßung so stark, daß die tetraedrische Struktur (109°-Winkel) angenommen wird, um die Wechselwirkungen zu minimieren.

3. Die folgenden Reaktionen laufen in wäßriger Lösung ab. Um welche Prozesse handelt es sich?

$$[CoCl(NH_3)_5]^{2+} + [Cr(H_2O)_6]^{2+} \rightarrow [CrCl(H_2O)_5]^{2+} + Co^{2+}_{(aq)} + 5\,NH_{3(aq)} \tag{1}$$

$$[Co(NH_3)_6]^{3+} + [Cr(H_2O)_6]^{2+} \rightarrow [Cr(H_2O)_6]^{3+} + Co^{2+}_{(aq)} + 6\,NH_{3(aq)} \tag{2}$$

Antwort: Bei beiden Reaktionen handelt es sich um Elektronentransferprozesse, d.h.

$$Co^{3+} + Cr^{2+} \rightarrow Co^{2+} + Cr^{3+}$$

Die Reaktion **(1)** läuft über einen *inner sphere*-Mechanismus ab, wobei Chlor als Brückenligand fungiert.

$$[CoCl(NH_3)_5]^{2+} + [Cr(H_2O)_6]^{2+}$$
$$\downarrow$$
$$[(NH_3)_5-Co^{III}\text{---}Cl\text{---}Cr^{II}(H_2O)_5]^{4+} + H_2O$$

Elektronentransfer
$$\downarrow$$
$$[(NH_3)_5Co^{II}\text{---}Cl\text{---}Cr^{III}(H_2O)_5]^{4+} + H_2O$$
$$\downarrow$$
$$[Co(H_2O)(NH_3)_5]^{2+} + [CrCl(H_2O)_5]^{2+}$$

Die Edukte sind ein inerter Co^{3+}-Komplex (d^6, *low spin*) und ein labiler Cr^{2+}-Komplex (d^4, *high spin*). Die Abspaltung eines Wassermoleküls aus dem labilen Komplex erlaubt dem Chlor die Brückenbildung zwischen den Metallatomen (der Brückenligand kommt aus dem inerten Komplex). Durch den Elektronentransfer entsteht ein labiler Co^{2+}-Komplex (d^7, *high spin*) und ein inerter Cr^{3+}-Komplex (d^3), und wenn die Brücke wieder gebrochen wird, verbleibt der Chlorligand am inerten Komplex (Cr^{3+}). Im $[Co(H_2O)(NH_3)_5]^{2+}$-Komplex werden alle NH_3-Liganden gegen Wassermoleküle ausgetauscht so entsteht $[Co(H_2O)_6]^{2+}$, d.h. $Co^{2+}_{(aq)}$.

In der Reaktion **(2)** läuft der Elektronentransfer über einen *outer sphere*-Mechanismus ab, da NH_3 die Brückenposition nicht einnehmen kann. Der Stickstoff ist durch die Bindung zu einem Metallatom koordinativ abgesättigt. Der Elektronentransfer erfolgt durch die Koordinationssphären der beiden hindurch, nachdem sich die Komplexe so dicht wie möglich angenähert haben. Es tritt also während des Reaktionsverlaufes kein NH_3-Molekül in die Koordinationssphäre des Cr^{2+} ein und sobald der inerte Cr^{3+}-Komplex gebildet ist, kann kein Austausch mit NH_3-Molekülen in der Lösung stattfinden.

4. $[Ni(CN)_4]^{2-}$ ist quadratisch planar, $[Ni(CN)_4]^{4-}$ und $[NiCl_4]^{2-}$ hingegen sind tetraedrisch. Erkläre dieses Phänomen.

Antwort: Sowohl $[Ni(CN)_4]^{2-}$ als auch $[NiCl_4]^{2-}$ enthält Ni^{2+}-Ionen (d^8). Die beiden Komplexen unterscheiden sich in

- der π-Bindung,
- der Stärke des Ligandenfeldes,
- den sterischen Faktoren.

a) CN^- ist aufgrund freier, energiearmer π^*-Orbitale (isoelektronisch mit CO) in der Lage, mit entsprechenden Orbitalen des Metallatoms π-Bindungen auszubilden. CN^- fungiert dabei als π-Akzeptor. Die Orbitale sind in der quadratisch planaren Struktur besser für π-Bindungen geeignet als bei tetraedrischer Geometrie. Deshalb bevorzugen CN^--Liganden quadratisch planare Anordnungen.

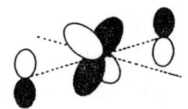

Cl⁻ kann ebenfalls als π-Donor an π-Bindungen teilnehmen, dieser Effekt ist jedoch nicht sehr groß, so daß er durch sterische Faktoren aufgehoben wird. Bei tetraedrischer Anordnung ist die Abstoßung der Liganden geringer als in quadratisch planarer.

b) CN⁻ (π-Akzeptor) erzeugt ein starkes und Cl⁻ (π-Donor) ein schwaches Ligandenfeld. Die KFSE ist bei quadratisch planarer Anordnung der Liganden größer als bei tetraedrischer. Die quadratisch planare Struktur läßt sich aus der oktaedrischen konstruieren, indem man die zwei Spitzen des Oktaeders entfernt

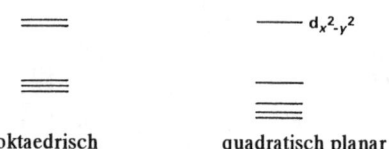

oktaedrisch   quadratisch planar

Die Orbitale des quadratisch planaren Komplexes sind energieärmer als die des oktaedrischen, so daß die KFSE für eine quadratisch planare Struktur größer sein sollte als für eine oktaedrische, wenn man von den gleichen Bedingungen ausgeht. Die gleichen Bedingungen werden allerdings nie erreicht, da sechs Liganden immer ein größeres Ligandenfeld erzeugen als vier. Wie schon gezeigt, ist die KFSE für einen oktaedrischen Komplexe größer als für einen tetraedrischen. Aufgrunddessen läßt sich abschätzen, daß die KFSE eines quadratisch planaren Komplexes auf jeden Fall größer ist als die eines tetraedrischen, besonders wenn das $d_{x^2-y^2}$-Orbital unbesetzt ist (d^8).

Die KFSE ist der Aufspaltungsenergie Δ proportional, so daß jeder Effekt der KFSE durch Liganden mit starken Feldern vergrößert wird. CN⁻ weist eine stärkere Tendenz zu quadratisch planarer Struktur auf als Cl⁻.

c) Cl⁻ benötigt viel mehr Platz in der Koordinationssphäre des Nickels als CN⁻. Deshalb bevorzugt Cl⁻ die tetraedrische Struktur, in der die Liganden so weit wie möglich voneinander entfernt sind. Das benötigte Volumen in der Koordinationssphäre des Metalls richtet sich nach der Größe des Donoratoms.

In [Ni(CN)₄]²⁻ sind die sterischen Effekte klein, aber die KFSE groß, so daß es eine quadratisch planare Struktur annimmt. Für [NiCl₄]²⁻ ist die KFSE klein und sind die sterischen Effekte groß, woraus eine tetraedrische Struktur resultiert. Für [Ni(CN)₄]²⁻ ist die stärkere π-Bindung im quadratisch planaren Komplex zwar bevorzugt, jedoch nicht annähernd so wichtig wie die beiden anderen Faktoren. Dies sieht man daran, daß [Ni(CN₄)]⁴⁻ tetraedrisch und nicht quadratisch planar ist, obwohl die π-Bindung für Ni⁰ stärker sein sollte, d.h. es leichter Elektronen an einen π-Akzeptor-Liganden abgeben sollte.

Die KFSE in [Ni(CN)₄]⁴⁻ ist für jede Geometrie (d^{10}) Null. Die Struktur wird einzig und allein durch sterische Faktoren bestimmt und ist deshalb tetraedrisch. Ni⁰ verhält sich also aufgrund der gefüllten d-Schale wie ein Hauptgruppenelement und gehorcht den VSEPR-Regeln.

7 Übergangsmetallorganyle

7.1 Elektronenzählregeln

Ein Großteil der metallorganischen Chemie kann durch Kenntnis der Valenzelektronen des Metalls verstanden werden. Aus diesem Grund ist es wichtig, die Elektronenzahl metallorganischer Komplexe ermitteln zu können. Dabei sind folgende Regeln anzuwenden:
1. Für das Metallatom wird der Oxidationszustand Null angenommen.
2. Entsprechend der Gesamtladung des Komplexes werden Elektronen addiert (bei negativer Ladung) oder subtrahiert (bei positiver Ladung).
3. Liganden werden als neutrale Atome oder Gruppen betrachtet. Wieviele Elektronen ein bestimmter Ligand zum Komplex beiträgt, läßt sich, wie noch ausführlich erklärt wird, festlegen.
4. Pro Metall-Metall-Bindung rechnet man ein Elektron für jedes Metallatom, also zwei für den Gesamtkomplex.

Hierbei handelt es sich um einen rein formalen Weg zur Ermittlung der Elektronenzahl, und es soll damit nicht angedeutet werden, daß Metallatome in metallorganischen Komplexen notwendigerweise die Oxidationszahl Null besitzen.

7.1.1 μ- und η-Notation

Mit diesen Bezeichnungen beschreibt man gewöhnlich die Bindungsarten von Liganden in metallorganischen Komplexen.

Ein μ_n-Ligand ist mit n Metallatomen verbunden. Liegt eine η^n-Bindung (sprich: hapto n) vor, so koordinieren n Ligandenatome ein oder mehrere Metallatome.

7.1.2 Wieviele Elektronen trägt ein Ligand zum Komplex bei?

Um die Anzahl der Elektronen zu ermitteln, die ein Ligand zu einem Komplex beisteuert, bedient man sich der Valenzbindungstheorie. Man betrachtet jede M–L-Bindung als normale Einfachbindung, zu der der Ligand ein Elektron (kovalente Bindung) oder ein Elektronenpaar (dative Bindung) beiträgt.

Beispiele
Das Wasserstoffatom H hat ein Elektron in der Valenzschale, bildet eine kovalente Bindung aus und ist damit immer ein 1e-Donor.

Ein einfachgebundenes Chloratom steuert ein Elektron zum Komplex bei, da es ein Elektron in der Valenzschale für eine Einfachbindung zur Verfügung stellt. Ist das Chloratom gleichzeitig an zwei Metallatome gebunden, so trägt es drei Elektronen bei: Mit einem bildet es eine Einfachbindung und mit zwei weiteren eine dative Bindung aus (vgl. Al_2Cl_6, s. Kap. 3.1.3). Koordiniert ein Chloratom drei Metallatome, so ist es ein 5e-Donor.

Diese Darstellungen entsprechen einem reinen Formalismus und werden aus Bequemlichkeit verwendet, da sie das Elektronenzählen erleichtern. In beiden Fällen sind alle M–Cl-Bindungen äquivalent.

CN und CH_3 sind 1e-Donatoren.

NO kann als 1e-Donor (gewinkelte M–N–O-Einheit) oder als 3e-Donor (lineare M–N–O-Einheit) auftreten, d.h.

CO ist praktisch immer ein 2e-Donor, dessen Bindung über das *lone pair* des Kohlenstoffatoms stattfindet.

Die Anzahl der Elektronen pro CO-Ligand ist unabhängig von der Zahl der Metallatome, an die er gebunden ist (mit einigen Ausnahmen). Dies ist eines der seltenen Beispiele, für die die Valenzbindungstheorie nicht angebracht ist. Die Bindungen müssen als Zweielektronen-Mehrzentren-Bindungen angesehen werden.

Ein Alken steuert zwei Elektronen, nämlich das Elektronenpaar der C=C-π-Bindung, bei.

Allyle (C_3H_5) können entweder als 1e- oder als 3e-Donatoren auftreten.

Im Fall des 3e-Donors kann man sich die Bindung vorstellen wie zu einem halben Benzolring, mit einem Elektron pro p-Orbital jedes Kohlenstoffatoms.

Cyclobutadien (C_4H_4) ist ein 4e-Donor.

Cyclopentadienyl (Cp, C_5H_5) ist gewöhnlich ein 5e-Donor.

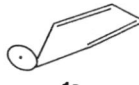
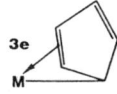

Es kann jedoch auch als 1e- oder 3e-Donor auftreten.

Cp wird in Lehrbüchern häufig als 6e-Donor dargestellt. Dabei handelt es sich um Cp⁻, und in diesen Fällen wird dem Metallatom eine positive Ladung zugesprochen. Die Gesamtelektronenzahl ist bei beiden Betrachtungsweisen gleich (s.u.).

Benzol ist im allgemeinen ein 6e-Donor,

erscheint gelegentlich aber auch als 2e- oder 4e-Donor, wenn es eine bzw. zwei C=C-Doppelbindungen für σ-Bindungen zum Metallatom benutzt.

Mehrzähnige Liganden koordinieren das Metall über mehr als ein Donoratom. Ethylendiamin (en) und Dipyridyl (dipy) sind zweizähnige 4e-Donorliganden.

Beispiele für das Elektronenzählen in metallorganischen Verbindungen:

Eisenpentacarbonyl Fe(CO)₅

Fe der Oxidationsstufe 0 besitzt acht Valenzelektronen	8 e⁻
5 CO-Liganden tragen 5·2 Elektronen zum Komplex bei	10 e⁻
Gesamtvalenzelektronenzahl des Fe	18 e⁻

Anmerkung: Die meisten Übergangsmetallatome weisen die Elektronenkonfiguration $d^n s^2$ auf, für Komplexe ist es jedoch einfacher, eine d^{n+2}-Konfiguration anzunehmen. Dies ist nicht so unberechtigt, wie es scheinen mag, da die Elektronenverteilung in einem Komplex von der im freien Atom verschieden ist.

Ferrocen Fe(C_5H_5)$_2$

Fe^0 d^8	8 e$^-$
2·Cp	10 e$^-$
Gesamtvalenzelektronenzahl des Fe	18 e$^-$

Bei der alternativen Möglichkeit, die Elektronen in Ferrocen zu zählen, geht man von einem zweifach positiv geladenen Eisenatom und Cp$^-$ (6e-Donor) aus.

Fe^{2+} d^6	6 e$^-$
2·Cp$^-$	12 e$^-$
Gesamtvalenzelektronenzahl des Fe	18 e$^-$

Dicobaltoktacarbonyl Co$_2$(CO)$_8$

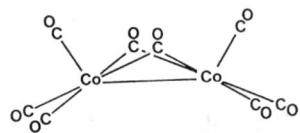

Für jedes Cobaltatom einzeln betrachtet ergibt sich

Co^{0}d^9	9 e$^-$
3·μ_1-CO (terminal)	6 e$^-$
2·μ_2-CO (Brücke)	2 e$^-$
Co–Co-Bindung	1 e$^-$
Gesamtvalenzelektronenzahl pro Co	18 e$^-$

Jedes brückenständige CO gibt dabei an jedes Cobaltatom ein Elektron ab, insgesamt also zwei Elektronen an den Komplex.

Eine alternative Struktur von Co$_2$(CO)$_8$ enthält ebenfalls eine Co–Co-Bindung, jedoch keine CO-Brücke. Die Elektronenzahl ist dieselbe.

[Fe$_2$(CO)$_8$]$^{2-}$

Auch hier betrachtet man die Eisenatome einzeln.

Fe^0d^8	$8\ e^-$
-1 pro Fe	$1\ e^-$
$4\cdot CO$	$8\ e^-$
Fe–Fe-Bindung	$1\ e^-$
Gesamtvalenzelektronenzahl pro Fe	$18\ e^-$

Zu beachten ist, daß die Ladung des Komplexes gleichmäßig auf die beiden Eisenatome verteilt wird.

Alle Metallatome der hier aufgeführten Komplexe haben 18 Elektronen in ihrer Valenzschale. Dabei handelt es sich um ein allgemeines Phänomen, das man unter dem Namen „18-Elektronen-Regel" kennt.

7.2 Die 18-Elektronen-Regel

Die Mehrheit der metallorganischen Komplexe mit niedrigen Oxidationszuständen weisen 18 Elektronen in der Valenzschale des Metalls auf.

Viele Phänomene der Hauptgruppenchemie können durch das Streben nach einer gefüllten Valenzschale (Oktettregel) erklärt werden. In Übergangsmetallkomplexen stehen neun Valenzorbitale pro Metallatom (5·d, 1·s, 3·p) zur Verfügung, und in 18-Elektronen-Komplexen werden jene vollständig besetzt. Die Natur der 18-Elektronen-Regel ist allerdings komplizierter und kann mit Hilfe der MO-Theorie verstanden werden.

7.2.1 Oktaedrische Komplexe

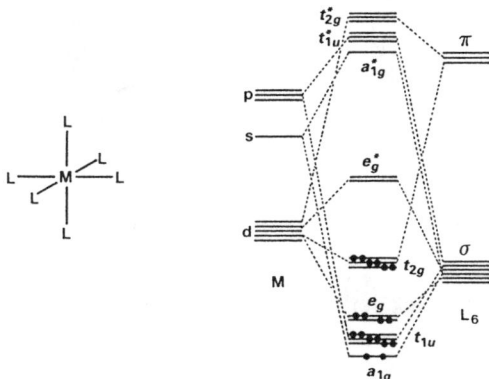

Die Molekülorbitale, die durch Wechselwirkungen der sechs organischen Liganden mit dem Metall entstehen, können in vier Gruppen unterteilt werden:

1. Sechs Molekülorbitale, die an M–L-σ-Bindungen teilnehmen. Diese Orbitale sind die stabilsten und niedrigsten in der Energie.
2. Das t_{2g}-Set des Metalls, das an π-Bindung teilnehmen kann, obwohl es σ-nichtbindend ist. Einige organische Liganden besitzen so etwas wie π-Akzeptororbitale (z.B. C–O π^* in CO), die mit dem t_{2g}-Set des Metalls wechselwirken können.

B zeigt die Wechselwirkungen zwischen einem Ligandenorbital und einem d-Orbital des Metalls.

Die drei Molekülorbitale mit der Bezeichnung t_{2g} sind bindende M–L-π-Molekülorbitale (s. Kap. 6.1.1, CO erzeugt ein starkes Feld). Anmerkung: Es ist möglich zwölf Ligandengruppenorbitale zu konstruieren, indem man zwei π^*-Orbitale pro CO benutzt. Davon weisen jedoch nur drei Orbitale die richtige Symmetrie auf, um mit den Metallorbitalen wechselwirken zu können.

3. Die e_g-Orbitale des Metalls, die σ-antibindend und π-nichtbindend sind.
4. Höherliegende, antibindende Orbitale, die in diesem Zusammenhang nicht näher betrachtet werden sollen.

Es gibt folglich neun Molekülorbitale, die entweder σ- oder π-bindenden Charakter haben, und es sind exakt 18 Elektronen nötig, um sie zu füllen.

Die 18-Elektronen-Regel beruht auf dem Bestreben, alle σ- und π-bindenden Orbitale zu füllen.

7.2.2 Tetraedrische Komplexe

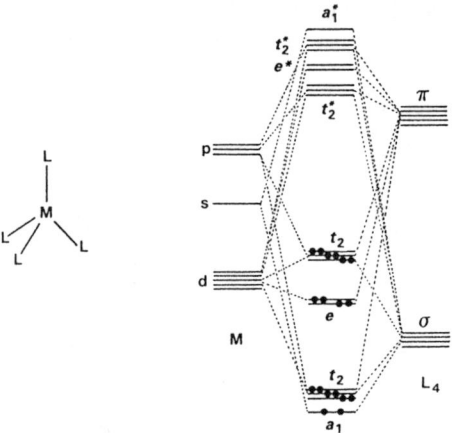

Es gibt vier bindende M–L-σ-Molekülorbitale und fünf Orbitale (e, t_2), die alle an π-Bindungen teilnehmen können.

Obwohl diese π-Bindung nicht so gerichtet und damit nicht so stark ist wie im oktaedrischen Fall, werden die e- und t_2-Sets durch π-Wechselwirkungen mit freien Orbitalen der metallorganischen Liganden stabilisiert.

Insgesamt werden also neun Molekülorbitale entweder durch σ- oder π-bindenden Charakter stabilisiert, und zu ihrer vollständigen Besetzung sind 18 Elektronen notwendig.

Das t_2-Set ist tatsächlich σ-antibindend, jedoch nicht sehr stark, und die π-Bindung kann diesen Effekt ausgleichen. Die Mischung von p- und d-Orbitalen ergibt hauptsächlich nichtbindende σ-Orbitale (s. Elektronenspektren von tetraedrischen Komplexen, s. Kap. 6.1.3). Wie später gezeigt wird, überwiegt in den meisten metallorganischen Komplexen der Wunsch, an starken π-Bindungen teilzunehmen, die Effekte der σ-Bindung.

Auf die gleiche Weise läßt sich die Einhaltung der 18-Elektronen-Regel verstehen, die in fünffach koordinierten, trigonal bipyramidalen und quadratisch pyramidalen Organometallkomplexen beobachtet wird.

7.2.3 Quadratisch planare Komplexe

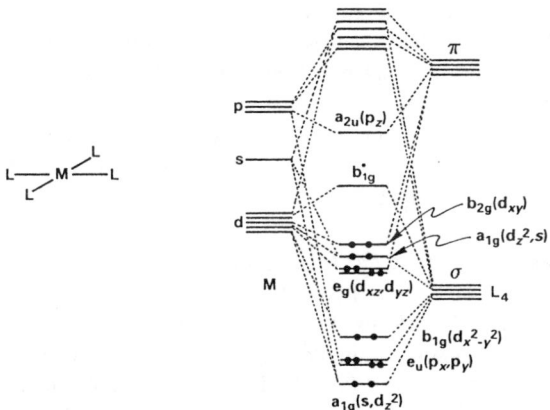

Einige antibindende Wechselwirkungen wurden ausgelassen.

Drei der d-Orbitale besitzen die richtige Symmetrie, um an π-Bindungen teilnehmen zu können (d_{xy}, d_{xz}, d_{yz}). Alle bindenden Molekülorbitale sind besetzt, wenn die vier bindenden ML-Molekülorbitale und die d-Orbitale bis zum d_{xy} gefüllt sind. Alle π-bindenden Orbitale zu füllen, bedeutet, daß das d_{z^2}-Orbital, welches keinen π-bindenden Charakter aufweist, aber direkt unter dem energiereichsten π-bindenden Orbital (d_{xy}) liegt, auch gefüllt werden muß. Das $d_{x^2-y^2}$-Orbital hat einen starken σ-antibindenden und keinen π-bindenden Charakter, weshalb es unbesetzt bleibt.

Es sind folglich nur acht Molekülorbitale zu besetzen, deshalb sind 16 und nicht 18 Elektronen charakteristisch für quadratisch planare Komplexe, z.B.

$[HPt(PMe_3)_3]^+$

$Pt^0 d^{10}$	10 e^-
+1 (Ladung)	−1 e^-
3 PMe₃	6 e^-
H	1 e^-
Gesamtvalenzelektronenzahl des Pt	16 e^-

7.2.4 Ausnahmen der 18-Elektronen-Regel

Die Elektronenkonfiguration ist nicht der einzige Faktor, der die Stabilität eines Übergangsmetall-komplexes bestimmt.

Die 18-Elektronen-Regel trifft nur für metallorganische Komplexe mit niedriger Oxidationszahl zu. Der Grund hierfür ist, daß einige organische Liganden π-Akzeptororbitale besitzen und das t_{2g}-Set des Metalls durch π-Bindung stabilisieren. Bei der Bildung eines 18-Elektronen-Komplexes werden alle σ- und π-bindenden Orbitale besetzt und die Auffüllung der σ^*-Orbitale vermieden. Aus der Stabilisierung des t_{2g}-Sets in einem oktaedrischen Komplex resultiert ein großer Wert für Δ (organische Liganden mit π-Akzeptor-Orbitalen erzeugen starke Felder), der die Besetzung des e_g^*-Sets für einen oktaedrischen Komplex besonders unwahrscheinlich macht ($\Delta > P$, woraus *low spin*-Komplexe folgen). Die Elektronenzahl allein garantiert nicht die Stabilität eines Komplexes: $Fe(CO)_5$ und $[Fe(CO)_6]^{2+}$ wären beides 18-Elektronen-Komplexe und müßten daher stabil sein, aber nur der erste existiert. Die Instabilität des kationischen Komplexes läßt sich durch die verminderte M→L-π-Rückbindung des Fe^{2+}-Atoms erklären.

Die Stabilität von Übergangsmetallkomplexen hängt im wesentlichen von folgenden Faktoren ab:

1. *von der Anzahl und Stärke der M–L-Bindungen.* Stabile Komplexe werden durch starke Bindungen begünstigt. Solange keine sterischen Gründe dagegen sprechen, ist es um so besser, je mehr solcher Bindungen ausgebildet werden.
2. *von sterischen Faktoren (Abstoßung der Liganden).* Die Anhäufung der Liganden um ein Metallatom herum stellt eine gewisse Schwierigkeit dar.
3. *von der Gesamtladung des Komplexes.* Komplexe können keine großen negative oder positive Ladungen unterstützen. Es ist schwierig, einen positiv geladenen Komplex zu oxidieren oder einen negativen Komplex zu reduzieren (vgl. Ionisierungsenergien und endotherme Elektronenaffinität, s. Kap. 1.1.3). Liganden können Ladungsanhäufung vermindern.
4. *von der Elektronenkonfiguration/Elektronenzahl.*
5. *von Lösungsmittel- und Entropie-Effekten.*

Die Bedeutung der Elektronenzahl in metallorganischen Komplexen wurde bereits ausführlich besprochen. Betrachten wir nun eine andere Art von Komplex, z.B. $[Ti(H_2O)_6]^{3+}$, einen stabilen 13-Elektronen-Komplex. Er enthält sechs bindende M–L-σ-Orbitale, die vollständig besetzt sind (12 Elektronen). Das dreizehnte Elektron befindet sich im t_{2g}-Set des Metalls. Die Bildung eines 18-Elektronen-Komplexes erforderte die Addition von weiteren fünf Elektronen, die entweder das nichtbindende t_{2g}-Set (π-Bindung mit Wasserliganden ist nicht möglich, da es keine Donor- oder Akzeptororbitale mit der richtigen Orientierung besitzt) oder das e_g^*-Set (σ^*) besetzten. Die Besetzung nicht- oder antibindender Orbitale erbringt keinen Energievorteil. Im Gegenteil, sie ist aufgrund der zunehmenden Elektronenabstoßung von Nachteil. Außerdem entstünde bei der Aufnahme von fünf weiteren Elektronen ein Titanatom mit der Oxidationszahl –2. Während CO-Liganden solch eine negative Ladung des Metallatoms durch Verringerung der Elektronendichte am Metall mit Hilfe ihrer π^*-Orbitale stabilisieren könnten, ist Wasser dazu nicht in der Lage. Man erhielte folglich nicht nur eine große negative Ladung am Titanatom, sondern gleichzeitig eine starke Abstoßung zwischen Ti^{2-} und den freien Elektronenpaaren der Wasserliganden. Kurz, Ti^{2-} würde die M–L-σ-Bindung schwächen.

Diesem Argument folgend würde man erwarten, daß $[Ti(H_2O)_6]^{4+}$, ein 12-Elektronen-Komplex, in dem nur bindende M–L-σ-Orbitale besetzt sind, stabiler sein müßte als $[Ti(H_2O)_6]^{3+}$. In ihm sollte die Elektronenabstoßung geringer und die M–L-σ-Bindung stärker sein, da die Liganden durch die höhere Ladung des Metallatoms stärker angezogen würden: Tatsächlich existiert $[Ti(H_2O)_6]^{4+}$ jedoch nicht. Das Ti^{4+}-Ion ist so stark polarisierend, daß es zur Dissoziation des Wassers kommt:

$$[Ti(H_2O)_6]^{4+} \rightarrow [Ti(H_2O)_5(OH)]^{3+} + H_3O^+$$

Übergangsmetall-Halogenkomplexe gehorchen der 18-Elektronen-Regel im allgemeinen nicht, $[CrF_6]^{3-}$ ist zum Beispiel ein stabiler 15e-Komplex. Die Bindung in diesen Halogenkomplexen hat einen schwächer kovalenten Charakter als jene in metallorganischen Komplexen ($EN_{Cr} = 1,7$; $EN_C = 2,6$; $EN_F = 4,0$), so daß die MO-Beschreibung nicht geeignet ist. Die Stabilität dieser Verbindungen hängt von thermodynamischen Größen wie Ionisierungsenergien, Hydratationsenthalpien und verschiedenen anderen Bestandteilen des Born-Haber-Zyklusses ab. Einige Verbindungen wie z.B. $[CoF_6]^{3-}$ erfüllen die 18-Elektronen-Regel nur rein zufällig.

Abschließend kann man sagen, daß die Elektronenzahl nur einer von vielen Faktoren ist, die die Stabilität von Übergangsmetallkomplexen beeinflussen.

7.2.5 Die 18-Elektronen-Regel und Metall-Metall-Bindungen

Für einen metallorganischen Komplex mit n Metallatomen läßt sich die Zahl von M–M-Bindungen vorhersagen, indem man die Elektronenzahl pro Metallatom ermittelt und von 18 subtrahiert. Beispiel:

$Mn_2(CO)_{10}$

$2 \cdot Mn \, d^7$	14 e^-
$10 \cdot CO$	20 e^-
Gesamtvalenzelektronenzahl	34 e^-

Jedes Manganatom besitzt 17 Elektronen, d.h. ihm fehlt ein Elektron zum magischen 18-Elektronen-Komplex. Die Elektronenzahl pro Mn-Atom kann durch die Bildung einer Mn–Mn-Bindung auf 18 erhöht werden, wobei Mn_a ein Elektron zur Valenzschale von Mn_b beiträgt und umgekehrt (vgl. Cl_2; durch die Bildung einer Cl–Cl-Bindung erreichen beide Chloratome die Edelgaskonfiguration).

Mit der folgenden Gleichung kann man sehr einfach die Anzahl der M–M-Bindungen, m, berechnen:

$$m = \frac{18n - \text{Gesamtvalenzelektronenzahl}}{2}$$, wobei n = Anzahl der Metallatome

Für $Fe_3(CO)_{12}$ erhält man:

$$m = \frac{18 \cdot 3 - 48}{2} = 3$$

Tatsächlich findet man in der Röntgenkristallstruktur drei Fe–Fe-Abstände, die kovalenten Einfachbindungen entsprechen.

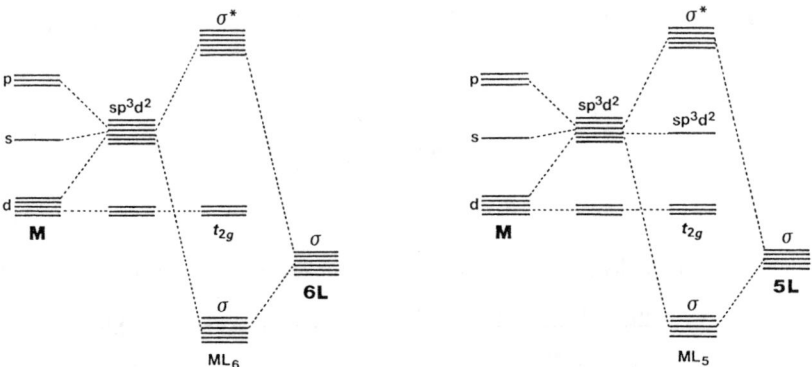

7.3. Das Isolobalprinzip

Dieses Prinzip bildet unter anderem eine Brücke zwischen anorganischer und organischer Chemie, indem es die Ähnlichkeiten von Grenzorbitalen anorganischer und organischer Einheiten aufzeigt und man auf diese Weise die Existenz vieler metallorganischer Verbindungen und deren Reaktivität vorhersagen kann.

    Als *Grenzorbitale* bezeichnet man die Orbitale eines molekularen Fragmentes wie z.B. $Fe(CO)_3$, die an einer Bindung teilnehmen können, d.h. sie sind das molekulare Äquivalent zu den Valenzatomorbitalen. Diese Orbitale können Elektronen abgeben oder aufnehmen und entsprechen dem HOMO, LUMO und einigen anderen Orbitalen mit vergleichbarer Energie eines Molekülfragmentes.

    Bevor man das Isolobal-Prinzip anwenden kann, muß man die Beschaffenheit der Grenzorbitale eines ML_n-Komplexes verstehen.

ML_n-Komplexe lassen sich von einem Oktaeder ableiten.

Für Komplexe der Zusammensetzung ML_5 und ML_6 erhält man folgende MO-Diagramme:

Bei der Konstruktion dieser Diagramme werden aus einem s-, drei p- und zwei d-Atomorbitalen des Metalls sechs sp^3d^2-Hybridorbitale erzeugt, die dann mit den entsprechenden Ligandenorbitalen wechselwirken.

    In ML_5-Komplexen bilden fünf dieser Hybridorbitale mit fünf Ligandenorbitalen ein bindendes (σ) und ein antibindendes (σ^*) Set von Orbitalen, das jeweils fünf Orbitale enthält. Ein Hybridorbital, das mit keinem Ligandenorbital wechselwirkt, ist unverändert in seiner Energie und wird zu einem sogenannten Grenzorbital.

In Fragmenten mit vier (ML_4) oder drei (ML_3) Liganden sind entsprechend zwei oder drei Orbitale in ihrer Energie unverändert, und man erhält die folgenden Diagramme:

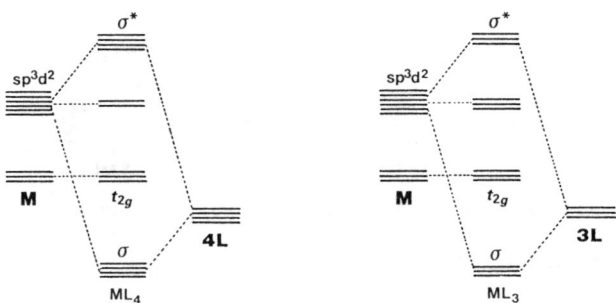

Für ML_4 und ML_3 sind diese nichtbindenden sp^3d^2-Orbitale äquivalent zu

Diese Orbitale erhält man durch leichte Veränderung des Hybridisierungsschemas. Hybridisierung trägt zur Veranschaulichung von Bindungsverhältnissen bei und stellt nichts absolut Quantitatives dar. Die beiden oben gezeigten Schemata sind äquivalent.

Es ergeben sich folgende MO-Diagramme:

Das Isolobalprinzip setzt sich aus drei Hauptpunkten zusammen:
1. *Fragmente sind zueinander isolobal, wenn Zahl, Symmetrie, räumliche Ausdehnung und Energien der Grenzorbitale ähnlich sind.*
2. *Damit Fragmente miteinander Bindungen eingehen können, müssen sie isolobal sein.*
3. *Zwei isolobale Fragmente mit gleicher Elektronenzahl reagieren in ähnlicher Weise, und für sie wird die Bildung ähnlicher Komplexe erwartet.*

Bei der Ausarbeitung der d^n-Elektronenkonfiguration eines Übergangsmetallfragmentes muß man die formale Oxidationszahl des Metalls in Betracht ziehen. $(CO)_4ClW$, in dem das Metallatom z.B. die Oxidationszahl +1 besitzt, ist ein d^5ML_5-Fragment. Um die Oxidationsstufe zu erhalten, müssen alle Liganden mit vollen Valenzschalen entfernt werden, also Chlor als Cl^-, Methyl als CH_3^-, Kohlenmonoxid als CO. Die Ladung des Metallatoms nach Entfernen aller Liganden entspricht der Oxidationszahl.

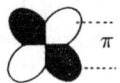

d^7ML_5 ist isolobal zu CH_3, d^8ML_4 ist isolobal zu CH_2, d^9ML_3 ist isolobal zu CH.

7.3.1 Weitere Isolobalbeziehungen

Entfernt man zwei Liganden aus ML_5- oder ML_4-Fragmenten, so stellt sich eine nützliche Erweiterung der Isolobalanalogie heraus.

Entfernt man die zwei Liganden entlang der z-Achse, so wird d_{z^2} zum nichtbindenden Orbital und schließt sich dem t_{2g}-Set an. Somit ist d^nML_5 *isolobal zu* $d^{n+2}ML_3$ *(T-förmig) und* d^nML_4 *isolobal zu* $d^{n+2}ML_2$ *(V-förmig)*, da die zwei zusätzlichen Elektronen das d_{z^2}-Orbital besetzen, das an keiner Bindung teilnimmt. Insgesamt bleibt die Anzahl der Grenzorbitale gleich. Ebenso ist d^nML_3 *(T-förmig) isolobal zu* $d^{n+2}ML$.

Folglich ist d^9ML_3 isolobal zu d^7ML_5 und damit gleichzeitig isolobal zu CH_3, so wie $d^{10}ML_2$ isolobal zu d^8ML_4 und CH_2 ist.

Beteiligung der t_{2g}-Orbitale in isolobalen Fragmenten: Nicht nur d^7ML_5 ist isolobal zu CH_3, sondern auch d^6ML_5 zu CH_2 und d^5ML_5 zu CH. Diese Tatsache läßt sich verstehen, wenn man von der Beteiligung der t_{2g}-Orbitale ausgeht. In ML_5-Fragmenten sind zwei der t_{2g}-Orbitale in bezug auf den eintretenden Liganden π-symmetrisch und eines δ-symmetrisch.

Im Fall einer d^6-Konfiguration werden die Orbitale wie folgt mit Elektronen besetzt:

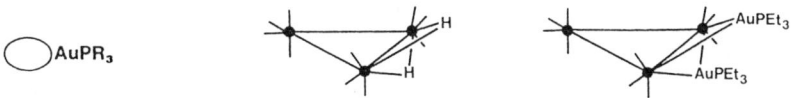

Die Besetzung ist isolobal zu der von CH_2, außer daß hierbei ein gefülltes π-Orbital und ein leeres σ-Orbital vorliegen, während es für CH_2 umgekehrt ist.

In ähnlicher Weise wird d^5ML_5 bei Beteiligung der zwei π-symmetrischen Mitglieder des t_{2g}-Sets isolobal zu CH.

Eine weitere Isolobalbeziehung, bei der t_{2g}-Orbitale beteiligt sind, besteht zwischen d^8ML_3 und CH_2 sowie zwischen d^7ML_3 und CH.

Das MO-Diagramm des d^8ML_3-Fragmentes kann man von dem der ML_5-Einheit ableiten, indem man die auf der z-Achse liegenden Liganden entfernt. Dadurch wird das d_{z^2}-Orbital wie das t_{2g}-Set auch nichtbindend. Es resultiert ein freies σ- und ein gefülltes π-Orbital.

Entfernt man ein Elektron aus dem t_{2g}-Set, um d^7ML_3 zu erzeugen, so erhält man ein CH-Analogon.

Goldkomplexe: $[R_3PAu]^+$, H^+, $Cr(CO)_5$ (d^6ML_5) und CH_3^+ sind zueinander isolobal.

$[R_3PAu]^+$ besitzt nur ein σ-Grenzorbital, das für Bindung zur Verfügung steht. Die wichtigste der obengenannten Isolobalbeziehungen besteht zwischen $[R_3PAu]^+$ und H^+. In metallorganischen Komplexen lassen sich Wasserstoffatome oft durch R_3PAu ersetzen. So können z.B. die beiden Komplexe $H_2Os_3(CO)_{10}$ und $(Et_3PAu)_2Os_3(CO)_{10}$ dargestellt werden.

Anwendung des Isolobalprinzips: $Mn(CO)_5$ ist isolobal zu CH_3, und beide Fragmente existieren nicht als diskrete Moleküle, sondern dimerisieren vielmehr zu $H_3C–CH_3$ $[C_2H_6]$ bzw. $(CO)_5Mn–Mn(CO)_5$ $[Mn_2(CO)_{10}]$. Die Verbindungen $(CO)_5Re–Re(CO)_5$ $[Re_2(CO)_{10}]$ und $Cp(CO)_2Fe–Fe(CO)_2Cp$ $[Fe_2(CO)_4Cp_2]$ stellen weitere Ethan-Analoga dar. Cp^- entspricht drei CO-Liganden, es trägt sechs Elektronen zum Komplex bei und besetzt drei Koordinationsstellen. Betrachtet man den Cyclopentadienyl-Liganden als einfach negativ geladen, so ergibt sich für das Eisenatom in $Fe(CO)_2Cp$ die Oxidationszahl +1, d.h. es handelt sich um ein $d^7Fe^IML_5$-Fragment.

$Rh(CO)Cp$ $[d^8ML_4]$ ist isolobal zu CH_2 und $Rh_2(CO)_2Cp_2$,

kann als Ethen-Analogon angesehen werden. Die Gegenwart verbrückender CO-Liganden beeinflußt die Isolobalanalogie dabei nicht.

Die gleiche Isolobalbeziehung führt dazu, daß die folgenden Strukturen äquivalent sind,

d.h. bei $Fe(CO)_4(C_2H_4)$, $Fe_2(CO)_8(CH_2)$ und $Fe_3(CO)_{12}$ handelt es sich um Cyclopropan-Analoga.
$d^{10}ML_2$ ist isolobal zu d^8ML_4 und CH_2, und ein weiteres Cyclopropan-Analogon ist

$Pt(PPh_3)_2(RC_2R)$ und $Pt(PPh_3)_2(RC\equiv W(CO)Cp)$,

sind äquivalent zu Cyclopropen.
d^5ML_5 ist isolobal zu CH, und so handelt es sich z.B. bei $Cp(CO)_2W\equiv CR$ und $W_2Cp_2(CO)_4$ um Ethin-Analoga mit W^I.

d^9ML_3 ist ebenfalls isolobal zu CH, woraus man die Existenz von $(CO)_3Co\equiv CR$ vorhersagen könnte. Tatsächlich jedoch dimerisiert diese Verbindung spontan zu

Merke: *Aufgrund des Isolobalprinzips läßt sich die Existenz einer Verbindung nicht mit Sicherheit vorhersagen. Man kann mit seiner Hilfe nur die Bindungen in existierenden metallorganischen Komplexen verstehen, indem Analogien zu Hauptgruppenmetallorganylen gezogen werden.*
　　Die gesamte metallorganische Chemie läßt sich praktisch durch die Anwendung der 18-Elektronen-Regel und des Isolobalprinzips verstehen.

7.4 Synergetische Bindungen

7.4.1 Metallcarbonyl-Komplexe

Die M–CO-Bindung beinhaltet zwei Komponenten:
1. Dative σ-Bindung des *lone pair* am Kohlenstoff zu einem freien Orbital des Metalls mit σ-Symmetrie.
2. π-Rückbindung von einem gefüllten d-Orbital des Metalls zu einem antibindenden π-Orbital des Kohlenmonoxids.

Durch die dative Bindung des nichtbindenden Elektronenpaares vom Kohlenstoff- zum Metallatom wird die Elektronendichte an letzterem erhöht, so daß seine Bereitwilligkeit zur π-Rückbindung an das antibindende π-Orbital des CO zunimmt. Die daraus resultierende Zunahme der Elektronendichte am CO bewirkt nun ihrerseits eine Verstärkung der dativen Bindung. Mit einem Wort, die beiden Bindungen verstärken sich gegenseitig. Es handelt sich um sogenannte *synergetische Bindungen*.

CO ist ein schlechter σ-Donor, es bildet z.B. kein Adduct mit der Lewissäure BF_3 aus (s. Kap. 2.3.1). Die Beschaffenheit der Carbonylkomplexe wird durch das Streben nach starker π-Bindung dominiert, und so koordiniert CO meistens Metallatome in niedrigen Oxidationsstufen. Hohe positive Ladungen am Metallatom sollten die σ-Bindung verstärken, hätten jedoch gleichzeitig eine verringerte Tendenz zur π-Rückbindung zur Folge. Da die π-Bindungseffekte letztendlich für die Bindung entscheidend sind, gibt es nur sehr wenige kationische Übergangsmetallcarbonyl-Komplexe.

Die π-Bindung beinhaltet die Erhöhung der Elektronendichte im antibindenden π-Molekülorbital des CO. Daraus ergeben sich zwei Effekte:
1. *eine Verstärkung der M–C-Bindung*, d.h.

die M–C-Bindung erhält einen partiellen Doppelbindungscharakter. Dieser Effekt macht sich in der Röntgenkristallographie durch kürzere M–C-Bindungen und in der IR-Spektroskopie durch eine Zunahme der M–C-Valenzschwingungsfrequenzen für Carbonyle im Vergleich zu Alkylen bemerkbar. Im Komplex $CpMo(CO)_3(C_2H_5)$ beträgt die mittlere $Mo–C_{CO}$-Bindung 197 pm, während die $Mo–C_{Ethyl}$-Bindung 238 pm lang ist.
2. *eine Abnahme der C–O-Bindungsstärke*, da die Elektronendichte in den antibindenden π-Orbitalen erhöht wird. In der Röntgenkristallographie findet man für koordiniertes CO längere C-O-Bindungen als für freies $CO_{(g)}$ und in der IR-Spektroskopie eine Abnahme der C–O-Valenzschwingungsfrequenz. Das Ausmaß der M→C-Rückbindung hängt seinerseits von vier Faktoren ab:
a) *von der Ladung des Komplexes.* Je höher die positive Ladung des Metallatoms ist, desto geringer ist seine Tendenz zur π-Rückbindung:

	[V(CO)$_6$]$^-$	Cr(CO)$_6$	[Mn(CO)$_6$]$^+$
υ_{C-O} (cm^{-1})	1859	2000	2096
υ_{C-M} (cm^{-1})	460	441	416

Diese Komplexe weisen alle die gleiche Anzahl d-Elektronen auf und unterscheiden sich nur in der Ladung.

b) *vom Einfluß anderer Liganden.* Ersetzt man Carbonylliganden durch stärkere σ-Donor-liganden, so wird die Elektronendichte am Metallatom erhöht und dadurch die π-Rückbindung verstärkt. Dies macht sich in einer Abnahme der C–O-Valenzschwingungsfrequenzen bemerkbar.

	Ni(CO)$_4$	Ni(CO)$_3$PMe$_3$	Ni(CO)$_2$(PMe$_3$)$_2$
υ_{C-O} (cm^{-1})	2128	2063, 1943	1994, 1934

Phosphin ist zwar ein besserer σ-Donor, jedoch gleichzeitig ein schlechterer π-Akzeptor als CO. Die 3d-Orbitale des Phosphoratoms liegen energetisch zu hoch, um eine starke π-Bindung mit dem Metallatom ausbilden zu können. Deshalb konkurriert es nicht um die π-Elektronendichte des Metalls, was die π-Rückbindung zum CO zusätzlich verstärkt.

c) *von der Stellung des Metalls im Periodensystem.* Die M–C-π-Bindung wird in einer Gruppe von oben nach unten stärker. Die 4d- und 5d-Orbitale sind diffuser als die 3d-Orbitale und haben eine größere Ausdehnung in Richtung der π*-Orbitale des CO. Es kommt zu einer größeren Überlappung und damit zu einer stärkeren Bindung.

d) *von der Bindungsart der CO-Liganden.* CO kann gewöhnlich auf drei verschiedene Arten gebunden werden.

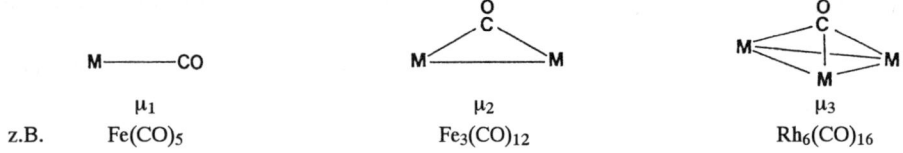

μ$_1$	μ$_2$	μ$_3$
z.B. Fe(CO)$_5$	Fe$_3$(CO)$_{12}$	Rh$_6$(CO)$_{16}$

Die CO-Valenzschwingungsfrequenz nimmt mit steigender Anzahl an Metallatomen, die das CO koordinieren, ab. Drei Metallatome erhöhen die Elektronendichte im π*-Orbital von CO in größerem Maße als nur zwei oder eines. Die CO-Valenzschwingungsfrequenzen für die einzelnen Bindungsarten liegen in den Bereichen von:

Bindungsart	μ$_1$	μ$_2$	μ$_3$
υ_{C-O} (cm^{-1})	2150-1900	1900-1750	1750-1600

Es gibt noch zwei weitere Möglichkeiten, wie CO gebunden werden kann,

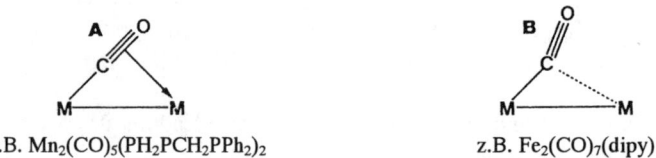

z.B. Mn$_2$(CO)$_5$(PH$_2$PCH$_2$PPh$_2$)$_2$ z.B. Fe$_2$(CO)$_7$(dipy)

In **A** koordiniert CO eins der beiden Metallatome, indem es mit ihm über die π-bindenden Elektronen eine Bindung ausbildet (vgl. Alkene, s.u.). CO ist hier ein 4e-Donor.

Vergleich zwischen endständigen und verbrückenden CO-Liganden: Die Häufigkeit, mit der verbrückende CO-Liganden in Übergangsmetallkomplexen angetroffen werden, nimmt in einer Nebengruppe mit steigender Ordnungszahl ab. Daran ist wenigstens teilweise die zunehmende M–M-Bindungslänge schuld, die es für einen CO-Liganden erschwert, mit beiden Metallatomen gleichzeitig effektiv wechselzuwirken.

Mit zunehmender negativer Ladung eines Komplexes treten überbrückende CO-Liganden vermehrt auf, da sie die Elektronendichte am Metall besser verringern können als endständige CO-Liganden. Für positiv geladene Komplexe ist das Gegenteil der Fall.

7.4.2 Distickstoff-Komplexe

Das N_2-Molekül ist in Komplexen ähnlich wie das endständige CO gebunden (*end on*), d.h. die M–N≡N-Gruppierung ist linear, z.B. $[Ru(NH_3)_5(N_2)]^{2+}$

N_2 ist ein schlechterer σ-Donor als das isoelektronische CO, da Stickstoff elektronegativer ist als Kohlenstoff und die Elektronen nicht so gerne abgibt. N_2 ist gleichzeitig ein schlechterer π-Akzeptor als CO, weil die π*-Molekülorbitale energetisch zu hoch liegen, um mit den Metallorbitalen wechselwirken zu können. Die hohe Energie der π*-Orbitale kommt wiederum durch die starke N–N-π-Bindung zustande (hierbei wechselwirken p-Orbitale der gleichen Energie), die zu einer großen Aufspaltung der bindenden und antibindenden Molekülorbitale führt. N_2-Komplexe sind relativ selten und im allgemeinen aufgrund der schwachen M–N-Bindung ziemlich instabil.

7.4.3 Disauerstoff-Komplexe

Die Bindung des O_2-Moleküls an das Metallatom eines einkernigen Übergangsmetallkomplexes kann auf zwei Arten erfolgen: *end on* oder *side on*, d.h.

Disauerstoff-Komplexe treten häufiger auf als Distickstoff-Komplexe:
1. Ein *end on*-gebundenes Sauerstoffmolekül ist ein schlechterer σ-Donor (Sauerstoff ist elektronegativer als Stickstoff), jedoch ein besserer π-Akzeptor als N_2. Die π-Bindung in O_2 ist schwächer als in N_2, wodurch die π*-Orbitale energetisch niedriger liegen und effektiver mit den Metallorbitalen wechselwirken können.
2. *Side on*-gebunden stellt O_2 einen besseren σ-Donor und π-Akzeptor dar als N_2. Die bindenden π-Molekülorbitale von O_2 sind energiereicher als die entsprechenden Orbitale von N_2 und können stärker mit den Metallorbitalen wechselwirken.

In Disauerstoff-Komplexen wird die *end on*-Bindung bei Metallatomen mit hohen positiven Oxidationszahlen bevorzugt, während die *side on*-Bindung häufiger in Komplexen mit niedrigen Oxidationszahlen angetroffen wird. Hierbei spielen bestimmte σ- und π-Bindungseffekte eine Rolle:

– Zur Stabilisierung hoher Oxidationszahlen von Metallen sind beträchtliche dative L→M-σ-Bindungsanteile nötig. Bei der *end on*-Bindung wechselwirkt das freie Elektronenpaar des Sauerstoffs mit dem Orbital des Metallatoms. Das *lone pair* liegt energetisch höher als das bindende O–O-π-Orbital und kann infolgedessen höhere positive Ladungen stabilisieren. *End on*-gebundener Sauerstoff ist folglich ein besserer σ-Donor als *side on*-gebundener.

– Zur Stabilisierung niedriger Oxidationszahlen hingegen benötigt man eine beträchtliche M→L-π-Rückbindung. Bei der *side on*-Bindung besitzt das π*-Orbital genau die richtige Orientierung, um die Elektronendichte am Metall zu verringern und damit die niedrige Oxidationszahl zu stabilisieren.

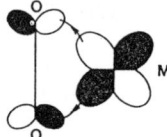

7.4.4 Nitrosyl-Komplexe

Stickstoffmonoxid, NO, tritt in Komplexen als 1e- oder 3e-Donor auf, d.h. man findet lineare und gewinkelte M–N–O-Gruppierungen wie z.B. in [RuCl(NO)$_2$(PPh$_3$)$_2$]

Liegt eine gewinkelte M–N–O-Gruppierung vor, so agiert NO als 1e-Donor, da das freie Elektronenpaar nicht die richtige Position einnimmt, um mit dem Metall wechselwirken zu können. In der linearen Einheit bildet NO über das einzelne Elektron und das freie Elektronenpaar Bindungen zum Metall aus.

Da NO einfach zwischen den beiden Bindungsarten wechseln kann (linear↔gewinkelt), ändert sich in einem Übergangsmetallnitrosyl-Komplex leicht die Elektronenzahl des Metallatoms. Diese Komplexe können dadurch ohne vorherige Abspaltung von Liganden oder ähnlich großen Umlagerungen Reaktionen eingehen.

7.4.5 Olefin-Komplexe

Die Bindung von Alkenen an Übergangsmetalle liefert ein weiteres, wichtiges Beispiel für synergetische Bindungen, das als Modell für die Bindungsverhältnisse in vielen Komplexen mit ungesättigten, organischen Liganden dient.

Das berühmteste Beispiel für solch einen Komplex stellt das Anion des Zeiseschen Salzes dar, [Cl$_3$Pt(C$_2$H$_4$)]$^-$. Hierbei handelt es sich um einen quadratisch planaren 16e$^-$-Komplex (d^{8}ML$_3$, isolobal zu CH$_2$) mit einem C$_2$H$_4$-Liganden, der senkrecht zur quadratischen Ebene steht.

Ein Bindungsschema für solch einen Typ von Komplex wurde erstmals von Chatt, Dewar und Duncanson vorgeschlagen und beinhaltet:
– eine dative σ-Bindung vom C=C-π-Orbital zum freien Metallorbital und
– eine π-Rückbindung von einem passenden gefüllten d-Orbital des Metalls zum antibindenden π-Orbital des Alkens.

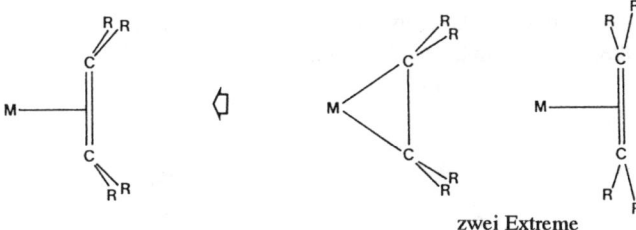

Die C–C-π-Bindung wird durch diese beiden Komponenten geschwächt, wodurch in koordinierten Alkenen die C–C-Bindung länger und die C–C-Valenzschwingungsfrequenzen niedriger sind als in unkoordinierten.

Betrachtet man die Alken-Komplexe genauer, so findet man, daß die Wasserstoffatome vom Metallatom wegweisen und daß die Bindung eine Mischung der nachstehenden Bindungsverhältnisse darstellt.

zwei Extreme

Die Kohlenstoffatome können nicht mehr einfach als sp^2-hybridisiert angesehen werden wie im unkoordinierten Alken, sie besitzen einen partiellen sp^3-Charakter.

Alkene sind bessere σ-Donoren als CO und stabilisieren höher positive Oxidationszahlen am Metall. So gibt es viele Alken-Komplexe mit Metallatomen in der Oxidationsstufe +2, während ähnliche Komplexe mit CO nicht existieren, z.B. $[Fe(CO)_6]^{2+}$ (s. Kap. 7.1.4). Der Ethen-Ligand in $[Cl_3Pt(C_2H_4)]^-$ kann nicht durch CO ersetzt werden.

Warum sollten Alkene in quadratisch planaren Komplexen eine Anordnung senkrecht zur Ebene bevorzugen?

Die Orientierung der Alkene wird durch sterische Faktoren verursacht. Die Wechselwirkungen mit den restlichen Liganden ist in **A** geringer als in **B** (s. folgende Abbildung).

Durch eine Drehung um die Verbindungsachse können die beiden Konformationen ineinander übergehen. Die Aktivierungsenergie für diesen Prozeß ist nicht sehr hoch, woraus man schließen kann, daß sich die Energien der beiden Konformationen nur geringfügig voneinander unterscheiden.

A kommt häufiger vor als B.

7.4.6 Alkin-Komplexe

Alkine können in Anbetracht ihrer beiden π-Bindungen zwei oder vier Elektronen zum Elektronenhaushalt des Metalls beisteuern. Die Bindungsverhältnisse gleichen denen in Alken-Komplexen mit einer dativen σ-Bindung vom bindenden C–C-π-Orbital zum Metall und π-Rückbindung zum antibindenden C–C-π-Orbital.

In einkernigen Komplexen tragen Alkine nur ein π-Orbital für die Bindung zum Metall (2e) bei wie z.B. in $(PPh_3)_2Pt(C_2Ph_2)$, einem 16e-Cyclopropen-Analogon, da $Pt^0 d^{10} ML_2$ isolobal zu CH_2 ist.

Die C–C-Abstände in koordinierten Alkinen sind länger als in freien (vgl. Alkene).

Analog zu den Alkenen kann man die Bindungsverhältnisse durch zwei extreme Darstellungen wiedergeben:

Da der C–C–R-Winkel abhängig von R um bis zu 40° von der linearen Anordnung abweicht, müssen beide Grenzbeschreibungen berücksichtigt werden.

In einem Komplex mit mehr als einem Metallatom benutzen die Alkine ihre beiden π-Orbitale zur Ausbildung von Bindungen wie z.B. in $Co_2(CO)_6(C_2Ph_2)$ [18e/Co]. $Co(CO)_3$, $d^9 ML^3$, ist isolobal zu CH, und die Struktur des Komplexes läßt sich mit der eines aus CH-Gruppen bestehenden Tetraeders vergleichen.

Die C≡C-Gruppe steht im rechten Winkel zur Co–Co-Bindung. Der C–C-Abstand ist größer als in freien oder in nur an ein Metallatom koordinierten Alkinen. Dies spricht für eine erhöhte π-Rückbindung von zwei Metallatomen zum π*-Orbital des Alkins und zwei dativen σ-Bindungen.

7.4.7 Carben-Komplexe

Als Carben-Gruppe bezeichnet man eine $=CR_2$-Einheit wie z.B. in $(CO)_4Fe=C(OEt)Ph$, einem 18e-Alken-Analogon, wobei $Fe^0d^8ML_4$ isolobal zu CR_2 ist.

Die Bindung eines Carbens an ein Übergangsmetallatom beinhaltet die σ-Bindung des freien Elektronenpaares am Kohlenstoffatom zum freien Orbital des Metalls und die π-Rückbindung von einem gefüllten Metallorbital zum freien p-Orbital des Kohlenstoffatoms, d.h. sie ist vergleichbar mit der Bindung in Metallcarbonylkomplexen.

Die Bindung ist synergetisch. Für den Doppelbindungscharakter spricht die Planarität der MCR_2-Gruppe und die gehinderte Rotation um die M–C-Bindung, die man mittels NMR-Experimenten nachweisen kann.

Die stabilsten Carben-Komplexe sind jene, in denen ein anderes Element als Kohlenstoff direkt an das Carben-Kohlenstoffatom gebunden ist. Beispiel: $(CO)_5W=C(OMe)Ph$, ein 18e-Alken-Analogon - $W^0d^6ML_5$ ist isolobal zu CH_2.

Das freie Elektronenpaar des Heteroatoms kann mit dem freien p-Orbital des Carben-Kohlenstoffatoms wechselwirken und führt zu einer starken Delokalisierung,

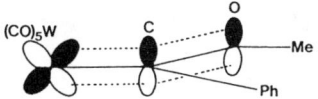

durch die das System stabilisiert wird (vgl. BF_3, s. Kap. 2.1.3). Die Delokalisierung läßt sich auch in Form von Resonanzstrukturen darstellen.

X (hier OMe) und M (hier W) konkurrieren um das freie p-Orbital des Kohlenstoffatoms. Die Gegenwart der zweiten Resonanzform verringert den W=C-Doppelbindungscharakter. Je elektronegativer X ist, desto unwahrscheinlicher wird die Resonanzformel **2**, in der es eine positive Ladung trägt, und desto stärker wird der M=C-Doppelbindungscharakter. Die Rotation um die M–C-Bindung ist folglich leichter mit einem NMe_2-Liganden anstelle einer OMe-Gruppe (die Aktivierungsenergie ist niedriger).

7.4.8 Carbin-Komplexe

Carbin-Komplexe enthalten eine dreifach an M gebundene $\equiv$CR-Gruppe, z.B. $(CO)_4ClW\equiv CPh$, ein 18e Alkin-Analogon - $W^ld^5ML_5$ ist isolobal zu CH.

Das freie Elektronenpaar des Carbin-Kohlenstoffatoms im sp-Orbital bildet eine dative σ-Bindung zum Metallatom aus. Die π-Rückbindung erfolgt von zwei Metallorbitalen mit π-Symmetrie zu zwei senkrecht aufeinanderstehenden p-Orbitalen (das eine ist leer und das andere enthält ein Elektron) des Kohlenstoffatoms. Man erhält eine M$\equiv$C-Dreifachbindung und eine lineare MCR-Gruppierung.

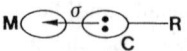  

7.4.9 Allyl-Komplexe

Der Allylrest $CH_2=CH-CH_2\cdot$ wie in $Ni(C_3H_5)_2(16e)$,

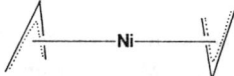

wird hier seitlich an das Metallatom gebunden und steuert drei Elektronen zum Komplex bei.

Die Grenzorbitale einer Allyl-Gruppe sind

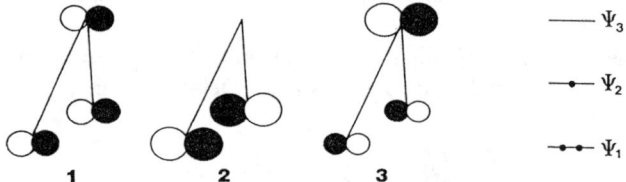

1 ist in bezug auf die M-Allyl-Wechselwirkung σ-symmetrisch. **2** und **3** haben beide π-Symmetrie.

Die Gesamtbindung beinhaltet eine dative σ-Bindung vom Allyl zum Metall ($\Psi_1 \rightarrow$ M) und eine π-Rückbindung zum Ψ_2 des Allyls. Ψ_3 könnte prinzipiell ebenfalls an der Bindung teilnehmen, es liegt jedoch im Vergleich zu den d-Orbitalen des Metallatoms energetisch zu hoch, um eine bedeutende Rolle zu spielen.

Der Allyl-Ligand kann als System mit über die drei Kohlenstoffatome delokalisierter Elektronendichte und gleichlangen C–C-Bindungen

oder ausgehend von theoretischen Betrachtungen gemäß der Valenzbindungstheorie dargestellt werden:

In einigen Komplexen mit ungleichen C–C-Bindungsabständen gibt diese zweite Darstellung die Bindungsverhältnisse besser wieder.

Als 1e-Donor wird Allyl nur über eine M–C-σ-Bindung an das Metallatom gebunden, wie in $Cp(CO)_3Mo–CH_2–CH=CH_2$.

7.4.10 Butadien-Komplexe

Butadien steuert vier Elektronen zur Elektronenbilanz des Metallatoms bei und wird seitlich gebunden wie in $Fe(CO)_3(C_4H_6)$ (18e).

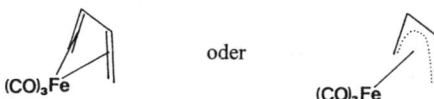

Butadien liegt in freier Form in der *trans*-Konformation vor. Sobald es jedoch an ein Übergangsmetall koordiniert ist, nimmt es zur besseren Wechselwirkung die *cis*-Konformation ein.

Die C_4H_6-Einheit ist planar, und die Kohlenstoffatome werden am besten als sp^2-hybridisiert betrachtet. Jedes von ihnen besitzt ein p-Orbital senkrecht zur C_4-Ebene. Die für die Bindung des Butadiens zum Metallatom wichtigen Grenzorbitale sind:

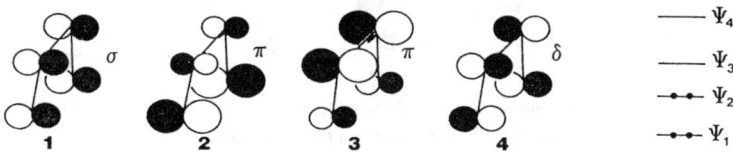

Bei Ψ_2 sind die Wechselwirkungen zwischen C^1 und C^2 sowie C^3 und C^4 bindender, jedoch zwischen C^2 und C^3 antibindender Art. Durch die Besetzung von Ψ_1 und Ψ_2 erhält man für Butadien eine Einfach- und zwei Doppelbindungen. Die Bindung zum Metall beinhaltet eine dative L→M-σ-Bindung ausgehend von Ψ_1, eine L→M π-Bindung ausgehend von Ψ_2 und eine M→L-π-Rückbindung zum Ψ_3.

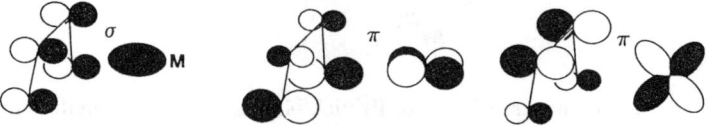

Ψ_4 liegt energetisch zu hoch, um mit den d-Orbitalen des Metallatoms wechselwirken zu können, und außerdem besitzt es δ-Symmetrie.

Die dative σ-Bindung von Ψ_1 zum Metallatom schwächt die C–C-Bindungen insgesamt. Die π-Bindung von Ψ_2 schwächt die Bindungen zwischen C^1–C^2 und C^3–C^4, verstärkt jedoch die zwischen C^2–C^3, da dort die antibindende Elektronendichte verringert wird. Die π-Rückbindung zum Ψ_3 schwächt hingegen die C^1–C^2- und C^3–C^4-Bindungen, da die Wechselwirkungen zwischen diesen Atomen antibindend sind, und verstärkt die C^2–C^3-Bindung. Der Gesamteffekt ist, daß alle C–C-Bindungen in koordiniertem Butadien beinahe gleichlang sind. In $Fe(CO)_3(C_4H_6)$ sind die C–C-Abstände 146 pm lang, während die Bindungslängen in freiem Butadien 134 und 147 pm betragen.

7.4.11 Cyclobutadien-Komplexe

Beispiel $(CO)_3Fe(C_4Ph_4)$ (18e):

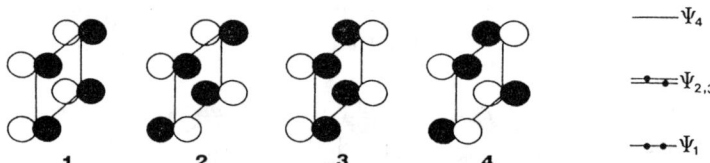

Freies Cyclobutadien ist eine sehr kurzlebige Spezies, und seine Stabilität wird durch die Koordination an ein Metallatom vergrößert.

Nimmt man für freies Butadien eine quadratische Struktur an und betrachtet alle Kohlenstoffatome als sp^2-hybridisiert, dann besitzt jedes Atom ein einfach besetztes p-Orbital senkrecht zur Ebene. Die Grenzorbitale für quadratisches Cyclobutadien sind:

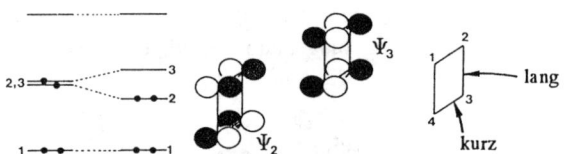

Zwei bindende und zwei antibindende Wechselwirkungen in **2** und **3** heben sich auf und ergeben nichtbindende Wechselwirkungen zwischen den Kohlenstoffatomen.

Hierbei handelt es sich um einen $4n$-Hückel-Antiaromaten ($n = 1$), der instabil ist und einer Jahn-Teller-Verzerrung unterliegt, durch die eine rechteckige Struktur entsteht.

In der quadratischen Struktur waren Ψ_2 und Ψ_3 nichtbindend (gleiche Anteile antibindend und bindend). Durch die Verzerrung zu einem Rechteck wird Ψ_2 zu einem bindenden und Ψ_3 zu einem antibindenden Orbital. Die bindenden Wechselwirkungen zwischen C^1–C^2 und C^3–C^4 sind nun stärker als die antibindenden zwischen C^2–C^3 und C^1–C^4. Beim Übergang von der quadratischen zur rechteckigen Struktur besetzen zwei Elektronen aus einem nichtbindenden Orbital nun ein bindendes Orbital und stabilisieren auf diese Weise die Verbindung (Triebkraft der Verzerrung).

Die Anwesenheit des energiearmen LUMO (Ψ_3) im rechteckigen Cyclobutadien bewirkt dessen große Reaktivität. Für den nucleophilen Angriff auf das Ψ_3-Orbital ist zum Beispiel nur wenig Energie nötig. Demnach ist das rechteckige Cyclobutadien zwar stabiler als der hypothetische quadratische Komplex, dennoch kinetisch äußerst instabil.

Cyclobutadien koordiniert das Metallatom von der Seite und steuert vier Elektronen zum Komplex bei. Dabei handelt es sich um eine L→M-σ-Bindung ausgehend von Ψ_1 und eine L→M-π-

Bindung ausgehend von Ψ_2 zu freien Metallorbitalen der entsprechenden Symmetrie und einer M→L-π-Rückbindung zum Ψ_3. Diese drei Beiträge führen wie in Butadien zu fast gleichlangen C–C-Bindungen im Cyclobutadien.

Durch die π-Rückbindung zum Ψ_3 sind drei Molekülorbitale des Liganden gefüllt, und man erhält einen stabilen Hückel-Aromaten, $(4n+2)$ mit $n = 1$. Seine Stabilität liegt in der Kinetik begründet, da jegliche Reaktion mit einem koordinierten Cyclobutadien die Einlagerung von Elektronen in das energiereiche Ψ_4-Orbital beinhaltete. Koordinierte Cyclobutadiene sind so stabil, daß man sogar Reaktionen an ihnen ausführen kann (s. Kap. 7.5.5).

7.4.12 Cyclopentadienyl- und Sandwich-Komplexe

Cyclopentadienyl (Cp, C_5H_5), wird am häufigsten als 5e-Donor betrachtet, der η^5-gebunden vorliegt wie z.B. in $[Cp(CO)_3Mo]_2$ (durch die Annahme einer Mo–Mo-Bindung kommt man auf 18 Elektronen pro Molybdänatom). Statt M–Cp (5e-Donor) kann man jedoch auch M^+Cp^- (6e-Donor) formulieren, wobei Cp^- das aromatische Cyclopentadienylanion mit 6π-Elektronen darstellt, das das positiv geladene Metallion koordiniert. Diese beiden Darstellungen sind äquivalent, und es ist gleichgültig, welche von beiden verwendet wird, solange sie nicht vermischt werden.

C_5H_5 besteht aus einem planaren Ring mit einem einfachbesetzten, senkrecht zur Ebene stehenden p-Orbital pro Kohlenstoffatom. Die Grenzorbitale sind:

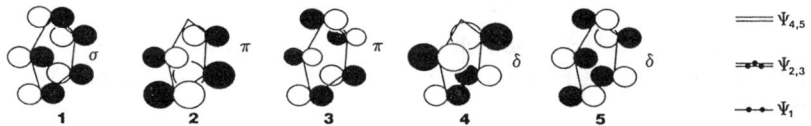

Im freien Cyclopentadien sind Ψ_2 und Ψ_3 unsymmetrisch besetzt, und es kommt zu einer Jahn-Teller-Verzerrung, bei der Ψ_2 gesenkt wird und das System besser beschrieben wird durch

Die Koordination zu einem Metallatom besteht aus einer dativen L→M-σ-Bindung, einer L→M-π-Bindung ausgehend von Ψ_2 und einer π-Rückbindung zum Ψ_3.

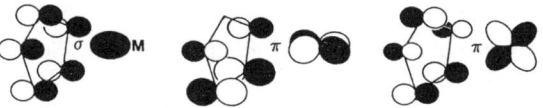

Alle Orbitale von Ψ_1 bis Ψ_3 sind folglich an der Bindung beteiligt und werden mit Elektronen gefüllt. Man erhält einen $(4n+2)$-π-Aromaten ($n = 1$) mit gleichlangen C–C-Bindungen.

In einer gut untersuchten Gruppe von Cyclopentadienyl-Verbindungen ist das Metallatom zwischen zwei parallel angeordneten Cp-Molekülen wie in einem Sandwich eingebettet. Der bekannteste Vertreter dieser sogenannten *Sandwichverbindungen* ist Ferrocen, $FeCp_2$. Die Bindungsverhältnisse

können über eine MO-Näherung beschrieben werden, wobei die Cp-Ringe als einzelne Einheit betrachtet werden. Für sie werden symmetrieadaptierte Orbitale konstruiert, die mit den d-Orbitalen des Metallatoms wechselwirken können.

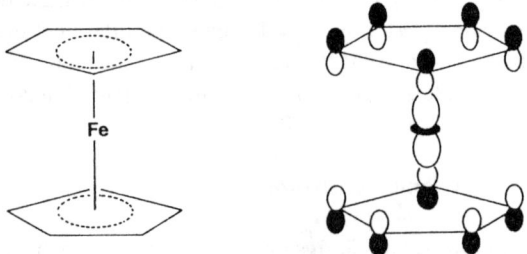

Es ist möglich, Sandwichverbindungen herzustellen wie $CoCp_2$, die mehr als 18 Elektronen aufweisen (hier 19e). Die MO-Diagramme dieser Verbindungen sind ziemlich kompliziert. Es gibt einige wenige Orbitale, die nichtbindend sind und die weder bevorzugt besetzt werden, noch bevorzugt unbesetzt bleiben. Die Stabilität dieser Verbindungen muß infolgedessen von anderen Faktoren abhängen, die bereits vorgestellt wurden (s. Kap. 7.2.4). Trotzdem werden solche Verbindungen leicht oxidiert, z.B.:

$$CoCp_2 \xrightarrow{\ CCl_4\ } \left[CoCp_2 \right]^+ Cl^-$$

Benzol kann wie Cyclopentadienyl Sandwich-Komplexe ausbilden, wobei es sechs Elektronen beisteuert wie z.B. in $(CO)_3Cr(C_6H_6)$ (18e). Die Bindungen können auf die gleiche Weise betrachtet werden wie bei Cp-Komplexen.

7.5 Metallorganische Reaktionen

7.5.1 Oxidative Additionsreaktionen

$$M^z L_n + XY \; \rightleftharpoons \; M^{z+2} L_n XY$$

Koordinationszahl	n	$n+2$
Oxidationszahl	z	$z+2$

Bei dieser Reaktion nimmt sowohl die Koordinationszahl als auch die formale Oxidationszahl um zwei Einheiten zu, z.B.

$$Ir^I Cl(CO)(PPh_3)_2 + HCl \rightarrow Ir^{III} HCl_2(CO)(PPh_3)_2$$

Die Oxidationszahl von Iridium entspricht der Ladung, die zurückbleibt, wenn alle Liganden mit gefüllten Valenzschalen entfernt werden, also CO und PPh_3 als neutrale Gruppen, Cl und H als Cl^- und H^-. Iridium weist demnach auf der linken Seite der Gleichung die Oxidationszahl +1 und auf der rechten die Oxidationszahl +3 auf. Der Mechanismus der Reaktion beinhaltet zwar die Übertragung eines H^+, dies hat jedoch keinen Einfluß auf die formale Oxidationszahl des Endproduktes.

Obwohl die Oxidationszahl des Metalls um zwei Einheiten steigt, nimmt die Gesamtelektronenzahl um zwei Einheiten zu, sie steigt in diesem Fall von 16 auf 18 Elektronen.

Bei der oxidativen Addition einer ungesättigten Verbindung an einen Übergangsmetallkomplex wird die X–Y-Bindung unter Umständen nicht vollständig gebrochen wie z.B. bei der Addition von O_2.

Die Zunahme der Oxidationszahl des Metallatoms läßt sich hierbei dadurch erklären, daß das Endprodukt das Peroxidion $[O–O]^{2-}$ enthält.

Die Voraussetzungen für eine oxidative Additionsreaktion sind:
1. *zwei freie Koordinationsstellen am Metallatom* - sind keine vorhanden, so müssen sie durch Dissoziation oder eine Änderung in der Bindungsart erzeugt werden.
2. *ein elektronisch ungesättigter Metallkomplex* - Übergangsmetallkomplexe sind im allgemeinen mit 18 Elektronen stabil, und deshalb gehen bevorzugt 16- oder 14-Elektronen-Komplexe solche Reaktionen ein.
3. *ein Metall mit ausreichend stabilen Oxidationsstufen*, die sich um zwei Einheiten voneinander unterscheiden.

Die Lage des Additionsgleichgewichtes hängt von folgenden Faktoren ab:
– von den elektronischen Eigenschaften des Metalls,
– von der Art der Liganden, die an das Metall gebunden sind,
– von der Beschaffenheit der zu addierenden Verbindung XY, d.h. von der Stärke der während der Reaktion gebildeten und gebrochenen Bindungen,
– von Lösungsmitteleffekten,
– von Temperatur und Druck.

Oxidative Additionsreaktionen verlaufen bevorzugt an Komplexen mit
1. *Metallen, die leicht den (n+2)-Oxidationszustand erreichen.* Diese Fähigkeit nimmt innerhalb einer Nebengruppen-Triade von oben nach unten zu, da in der gleichen Richtung die Ionisierungsenergie abnimmt (s. Kap. 1.1.3) und außerdem mehr Platz für zusätzliche Liganden vorhanden ist.
2. *Metallen der linken Hälfte der Übergangsmetallreihen.* Die Ionisierungsenergie nimmt von links nach rechts zu (Z_{eff} wird größer), und die Metalle in der linken Hälfte weisen eine breitere Variation der Oxidationszustände auf.
3. *guten σ-Donorliganden.* Die Elektronendichte, die ein Ligand an das Metallatom abgibt, erleichtert dessen Oxidation. Das bedeutet, je stärker die σ-Donoreigenschaften eines Liganden sind, desto leichter kann er hohe Oxidationszustände stabilisieren. Zum Beispiel stabilisiert PPh_3 hohe Oxidationszahlen besser als PF_3 oder CO.
4. *harten Liganden nach dem HSAB-Prinzip (z.B. F^-).* Sie stabilisieren hohe positive Oxidationszustände des Metalls durch stärkere elektrostatische Wechselwirkungen.
5. *kleinen Liganden.* Während der oxidativen Addition nimmt die Koordinationszahl des Komplexes zu. Je kleiner die bereits gebundenen Liganden sind, desto leichter lassen sich zwei weitere Liganden einführen.
6. *großen Metallatomen.* Ein großes Metallatom erleichtert ebenfalls die Einführung weiterer Liganden.
7. *starken M–X- und M–Y- und schwachen X–Y-Bindungen.*

Stereochemie und Mechanismus: Bei der oxidativen Addition einer ungesättigten Verbindung wie z.B. O_2 entsteht das *cis*-Addukt, da die O–O-Bindung nicht gebrochen wird. Auch X–Y wird zuerst *cis*-angeordnet sein, obwohl die Bindung gebrochen wird. Anschließend kann es jedoch zu einer Neuanordnung kommen, die das thermodynamisch günstigere Produkt liefert (*cis* oder *trans*).

Oxidative Additionsreaktionen können über drei verschiedene Mechanismen ablaufen: konzertiert, S_N1 und S_N2. Welcher Mechanismus vorliegt, hängt vom Metall, vom Substrat XY (sterische und elektronische Effekte inklusive) und vom Lösungsmittel ab.

Cyclometallierung:

Hierbei handelt es sich um eine *intra*molekulare oxidative Additionsreaktion, die bevorzugt abläuft, da
– die Gruppe bereits an das Metallatom koordiniert ist und daher die Entropie im Vergleich zur konventionellen oxidativen Addition nur geringfügig abnimmt, wenn die zweite Koordination stattfindet;
– sich das Wasserstoffatom in unmittelbarer Nähe zum Metallatom befindet und den ersten Angriff auf das Metall erleichtert.

7.5.2 Reduktive Eliminierung

Die reduktive Eliminierung ist der Umkehrprozeß der oxidativen Addition, d.h.

$$M^zL_nXY \rightleftharpoons M^{z-2}L_n + XY$$

Koordinationszahl	$n+2$	n
Oxidationszahl	z	$z-2$

Dieses Gleichgewicht wird immer dann begünstigt, wenn die äußeren Bedingungen das Gegenteil von den Faktoren darstellen, die die oxidative Addition fördern (s.o.).

Obgleich dieser Reaktionstyp nicht so gut untersucht ist wie die oxidative Addition, so spielt er dennoch eine wichtige Rolle in der homogenen Katalyse (Dissoziation organischer Moleküle vom Übergangsmetall).

Die reduktive Eliminierung verläuft meistens konzertiert, z.B.

Diese Reaktion läuft nur ab, wenn die Substituenten miteinander wechselwirken können, d.h. sie müssen *cis*-angeordnet sein. Tatsächlich sind Komplexe, in denen ein Wasserstoffatom und eine Alkylgruppe in unmittelbarer Nähe zueinander angeordnet sind (*cis*-Konfiguration), instabiler als solche, in denen sich die genannten Gruppen gegenüberliegen (*trans*-Konfiguration). Hierbei handelt es sich um ein Beispiel für kinetische Stabilität.

Oxidative Additionsreaktionen und reduktive Eliminierungen treten nicht nur im Zusammenhang mit metallorganischen Komplexen auf, man findet sie in der gesamten anorganischen Chemie, z.B.:

$$P^{III}Cl_3 + Cl_2 \;\rightleftharpoons\; P^{V}Cl_5$$

7.5.3 Migration- und Insertionsreaktionen

Die Brutto-Reaktionsgleichung lautet

$$L_nM-X + AB \rightarrow L_nM-(AB)-X$$

Der Mechanismus dieser Reaktion beinhaltet die *Migration* („Wanderung") einer Gruppe, man spricht jedoch gewöhnlich von einer *Insertionsreaktion*, da sich die Gruppe AB offensichtlich in die M–X-Bindung eingefügt hat.

Betrachtet man die Insertion von CO am Beispiel der folgenden Reaktion,

so ergeben sich die folgenden Fragestellungen:
1. Ist die Gruppe, die wandert, bereits an das Metallatom gebunden?
2. Handelt es sich tatsächlich um eine Migration oder vielmehr um eine Insertion?
3. Läuft die Reaktion konzertiert ab?
Diese drei Punkte sollen der Reihe nach erörtert werden.

Ist die Gruppe, die wandert, bereits an das Metallatom gebunden?
Diese Frage läßt sich durch verschiedene Experimente beantworten:
a) Bei der Verwendung von markiertem ^{14}CO als Substrat findet man in der Acetylgruppe COCH$_3$ kein ^{14}C wieder.
b) Die Veränderung des CO-Drucks zeigt keinerlei Wirkung auf die Geschwindigkeit der Reaktion. Man kann daraus schließen, daß im geschwindigkeitsbestimmenden Schritt eine Umordnung eines bereits gebundenen CO-Liganden stattfindet ($\rightarrow$COCH$_3$), bei der eine Koordinationsstelle frei wird. Die Besetzung dieser Stelle mit einem externen CO-Molekül ist leicht, läuft sehr schnell ab und ist unabhängig vom CO-Druck.
c) Setzt man dem Ausgangskomplex als Substrat PPh$_3$ zu statt CO, so erhält man dennoch einen Acetylliganden:

$$Mn(CO)_5(CH_3) + PPh_3 \rightarrow Mn(CO)_4(PPh_3)(COCH_3)$$

Die Ergebnisse dieser Experimente zeigen eindeutig, daß es sich bei der Reaktion um keine Insertion eines externen CO-Moleküls handelt.

Wandert die Methylgruppe, oder findet die Insertion eines internen CO-Liganden statt?

In den Abbildungen werden nur Migrationen zu benachbarten und nicht zu *trans*-ständigen Liganden berücksichtigt, was plausibel erscheint, wenn man einen konzertierten Mechanismus für die Reaktion postuliert (s.u.).

Bei der Reaktion läßt sich tatsächlich ein Produktgemisch mit dem Verhältnis 2:1:1 isolieren, was für die Richtigkeit des Mechanismus **A** spricht, d.h. die Methylgruppe wandert.

Läuft die Reaktion konzertiert ab?

Diese Frage kann anhand der obenstehenden Reaktion nicht geklärt werden. Man benötigt dazu eine Reaktion, an der ein chiraler Alkyl-Ligand teilnimmt.

Die absolute Konfiguration des Chiralitätszentrums bleibt während der Reaktion erhalten, was auf einen konzertierten Mechanismus hindeutet.

Die Migration verläuft wie folgt:

Protonenübertragungsreaktionen an Alkenen:

Der konzertierte Mechanismus kann postuliert werden, da es einen Komplex der Zusammensetzung $TiCp_2(C_2H_5)$ gibt, in dem der Abstand zwischen dem Titanatom und einem der Ethylprotonen kleiner ist als die Summe der van der Waals-Radien. Dieser Komplex kann als Modellverbindung für den Übergangszustand einer Migrationsreaktion angesehen werden. Das Wasserstoffatom in dem Titankomplex bezeichnet man als „agostisch" (es ist an das Kohlenstoffatom gebunden und trotzdem wechselwirkt es mit dem Metallatom).

7.5.4 β-Eliminierungen

Bei dieser Reaktion wird ein β-Wasserstoffatom (ausgehend vom Metall bezeichnet man die Kohlenstoffatome und deren Substituenten mit griechischen Buchstaben α, β, γ, δ usw.) vom Alkyl-Rest abgespalten und auf das Metallatom übertragen. Dabei entsteht eine M–H-Bindung und ein Alken. β-Eliminierungen benötigen aufgrund der unmittelbaren Nähe des β-Wasserstoffatoms zum Metallatom nur niedrige Aktivierungsenergien und sind deshalb begünstigt.

Eliminierungen von α- und γ-Wasserstoffatomen finden seltener statt, da erstere nur unter enormer Spannung und letztere aufgrund der sich bewegenden Alkyl-Kette nur selten nahe genug an das Metallatom herankommen, um mit ihm wechselwirken zu können.

Koordinativ abgesättigte Metallkomplexe unterliegen keiner β-Eliminierung, da sie keine freie Koordinationsstelle aufweisen, an die das Wasserstoffatom im ersten Schritt angelagert werden kann.

7.5.5 Spezielle Reaktionen organischer Liganden

Die Reaktivität organischer Liganden verändert sich drastisch, wenn sie an Übergangsmetalle koordiniert werden. In freiem Zustand träge Moleküle gehen so eine Vielzahl von Reaktionen ein. Zum Beispiel:

$$C_6H_5Cl + MeO^- \rightarrow \text{keine Reaktion bei Raumtemperatur}$$

Ebenfalls bei Raumtemperatur findet jedoch die folgende Reaktion statt:

$$[Cr(CO)_3(\eta^6\text{-}C_6H_5Cl)] + MeO^- \rightarrow [Cr(CO)_3(\eta^6\text{-}C_6H_5OMe)] + Cl^-$$

Es wurde gezeigt, daß organische Liganden synergetische Bindungen mit Metallatomen eingehen können. Dabei verändert sich die Ladungsverteilung des Liganden, und je nach Grad der M→L- bzw. L→M-Bindung kann er als Nucleophil oder Elektrophil reagieren. Welche Art von Reaktion man erhält, hängt von folgenden Faktoren ab:

1. *von der Oxidationszahl des Metallatoms.* Hohe positive Oxidationsstufen des Metalls führen zu verstärkten L→M-σ-Bindungen und verminderten M→L-π-Rückbindungen. Der Ligand erhält eine höhere positive Ladung und wird nucleophilen Angriffen zugänglich. Für Metallatome mit niedrigen Oxidationszahlen trifft das Gegenteil zu, der Ligand ist elektrophilen Angriffen ausgesetzt.

2. *von der Zahl der d-Metallelektronen,* d.h. davon, wieviele Elektronen in nichtbindenden Orbitalen für die Rückbindung zum Liganden zur Verfügung stehen.

3. *von den restlichen Liganden, die an das Metallatom gebunden sind,* d.h. davon, ob die Ladungsdichte am Metallatom durch jene erhöht oder verringert wird.

4. *von den Substituenten des organischen Liganden,* d.h. von seiner Elektronegativität.

Beispiele:

1. *Nucleophile Addition an Alkene,* z.B.

$$\left[Cl_3Pt - \| \begin{matrix} CH_2 \\ CH_2 \end{matrix} \right]^- \xrightarrow{OMe^-} \left[Cl_3Pt - CH_2 - CH_2 - OMe \right]^{2-}$$

Der nucleophile Angriff auf das Kohlenstoffatom wird möglich, da es aufgrund der verstärkten σ-Bindung zum und der verminderten π-Rückbindung vom Pt^{2+} partiell positiv geladen ist.

2. *Nucleophile Addition an Benzol,* z.B.

$$\left[\begin{matrix} \bigcirc \\ Ru \\ \bigcirc \end{matrix} \right]^{2+} \xrightarrow[exo]{Ph^-} \quad Ph \cdots Ru \cdots Ph$$

Das positiv geladene Metallion verringert die Elektronendichte in den Benzolringen, so daß jene nucleophil angegriffen werden können.

Merke: *Organisch-chemische Reaktionen an Alkenen und Benzol verlaufen normalerweise nach elektrophilen Mechanismen.*

3. *Elektrophile Addition an Alkene,* z.B.

$$L_3Pt - \| \begin{matrix} CF_2 \\ CF_2 \end{matrix} \xrightarrow{HCl} L_3Pt - CF_2 - CF_2H$$
$$\underset{Cl}{}$$

Aufgrund der elektronegativen Fluorsubstituenten ist das Alken ein starker π-Akzeptor, so daß die Elektronendichte im C–C-π*-Orbital erhöht wird (stärkere π-Rückbindung vom Metall). Das Alken wird leicht elektrophil angegriffen, da der erste Schritt in der Anlagerung eines Protons besteht. Dabei ist das HOMO involviert, das in diesem Fall dem C–C-π*-Orbital entspricht.

4. *Elektrophile Substitutionen an Cyclobutadien* (analog zu *Friedel-Crafts*-Reaktionen), z.B.

$$(CO)_3Fe - \square \xrightarrow[AlCl_3]{H_3C - C \begin{matrix} O \\ \| \\ Cl \end{matrix}} (CO)_3Fe - \square - C \begin{matrix} O \\ \| \\ CH_3 \end{matrix}$$

Fe^0 erleichtert hierbei die Reaktion durch die Erhöhung der Elektronendichte im Ring und aktiviert das Cyclobutadien gegenüber elektrophilen Angriffen.

5. *Metathese*, allgemein formuliert

$$A_2C{=}CA_2 + B_2C{=}CB_2 \longrightarrow \begin{matrix} A_2C \\ \| \\ B_2C \end{matrix} + \begin{matrix} CA_2 \\ \| \\ CB_2 \end{matrix}$$

Dieser Reaktionstyp wird durch solche Systeme wie $WCl_6/RAlCl_2$ in Gegenwart von wenig Ethanol katalysiert. Der erste Schritt besteht aus der Bildung eines Carbenkomplexes, der dann mit dem Alken einen viergliedrigen Übergangszustand bildet.

Exo- und Endo-Angriff: Der nucleophile bzw. elektrophile Angriff auf einen organischen Liganden, der an ein Übergangsmetallatom koordiniert ist, kann prinzipiell aus zwei Richtungen erfolgen. Entweder nähert sich die eintretende Gruppe von derselben Seite, auf der das Metallatom steht (*endo*-Angriff), oder aus der entgegengesetzten Richtung (*exo*-Angriff).

Zu einem *endo*-Angriff kommt es nur, wenn der eintretende Ligand zuvor an das Metallatom koordiniert wird und dann mit dem organischen Liganden reagiert, wie im folgenden Beispiel zu sehen ist.

Übergangsmetallalkyle: Diese Verbindungen sind für ihre Instabilität bekannt. Sie sind kinetisch und thermodynamisch instabil in bezug auf Hydrolyse und Oxidation, da die M–C-Bindung stark polarisiert ist ($M^{\delta+}{-}C^{\delta-}$), das Metallatom über freie d-Orbitale verfügt und die Bildung von M–O-Bindungen bevorzugt wird (Metalloxide und -hydroxide). Ihre Instabilität gegenüber Zersetzung ist hauptsächlich ein kinetisches Phänomen (die $M{-}C_{Alkyl}$-Bindungen sind mit ca. 150 kJ mol^{-1} verhältnismäßig stark) und wird durch die geringen Aktivierungsenergien für β-Eliminierungen begründet (s. Kap. 7.5.4). Die Stabilität in bezug auf Zersetzung läßt sich folglich erhöhen, wenn man diese Eliminierungsreaktionen verhindert. Dafür gibt es drei Möglichkeiten:

1. Der Metallkomplex wird koordinativ abgesättigt, so daß für die Koordination eines Wasserstoffatoms kein Platz mehr ist, z.B. $[Rh(NH_3)_5(C_2H_5)]^{2+}$ enthält inertes Rh^{III}, d^6, *low spin*, und ist stabil (s. Kap. 6.3.4).
2. Es werden Liganden ohne β-Wasserstoffatome verwendet. $Cr(CH_2CH_3)_4$ (β-H) zersetzt sich bei $-80°C$, während $Cr(CH_2SiMe_3)_4$ (kein β-H) noch bei Raumtemperatur stabil ist. Die Stabilität der zweiten Verbindung wird zusätzlich durch die sterisch anspruchvollen Liganden verursacht, die den Ablauf der intermolekularen Zersetzung verhindern.
3. Man verwendet Alkyle, die zwar ein β-H-Atom haben, jedoch aus molekülbautechnischen Gründen keine Doppelbindung ausbilden können (Brettsche Regel).

7.5.6 Übergangsmetallkomplexe in der homogenen Katalyse

Der Hauptnutzen der Übergangsmetallkomplexe liegt in der homogenen Katalyse, d.h. alle Reaktionen laufen in derselben Phase ab.

Warum sind ausgerechnet Übergangsmetalle ausgesprochen nützlich als Katalysatoren?

1. Sie bilden mit einer Vielzahl von Liganden, einschließlich organischer Gruppen, verhältnismäßig stabile Komplexe.
2. Die Liganden befinden sich in der Koordinationssphäre des Metallatoms in unmittelbarer Nähe zueinander, so daß es leicht zu Wechselwirkungen zwischen ihnen kommen kann.
3. Die Liganden werden z.T. durch die Koordination an das Metallatom aktiviert (σ- und π-Donor/Akzeptor-Effekte).
4. Übergangsmetalle weisen unterschiedliche Oxidationszustände auf. Über die Oxidationsstufe des Metalles kann man die Aktivierung der Liganden manipulieren. Metalle in hohen Oxidationsstufen aktivieren den nucleophilen und Metalle in niedrigen den elektrophilen Angriff auf Liganden.
5. Die Übergangsmetalle können leicht ihre Koordinationszahl variieren, d.h. sie können während eines katalytischen Prozesses z.B. sowohl fünffach als auch sechsfach koordiniert auftreten.
6. Die sterischen und elektronischen Eigenschaften der nicht am katalytischen Prozeß beteiligten Liganden beeinflussen die Aktivierung der Substrate und somit die Produkte.
7. Die Aktivierungsenergien für oxidative Additionsreaktionen und reduktive Eliminierungen sind gering, so daß die Substrate leicht gebunden und die Produkte nach vollendeter Reaktion wieder abgespalten werden.
8. Das Metall kann wie im Fall der β-Eliminierung an der Reaktion teilnehmen.
9. Liganden wie z.B. Allyl oder NO können durch Änderung ihres Bindungsmodus freie Koordinationsstellen erzeugen.
10. Prozesse, an denen Übergangsmetalle beteiligt sind, verlaufen schnell.

Nahezu alle katalytischen Prozesse verlaufen über einfache Schritte, an denen Komplexe mit 16 oder 18 Valenzelektronen beteiligt sind („16- und 18-Elektronen-Regel").

Die meisten der oben genannten Punkte lassen sich am Beispiel der Cobalt-katalysierten Hydroformylierungsreaktion veranschaulichen:

$$CH_2{=}CHR + CO + H_2 \xrightarrow{\ CoH(CO)_4\ } RCH_2CH_2CHO$$

Beispiel für die Bildung eines linearen Aldehyds.

Die Vorstufe der katalytisch aktiven Verbindung ist $CoH(CO)_4$ und wird *in situ* gebildet. Dieser Komplex besitzt 18 Valenzelektronen und ist daher nicht in der Lage, das Substrat zu koordinieren. Durch die Dissoziation eines CO-Liganden entsteht ein 16e-Komplex, $CoH(CO)_3$, der die eigentliche katalytische Verbindung darstellt (Schritt 1). Dieser Komplex koordiniert das Substrat (Alken, 2e-Donor), wobei sich die Valenzelektronenzahl wieder auf 18 erhöht (Schritt 2). Im dritten Schritt „schiebt" sich das Alken zwischen die Co–H-Bindung (Insertion) und man erhält wiederum einen 16e-Komplex. Bei dieser Reaktion spricht man wahrscheinlich besser von einer Wanderung des Protons (Umkehrung der β-Eliminierung).

$$
\begin{array}{c}
\text{Markovnikov} \\
\underset{\text{CHR}}{\overset{H\quad CH_2}{Co}} \;\longrightarrow\; \underset{R}{\overset{H}{Co-C}}-CH_3
\end{array}
\qquad
\begin{array}{c}
\text{Anti–Markovnikov} \\
\underset{H\quad CHR}{\overset{CH_2}{Co}} \;\longrightarrow\; Co-CH_2-CH_2R
\end{array}
$$

Der Protonentransfer kann auf zwei Arten erfolgen, entsprechend der Markovnikov- oder der anti-Markovnikov-Addition, und ergibt dementsprechend verzweigte oder lineare Alkyle. Der 16e-Komplex lagert ein weiteres CO-Molekül an und wird zu einem 18e-Komplex (Schritt 4), aus dem durch anschließende CO-Insertion (Alkylmigration) ein 16e-Acylkomplex erzeugt wird. Im sechsten Schritt wird H_2 oxidativ addiert und damit eine 18e-Spezies gebildet, von der im letzten Schritt der Aldehyd reduktiv eliminiert wird. Zurückbleibt ein 16e-Komplex, der zur erneuten Aufnahme eines Substratmoleküls bereit ist.

7.6 Metallorganische Verbindungen der Lanthaniden

Ungleich der Situation in Übergangsmetallen, bei denen die d-Orbitale eine bedeutende Rolle in der Ausbildung von Bindungen spielen, sind die f-Orbitale der Lanthaniden innere Orbitale und nicht an Bindungen beteiligt

Die Carbonylverbindungen der Lanthaniden sind nur bei niedrigen Temperaturen stabil. CO ist ein schlechter σ-Donor, und die Stärke seiner Bindung zu Metallen ist stark auf die π-Rückbindung vom Metall zum C–O–π*-Orbital angewiesen. Letztere ist im Fall der 4f-Orbitale, sprich der Lanthaniden, jedoch schwach bis nicht vorhanden.

$$Ln_{(g)} + CO \xrightarrow[\text{bei tiefer Temperatur}]{\text{Cokondensation}} Ln(CO)_n \qquad (n = 1 \text{ bis } 6)$$

Die Produkte dieser Reaktion zersetzen sich wieder, sobald die Temperatur erhöht wird. Die C–O-Valenzschwingungsfrequenzen unterscheiden sich nur um wenige cm^{-1} von denen des freien CO, was dafür spricht, daß nur sehr wenig M→L-π-Rückbindung vorhanden ist.

Lanthanidenalkyle und -aryle können dargestellt werden und sind durchaus stabil. Während die Bindungen in Übergangsmetallalkylen und -arylen einen starken kovalenten Charakter aufweisen, sind die Bindungen in den entsprechenden Lanthanidenkomplexen fast vollständig ionisch, wiederum ein Ergebnis der mangelnden Zugänglichkeit der f-Elektronen. Daher weisen die metallorganischen Verbindungen der Lanthaniden alle makroskopischen Eigenschaften ionischer Verbindungen auf, hohe Schmelzpunkte, etc. Bei Übergangsmetallalkylen hingegen handelt es sich meistens um niedrig schmelzende, kovalente Verbindungen.

Trotz der unterschiedlichen Bindungsverhältnisse in Lanthaniden- und Übergangsmetallorganylen unterliegen sie ähnlichen Reaktionen, z.B.

1. *Insertion*

Es wird das sterisch anspruchslosere Produkt gebildet. Weitere Reaktion kann zu einem Polymer führen.

2. *C–H-Aktivierung*, z.B.

$$(C_5Me_5)_2LuCH_3 + {}^{13}CH_4 \rightarrow (C_5Me_5)_2Lu({}^{13}CH_3) + CH_4$$

Die anfängliche schwache Koordination der $^{13}CH_4$-Gruppe verläuft über eine viergliedrigen Übergangszustand.

7.7. Metallorganische Verbindungen der Actiniden

Actinidencarbonyle sind ähnlich wie ihre Lanthanidenanaloga nicht sehr stabil, da f-Elektronen für Rückbindungen nicht geeignet sind. Immerhin sind 5f-Orbitale zugänglicher als die 4f-Orbitale der Lanthaniden, und so zeigen die C–O-Valenzschwingungsfrequenzen der Actinidencarbonyle eine größere Abweichung von dem Wert des ungebundenen CO. Die C–O-Valenzschwingung von Cp_3UCO ist z.B. $169\,cm^{-1}$ kleiner als die des freien CO (vgl. Übergangsmetallkomplexe, s. Kap. 7.4.1). Dies läßt sich mit der Abweichung der C–O-Valenzschwingungsfrequenz von wenigen cm^{-1} vergleichen, die bei der Koordination eines CO-Moleküls an ein Lanthanidenelement eintritt.

Die Bindungen in Actinidenalkylen und -arylen sind stärker kovalent als die in Lanthanidenverbindungen, jedoch weniger kovalent als die in Übergangsmetallorganylen. Am besten beschreibt man sie als überwiegend ionisch mit schwachen kovalenten Anteilen.

Ähnlich wie ihre Lanthanidenanaloga erzeugt man Actinidenorganyle durch die Reaktion ihrer Halogenverbindungen mit negativ geladenen organischen Resten wie z.B.:

$$AnCl_3 + 3\ Cp^- \rightarrow AnCp_3 + 3\ Cl^-$$

$$AnCl_4 + 3\ Cp^- \rightarrow AnCp_3Cl + 3\ Cl^-$$

$$AnCp_3Cl + RLi \rightarrow AnCp_3R + LiCl$$

Reaktion von Actinidenalkylen mit CO:

$$(C_5Me_5)_2MRCl + CO \rightarrow (C_5H_5)_2M(CO)RCl$$

Das CO-Molekül wird zuerst an den Komplex angelagert und kann sich dann zwischen die M–R-Bindung schieben (CO-Insertion oder Alkyl-Migration), wobei ein Acylkomplex entsteht, der durch die M–O-Wechselwirkungen stabilisiert wird.

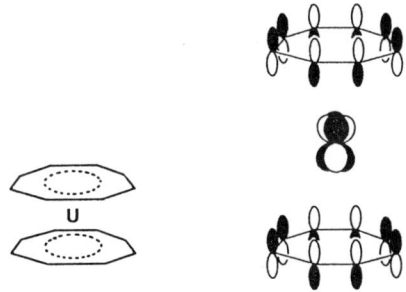

Uranocen: Die bekannteste Sandwich-Verbindung der Actiniden ist das Uranocen

Die beiden Ringe sind planar, und die Bindung entsteht durch die Überlappung der f-Orbitale des Urans mit Orbitalen der entsprechenden Symmetrie des C_8H_8-Ringes (vgl. Ferrocen, s. Kap. 7.4.12).

7.8 Zusammenfassung

1. Metallorganische Verbindungen mit Übergangsmetallen in niedrigen Oxidationsstufen gehorchen der 18-Elektronen-Regel.
2. Die Valenzelektronenzahl ist nur einer von vielen Faktoren, die die Stabilität eines Übergangsmetallkomplexes beeinflussen.
3. Mit Hilfe der 18-Elektronen-Regel läßt sich die Anzahl der Metall-Metall-Bindungen in mehrkernigen Komplexen vorhersagen.
4. Zwischen einem Übergangsmetallfragment und einem organischen Rest kann eine Isolobalbeziehung bestehen, d.h. die Anzahl, Symmetrie, räumliche Ausdehnung und Energie der Grenzorbitale sind gleich.
5. Die Valenzschwingungsfrequenz von CO nimmt ab, wenn dieses an ein Übergangsmetall koordiniert wird.
6. Verbrückende CO-Liganden werden häufiger in Verbindungen mit Metallen der 1. Übergangsreihe gefunden als mit solchen der 2. und 3. Man findet sie außerdem eher in anionischen als in kationischen Komplexen.
7. Bei der Koordination von Alkylen und Arylen an Übergangsmetalle vergrößert sich der C–C-Bindungsabstand.

8. Die Koordination konjungierter Systeme (Allyl, Butadien, Cyclobutadien, Cyclopentadien, etc.) an Übergangsmetalle hat zur Folge, daß die C–C-Bindungen alle gleichlang werden.
9. Oxidative Additionsreaktionen finden bevorzugt an koordinativ nicht abgesättigten Übergangsmetallen der 3. Reihe statt, die einen niedrigen Oxidationszustand aufweisen und von harten, kleinen Liganden umgeben sind.
10. Bei sogenannten Insertionsreaktionen handelt es sich eigentlich um Migrationsreaktionen.
11. Die Reaktivität eines organischen Liganden wird durch die Koordination an ein Übergangsmetallatom drastisch beeinflußt. Übergangsmetalle mit niedriger Oxidationszahl begünstigen den elektrophilen und solche mit hohen Oxidationszahlen den nucleophilen Angriff auf das organische Molekül.
12. Übergangsmetallkomplexe spielen in der homogenen Katalyse eine wichtige Rolle. Die meisten katalytischen Prozesse verlaufen über einfache Schritte, an denen Komplexe mit 16 und 18 Valenzelektronen beteiligt sind.
13. Metallorganische Verbindungen der Lanthaniden haben überwiegend ionischen Charakter.
14. Die Bindungen in metallorganischen Verbindungen der Actiniden sind kovalenter als die in den entsprechenden Lanthanidenanaloga, aber immer noch stärker ionisch als die der äquivalenten Übergangsmetallkomplexe.

7.9 Übungen

1. Bestimme die Oxidationszahlen der Übergangsmetalle in
   a) $Ti(NEt_2)_4$
   b) $NiBr_3(PEt_3)_2$

Antwort: Die Oxidationszahl eines Übergangsmetalls in einem Komplex ergibt sich, indem
– man die Bindung zwischen Metall und Ligand als ionisch betrachtet,
– alle Liganden mit vollen Valenzschalen entfernt
– und die Ladung des Metallatoms betrachtet, die zurückbleibt.

a) $Ti(NEt_2)_4$: Entfernt man vier NEt_2^--Liganden (vgl. NH_2^-), so bleibt am Titanatom die Ladung +4 zurück, da der Komplex insgesamt neutral ist. Die Oxidationszahl von Titan ist folglich +4.

b) $NiBr_3(PEt_3)_2$: Das Phosphoratom in PEt_3 besitzt bereits eine volle Valenzschale, PEt_3 wird folglich als neutrales Molekül entfernt. Die drei Bromatome werden als Br^- entfernt, wodurch eine Ladung von +3 für Nickel entsteht. Die Oxidationszahl von Nickel ist +3.

2. Die Reaktionsgeschwindigkeit der oxidativen Addition von MeI an $IrX(CO)L_2$ nimmt mit X = F > Cl > Br > I und L = PMe_2Ph > PEt_3 > PEt_2Ph > $PEtPh_2$ > PPh_3 ab. Erkläre diese Beobachtung!

Antwort: Die Reaktion, um die es sich hierbei handelt, ist

$$Ir^{I}X(CO)L_2 + MeI \rightarrow Ir^{III}X(CO)L_2(Me)(I)$$

Bei der oxidativen Addition wird die Oxidations- und Koordinationszahl des Iridiumatoms um zwei Einheiten erhöht. Die Reaktion wird durch Liganden begünstigt, die hohe Oxidationszahlen des Metallatoms stabilisieren und die sterisch nicht zu anspruchsvoll sind (Abstoßung zwischen den Liganden).

Fluor stabilisiert hohe Oxidationsstufen. Da F⁻ eine harte Lewisbase ist, bildet es Bindungen mit hohem ionischen Charakter aus, und diese Bindungen werden um so stärker, je höher der Oxidationszustand des Metallatoms ist (elektrostatische Wechselwirkungen sind dem Produkt der Ladungen proportional). Außerdem wird F⁻ auch durch Metalle in hohen Oxidationsstufen nicht zu F_2 oxidiert.

Iod hingegen ist nicht in der Lage, hohe Oxidationsstufen zu stabilisieren. I⁻ ist eine weiche Lewisbase, und seine Bindungen weisen einen hohen kovalenten Charakter auf. Sie werden durch die Erhöhung der Oxidationszahl des Metallatoms nicht verstärkt. Zusätzlich wird I⁻ durch Metalle in hohen Oxidationsstufen leicht zu I_2 oxidiert.

Infolgedessen kann man die Reihenfolge F > Cl > Br > I aufstellen.

Die Abhängigkeit der Reaktionsgeschwindigkeit von den verschiedenen Phosphorliganden beruht auf sterischen Effekten. Je kleiner das gebundene Phosphin ist, desto leichter können zwei weitere Liganden zur Koordinationssphäre des Metalls addiert werden. PMe_2Ph ist der kleinste Ligand und benötigt am wenigsten Platz, während PPh_3 den größten sterischen Anspruch hat.

Mit der Variation des Halogenliganden ist ebenfalls ein geringer sterischer Effekt verbunden, da Iod größer ist als Fluor. Hierbei spielen die elektronischen Effekte aber die bedeutendere Rolle.

3. Erkläre die mit der Variation des Restes R auftretenden Unterschiede der υ_{C-O} im *fac*-$(R_3P)_3Mo(CO)_3$-Komplex:

	F	Cl	Ph
υ_{C-O} [cm⁻¹]	2074, 2026	2041, 1989	1949, 1835

Antwort: Die Struktur des Komplexes wird durch die folgende Abbildung wiedergegeben

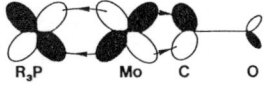

Die C–O-Bindung wird durch die Erhöhung der Elektronendichte im C–O-π*-Orbital geschwächt. Je stärker jene erhöht wird, desto schwächer wird die Bindung und desto niedriger werden die IR Valenzschwingungsfrequenzen.

Diese Beobachtung ist eine Folge der unterschiedlichen Elektronegativitäten ($EN_F > EN_{Cl} > EN_{Ph}$) und läßt sich aus einer Kombination von π- (a) und σ-Bindungseffekten (b) erklären:

a) Die Phosphingruppen benutzen ihre d-Orbitale, um die π-Elektronendichte am Metallatom zu verringern. Jeder Phosphinrest konkurriert folglich mit dem *trans*-ständigen CO-Liganden um die π-Elektronendichte desselben d-Orbitals am Metallatom.

Die Elektronegativität des Fluors verursacht die energetische Absenkung der d-Orbitale des Phosphoratoms, was zu einer starken Wechselwirkung mit denen des Metallatoms führt. Chlor und Phenyl sind weniger elektronegativ als Fluor und die d-Orbitale infolgedessen energiereicher, d.h. sie sind schlechter zugänglich für π-Bindungen. PF_3 ist demnach von den drei Phosphinen der stärkste π-Akzeptor und konkurriert mit dem *trans*-ständigen CO am stärksten um die π-

Elektronendichte des Metalls. Dadurch wird die Elektronendichte im antibindenden C–O-π-Orbital verringert, was zu einer Verstärkung der C–O-Bindung und einer Zunahme der Valenzschwingungsfrequenzen führt, wenn CO *trans* zu PF_3 steht.

b) Der σ-Bindungseffekt besteht darin, daß die Fluorliganden die Partialladung am Phosphoratom erhöhen, wodurch gleichzeitig die σ-Bindung vom Phosphor zum Metall geschwächt wird. Die geringere Elektronendichte am Metallatom hat wiederum schwächere Wechselwirkungen mit dem C–O-π*-Orbital zur Folge, und dadurch werden die C–O-Bindungen stärker und die Valenzschwingungsfrequenzen höher.

4. Erläutere die folgenden Beobachtungen:

a) $V(CO)_6$ ist eine nicht allzu stabile Verbindung, die ohne größere Schwierigkeiten zu $[V(CO)_6]^-$ reduziert werden kann.

b) $CoCp_2$ reagiert mit Alkylhalogeniden der allgemeinen Zusammensetzung RX unter Bildung von $[CoCp_2]^+$ und $[Co(\eta^4\text{-}C_5H_5R)Cp]$.

Antwort: Beide Reaktionen können mit Hilfe der 18-Elektronen-Regel verstanden werden.

a) $V(CO)_6$ ist ein 17e-Komplex (5e vom V und je 2e von sechs CO). Man würde deshalb erwarten, daß dieser Komplex zu $V_2(CO)_{12}$ dimerisiert, um durch die Ausbildung einer Metall–Metall-Bindung 18 Elektronen in der Valenzschale jedes Vanadiumatoms zu erhalten. Das Dimer von $V(CO)_6$ existiert jedoch aus sterischen Gründen nicht – dieser Komplex enthielte nämlich siebenfach koordiniertes Vanadium mit einer enormen Abstoßung zwischen den CO-Liganden. Carbonylverbindungen bevorzugen trotzdem 18 Elektronen in der Valenzschale des Metalls und das wird in diesem Fall durch die Bildung des Anions erreicht.

b) $CoCp_2$ ist ein 19e-Komplex (9e vom Co und 5e von jedem Cp) und bei beiden Reaktionen werden stabilere 18e-Komplexe gebildet, d.h. $[CoCp_2]X$ enthält $[CoCp_2]^+$ und $\eta^4\text{-}C_5H_5R$ ist ein 4e-Donor, der zu einer Valenzelektronenzahl von $[Co(\eta^4\text{-}C_5H_5R)Cp]$ von $9 + 4 + 5 = 18e$ führt.

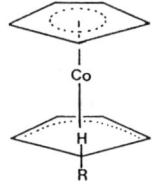

8 Hauptgruppen- und Übergangsmetallcluster

8.1 Borane

8.1.1 Vergleich zwischen Diboran, B_2H_6, und Ethan, C_2H_6

Ethan besitzt 14 Valenzelektronen ($2 \cdot 4 + 6 \cdot 1$) und damit genügend Elektronen für sieben Elektronenpaarbindungen, so daß alle Atome durch 2e2z-Bindungen miteinander verbunden sind.

Diboran hingegen weist nur 12 Valenzelektronen auf ($2 \cdot 3 + 6 \cdot 1$), und da es nicht möglich ist, acht Atome durch sechs 2e2z-Bindungen miteinander zu verbinden, kann Diboran unmöglich die gleiche Struktur einnehmen wie Ethan. *Diboran und alle anderen Boranverbindungen leiden in bezug auf 2e2z-Bindungen an einem Elektronendefizit,* und ihre Strukturen können nur unter Annahme von Mehrzentrenbindungen verstanden werden. *Borane weisen keinen Elektronenmangel auf in dem Sinn, daß bindende Molekülorbitale unbesetzt blieben.* Bei der Betrachtung der Boranstrukturen ist es sehr wichtig , den Strichen zwischen den Atomen nur topologische Bedeutung beizumessen und sie nicht stellvertretend für 2e2z-Bindungen anzusehen, wie man es gewohnt ist.

Die Struktur von Diboran ist

Die Boratome sind sind in etwa sp^3-hybridisiert, wodurch sich die nicht-planare Struktur erklärt.

Jedes Boratom benutzt zwei sp^3-Hybridorbitale und zwei Elektronen zur Ausbildung von zwei „normalen" 2e2z-Bindungen zu den endständigen Wasserstoffatomen. Dabei bleiben ein Elektron und zwei Orbitale zurück, die zur Ausbildung von 2e3z-Bindungen zu den Brücken-Wasserstoffatomen benutzt werden, d.h.

Für 2e3z-Bindungen werden drei Orbitale von drei Atomen (pro Atom ein Orbital) miteinander kombiniert, so daß drei Molekülorbitale entstehen: ein bindendes, ein nichtbindendes und ein antibindendes.

In B_2H_6 stehen für die 2e3z-Bindungen zwei Elektronen von den Bor- und zwei von den H-Atomen zur Verfügung, die die beiden bindenden Molekülorbitale besetzen. In einem MO-Schema dargestellt sieht das Ganze folgendermaßen aus:

Um $[B_2H_6]^{2-}$ zu erzeugen, müssen dem Schema zwei weitere Elektronen hinzugefügt werden. Diese Elektronen besetzen dann ein nichtbindendes Orbital, was keinerlei Energievorteile erbringt. Im Gegenteil, die damit verbundene Steigerung der Elektron-Elektron-Abstoßung führt zu einer Destabilisierung des Systems, und tatsächlich existiert $[B_2H_6]^{2-}$ nur als Etherat (Reaktion von B_2H_6 mit Na-Amalgam in Ether führt zu $Na_2[B_2H_6]$).

Die Tatsache, daß die endständigen B–H-Bindungen bedeutend kürzer sind als die verbrückenden, unterstützt diese Deutung der Bindungsverhältnisse im Diboran. Denn man sollte erwarten, daß eine B–H-Bindung, an der zwei Elektronen beteiligt sind, stärker und damit kürzer ist als eine H–B–H-Einheit, auf die zwei Elektronen verteilt sind.

8.1.2 Reaktionen von Diboran

Mit Lewisbasen: Der Elektronenmangel von B_2H_6 führt dazu, daß es mit Lewisbasen (Elektronendonatoren) reagiert.

In den Produkten dieser Reaktionen besitzen die Boratome acht Valenzelektronen und leiden nicht länger an Elektronenmangel in bezug auf 2e2z-Bindungen.

Wodurch kommen die unterschiedlichen Arten von Spaltung zustande?
Bei dem Angriff einer NR_3-Gruppe auf ein Boratom in B_2H_6 erhält man

B_A trägt aufgrund des benachbarten Stickstoffatoms eine positivere Partialladung als B_B, und dadurch wird es bevorzugt von einer weiteren nucleophilen NR_3-Gruppe angegriffen. Die unsymmetrische Spaltung wird demnach aufgrund elektronischer Effekte immer begünstigt sein. Sollten allerdings sterische Faktoren (R = Alkyl) den Angriff der zweiten NR_3-Gruppe auf das kleine Boratom verhindern, an das ja schon ein sperriger Substituent gebunden ist, so kommt es zu einer symmetrischen Spaltung.

Pyrolyse: Erhitzt man Diboran bei konstantem Volumen auf Temperaturen über 100 °C, so bildet sich eine Vielzahl höherer Borane, unter anderem B_4H_{10}.

8.1.3 Höhere Borane und die Wadeschen Regeln

Alle Borane leiten sich von sogenannten B_n-Deltaedern ab. Dabei handelt es sich um geschlossene B_n-Polyeder, die nur von Dreiecksflächen begrenzt sind (z.B. Tetraeder, Oktaeder, Dodekaeder usw.) und bei denen die Boratome die Ecken besetzen. Diese Borane werden „Bor-Clusterverbindungen" genannt. Die Struktur von B_5H_9 entspricht einem Oktaeder, von dem eine Ecke entfernt wurde.

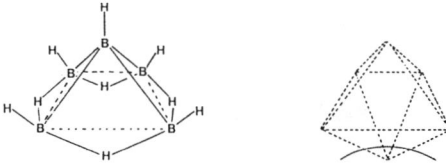

Die *Wadeschen Regeln* wurden entwickelt, um von der Valenzelektronenzahl eines Borans ausgehend dessen Struktur erklären zu können.

Die grundlegende Regel besagt: *jeder* closo-*Polyeder mit* n *Ecken benötigt* (n+1) *Elektronenpaare für die Gerüstbindungen*, d.h. (*n*+1) Elektronenpaare sind erforderlich, um die bindenden Molekülorbitale des Gerüstes zu füllen und es somit zusammenzuhalten. Eine *closo*-Struktur liegt vor, wenn alle Ecken intakt sind, also ein vollständiger Polyeder vorliegt. Die theoretische Grundlage dieser Regel kann durch die Betrachtung von $[B_6H_6]^{2-}$ veranschaulicht werden.

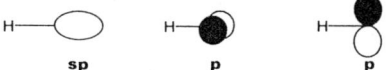

Alle Borane werden aus BH-Einheiten aufgebaut. Das Boratom kann dabei als sp-hybridisiert angesehen werden. Es benutzt ein sp-Orbital und ein Elektron für die 2e2z-Bindung zum H-Atom. Für die Gerüstbindung bleiben ein sp-Hybrid- und zwei p-Orbitale sowie zwei Elektronen übrig.

H ⬭   H ◐   H ◖

sp   **p**   **p**

In $[B_6H_6]^{2-}$ hat man es aufgrund der sechs BH-Einheiten folglich mit 18 Atomorbitalen zu tun, durch deren Kombination sieben bindende und elf antibindende Molekülorbitale erzeugt werden (Anzahl Atomorbitale = Anzahl Molekülorbitale). Die bindenden Molekülorbitale sind

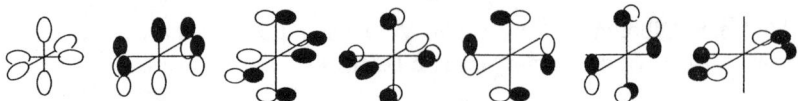

und man erhält das folgende MO-Diagramm:

11 antibindende MO

12 x p

6 x sp

7 bindende MO

Für die Gerüstbindung stehen 14 Elektronen zur Verfügung (zwei pro BH-Einheit und zwei aufgrund der negativen Ladung). Diese Elektronen besetzen die bindenden Molekülorbitale, während die antibindenden freibleiben.

Dies trifft allgemein für alle *closo*-Borane der Formel $[B_nH_n]^{2-}$ zu (n = 6 bis 12 – Analoga mit $n < 6$ müssen erst noch dargestellt werden).

Die Wadeschen Regeln können auf die *nido*-Borane ausgedehnt werden, deren Struktur sich von der der *closo*-Borane ableitet, indem die Ecke mit der höchsten Konnektivität entfernt wird, d.h. die Ecke, von der die meisten Bindungen ausgehen (B_5H_9, s.o.).

Ein nido-*Polyeder mit* n *Ecken benötigt* (n+2) *Elektronenpaare für die Gerüstbindung* und damit genauso viele Elektronen wie der *closo*-Polyeder mit (n+1) Ecken, von der sie abstammt. *Arachno*-Borane leiten sich von *closo*-Boranen ab, indem zwei Ecken entfernt werden, oder von den entsprechenden *nido*-Boranen, durch Verlust einer Ecke. Um eine *arachno*-Struktur zu erzeugen, muß man von einem *closo*-Polyeder zuerst die Ecke mit der höchsten Konnektivität und dann eine zu ihr benachbarte Ecke entfernen, z.B. B_5H_{11},

Ein arachno-Polyeder mit n *Ecken benötigt* (n+3) *Elektronenpaare für die Gerüstbindung*, also genauso viele Elektronen wie ein *closo*-Polyeder mit (n+2) und ein *nido*-Polyeder mit (n+1) Ecken.

Den Unterschied von *closo* zu *arachno* und *nido* kann man sich mittels folgender Eselsbrücke merken:

In der n1do-Struktur fehlt 1 Ecke.

Vorhersage der Strukturen unter Anwendung der Wadeschen Regeln:

1. Zuerst bestimmt man die Gesamtelektronenzahl der Verbindung, wobei jedes Boratom drei und jedes Wasserstoffatom ein Elektron beisteuert. Negative Ladungen werden addiert und positive Ladungen subtrahiert.

2. Dann nimmt man für jedes Boratom *eine* endständige 2e2z-B–H-Bindung an. Pro BH-Einheit fallen folglich zwei Elektronen weg, die nicht mehr an der Clusterbindung teilnehmen können. Subtrahiert man $2n$ Elektronen (n entspricht der Anzahl der Boratome) von der Gesamtelektronenzahl, so bleiben die Gerüstelektronen übrig. *Anmerkung:* Die Boratome an der Käfigöffnung tragen zusätzlich brückenbildende H-Atome, die einen Teil des Gerüstes darstellen und deren Elektronen an der Clusterbindung beteiligt sind.

3. Für n Boratome führen ($n+1$) Gerüstelektronenpaare zu einer auf einem n-eckigen Polyeder basierenden *closo*-Struktur. ($n+2$) Elektronenpaare ergeben eine *nido*- und ($n+3$) Elektronenpaare eine *arachno*-Struktur.

n-eckige *closo*-Polyeder:

n	Polyeder
5	trigonale Bipyramide
6	Oktaeder
7	pentagonale Bipyramide
8	Dodekaeder
12	Ikosaeder

Die tetraedrische Struktur kommt normalerweise nicht vor und wurde deshalb ausgelassen: Ein *closo*-Tetraeder benötigte fünf Elektronenpaare für die Gerüstbindung. Behandelt man einen Tetraeder als *nido*-trigonale Bipyramide, so wären sechs Elektronenpaare notwendig. Theoretische Berechnungen sagen jedoch entweder sechs ($[B_4H_4]^{2-}$) oder vier Elektronenpaare (B_4H_4) voraus. Das Problem stellt sich zum Glück nicht, da es keine Borane mit tetraedrischer Struktur gibt. Die einzige tetraedrische Borverbindung mit vier Elektronenpaaren für die Gerüstbindung ist B_4Cl_4, $4 \cdot 3e$ (B) + $4 \cdot 1e$ (Cl) – $4 \cdot 2e$ (B–Cl) = 8 Elektronen, d.h. 4 Elektronenpaare.

Beispiele zur Strukturvorhersage:

B_5H_9 ($n = 5$)
Die Gesamtvalenzelektronenzahl ist $5 \cdot 3 + 9 \cdot 1 = 24$, d.h. es gibt 12 Elektronenpaare.

Alle Ecken eines Oktaeders weisen dieselbe Konnektivität auf.

Nach der Subtraktion von zehn Elektronen für die fünf B–H-Bindungen bleiben vierzehn Elektronen, d.h. sieben Elektronenpaare für die Gerüstbindung übrig. ($n+2$) Elektronenpaare resultieren in einer fünfeckigen *nido*-Struktur, die sich von einem sechseckigen *closo*-Polyeder ableitet (Oktaeder).

Zur Erinnerung, die Striche in dieser Abbildung sind nicht mit 2e2z-Bindungen gleichzusetzen, es handelt sich um eine Elektronenmangelverbindung.

Die Wadeschen Regeln geben keinerlei Auskünfte über die Positionen der Wasserstoffatome. Man kann lediglich aufgrund der Untersuchung existierender Strukturen einige Verallgemeinerungen machen:

1. Wasserstoffatome überbrücken bevorzugt die Kanten offener Flächen in *nido*- und *arachno*-Polyedern.

2. In *arachno*-Polyedern findet man häufig zwei endständige Wasserstoffatome an einem Boratom, wobei ein Wasserstoffatom grob in die Richtung der fehlenden Ecke deutet.

Die Wasserstoffatome wechselwirken mit bindenden Molekülorbitalen (vollbesetzt), die zur Bindung der fehlenden Ecke benutzt worden wären. Sie nehmen also Bereiche hoher Elektronendichte über das Gerüst verteilt ein.

B_4H_{10} ($n = 4$)

Die Gesamtvalenzelektronenzahl = $4 \cdot 3 + 10 \cdot 1 = 22e$.

Acht dieser Elektronen werden für B–H-Bindungen benötigt, es bleiben vierzehn Elektronen und damit sieben Elektronenpaare ($n+3$) für das Gerüst übrig. Man erhält eine viereckige *arachno*-Struktur, die von einem sechseckigen *closo*-Oktaeder abstammt. Der *arachno*-Oktaeder entsteht, indem man zwei benachbarte Ecken entfernt, d.h.

Eine „Schmetterlings"-Struktur (wt = wing-tip, Flügelspitze; h = hinge, Gelenk)

Vier Wasserstoffatome bilden Brücken über die Kanten der offenen Flächen, und ein H-Atom pro Boratom an der „Flügelspitze" deutet grob in die Richtung der fehlenden Ecke.

B_5H_{11} ($n = 5$)

Die Gesamtvalenzelektronenzahl = $5 \cdot 3 + 11 \cdot 1 = 26e$.

Zehn Elektronen fallen für B–H-Bindungen weg, so daß sechzehn Elektronen bzw. acht Elektronenpaare zurückbleiben. ($n+3$) Elektronenpaare ergeben eine *arachno*-Struktur mit fünf Ecken, die sich von einem *closo*-Polyeder mit sieben Ecken ableitet, also von einer pentagonalen Bipyramide. Dazu entfernt man zuerst die Ecke mit der höchsten Konnektivität und dann eine zu dieser benachbarte.

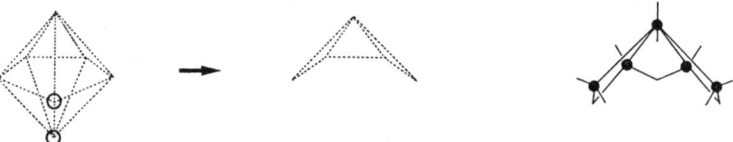

8.1.4 Carborane

Man kann in das Borangerüst leicht CH-Einheiten einbauen, z.B.

$$B_{10}H_{14} + C_2H_2 \rightarrow C_2B_{10}H_{12} + H_2$$

CH und BH^- sind isolobal zueinander (s. Kap. 7.3), denn beide besitzen ein sp-Hybridorbital, zwei p-Orbitale und drei für Clusterbindungen zugängliche Elektronen. Demzufolge lassen sich BH^--Einheiten eines polyedrischen Borans durch CH-Einheiten ersetzen, ohne ihre Struktur zu ändern. Dadurch wird eine Reihe neuer Verbindungen mit der Zusammensetzung $[CB_{n-1}H_n]^-$ und $[C_2B_{n-2}H_n]$ erzeugt, die äquivalent zu $[B_nH_n]^{2-}$ sind. Die Strukturen dieser sogenannten Carborane werden auf die gleiche Weise ermittelt wie die der Borane, nämlich mit Hilfe der Wadeschen Regeln.

$C_2B_3H_5$ ($n = 2(C) + 3(B) = 5$)
Die Gesamtvalenzelektronenzahl $= 2 \cdot 4 + 3 \cdot 3 + 5 \cdot 1 = 22e$.

Für die drei B–H- und zwei C–H-Bindungen werden zehn Elektronen benötigt. Damit verbleiben zwölf Elektronen bzw. sechs Elektronenpaare für das Gerüst. ($n+1$) Elektronenpaare ergeben eine *closo*-Struktur mit fünf Ecken, eine trigonale Bipyramide,

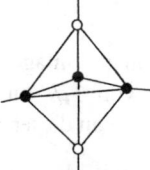

Einige Verallgemeinerungen der Carboran-Strukturen:
1. Die Kohlenstoffatome nehmen immer Postionen niedrigster Konnektivität ein.
2. Enthält eine Verbindung mehr als ein Kohlenstoffatom, so ist das thermodynamisch stabilste Produkt jenes, in dem die Kohlenstoffatome so weit wie möglich voneinander entfernt sind,

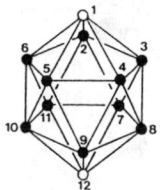

d.h. die B–C-Kontakte maximal sind.
3. Die Kohlenstoffatome sind in bezug auf die Boratome positiv geladen, da jede CH-Einheit drei Elektronen zur Clusterbindung beisteuert, eine BH-Einheit dagegen nur zwei Elektronen. Als Folge davon nimmt die Acidität der Wasserstoffatome in Carboranen wie folgt ab,

$$\mu_2\text{-H} > \text{C-H} > \text{B-H}$$

Die verbrückenden Wasserstoffatome werden am schwächsten festgehalten, und sie tragen aufgrund der Bindung zu zwei Hauptgruppenatomen die positivste Partialladung. Kohlenstoff ist elektronegativer als Bor, was für an Kohlenstoff gebundene Wasserstoffatome eine höhere Acidität zur Folge hat.

Umlagerungen in Carboranen: Carborane unterliegen folgenden Umlagerungen,

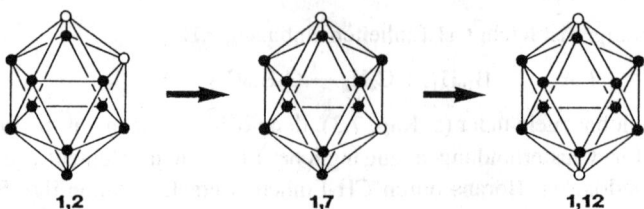

Während dieser Reaktion geht ein Ikosaeder über einen kuboktaedrischen Übergangszustand in einen anderen Ikosaeder über („Diamond-Square-Diamond"-Mechanismus).

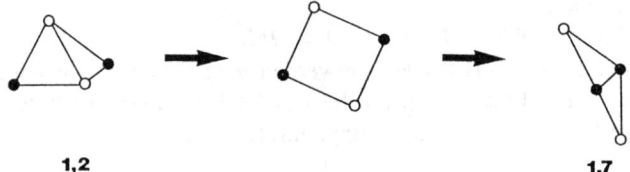

Mit Hilfe des gezeigten Mechanismus kann man Umlagerungen von 1,2- zu 1,7-Carboranen verstehen, aber er erklärt nicht die Umformung von 1,7- zu 1,12-Carboranen. Dafür wurden weitaus komplizertere Mechanismen entwickelt, auf die an dieser Stelle nicht näher eingegangen wird.

8.1.5 Metalloborane

$Fe(CO)_3$ ist isolobal zu BH.

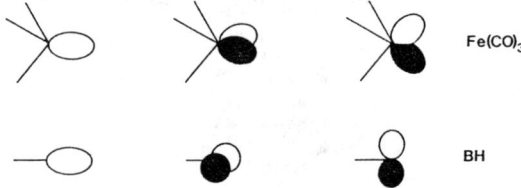

Deshalb kann man in polyedrischen Boranen BH-Einheiten durch $Fe(CO)_3$ ersetzen, ohne die Struktur zu verändern.

$$C_2B_3H_5 + Fe(CO)_5 \rightarrow C_2B_3H_5Fe(CO)_3 \rightarrow C_2B_3H_5(Fe(CO)_3)_2$$

$C_2B_3H_5$ besitzt die gleiche Struktur wie $[B_5H_5]^{2-}$, $C_2B_3H_5Fe(CO)_3$ die gleiche wie $[B_6H_6]^{2-}$ und $C_2B_3H_5(Fe(CO)_3)_2$ die gleiche wie $[B_7H_7]^{2-}$.

Die Wadeschen Regeln können auch zur Strukturvorhersage der Metalloborane verwendet werden. Die Elektronen werden dabei wie in BH- und CH-Einheiten gezählt: Das Eisenatom steuert acht und die drei CO-Liganden steuern jeweils zwei Elektronen zur $Fe(CO)_3$-Einheit bei, d.h. sie enthält insgesamt vierzehn Elektronen. Sechs davon werden für die drei $Fe-C_{CO}$-Bindungen benötigt, und weitere sechs besetzen das nicht an der Cluster-Bindung beteiligte t_{2g}-Set des Eisenatoms. Für die Gerüstbindung bleiben demnach 14 − 12 = 2 Elektronen übrig, die gleiche Anzahl wie bei einer BH-Einheit.

Beispiel:

$C_2B_3H_5Fe(CO)_3$, $(n = 2(C) + 3(B) + 1(Fe) = 6)$
Gesamtvalenzelektronenzahl $= 2·4(C) + 3·3(B) + 5·1(H) + 8(Fe) + 3·2(CO) = 36e$

$2·C–H_{term}$	$-4e$
$3·B–H_{term}$	$-6e$
$3·Fe–C_{CO}$	$-6e$
Fe (t_{2g})	$-6e$
Elektronen für Cluster-Bindung	$14e$

Sieben Elektronenpaare ($n+1$) stehen für die Cluster-Bindung zur Verfügung, und daraus resultiert eine oktaedrische Struktur (sechseckiges *closo*-Polyeder).

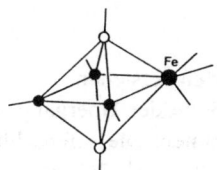

Ebenso wie Fe(CO)$_3$ sind auch [Co(CO)$_3$]$^+$ und [Ni(CO)$_3$]$^{2+}$ (alles d^{8}M(CO)$_3$-Einheiten) isolobal zu BH, und eine Vielfalt von Metalloboranen kann hergestellt werden.

CoCp ist isolobal zu [Co(CO)$_3$]$^+$ (CoCp kann auch durch Co$^+$Cp$^-$ dargestellt werden, wobei Cp$^-$ ein 6e-Donor ist, der drei Koordinationsstellen besetzt, s. Kap. 7.4.12), und es können Cobaltoborane dargestellt werden, die diese Gruppe enthalten, z.B. CpCo(C$_2$B$_9$H$_{11}$).

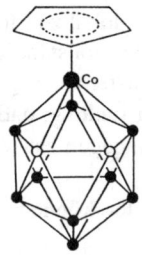

Hierbei handelt es sich offensichtlich um ein Metalloboran-Analogon von [B$_{12}$H$_{12}$]$^{2-}$ und vielleicht weniger offensichtlich ebenfalls um ein Analogon von Cobaltocen (CoCp$_2$), da die [C$_2$B$_9$H$_{11}$]$^{2-}$-Einheit isolobal zu Cp$^-$ ist (s. Kap. 7.4.12).

Warum sind Cp$^-$ und [C$_2$B$_9$H$_{11}$]$^{2-}$ isolobal zueinander?
[C$_2$B$_9$H$_{11}$]$^{2-}$ koordiniert das Cobaltatom über ein planare Fünfeck mit folgenden Grenzorbitalen.

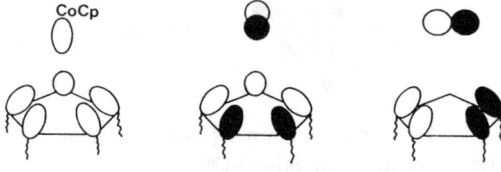

Seine Grenzorbitale sind denen des Cyclopentadienyl-Liganden Cp⁻ ähnlich und passen zu den drei Grenzorbitalen der CoCp-Einheit (s. Kap. 7). Das Boran-Fragment ist ein 6e-Donor, da die drei gezeigten Orbitale an der Gerüstbindung teilnehmen und vollständig besetzt sind.

Übergangsmetalle, die weiter rechts im Periodensystem stehen, bilden mit Boran-Fragmenten Komplexe, in denen das Metallatom nur durch einen Teil der Atome koordiniert wird, die die offenen Flächen bilden, z.B. $[Cu(C_2B_9H_{11})_2]^{2-}$.

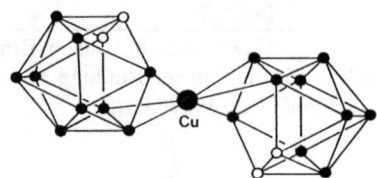

Dieses Phänomen läßt sich auf zwei Arten verstehen:
1. Die Metallatome auf der rechten Seite der Übergangsreihen benötigen weniger Elektronen, um auf die Gesamtzahl von 18 zu kommen. Die offene Fläche des Borans hat wie Cp⁻ ein σ- und zwei π-Orbitale zur Verfügung und kann η^1 (2e), η^2 (4e) und η^3 (6e) binden.
2. Übergangsmetalle der rechten Seite besitzen für die Cluster-Bindungen zu viele Elektronen, als daß eine *closo*-Struktur angenommen werden könnte. Man erhält offene *nido*- und *arachno*-Strukturen, die sich von einem höheren *closo*-Polyeder ableiten.

8.2 Übergangsmetallcluster

BH ist isolobal zu CH⁺, welches wiederum isolobal zu $M(CO)_3$ (M = Fe, Ru, Os) ist.

Die BH-Einheiten in einem Boran können vollständig durch $M(CO)_3$-Einheiten ersetzt werden, um einen polyedrischen Übergangsmetallcluster zu ergeben. Der Austausch gegen CH⁺-Gruppen führt zu solch einer Anhäufung von positiver Ladung, daß Kohlenwasserstoff-Cluster wie z.B. *closo*-$[C_6H_6]^{4+}$ nicht existieren. $[Os_6(CO)_{18}]^{2-}$ hingegen ist stabil und besitzt die gleiche Struktur wie $[B_6H_6]^{2-}$.

Die Strukturen der Übergangsmetallcluster können ebenfalls mit Hilfe der Wadeschen Regeln ermittelt werden.

$[Os_6(CO)_{18}]^{2-}$ (n = 6)
Gesamtvalenzelektronenzahl = 6·8(Os) + 18·2(CO) + 2(Ladung) = 86e.

Für jedes Metallatom werden zwölf Elektronen abgezogen, da pro Metallatom sechs Elektronen für Os–C_{CO}-Bindungen benötigt werden und weitere sechs Elektronen das t_{2g}-Set besetzen. (Dieser Abzug erfolgt übrigens immer, egal wieviele Liganden an das Metallatom gebunden sind.)

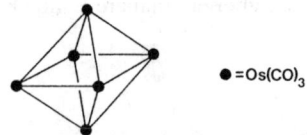

$\bullet = Os(CO)_3$

Die übrigen 86 − (6·12) = 14 Elektronen und damit 7 (n+1) Elektronenpaare der Gerüstbindung führen zu einer sechseckigen *closo*-Struktur, d.h. einem Oktaeder.

Die Bestimmung der Metall-Metall-Bindungen: Es gibt eine Gleichung, mit deren Hilfe man die Anzahl von Metall-Metall-Bindungen in einem Cluster mit $n \leq 6$ Atomen bestimmen kann. Sie geht im Gegensatz zu den Wadeschen Regeln, die auf MO-Betrachtungen basieren, von lokalisierten 2e2z-Bindungen und der 18-Elektronen-Regel aus und lautet:

$$\text{Anzahl der M–M-Bindungen} = m = \frac{18 \cdot n - c}{2}$$

wobei n = Anzahl der Metallatome und c = Zahl der Valenzelektronen der Metalle + Zahl der von den Liganden zur Bindung verwendeten Elektronen.

Beispiele:

$[Os_5(CO)_{15}]^{2-}$

$$m = \frac{18 \cdot 5 - 72}{2} = 9$$

Die Verbindung weist eine trigonal bipyramidale Struktur mit neun Os–Os-Bindungen auf.

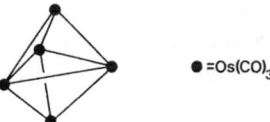

$\bullet = Os(CO)_3$

$Os_6(CO)_{18}$

$$m = \frac{6 \cdot 18 - 84}{2} = 12$$

Für diese Verbindung wird eine Struktur mit zwölf Os–Os-Bindungen vorhergesagt, aber man erhält nicht die augenfälligste, ein Oktaeder, sondern ein zweifach überkapptes Tetraeder.

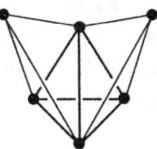

$[Os_6(CO)_{18}]^{2-}$

$$m = \frac{6 \cdot 18 - 86}{2} = 11$$

Die tatsächliche Struktur ist ein reguläres Oktaeder mit 12 Os–Os-Bindungen und weicht somit von der vorhergesagten um eine Metall-Metall-Bindung ab. Übergangsmetallcluster mit mehr als sechs Metallatomen gehorchen der Regel nicht mehr ohne weiteres, da ihre Bindungen delokalisiert sind und die Kanten des Polyeders nicht mit 2e2z-Bindungen gleichgesetzt werden können. Selbst in Clustern mit $n < 6$ sind die Elektronen strenggenommen nicht in solchen lokalisiert.

Die Wadeschen Regeln sind weitaus gebräuchlicher als die oben gezeigte Gleichung. Ihrzufolge entspricht $Os_3(CO)_{12}$ einer *arachno-* und $[Os_5(CO)_{15}]^{2-}$ einer *closo*-trigonalen Bipyramide. Die Struktur von $[Os_6(CO)_{18}]^{2-}$ wurde bereits diskutiert, aber was ist mit $Os_6(CO)_{18}$?

$Os_6(CO)_{18}$ $(n = 6)$

Gesamtvalenzelektronenzahl = 6·8(Os) + 18·2(CO) = 84e. Zieht man davon 72 Elektronen ab, die für Bindungen benötigt werden, so bleiben 12 Elektronen bzw. 6 Elektronenpaare zurück. Die Struktur sollte demgemäß einem *closo*-Polyeder mit fünf Ecken entsprechen. Ein fünfeckiges Polyeder bei sechs Gerüstatomen deutet auf eine überkappte trigonale Bipyramide, was nichts anderes ist als ein zweifach überkapptes Tetraeder.

Das Prinzip des „Überkappens": Von einem überkappten Polyeder spricht man, wenn über einer oder mehreren Flächen einer *closo*-Struktur zusätzliche Ecke sitzen. *Die Elektronenzahl ist für die überkappte und für die nicht überkappte Struktur dieselbe.*

$Os_6(CO)_{18}$ kann gedanklich in eine $[Os_5(CO)_{15}]^{2-}$- und eine $[Os(CO)_3]^{2+}$-Einheit zerlegt werden. $[Os(CO)_3]^{2+}$ trägt nämlich 8 + 3·2 − 12 − 2(Ladung) = 0 Elektronen zur Cluster-Bindung bei, und die Struktur läßt sich als

$$[Os_5(CO)_{15}]^{2-} \rightarrow [Os(CO)_3]^{2+}$$

Adukkt betrachten (vgl. dative Bindungen).

Tetraedrisch oder kugelsymmetrisch? Tetraedrische und überkappte Übergangsmetallcluster sind verbreitet, es gibt jedoch weder tetraedrische noch überkappte Borane. Schuld daran sind die an der Bindung beteiligten Orbitale. In $M(CO)_3$-Gruppen entsprechen die π-Orbitale, die an der Bindung teilnehmen, dp-Hybridorbitalen, woraus sich ein σ-π-Winkel von ca. 60° ergibt.

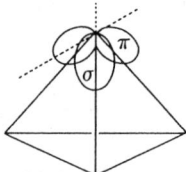

Diese Winkelanordnung begünstigt die tetraedrische Geometrie, da die Winkel in einem Tetraeder (60°) zu starken Wechselwirkungen zwischen den $M(CO)_3$-Gruppen führen.

Die π-Symmetrieorbitale einer BH-Einheit weisen reinen p-Charakter auf, und der Winkel zwischen diesen und dem σ-Symmetrieorbital (sp-Hybridorbital) beträgt 90°. Diese tangentialen π-Orbitale bevorzugen kugelsymmetrische Polyeder.

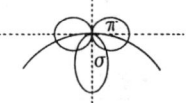

8.3 Zintl-Phasen und Hauptgruppencluster

Es gibt Cluster, die aus nackten Hauptgruppenatomen bestehen und positive oder negative Ladungen tragen.

Anionische Hauptgruppencluster: Die allgemeine Reaktionsgleichung für ihre Darstellung lautet:

$$x\text{Na} + n\text{M} \xrightarrow{\text{NH}_3\text{flüssig}} [\text{Na}]^+{}_n[\text{M}_x]^{n-}$$

Auf diese Weise können z.B. $[Sn_5]^{2-}$, $[Ge_9]^{2-}$ und $[Ge_9]^{4-}$-Einheiten hergestellt werden.

Um die Bindungen in diesen Clustern erklären zu können, müssen die Atome der 4. Hauptgruppe als sp-hybridisiert angesehen werden. Zwei Elektronen befinden sich im sp-Orbital, das in die Mitte des Clusters gerichtet ist und an der Clusterbindung teilnimmt, zwei besetzen das vom Cluster wegweisende sp-Orbital (lone pair). Im rechten Winkel zu diesen beiden Orbitalen gibt es noch zwei freie p-Orbitale.

Ein nacktes Atom der 4. Hauptgruppe ist isolobal zu BH und $M(CO)_3$ (M = Fe, Ru, Os). Folglich ist $[Sn_5]^{2-}$ isoelektronisch zu $[Os_5(CO)_{15}]^{2-}$ in bezug auf Valenzelektronen, die für Cluster-Bindungen zur Verfügung stehen, und besitzt die gleiche Struktur (s.o.).

Kationische Hauptgruppencluster: Handelt es sich bei E um ein Element der 5. Hauptgruppe, so ist E^+ isolobal zu BH und $M(CO)_3$ und steuert zwei Elektronen zur Cluster-Bindung bei. E^+ besitzt ein freies Elektronenpaar, das vom Cluster wegzeigt, zwei Elektronen in einen sp-Hybridorbital, das in Richtung des Clusters zeigt, und zwei freie p-Orbitale senkrecht zu jenen, d.h. zwei Elektronen und drei Orbitale stehen für Cluster-Bindungen zur Verfügung.

Closo-Cluster der Elemente der 5. Hauptgruppe haben die allgemeine Zusammensetzung $[E_n]^{(n-2)+}$, z.B. $[Bi_5]^{3+}$, trigonale Bipyramide, und *nido*-Cluster entsprechen der Formel $[E_n]^{(n-4)+}$, z.B. $[Bi_9]^{5+}$, dreifach überkapptes Prisma.

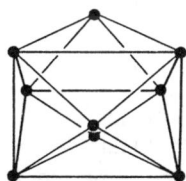

Die Elemente in der rechten Hälfte des Periodensystems sind reichlich elektronegativ, und sobald die positive Ladung eines Clusters zunimmt, werden die Orbitale dichter und eignen sich durch die erweiterten E–E-Abstände in diesen Clustern nicht mehr so gut für E–E-Bindungen. Diese Tatsache und nicht zuletzt auch die enorme Abstoßungskraft haben zur Folge, daß der *closo*-Cluster $[Bi_9]^{7+}$ unbekannt ist.

8.4 Zusammenfassung

1. B_2H_6 ist in bezug auf 2e2z-Bindungen eine Elektronenmangelverbindung und weist eine nichtplanare Struktur auf.
2. Die Reaktion von B_2H_6 mit NH_3 resultiert in einer unsymmetrischen und die Reaktion mit NR_3 zu einer symmetrischen Spaltung des Diborans.
3. *Closo*-Borane benötigen ($n+1$), *nido*-Borane ($n+2$) und *arachno*-Borane ($n+3$) Elektronenpaare für die Gerüstbindung.
4. Ein *nido*-Boran leitet sich von einem *closo*-Boran ab, aus dem die Ecke mit der höchsten Konnektivität entfernt wurde. Ein *arachno*-Polyeder entsteht, wenn man eine weitere, zur ersten Ecke benachbarten Ecke wegnimmt.
5. CH^+, BH und $Fe(CO)_3$ sind zueinander isolobal.
6. Die Anzahl Metall-Metall-Bindungen in Clustern mit $n \leq 6$ läßt sich mit Hilfe der folgenden Gleichung bestimmen:

$$\text{Anzahl M--M-Bindungen} = \frac{18 \cdot \text{Anzahl Metallatome} - \text{Gesamtvalenzelektronenzahl}}{2}$$

7. Die Zahl der Clusterelektronen ist gleich - unabhängig von der Anzahl überkappender Atome.
8. Borane bevorzugen kugelsymmetrische Geometrien, während ihre Übergangsmetallanaloga häufig Strukturen vorziehen, die auf einem Tetraeder basieren.
9. B_nH_n, $(Fe(CO)_3)_n$, $[Ge_n]^{2-}$ und $[Bi_n]^{(n-2)+}$ besitzen die gleiche Struktur.

8.5 Übung

Benutze die Wadeschen Regeln, um die Strukturen der folgenden Clusterverbindungen vorherzusagen: $Co_4(CO)_{12}$, $P_2Co_2(CO)_6$, $RSiCo_3(CO)_9$, P_4.

Antwort: $(CO)_3Co$, P und RSi sind isolobal zueinander

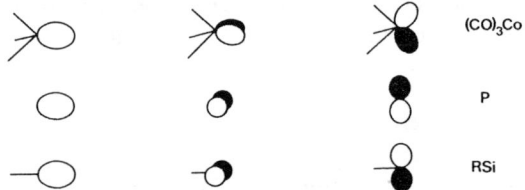

Die $(CO)_3Co$-Einheit enthält insgesamt 15 Elektronen, von denen sechs für die Co--CO-Bindung benötigt werden und weitere sechs das t_{2g}-Set besetzen. Für die Cluster-Bindung bleiben drei Elektronen zurück, die die gezeigten Grenzorbitale besetzen.

Das Phosphoratom besitzt fünf Elektronen in der Valenzschale. Zwei besetzen das sp-Hybridorbital, das vom Cluster wegzeigt (*lone pair*), und sind für die Cluster-Bindung nicht zugänglich, im Gegensatz zu den verbleibenden drei Elektronen.

Von den fünf Elektronen einer SiR-Gruppe befinden sich zwei in der SiR-σ-Bindung und drei nehmen an der Gerüstbindung teil.

Jeder der obengenannten Cluster besitzt demnach $4 \cdot 3 = 12$ Elektronen für die Gerüstbindung (6 Elektronenpaare). Alle Cluster weisen vier Ecken ($n = 4$) auf, und es gibt ($n+2$) Elektronenpaare für die Bindung. Daraus resultiert für sie eine *nido*-Struktur, die auf einem fünfeckigen *closo*-Polyeder, einer trigonalen Bipyramide, basiert – die Cluster sind alle tetraedrisch.

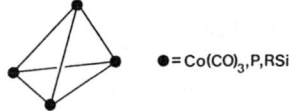

9 Elektrische Leitfähigkeit

9.1 Bändermodell

Die elektrische Leitfähigkeit von Feststoffen läßt sich mit Hilfe des Bändermodells erklären, das eine Erweiterung der MO-Theorie darstellt. Ein Band setzt sich aus vielen dicht benachbarten Molekülorbitalen zusammen, die über den ganzen Feststoff delokalisiert sind und sich in ihren Energien so wenig voneinander unterscheiden, daß es zwischen ihnen praktisch keine Lücke gibt.

Zur Veranschaulichung stellt man sich am besten den Aufbau einer linearen Kette von Atomen vor: Durch die Kombination von zwei Atomorbitalen erhält man ein bindendes und ein antibindendes Molekülorbital, aus der Kombination von drei Atomorbitalen resultiert noch zusätzlich ein nichtbindendes MO. Eine Kette aus unendlich vielen Atomen führt zu einer ganzen Reihe von Molekülorbitalen, deren Charakter von bindend bis antibindend reicht.

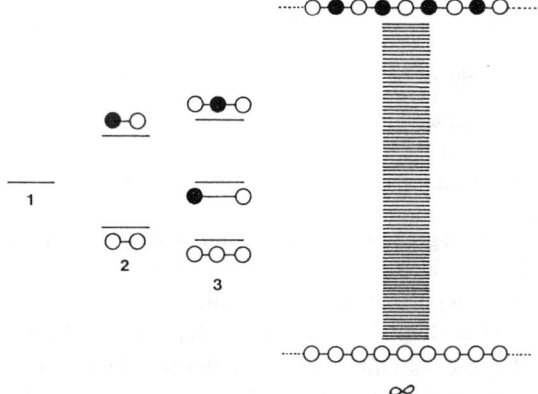

Ein Band besteht aus n Molekülorbitalen (n ist die Zahl der Atome), und zu seiner vollständigen Besetzung sind $2n$ Elektronen nötig.

Im dreidimensionalen Fall bilden die 1s-Orbitale das 1s-Band, 2s-Orbitale das 2s-Band und 2p-Orbitale die drei 2p-Bänder etc. Diese Bänder sind durch eine breite Energiezone, die sogenannte „Bandlücke" oder „verbotene Zone", voneinander getrennt. Das höchste besetzte Band bezeichnet man allgemein als *Valenzband* und das niedrigste unbesetzte als *Leitungsband*.

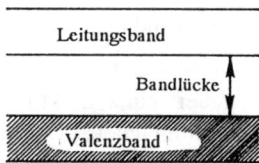

Die Breite der Bänder und die Größe der Bandlücke hängen vom Ausmaß der Wechselwirkungen zwischen den Orbitalen ab; je schwächer diese sind, desto schmaler wird das Band und desto kleiner die verbotene Zone.

Das energieniedrigste und das -höchste Molekülorbital im eindimensionalen Band sind:

niedrigste   höchste

Geringe Wechselwirkungen zwischen benachbarten Orbitalen führen zu einer geringen Energiedifferenz zwischen den höchsten und den niedrigsten Molekülorbitalen und damit zu einem schmalen Band (vgl. zwei Atomorbitale bilden ein bindendes und ein antibindendes MO).

starke Wechselwirkung   schwache Wechselwirkung

Hat man es wie im dreidimensionalen Fall mit drei Bändern zu tun, die aus den p-Orbitalen entstehen, dann weist das energieniedrigste Band in jeder Dimension den größten bindenden und das nächst höhere Band einen antibindenden Charakter auf. Ihr Abstand zueinander wird wiederum durch die Stärke der Wechselwirkungen bestimmt.

Die elektrische Leitfähigkeit eines Stoffes ist an die Existenz von teilweise mit Elektronen besetzten Energiebändern geknüpft.

Legt man eine elektrische Spannung an den Feststoff an, so bewegen sich die Elektronen innerhalb des teilweise gefüllten Bandes. Sie wechseln von einem unbesetzten Orbital zum anderen, da die Energiedifferenz aufgrund der Kontinuität vernachlässigt werden kann. Elektronen können nun an einer beliebigen Stelle aufgenommen und wieder abgegeben werden, d.h. es findet elektrische Leitung statt.

9.2 Metalle, Halbleiter und Isolatoren

9.2.1 Metalle

Metallische Leitung erfordert, daß das Valenzband unabhängig von der Temperatur teilweise besetzt ist.

Alkalimetalle: Jedes Alkalimetallatom steuert ein s-Elektron zum (s-)Valenzband bei, das mit n Elektronen halbgefüllt ist und elektrischen Strom leitet.

Erdalkalimetalle: Die Elemente der 2. Hauptgruppe besitzen zwei Elektronen, die sie beide an das (s-)Valenzband abgeben. Jenes ist mit $2n$ Elektronen vollständig besetzt, und deshalb sollten alle Erdalkalimetalle entgegen der Erfahrung Nichtleiter sein. Die Überschneidung des (s-)Valenzbandes mit dem (p-)Leitungsband (der antibindende Teil des s-Bandes liegt energetisch höher als der bindende Teil des p-Bandes) führt jedoch zu teilweise gefüllten Energiebändern, die die elektrische Leitung wiederum ermöglichen. Die Überschneidung der beiden Bänder ist für Elemente der linken

Hälfte des Periodensystems aufgrund des geringen Unterschiedes zwischen den s- und p-Atomorbitalen möglich.

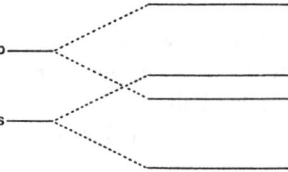

Im Fall der Alkalimetalle findet diese Überlappung ebenfalls statt, sie spielt dort jedoch keine Rolle für die Leitfähigkeit.

3. Hauptgruppe: Ab dem Aluminium besitzen die Elemente der 3. Hauptgruppe teilweise gefüllte p-Bänder und leiten den elektrischen Strom.

Die elektrische Leitfähigkeit eines Metalls nimmt mit steigender Temperatur ab. Stellt man sich vor, daß die Elektronen auf ihrem Weg durch den Festkörper von den schwingenden Kernen aufgehalten werden, so läßt sich die Abnahme der Leitfähigkeit leicht erklären: Je höher die Temperatur ist, desto stärker bewegen sich die Kerne und desto mehr Elektronen werden aufgehalten.

niedrige Temperatur   höhere Temperatur

9.2.2 Halbleiter

Halbleiter besitzen im Grundzustand ein gefülltes Valenz- und ein leeres Leitungsband und sollten aus diesem Grunde Isolatoren sein. Die verbotene Zone zwischen den beiden Bändern ist jedoch so schmal, daß die thermische Energie der Elektronen bei Raumtemperatur ausreicht, um sie in das Leitungsband zu überführen. Dadurch werden unvollständig besetzte Energiebänder erzeugt, die Elektronenleitung ermöglichen.

Zum Beispiel handelt es sich bei Silicium um einen Halbleiter. Jedes Siliciumatom gibt vier Elektronen an das Valenzband ab, und die $4n$ Elektronen besetzen das 3s- und die niedrigsten 3p-Bänder. Die verbotene Zone zu einem freien 3p-Band ist sehr schmal und kann von den Elektronen durch Energiezufuhr in Form von Licht oder Erwärmung überwunden werden, und so kommt es zu teilweise gefüllten Energiebändern.

Leitungsband

e   Valenzband

Die elektrische Leitfähigkeit von Halbleitern nimmt im Gegensatz zu der von Metallen *mit steigender Temperatur zu.* Durch eine größere Energiezufuhr werden mehr Elektronen in das Leitungsband angehoben und für die Elektronenleitung zugänglich.

Dotierung von Halbleitern: Die Leitfähigkeit von Halbleitern wie z.B. Silicium kann dadurch erhöht werden, daß ein geringer Prozentsatz der Si-Atome durch Atome von Elementen der 3. oder 5. Hauptgruppe ersetzt werden. Im ersten Fall erzeugt man „Elektronenleerstellen" und im zweiten einen „Elektronenüberschuß", beides ist unter dem Namen *„Dotierung"* bekannt. Die Größe der eingelagerten Fremdatome sollte sich nicht zu sehr von der der Halbleiteratome unterscheiden, damit die Gitterstruktur nicht zu stark unterbrochen wird.

a) *Dotierung mit Elementen der 3. Hauptgruppe.*

Die Wechselwirkung zwischen Gallium- und Siliciumatomen führt zu von Si–Si verschiedenen Molekülorbitalen, die innerhalb der verbotenen Energiezone liegen.

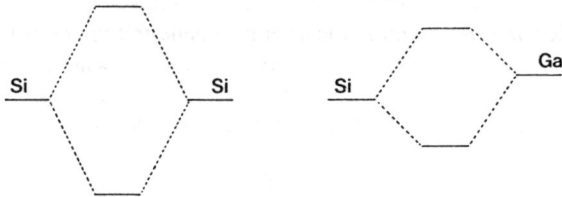

Der Elektronegativitätsunterschied zwischen Gallium, einem Element der 4. Periode, und Silicium, einem Element der 3. Periode, hat eine schlechtere Überlappung zur Folge ($4p_{Ga}$–$3p_{Si}$ ist schlechter als $3p_{Si}$–$3p_{Si}$), so daß das bindende Molekülorbital nicht so stark abgesenkt wird. Im Siliciumkristall erzeugt man durch die Dotierung mit Galliumatomen eine Reihe teilweise gefüllter, diskreter Orbitale, die etwas oberhalb des Valenzbandes liegen. Es handelt sich um diskrete Orbitale und nicht um Energiebänder, da die Anzahl der Galliumatome gering ist und keine Wechselwirkungen zwischen „benachbarten" Ga-Atomen zustandekommen (es liegen immerhin einige hundert Siliciumatome zwischen ihnen).

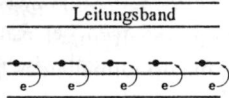

Werden Elektronen aus dem Valenzband in diese diskreten, halbbesetzten Orbitale angehoben, so ist das Valenzband nicht mehr länger vollständig besetzt, d.h. Elektronenleitung wird möglich. Für die Anhebung eines Elektrons in die sich aus der Dotierung ergebenden Orbitale wird weniger Energie benötigt als für die Überwindung der verbotenen Energiezone in reinen Siliciumkristallen. Daraus folgt für SiGa-Kristalle bei gegebener Temperatur eine höhere Leitfähigkeit, die am absoluten Nullpunkt jedoch ebenfalls zu Null abfällt. Bei dieser Temperatur ist keinerlei Energie für die Anhebung der Elektronen vorhanden.

SiGa gehört zu den sogenannten „p-Leitern", da durch die Dotierung mit Galliumatomen „positive Löcher" im Valenzband erzeugt werden.

In der Abbildung ist die Bewegung des Elektrons von rechts nach links gleichbedeutend mit der Bewegung des Loches von links nach rechts. Die Elektronenleitung im Kristall kann auch als Bewegung der positiven Löcher entgegen der Richtung der Elektronen angesehen werden. Dieser Mechanismus ist charakteristisch für „p-Leiter" (Halbleiter mit Elektronendefizit). Die „normale" Elektronenleitung beinhaltet allein die Bewegung der Elektronen und ist charakteristisch für „n-Leiter" (Halbleiter mit Elektronenüberschuß).

b) *Dotierung mit Elementen der 5. Hauptgruppe.*

Die Elemente der 5. Hauptgruppe besitzen fünf Valenzelektronen, also eins mehr als Silicium. Aufgrund des Energieunterschiedes der Valenzorbitale von z.B. Arsen und Silicium sind die Wechselwirkungen zwischen ihnen geringer als zwischen zwei Siliciumatomen (s.o.).

Im Kristall entstehen durch den Einbau von wenigen Arsenatomen teilweise gefüllte, diskrete Orbitale dicht unterhalb des Leitungsbandes. Die Anhebung von Elektronen aus diesen Orbitalen in das Leitungsband erfordert nur wenig Energie und ermöglicht die Elektronenleitung durch die Erzeugung eines teilweise gefüllten Energiebandes. Die Leitfähigkeit von sogenannten „n-Leitern" ist aus den gleichen Gründen wie für die „p-Leiter" bei gegebener Temperatur höher als in reinen Siliciumkristallen.

Valenzband

9.2.3 Isolatoren

Ist die verbotene Energiezone zwischen dem gefüllten Valenzband und dem leeren Leitungsband sehr breit, so reicht die thermische Anregung der Elektronen nicht mehr aus, um sie zu überwinden. Es liegt ein Isolator vor.

Diamant ist mit $4n$ Elektronen im Valenzband (2s und 2p) und einer großen Lücke zum nächsten, freien 2p-Band (Leitungsband) ein Isolator.

Worin besteht der Unterschied zwischen Silicium und Diamant?

Die 2p-Orbitale des Diamanten wechselwirken aufgrund des geringeren Atomabstands und der höheren Orbitaldichte stärker miteinander als die 3p-Orbitale des Siliciums, so daß die verbotene Energiezone im Diamant breiter ist als im Siliciumkristall. Für die Elektronenanregung in das Leitungsband des Siliciums wird daher weniger Energie benötigt. Als Ergebnis davon ist Silicium bei Raumtemperatur ein Halbleiter und der Diamant ein Isolator.

9.2.4 Eindimensionale Leiter

Polyschwefel-polynitrid (SN)$_x$ ist eine gewinkelte, beinah planare Kettenverbindung mit gleichlangen S–N-Bindungen.

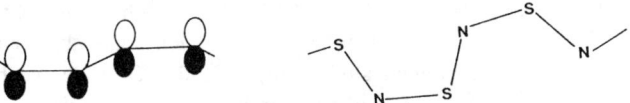

Für alle Atome wird eine sp^2-Hybridisierung angenommen, wobei die nicht zur Bindung benötigten p-Orbitale entlang der Kette durch Überlappung ein delokalisiertes π-System ausbilden. Dieses System, im folgenden p-Band genannt, kann $2n$ Elektronen aufnehmen. Pro Schwefel- und Stickstoffatom werden zwei Elektronen für die S–N-Bindung verwendet und bilden zwei Elektronen das *lone pair* (drei sp^2-Orbitale!). Für die π-Bindung bleiben daher ein (N) bzw. zwei (S) Elektronen übrig, d.h. 1,5 Elektronen pro Atom. $(SN)_x$ weist aufgrund dieser $1{,}5n$ Elektronen im p-Band entlang der Ketten metallische Leitfähigkeit auf und verwandelt sich bei 0,26 K sogar in einen *Supraleiter*. Senkrecht zu den Ketten ist $(SN)_x$ ein Isolator, da sich in dieser Richtung keine Delokalisation erstreckt, sondern nur van der Waals-Kräfte herrschen.

Bromierung von $(SN)_x$***:*** Polyschwefel-polynitrid kann mit Brom dotiert werden und ergibt dabei Produkte der Zusammensetzung $(SNBr_{0{,}25})_x$ bis $(SNBr_{1{,}5})_x$. Diese Verbindungen leiten den elektrischen Strom besser als ihre Ausgangsverbindungen. Eine plausible Erklärung für dieses Phänomen ist, daß die π-Elektronen in $(SN)_x$ aufgrund des Elektronegativitätsunterschieds von Schwefel und Stickstoff nicht vollständig delokalisiert sind. Es bilden sich vielmehr „π-Wolken" mit höherer Elektronendichte am Stickstoff, die die Leitfähigkeit entlang der Kette reduzieren. In den Brom-dotierten Verbindungen halten sich die elektronegativen Bromatome vermutlich zwischen den Ketten auf, wobei sie mit den Schwefelatomen stärker wechselwirken als mit den Stickstoffatomen. Sie verringern die Elektronendichte am Schwefel, erhöhen dadurch dessen Elektronegativität und sorgen für eine bessere Delokalisation der π-Elektronen und damit für eine bessere Leitfähigkeit.

Platin(II)-Verbindungen: $K_2[Pt(CN)_4]\cdot 3H_2O$ besteht aus einer Kette quadratisch planarer $[Pt(CN)_4]^{2-}$-Einheiten,

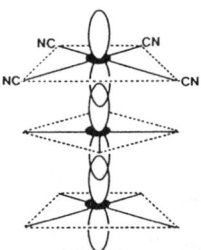

Die Wechselwirkung zwischen den d_{z^2}-Orbitalen benachbarter Platinatome im Stapel führt zu einem delokalisierten Energieband entlang der Kette. Aus dem Aufspaltungsdiagramm für quadratisch planares Pt^{2+}, d^8,

$$\text{——}\quad d_{x^2-y^2}$$

$$\begin{aligned}&\text{——}\;\;d_{xy}\\&\text{——}\;\;d_{z^2}\\&\text{——}\;\;d_{xz}, d_{yz}\end{aligned}$$

kann man ersehen, daß d_{z^2} vollständig besetzt ist. Obwohl d_{xy} das höchste besetzte Orbital (HOMO) darstellt, sind die Wechselwirkungen zwischen den d_{xy}-Orbitalen benachbarter Pt-Einheiten vernachlässigbar (δ-symmetrische Überlappungen sind klein). Die d_{z^2}-Orbitale wechselwirken bedeutend stärker miteinander und produzieren infolgedessen breitere Energiebänder als die d_{xy}-Orbitale. Auf diese Weise wird das d_{z^2}-Band zum Valenzband.

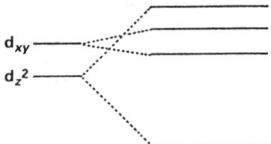

Alternativ dazu kann man sich vorstellen, daß die Platinatome in diesen Stapeln pseudo-oktaedrisch koordiniert sind und daß das d_{z^2}-Orbital durch die Aufspaltung im oktaedrischen Feld energetisch höher zu liegen kommt als das d_{xy}-Orbital (s. Kap. 6.1.1).

$K_2[Pt(CN)_4]$ ist aufgrund der $2n$ Elektronen, die das d_{z^2}-Band vollständig füllen, ein Nichtleiter mit einem mittleren Pt–Pt-Abstand, der gegen wesentliche Bindungsbeziehungen zwischen den einzelnen Platinatomen spricht. Zur Erinnerung: Ist ein 1D-Band vollständig gefüllt, so gibt es keine bindenden Wechselwirkungen, da genauso viele antibindende wie bindende Orbitale gefüllt sind.

Durch Oxidation mit Brom läßt sich das farblose $K_2[Pt(CN)_4]\cdot3H_2O$ in bronzefarbenes $K_2[Pt(CN)_4]Br_{0,3}\cdot3H_2O$ verwandeln, dessen Gitter neben Pt^{II}- auch Pt^{IV}-Atome enthält. Die Verbindung hat noch die gleiche Struktur wie die Ausgangsverbindung, jedoch nicht mehr genügend Elektronen, um das Valenzband vollständig zu füllen, d.h. sie leitet den elektrischen Strom. Außerdem sind die Pt–Pt-Abstände verkürzt und nähern sich denen im Pt-Metall an, da Elektronen aus den energetisch höherliegenden, antibindenden Orbitalen entfernt wurden.

Es gibt noch andere Verbindungen wie $K_{1,75}[Pt(CN)_4]$, die aufgrund der partiellen Oxidation von Pt^{II} zu Pt^{IV} ähnliche metallische Leitfähigkeiten aufweisen.

9.2.5 Zweidimensionale Leiter

Graphit: (s. Kap. 3.1.4)

Jedes Kohlenstoffatom im Graphit ist sp^2-hybridisiert und bildet in der Ebene mit drei benachbarten Atomen 2e2z-Bindungen aus. Das vierte Valenzelektron befindet sich in delokalisierten Molekülorbitalen, die durch die Überlappung der senkrecht zur Ebene stehenden p-Orbitale gebildet werden. Aufgrund dieser n delokalisierten π-Elektronen ist Graphit entlang der Schichten ein metallischer Leiter. Zwischen den Schichten herrschen nur schwache van der Waals-Kräfte, was sich in den relativ großen C–C-Abständen bemerkbar macht. Da die Delokalisation hier fehlt, ist Graphit senkrecht zu den Schichten ein Isolator.

Graphit-Intercalationsverbindungen: Der große Abstand zwischen den einzelnen Graphitschichten hat zur Folge, daß Atome oder Ionen eingelagert werden können. Es gibt dabei zwei extreme Arten von Intercalationsverbindung:
1. *Das delokalisierte System geht bei der Einlagerung vollständig verloren, z.B. (CF)$_n$.* In dieser Verbindung werden alle Valenzelektronen des Kohlenstoffs für 2e2z-σ-Bindungen verwendet. Da es keine π-Bindung mehr gibt, ist die Struktur nicht länger planar, sondern vielmehr gewellt mit einer tetraedrischen Umgebung am Kohlenstoff.

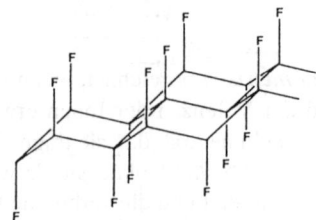

Bei diesen Verbindungen handelt es sich um farblose Isolatoren. Durch die Ausbildung von σ-Bindungen zu den Fluoratomen werden die Valenzschalen der Kohlenstoffatome vollständig gefüllt, und dabei gehen die Delokalisation und somit die elektrische Leitfähigkeit verloren.

$(CF)_n$ stellt die extremste Art dieser Verbindung dar. Es gibt weniger stark fluorierte Graphitverbindungen wie z.B. $(C_4F)_n$, in denen die Delokalisation nur teilweise aufgehoben ist (jedes vierte Kohlenstoffatom bildet vier σ-Bindungen aus).

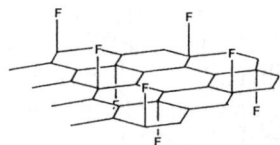

2. *Das delokalisierte System bleibt bei der Einlagerung erhalten, z.B.* C_8K. Die Schichten sind weiterhin planar, entfernen sich jedoch bei der Einlagerung des Heteroatoms weiter voneinander. Diese Verbindungen sind farbig und leiten den elektrischen Strom besser als Graphit, da das Leitungsband durch eingelagerte Metallatome um Elektronen bereichert wird, $[C_8]^- K^+$.

9.2.6 Dreidimensionale Leiter

Lanthanideniodide LnI₂ (Ln = La, Ce, Pr): Diese dunkel gefärbten metallischen Leiter enthalten keine Ln^{2+}-Ionen, sondern werden besser durch $Ln^{3+}[(2I^-)e^-]$ beschrieben, wobei das Elektron über die ganze Struktur delokalisiert ist. Einige Lanthanidenhydride, LnH_2, sind aus den gleichen Gründen metallische Leiter.

Vanadiumdioxid VO₂: Bei Raumtemperatur nimmt Vanadiumdioxid eine verzerrte Rutil-Struktur ein, in der sich kurze und lange M–M-Abstände abwechseln, was für die Anwesenheit von M–M-Bindungen spricht.

Erhöht man die Temperatur auf 70 °C, so erhält man eine normale Rutil-Struktur mit gleichlangen M–M-Abständen, die gegen eine Metall–Metall-Bindung sprechen. Diese strukturelle Veränderung wird von einem enormen Anstieg der elektrischen Leitfähigkeit begleitet, d.h. oberhalb 70 °C ist VO_2 ein metallischer Leiter.

Unterhalb 70 °C setzt sich die Verbindung aus $V^{4+}(d^1)[2O^{2-}]$ zusammen, wobei die benachbarten Vanadiumatome mit Hilfe der einzelnen d-Elektronen M–M-Bindungen ausbilden können. Oberhalb 70 °C liegt $V^{5+}(d^0)[2(O^{2-})e^-]$ mit einem über die ganze Struktur delokalisierten Elektron vor. Ohne d-Elektronen kann V^{5+} an keinen M–M-Bindungen teilnehmen, und deshalb sind alle M–M-Abstände gleichlang.

9.2.7 Nichtstöchiometrische Leiter

Verbindungen werden als *nichtstöchiometrisch* bezeichnet, wenn ihre Zusammensetzung geringfügig von der abweicht, die man aufgrund der Valenzen der Ionen erwarten würde, z.B. $Na_{0,98}Cl$. Diese Verbindungen sind entgegen dem Anschein neutral, d.h. sie tragen keine Ladung.

Stöchiometrisch aufgebaute Ionenkristalle sind Isolatoren, da wie im Beispiel von KI (16 Valenzelektronen) das Valenzband vollständig besetzt und die verbotene Energiezone zu groß ist.

Kaliumiodid KI: Behandelt man KI mit elementarem Kaliumdampf, so entsteht eine neutrale, nichtstöchiometrische Verbindung,

$$
\begin{array}{cccc}
K^+ & I^- & K^+ & I^- \\
I^- & K^+ & e^- & K^+ \\
K^+ & I^- & K^+ & I^-
\end{array}
$$

Kalium lagert sich in Form von $K^+ + e^-$ in das Gitter ein, wobei K^+ den Platz eines normalen Kations einnimmt und das Elektron an einer Stelle sitzt, die in stöchiometrischem KI von einem I^--Ion besetzt wird. Auf diese Weise erzeugt man $K_{1+x}I$ (x ist klein) mit anionischen Fehlstellen (I^- fehlt).

Die Elektronen werden auf den anionischen Plätzen gleichmäßig von Kationen umgeben. Eine positive Kugelhülle hat die gleiche Wirkung wie eine positive Punktladung in der Mitte der Kugel (elektrostatische Theorie) und damit hat man eine Situation, wie sie für das Wasserstoffatom gefunden wird (positive Ladung in der Mitte plus ein e^-).

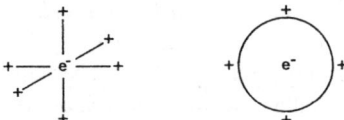

Das Elektron kann hier wie im Wasserstoffatom nur in bestimmten Energieniveaus existieren, die innerhalb der verbotenen Energiezone liegen. Die Anhebung der Elektronen in das Leitungsband geschieht von diesen Orbitalen aus leichter als vom Valenzband des KI. Diese Verbindungen besitzen teilweise gefüllte Leitungsbänder und zählen zu den „n-Leitern" (vgl. SiAs-Halbleiter).

Genau dieselben Wasserstoff-ähnlichen Energieniveaus der Elektronen innerhalb der verbotenen Energiezone sind der Grund für die häufige Farbigkeit der nichtstöchiometrischen Verbindungen. Die Elektronenübergänge zwischen den einzelen Niveaus werden durch Strahlung im sichtbaren Bereich verursacht.

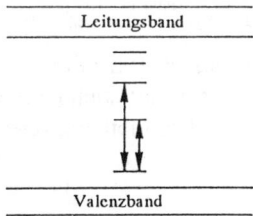

Behandelt man KI mit I_2-Dampf, so entsteht $K_{1-x}I$ mit kationischen Fehlstellen. Während ein Iodatom in das Gitter hineindiffundiert, nimmt es ein Elektron aus dem Valenzband auf und erzeugt ein I^--Ion, das eine anionische Position im Gitter einnimmt. Zum Ausgleich dafür bleiben kationische Stellen leer.

$$I^- \quad K^+ \quad I^- \quad K^+$$
$$K^+ \quad I^- \quad \square^+ \quad I^-$$
$$I^- \quad K^+ \quad I^- \quad K^+$$

Die Elektronen, die aus dem Valenzband entfernt werden, hinterlassen Löcher, und man erhält auf diese Weise einen „p-Leiter" (vgl. SiGa-Halbleiter).

Zinkoxid: Weißes Zinkoxid, ein Isolator, verwandelt sich beim Erhitzen in eine gelbe Modifikation, einen Halbleiter des n-Typs. Durch die Temperaturerhöhung wird das Gleichgewicht

$$ZnO_{(s)} \rightleftharpoons Zn_{1+\delta}O_{(s)} + O_{2(g)}$$

auf die rechte Seite verschoben, und es entsteht

$$Zn^{2+}_{Gitter} + O^{2-}_{Gitter} \rightarrow Zn^{2+}_{Gitter} + 2e^-_{Gitter} + 1/2\,O_{2\,(g)}$$

Beim Entweichen des Sauerstoffs werden anionische Fehlstellen erzeugt, und es bleiben zwei Elektronen zurück. Die Situation ähnelt der in $K_{1+x}I$.

Blei(II)sulfid:

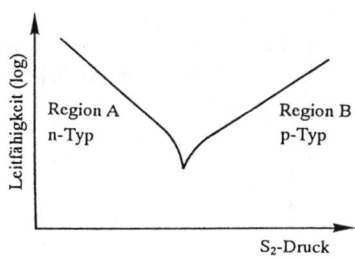

Region A: Niedrige Drücke von S_2

$$Pb^{2+}_{Gitter} + S^{2-}_{Gitter} \rightarrow Pb^{2+}_{Gitter} + 2e^-_{Gitter} + 1/2\,S_{2\,(g)}$$

S^{2-} verläßt das Gitter in Form von $S_{2(g)}$ und hinterläßt zwei Elektronen auf den anionischen Fehlstellen („n-Leiter"). Die Reaktion nimmt gemäß Le Chatelier mit steigendem S_2-Druck ab, wodurch die Leitfähigkeit sinkt.

Region B: Hohe Drücke von S_2

$$Pb^{2+}_{Gitter} + 1/2\,S_{2\,(g)} \rightarrow Pb^{4+}_{Gitter} + \square^+ + S^{2-}_{Gitter}$$

Bei höherem S_2-Druck werden Schwefelatome vom Gitter absorbiert. Diese nehmen aus dem Valenzband Elektronen auf und bilden S^{2-}-Ionen und kationische Fehlstellen („p-Leiter"). Mit zunehmenden S_2-Druck werden mehr S-Atome absorbiert und gleichzeitig mehr kationische Fehlstellen gebildet, d.h. die Leitfähigkeit steigt.

9.3 Zusammenfassung

1. Die elektrische Leitfähigkeit in Feststoffen kann mit Hilfe des Bändermodells erklärt werden.
2. Die Breite der Energiebänder und der verbotenen Zone hängen von der Stärke der Wechselwirkungen zwischen den Valenzorbitalen der benachbarten Atome im Feststoff ab. Sie sind um so

breiter, je größer die Wechselwirkung ist.
3. Teilweise gefüllte Bänder sind Voraussetzung für elektrische Leitfähigkeit.
4. Metalle leiten den elektrischen Strom bei allen Temperaturen, und die Leitfähigkeit nimmt mit steigender Temperatur ab. Halbleiter sind am absoluten Nullpunkt Isolatoren und leiten mit zunehmender Temperatur immer besser. Isolatoren sind unter „normalen" Bedingungen Nichtleiter.
5. Dotierung von Siliciumkristallen mit Gallium- oder Arsenatomen verbessert die Leitfähigkeit des Kristalls bei einer gegebenen Temperatur.
6. $(SN)_x$ ist ein eindimensionaler metallischer Leiter, Dotierung mit Brom führt zu erhöhter Leitfähigkeit.
7. $K_2Pt(CN)_4$ ist ein Isolator, aber durch Oxidation mit Brom entsteht ein eindimensionaler metallischer Leiter.
8. Graphit ist ein zweidimensionaler Leiter, $(CF)_n$ hingegen ist ein Isolator. Die Leitfähigkeit von C_8K ist größer als die von reinem Graphit.
9. $K_{1+x}I$ ist ein Halbleiter des n-Typs und $K_{1-x}I$ ist ein Halbleiter des p-Typs.

9.4 Übungen

1. Die metallische Leitfähigkeit von Silicium und Galliumarsenid ist am absoluten Nullpunkt gleich Null (Isolatoren) und nimmt mit steigender Temperatur zu. GaAs zeigt diese Zunahme schon bei einer niedrigeren Temperatur als Silicium. Warum?

Antwort: Silicium und Galliumarsenid sind isoelektronisch in bezug auf die Valenzelektronen. In beiden Fällen besetzen $4n$ Elektronen die s- und p-Valenzbänder. Das s-Band und das niedrigste p-Band sind mit je $2n$ Elektronen vollständig gefüllt. Die Leitung kann demnach erst nach Anhebung der Elektronen aus dem Valenzband in das freie Leitungsband, dem nächst höheren p-Band, erfolgen. Am absoluten Nullpunkt befinden sich alle Elektronen im Valenzband und können dieses auch nicht verlassen, da die thermische Anregung fehlt, es liegen also quasi „isolatorische" Bedingungen vor. Mit zunehmender Temperatur reicht die thermische bzw. kinetische Energie der Elektronen aus, um in das Leitungsband zu gelangen. Es entstehen teilweise gefüllte Energiebänder, die die Elektronenleitung ermöglichen.

Die Temperatur, ab der eine Verbindung oder ein Kristall den elektrischen Strom leitet, hängt von der Breite der verbotenen Energiezone ab. Je schmaler die Bandlücke ist, desto weniger Energie braucht ein Elektron für ihre Überwindung, d.h. metallische Leitung tritt schon bei niedrigen Temperaturen auf.

Die Größe der verbotenen Energiezone hängt wiederum vom Ausmaß der Wechselwirkungen zwischen den benachbarten Atomen ab:
1. Mit zunehmendem Elektronegativitätsunterschied zwischen den Atomen werden die Wechselwirkungen schwächer, da sich die beteiligten Orbitale immer mehr in ihren Energien unterscheiden. Am stärksten wechselwirken Orbitale gleicher Energie miteinander.
2. Steigende Atom-Atom-Abstände und zunehmend diffusere Valenzorbitale lassen das Ausmaß der Wechselwirkungen ebenfalls sinken.
Gallium und Arsen sind Elemente der 4. Periode, während Silicium in der 3. Periode zu finden ist.

Aufgrunddessen ist die verbotene Energiezone in reinem Silicium größer als in Galliumarsenid, was zur Folge hat, daß die metallische Leitfähigkeit von Silicium erst bei höheren Temperaturen auftritt.

2. Die metallische Leitfähigkeit nimmt innerhalb der 4. Hauptgruppe von oben nach unten zu:

Diamant	Silicium, Germanium	α-Zinn, Blei
Isolator	Halbleiter	Metall

Diskutiere dieses Phänomen.

Antwort: Geht man zur Betrachtung der Bindungsverhältnisse im Feststoff vom Bändermodell aus, so bilden sich aus den Valenzorbitalen der Atome durch Überlappung sogenannte Energiebänder (ein s- und drei p-Bänder).

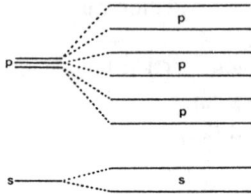

Jedes Atom steuert vier Valenzelektronen zum Kristall bei, d.h. es gibt insgesamt $4n$ Valenzelektronen. Jedes Band kann $2n$ Elektronen aufnehmen, und somit sind das s- und das niedrigste p-Band vollständig gefüllt. Letzteres bezeichnet man als Valenzband, und das nächst höhere, freie p-Band entspricht dem Leitungsband.

Die Breite der Bänder und der verbotenen Zone zwischen ihnen ist proportional zur Stärke der Wechselwirkungen zwischen den benachbarten Atomen. Je stärker diese miteinander wechselwirken, desto breiter sind die Bänder und desto größer ist die verbotene Energiezone. Die Wechselwirkungen werden mit zunehmendem Atom-Atom-Abstand und zunehmend diffuseren Valenzorbitalen schwächer: 2p–2p > 3p–3p > 4p–4p > 5p–5p > 6p–6p   (vgl. abnehmende Element–Element-Bindungsenergien s. Kap. 3.1.4). Die verbotene Zone ist also für Diamant am größten und für Blei am kleinsten.

In Zinn und Blei überlappen Valenz- und Leitungsband, so daß die Anlegung von Spannung bei allen Temperaturen zu einem Elektronenfluß führt (metallischer Leiter).

Die Bandlücken von Silicium und Germanium sind etwas größer, aber immer noch schmal genug, um bei Raumtemperatur Elektronen aus dem Valenz- in das Leitungsband gelangen zu lassen. Es entstehen zwei teilweise gefüllte Energiebänder, woraus elektrische Leitfähigkeit resultiert. Da zur Anregung der Elektronen Energie benötigt wird, findet sie am absoluten Nullpunkt nicht statt, d.h. es liegt dort ein Isolator vor (eine charakteristische Eigenschaft der Halbleiter). Die Elektronen des Germaniums benötigen aufgrund der schwächeren Wechselwirkung der 4p-Orbitale weniger Energie als die des Siliciums, um in das Leitungsband zu gelangen. Dadurch tritt die Leitfähigkeit von Germanium schon bei niedrigerer Temperatur ein und ist bei gegebener Temperatur größer als die des Siliciums (es befinden sich mehr Elektronen im Leitungsband).

Im Diamant ist das Leitungsband energetisch so weit vom Valenzband entfernt, daß die Elektronen bei „normalen" Temperaturen nicht mehr angeregt werden können, d.h. es liegt ein Isolator vor.

10 Spektroskopie

10.1 NMR-(Nuclear Magnetic Resonance)-Spektroskopie

Wie die Elektronen besitzen die meisten Kerne einen Eigendrehimpuls und damit ein magnetisches Moment. I ist die Kerndrehimpuls- oder Spinquantenzahl, die abhängig vom Kern ganz- oder halbzahlige Werte annehmen kann (0, 1/2, 1, 3/2 usw.). Im allgemeinen ist I von Elementen mit ungeraden Nukleonenzahlen halbzahlig und mit geraden Nukleonenzahlen 0 oder ganzzahlig, z.B. ist I = 1/2 für ^{1}H, I = 1 für ^{2}H, I = 0 für ^{16}O und I = 3/2 für ^{7}Li.

Eine rotierende Ladung erzeugt ein Magnetfeld, so daß sich ein Kern (positive Ladung) wie ein kleiner Magnet verhält. Legt man ein externes Magnetfeld an, so kann ein Kern mit dem Kernspin I (2I+1) Orientierungen zu diesem einnehmen. Kerne mit I = 1/2 richten sich entweder parallel oder antiparallel zum äußeren Feld aus, man erhält zwei Orientierungen mit den magnetischen Quantenzahlen m_I = +1/2 und m_I = –1/2.

Die magnetische Quantenzahl m_I kann die Werte I, I–1, I–2,....., –I+1, –I, insgesamt also (2I+1) Werte annehmen.

Im Fall der I = 1/2-Teilchen entspricht die parallele Orientierung zum Magnetfeld dem Grundzustand und die antiparallele Orientierung dem angeregten Zustand. Legt man an eine Probe mit solchen Teilchen ein Magnetfeld an, so werden sich n_w Kerne parallel und n_a Kerne antiparallel zum Feld ausrichten.

$$m_I = -\tfrac{1}{2} \quad\rule{2cm}{0.4pt}\quad n_a$$
$$+\tfrac{1}{2} \quad\rule{2cm}{0.4pt}\quad n_w$$

Zwischen den beiden Niveaus liegt eine Boltzmann-Verteilung vor, wobei $n_w > n_a$.

$$n_a/n_w = e^{-\Delta E/kT}$$

Die Energiedifferenz zwischen den beiden Niveaus ΔE ist im Verhältnis zu kT sehr klein, so daß die beiden Zustände beinahe gleichstark besetzt sind, d.h. $n_a/n_w \approx 1$. Die Aufspaltung (ΔE) nimmt mit steigender Feldstärke zu.

Durch Einstrahlung von Radiowellen ($E = h\nu$) kann man Kerne von m_I = +1/2 nach m_I = –1/2 anregen, und die Frequenz, bei der diese Spininversion eintritt, bezeichnet man als *Resonanzfrequenz*.

Die Auswahlregel für Übergänge zwischen den Kernspinzuständen ist $\Delta m_I = \pm 1$.

Es gibt im wesentlichen zwei verschiedene Arten von NMR-Spektrometern. Die Resonanzbedingung wird entweder dadurch erfüllt, daß man bei konstantem Magnetfeld die Frequenz der eingestrahlten Radiowellen oder bei gleichbleibender Frequenz das Feld variiert. Es reicht völlig aus, wenn hier nur die Methode der Feldvariation betrachtet wird, da alle Prinzipien auf Experimente mit konstantem Feld übertragbar sind.

Die Lage der Resonanzfrequenz im Vergleich zur Standardfrequenz (Gerätefrequenz) bezeichnet man als chemische Verschiebung δ. Sie besitzt die Einheit ppm (parts per million) und ist unabhängig von der Gerätefrequenz. Niedrige δ-Werte entsprechen einer Resonanz bei höherem Feld und höhere δ-Werte einer bei niedrigerem Feld.

Die Anregung der Kerne kann nicht ununterbrochen stattfinden, da es zu einer Sättigung käme. Es müssen auch gegenläufige Mechanismen auftreten, die zum Grundzustand zurückführen (*Relaxation*). Relaxationsphänomene spielen in der modernen NMR-Spektroskopie eine wichtige Rolle, sollten jedoch in einem Speziallehrbuch nachgelesen werden.

Beispiele:

Diboran B_2H_6

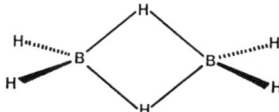

Betrachtet man das Molekül mittels NMR in seine Bestandteile zerlegt, so erhält man folgende Spektren.

Das isolierte ^{1}H-Atom ($I = 1/2$) erzeugt im NMR-Spektrum eine einzelne Linie, die dem Übergang zwischen $m_I = +1/2$ und $m_I = -1/2$ entspricht.

Ähnlich dazu ergibt ^{11}B ($I = 3/2$) ebenfalls eine einzelne Linie. Der ^{11}B-Kern kann ($2I+1$), d.h. $2 \cdot 3/2 + 1 = 4$ Orientierungen zum Feld einnehmen.

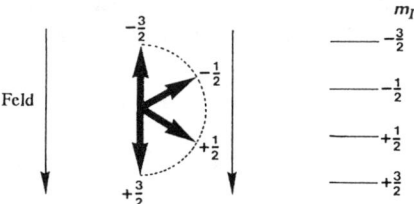

Gemäß der Auswahlregel $\Delta m_I = \pm 1$ gibt es drei mögliche Übergänge, die bei derselben Frequenz stattfinden, so daß man im Spektrum nur eine einzige Linie findet.

Die Spektren ändern ihr Aussehen, wenn man Boratome und H-Atome betrachtet, die aneinander gebunden sind. Der Bindungspartner eines Boratoms kann sich entweder im +1/2- oder im −1/2-Zustand befinden,

$$B–H \ (+1/2) \qquad\qquad B–H \ (-1/2)$$

Durch die Nachbarschaft des H-Atoms verändert sich das effektive Feld, das auf den Borkern wirkt. Es wird entweder verstärkt ($m_l(H) = +1/2$) oder um den gleichen Betrag geschwächt ($m_l(H) = -1/2$). Die Resonanzfrequenz des Borkerns ist infolgedessen abhängig von dem Zustand, in dem sich das gebundene H-Atom befindet, d.h. die beiden Kerne koppeln miteinander. Da es gleichviele H-Atome gibt, die das Feld am Borkern schwächen und verstärken ($n_w \approx n_a$), findet man im ^{11}B-Spektrum für die BH-Einheit zwei Linien mit gleicher Intensität, ein 1:1 *Dublett*.

Die beiden Signale sind durch die Kopplungskonstante J voneinander getrennt, die eine Aussage über die Wechselwirkung zwischen den Kernen zuläßt. J hängt von drei Faktoren ab:

1. *von dem Abstand zwischen den Kernen*. Sind die Kerne direkt miteinander verbunden, so ist J um so größer, je kürzer der Bindungsabstand ist. Die Kopplung ist somit ein Maß für die Stärke der kovalenten Bindung. In Diboran (s. Kap. 8.1.1) ist die Kopplung zum terminalen H-Atom größer (kürzere Bindung) als zum verbrückenden (lange Bindung). Dies trifft im übrigen auf alle Borane zu. Die Kopplung nimmt mit wachsender Zahl an Bindungen, durch die sie übertragen wird, ab.
2. *von den beteiligten Kernen*. J_{P-F} ist größer als J_{B-F}.
3. *vom ionischen Grad der Bindung*. Mit zunehmendem ionischen Grad der Bindung wird die Kopplung schwächer. J_{P-F} ist größer als J_{Li-F}, da die Li–F-Bindung einen höheren ionischen Anteil besitzt.

In einer isolierten BH-Einheit sieht das H-Atom den Borkern mit etwa gleichgroßer Wahrscheinlichkeit in vier Zuständen ($m_l = -3/2; -1/2; +1/2; +3/2$). Die beiden Kerne koppeln miteinander, und im ^{1}H-Spektrum erhält man für das H-Atom vier Linien mit gleicher Intensität, die alle gleichweit voneinander entfernt sind.

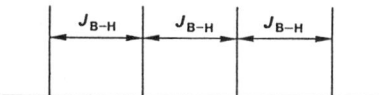

Die gleichen Abstände ergeben sich aus der konstanten Aufspaltung der Energieniveaus ($\Delta m_l = 1$).

Ein Boratom, an das zwei äquivalente H-Atome gebunden sind, erzeugt im ^{11}B-Spektrum ein Triplett mit dem Intensitätsverhältnis 1:2:1.

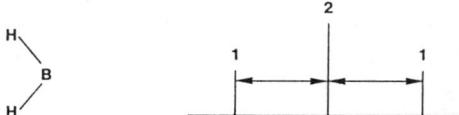

Das effektive Magnetfeld am Borkern wird durch die Kernspins der beiden H-Atome beeinflußt (M_l).

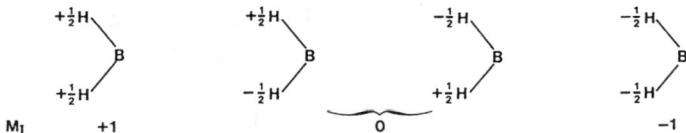

Die Kernspins der H-Atome können beide parallel, beide antiparallel oder einer parallel, der andere antiparallel zum äußeren Feld ausgerichtet sein. Die beiden entgegengesetzten Spin-Einstellungen sind entartet, so daß man insgesamt drei verschiedene Resonanzfrequenzen und damit drei Linien im Spektrum erhält. Diese sind gleichweit voneinander entfernt, da $M_I = 1$ das Magnetfeld um den gleichen Betrag, wenn auch in die entgegengesetzte Richtung, beeinflußt wie $M_I = -1$. Das Intensitätsverhältnis ist 1:2:1, da die einzelnen Spinzustände mit gleicher Wahrscheinlichkeit besetzt werden und es zwei entartete Zustände gibt.

Allgemein gilt: *Ein Kern mit n äquivalenten Kopplungspartnern (I = 1/2) führt zu einem Aufspaltungsmuster von (n+1) Linien mit den Intensitäten, wie sie sich aus dem Pascalschen Dreieck ergeben.*

```
n
0                          1
1                     1         1
2                 1        2        1
3             1       3        3        1
4         1       4       6        4        1
5     1       5      10       10       5        1
```

Wie schon gesagt: Damit es bei BH_2 zu einer solchen Aufspaltung kommt, müssen die H-Atome äquivalent sein, d.h. sie müssen dieselbe chemische und magnetische Umgebung (gleiches effektives Feld aufgrund der Nachbarn im Molekül, Lösungsmittel und externes Feld) besitzen. Wären sie nicht äquivalent, so würde das Bor-Signal durch jedes H-Atom unabhängig vom anderen aufgespalten. Durch das erste H-Atom entstünde aus dem ^{11}B-Signal ein Dublett, und das zweite H-Atom würde diese beiden Linien nochmals in ein Dublett aufspalten. Anstelle eines Tripletts erhielte man ein Dublett von Dubletts.

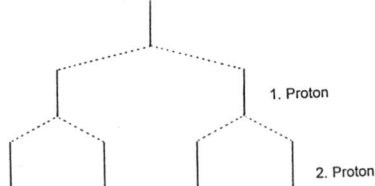

1. Proton

2. Proton

Das ^1H-Spektrum von BH_2 stimmt mit dem von BH überein, außer daß sich die Intensität verdoppelt hat. Die Anwesenheit des zweiten H-Atoms führt also zu keiner weiteren Aufspaltung. *Im allgemeinen erzeugen chemisch äquivalente H-Atome einen einzelnen Signalsatz (nicht unbedingt ein Singulett), d.h. sie koppeln nicht miteinander.* Der Grund dafür ist, daß man H_x und H_y nicht unabhängig voneinander zur Resonanz bringen kann, da sie beide bei demselben Feld absorbieren. Wird auf H_x eingestrahlt, so wechselt auch H_y seine Spinzustände und umgekehrt. Dadurch bleibt die magnetische Umgebung von H_x und H_y im zeitlichen Mittel gleich, und es kommt zu einem gemittelten Signal. Es gibt also nicht einige Moleküle, in denen H_x ein H_y mit $m_I = +1/2$ und andere, in denen es ein H_y mit $m_I = -1/2$ sieht, sondern nur Moleküle mit H_x in Nachbarschaft zu einer Sorte von H_y, das ständig schnell zwischen den beiden Zuständen wechselt. Deshalb spaltet das H_x-Signal nicht auf.

Das Signal des Boratoms in einer

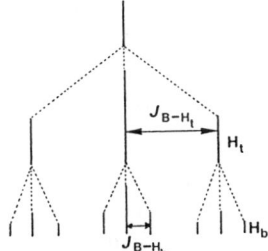

Einheit besteht aus einem Quintett mit der Intensitätsverteilung 1:4:6:4:1, wenn alle vier H-Atome äquivalent sind. Die B–H_t- ist jedoch kürzer als die B–H_b-Bindung, so daß es zwei Sätze äquivalenter H-Atome gibt, die getrennt betrachtet werden müssen.

In der Abwesenheit von H-Atomen bestünde das [11]B-Signal aus einer einzelnen Linie. Durch die Anwesenheit der Wasserstoffkerne wird diese jedoch aufgespalten. Die Kopplung zu den beiden endständigen H-Atomen H_t spaltet das Signal in ein 1:2:1-Triplett auf. Die Kopplung zu den endständigen H-Atomen ist größer als zu den Brückenwasserstoffatomen. Bei der Kopplung mit den zwei äquivalenten Brückenwasserstoffatomen H_b wird jede dieser Linien in ein weiteres 1:2:1-Triplett aufgespalten.

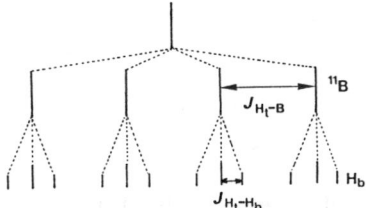

Das [11]B-Spektrum dieses Fragmentes besteht aus einem Triplett von Tripletts.

Das [1]H-Spektrum der terminalen Wasserstoffatome erhält man auf analoge Weise.

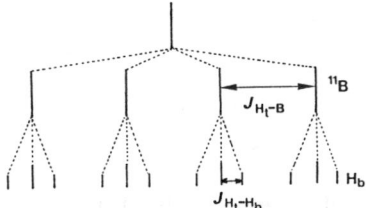

Das [1]H-Spektrum zeigt ein Quartett von Tripletts.

Im Diboran sind die Brücken-H-Atome H_b an zwei äquivalente Borkerne gebunden, d.h.

Jeder Borkern dieser Einheit besitzt eine Kernspinquantenzahl von $I = 3/2$, und da die H-Atome mit beiden Kernen koppeln, ergibt sich ein Gesamtspin von $\Sigma I = (3/2+3/2) = 3$. Das Signal der Brücken-H-Atome der BHHB-Einheit wird durch die beiden äquivalenten Borkerne in $(2\Sigma I+1)$, d.h. $(2\cdot3+1) = 7$ Linien aufgespalten.

Durch Kombination der einzelnen Kernzustände der beiden Kopplungspartner ergeben sich die verschiedenen M_I-Werte, deren Häufigkeit den Intensitäten entsprechen.

$B_a(m_I)$	+3/2	+3/2	+1/2	+3/2	−1/2	+1/2	+1/2	−1/2	+3/2	−3/2	−1/2	−3/2	+1/2
$B_b(m_I)$	+3/2	+1/2	+3/2	−1/2	+3/2	+1/2	−1/2	+1/2	−3/2	+3/2	−1/2	+1/2	−3/2
M_I	3	2	2	1	1	1	0	0	0	0	−1	−1	−1

$$\quad\quad\;\;1\quad\quad\quad 2\quad\quad\quad\quad 3\quad\quad\quad\quad\quad 4\quad\quad\quad\quad\quad 3$$

usw.

Das ^{1}H-Spektrum der verbrückenden Wasserstoffatome in der BHHB-Einheit weist aufgrund der Kopplung mit zwei äquivalenten Borkernen ein Septett mit der Intensitätsverteilung 1:2:3:4:3:2:1 auf.

Die relativen Intensitäten sind nicht dieselben, wie sie mittels Pascalschem Dreieck vorhergesagt werden. Zur Erinnerung: *Das Pascalsche Dreieck kann nur bei Kopplungen mit n Kernen des Spins I = 1/2 angewendet werden,* Bor hat jedoch den Spin $I = 3/2$.

Ein Kern, der mit zwei äquivalenten Kernen mit dem Kernspin I koppelt, erzeugt $(2\Sigma I+1)$ Linien mit den relativen Intensitäten 1:2:3:....(2I+1)...:3:2:1, z.B. im Fall des Bors ($I = 3/2$) sind die Intensitäten 1:2:3:4[2·(3/2)+1]:3:2:1.

Die relativen Intensitäten lassen sich für jede Situation ermitteln, indem man alle möglichen Spineinstellungen der Kopplungspartner miteinander zu M_I-Werten kombiniert und deren Wahrscheinlichkeit bestimmt.

An die

Einheit sind vier äquivalente, terminale H_t-Atome gebunden,

die das Septett, das aus der Kopplung mit den beiden Borkernen resultiert, weiter aufspalten. Vier äquivalente H-Atome ergeben eine Gesamtspinquantenzahl von $\Sigma I = 4\cdot1/2 = 2$ und damit $2\Sigma I+1 = 5$ Linien, deren Intensitäten durch das Pascalsche Dreieck gegeben werden, nämlich 1:4:6:4:1. Die verbrückenden H-Atome von B_2H_6 ergeben im ^{1}H-Spektrum folglich ein Septett von Quintetts.

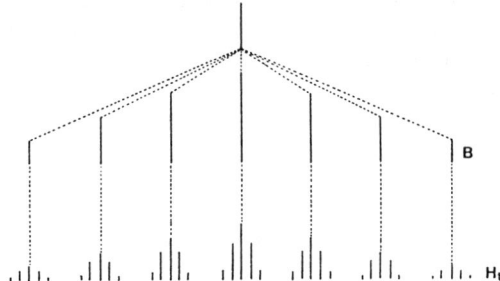

Die Auflösung eines NMR-Spektrometers reicht gewöhnlich nicht aus, um all diese Linien zu separieren, und das Signal erscheint als *komplexes Multiplett*.

Die Gesamtspektren von B_2H_6 sehen wie folgt aus:

1. *^{11}B-Spektrum:* Die Borkerne sind chemisch äquivalent und koppeln nicht miteinander, so daß das ^{11}B-Spektrum aus einem Triplett von Tripletts besteht.

2. *^1H-Spektrum:* Die endständigen H-Atome erzeugen ein Quartett von Tripletts und die verbrückenden H-Atome ein Septett von Quintetts. Da es doppelt so viele endständige H-Atome wie verbrückende gibt, ist das Signal der endständigen H-Atome zweimal so intensiv. *Das Integral eines Peaks in einem ^1H-NMR-Spektrum ist proportional zu der Zahl der bei diesem Feld absorbierenden ^1H-Kerne des Moleküls.* Das Verhältnis der Integrale von H_t:H_b in B_2H_6 ist 2:1.

Die chemische Verschiebungen der ^{1}H-Signale hängt von der Elektronendichte um die Kerne herum ab. *Gemäß der Lenzschen Regel erzeugt ein Ringstrom aus Elektronen ein magnetisches Feld, das dem äußeren entgegengesetzt ist.* Zur Verdeutlichung betrachtet man ein isoliertes Wasserstoffatom, ein Proton, das an eine elektronegative Gruppe wie an das Sauerstoffatom in C_2H_5OH und eins, das an ein elektropositives Metallatom wie in $[Pt(PMe_3)_3H]^+$ gebunden ist.

–   Das isolierte H-Atom würde bei einem bestimmten Feld zur Resonanz kommen, $\delta = \delta_H$.
–   Sauerstoff ist elektronegativer als Wasserstoff und verringert in C_2H_5OH die Elektronendichte um das betrachtete Proton, was eine Schwächung seines Ringstroms zur Folge hat. Daraus resultiert ein kleineres Feld, das dem äußeren entgegengesetzt ist. Das effektive Feldes am Proton, das der Resonanzbedingung genügt, wird durch Anlegen eines niedrigeren äußeren Feld erreicht. Man spricht von einem *entschirmten* Proton, das tieffeldverschoben ist und bei höheren δ-Werten absorbiert.
–   Das Wasserstoffatom in $[Pt(PMe_3)_3H]^+$ hat hydrischen Charakter, d.h. es besitzt eine kleine negative Partialladung. Die Elektronendichte ist also erhöht, und das äußere Feld wird stärker abgeschwächt, so daß ein höheres, äußeres Feld nötig ist, um die Resonanzbedingung zu erreichen. Ein höheres Feld entspricht kleineren Werten von δ, d.h. das H-Atom wird abgeschirmt und erfährt eine Hochfeldverschiebung.

Wasserstoffatome, die an elektronegative Gruppen gebunden sind, absorbieren bei tieferem Feld bzw. höherem δ.

Die chemische Verschiebung der zwölf äquivalenten Protonen des Tetramethylsilans (TMS) entspricht definitionsgemäßt dem Nullpunkt der δ-Skala, und die ^{1}H-Verschiebungen werden relativ zu diesem Standard angegeben. Protonen, die bei höherem (niedrigerem) Feld absorbieren als die TMS-Protonen, besitzen negative (positive) δ-Werte.

Ringstromeffekte: Ein Proton, das an einen aromatischen Ring gebunden ist, absorbiert bei tieferem Feld (höheres δ) als eins, das an einen nichtaromatischen Ring gebunden ist. Das äußere Magnetfeld erzeugt im π-System einen *Ringstrom*, der das lokale Feld außerhalb des Ringes verstärkt (Lenzsche Regel).

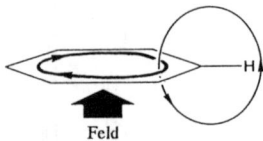

Deshalb muß ein tieferes Feld angelegt werden, damit es zur Resonanz kommt.

Entkopplung: Spektren mit komplexen Multipletts lassen sich durch Entkopplung vereinfachen. Das ^{11}B-Spektrum von Diboran z.B. ist aufgrund der Kopplung zu den Wasserstoffatomen sehr komplex. Strahlt man nun genau auf der Resonanzfrequenz der Brücken- und der endständigen H-Atome ein, so erhält man ein einziges Signal (diese Methode ist natürlich nur bei konstantem Magnetfeld möglich).

Betrachtet man die endständigen H-Atome, so spalten diese das ^{11}B-Signal normalerweise in ein Triplett mit dem Intensitätsverhältnis 1:2:1 auf.

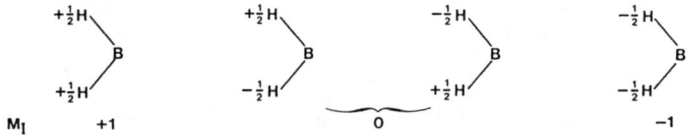

Jede der drei möglichen Spin-Einste... ungen der H-Atome führt zu einer unterschiedlichen Umgebung am Borkern, woraus drei Signale r ...ultieren. Strahlt man jedoch genau auf der Resonanzfrequenz dieser H-Atome ein, so gehen die S... ...-Orientierungen so schnell ineinander über, daß die Umgebung im zeitlichen Mittel gleich bleibt, m... ...erhält nur noch ein Signal.

Beispiele:

Phosphorpentafluorid PF$_5$
Ausgehend von den VSEPR-Regeln ergibt sich folgende Struktur

$$F_{eq.} \overset{F_{ax.}}{\underset{F_{ax.}}{\overset{|}{\underset{|}{P}}}} - F_{eq.}$$

^{19}F ($I = 1/2$); ^{31}P ($I = 1/2$)

a) ^{19}F-Spektrum
Es liegen zwei verschiedene Arten von Fluoratomen vor, axiale F_{ax} und äquatoriale F_{eq}. Die beiden axialen Fluoratome sind chemisch äquivalent, d.h. sie koppeln nicht miteinander. Durch Kopplung mit dem Phosphoratom spaltet das Signal der axialen Fluoratome in ein Dublett auf (große ^{1}J-Kopplung), dessen Linien durch die Anwesenheit der drei äquivalenten F_{eq} jeweils in ein Quartett

$(2\Sigma I+1 = 4)$ mit der Intensitätsverteilung 1:3:3:1 (Pascalsches Dreieck) aufspalten (kleinere ^{2}J-Kopplung)

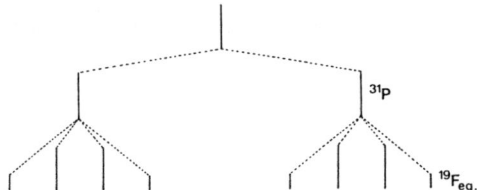

Das Signal der axialen Fluoratome besteht aus einem Dublett von Quartetts mit der relativen Intensität 2.

Es gibt drei chemisch äquivalente F_{eq}-Atome, deren Absorption durch die Kopplung zum Phosphoratom in ein Dublett und dieses durch die Kopplung mit den beiden äquatorialen Fluoratomen in Tripletts (1:2:1) aufspaltet.

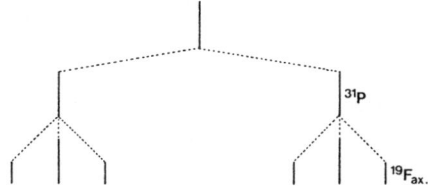

Man beobachtet ein Dublett von Tripletts mit der relativen Intensität 3.

Die Kopplungskonstante von $P-F_{eq}$ ist größer als die von $P-F_{ax}$, da die Bindung vom Phosphoratom zu den äquatorialen Fluoratomen kürzer ist als zu den axialen.

b) ^{31}P-Spektrum

Wie schon erwähnt, ist die Kopplung zu den äquatorialen Fluoratomen größer als zu den axialen, und deshalb wird sie als erste betrachtet.

Das ^{31}P-Signal wird durch die drei äquivalenten F_{eq}-Atome in ein 1:3:3:1-Quartett aufgespalten. Durch die Kopplung mit den beiden axialen Fluoratomen spaltet jede dieser Linien in ein 1:2:1-Triplett auf.

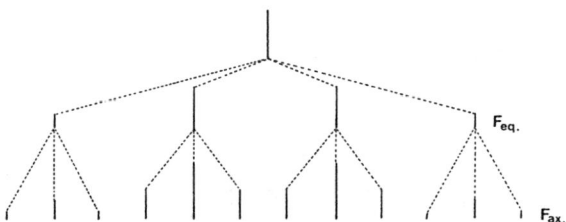

Das ^{31}P-Spektrum enthält ein Quartett von Tripletts.

Diese Aufspaltungen erhält man nur bei niedrigen Temperaturen, bei Raumtemperatur besteht das ^{19}F-Spektrum aus einem 1:1-Dublett der relativen Intensität 5 und das ^{31}P-Spektrum aus einem 1:5:10:10:5:1-Sextett. Dieser Unterschied kommt dadurch zustande, daß die Fluoratome des PF_5 bei höheren Temperaturen nicht in ihren Positionen eingefroren sind, sondern vielmehr ständig zwischen axialer und äquatorialer Position wechseln. Dabei handelt es sich um einen Prozeß, der für die NMR-Zeitskala zu schnell ist, so daß alle Fluoratome chemisch äquivalent zu sein scheinen.

Der Mechanismus, nach dem die Fluoratome ihre Positionen ändern, ist unter dem Namen *Berry Pseudorotation* bekannt.

trigonale Bipyramide   →   quadratische Pyramide   →   trigonale Bipyramide

Die Bezeichnung *Pseudorotation* rührt daher, daß das ganze Molekül scheinbar um 90° gedreht wurde. Es wurden noch andere Mechanismen für dieses Gleichgewicht vorgeschlagen, die Berry Pseudorotation hat jedoch die größte Akzeptanz.

Durch die Kopplung mit fünf äquivalenten Fluoratomen ($I = 1/2$) spaltet das Signal des ^{31}P in ein Sextett ($\Sigma I = 5 \cdot 1/2 = 5/2$ und $2\Sigma I + 1 = 6$) mit den Intensitäten 1:5:10:10:5:1 (Pascalsches Dreieck) auf. Da alle Fluoratome äquivalent sind, sieht man im ^{19}F-Spektrum nur die Kopplung zum Phosphor, aus der ein Dublett resultiert.

Das Dublett im ^{19}F-Spektrum wiederum bedeutet, daß es sich um einen ausschließlich intramolekularen Umlagerungsprozeß handelt, da die Kopplung zum Phosphoratom erhalten bleibt. In der Gegenwart von F$^-$ wird das ^{19}F-Signal zu einem Singulett.

$$PF_5 + {}^*F^- \rightleftharpoons PF_4{}^*F + F^-$$

Der Austausch der Fluoratome ist schnell in bezug auf die NMR-Zeitskala, und die chemische Verschiebung des ^{19}F-Signals ist ein Mittel aus der des gebundenen und des freien Fluors. Die Kopplung zum Phosphor geht verloren, da die Dissoziation und Assoziation so schnell erfolgen, daß die Fluoratome die verschiedenen Spinzustände des Phosphorkerns nicht mehr lang genug „sehen".

Die Aktivierungsenergie für intramolekulare Umlagerungsprozesse läßt sich abschätzen, indem man die Temperatur bestimmt, ab der die Spektren größere Aufspaltungen zeigen. An diesem Punkt sind die Fluoratome in ihren Positionen „eingefroren", da die thermische Energie nicht mehr für die Umlagerung ausreicht. Das ^{19}F-Spektrum von PF$_5$ zeigt selbst bei −150 °C keine Signalaufspaltung, d.h. die Aktivierungsenergie ist kleiner als 20 kJ mol^{-1}.

HPt(PMe₃)₃
Der Komplex ist quadratisch planar

Kern	^{195}Pt	^{1}H	^{13}C	^{31}P
I	1/2	1/2	1/2	1/2
natürliche Häufigkeit (%)	34	100	1	100

Für alle anderen Pt-Isotope wird ein Kernspin von $I = 0$ angenommen.

Im folgenden soll das ^{1}H-Spektrum betrachtet werden:

a) *Das hydrische Wasserstoffatom H_a*

Es gibt zwei verschiedene Situationen für das hydridische H-Atom: Entweder ist es an einen ^{195}Pt-Kern (I = 1/2) gebunden, wodurch das Signal in ein Dublett aufspaltet, oder es bindet an ein anderes Isotop von Platin (I = 0) und erzeugt dabei ein Singulett. In 34 Prozent der Moleküle koppelt das H-Atom mit einem ^{195}Pt-Kern, so daß die gesamte Intensität des Dubletts 0,34 beträgt. Für die verbleibenden 66 Prozent der Moleküle spaltet das ^{1}H-Signal nicht auf, d.h. das Singulett weist eine Intensität von 0,66 auf. Man findet im ^{1}H-Spektrum scheinbar ein 1:4:1-Triplett, das sich jedoch tatsächlich aus einem Dublett und einem Singulett zusammensetzt.

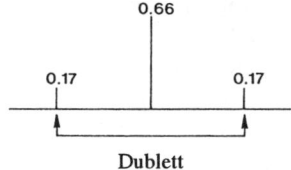

Dublett

Das Singulett ist symmetrisch von den beiden Linien des Dubletts umgeben, die auch *Satellitensignale* genannt werden.

Die Signale werden durch die Kopplung mit den Phosphorkernen weiter aufgespalten und zwar abhängig von der Anordnung der Phosphorreste. *Die trans-Kopplung ist immer größer als die cis-Kopplung*, da das H-Atom und der zu ihm *trans*-ständige Phosphorkern mit demselben Pt-Orbital wechselwirken und somit einen größeren Einfluß aufeinander haben.

Durch die Kopplung mit dem *trans*-Phosphorkern wird jede Linie des ^{1}H-Signals in ein 1:1-Dublett aufgespalten, dessen Linien wiederum durch die Kopplung mit den beiden äquivalenten *cis*-Phosphorkernen in 1:2:1-Tripletts aufspalten (J (P_{trans}) > J (P_{cis})).

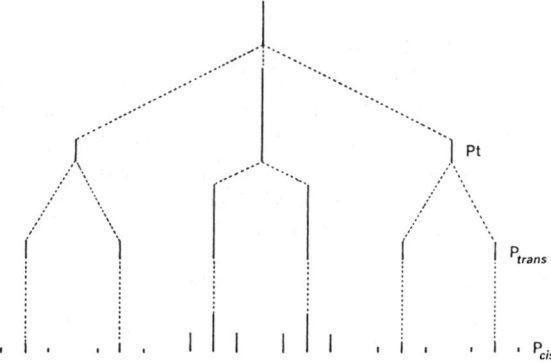

Dieses Signal erscheint hochfeldverschoben zum TMS (negatives δ), da Wasserstoff elektronegativer ist als Platin und deshalb besser abgeschirmt wird. Nahezu alle H-Atome, die direkt an Metallatome gebunden sind, besitzen negative chemische Verschiebungen.

b) *Die Protonen der PMe₃-Reste*

Die Protonen der *trans*-PMe₃-Gruppe und die der beiden *cis*-PMe₃-Gruppen sind jeweils chemisch äquivalent. Die Kopplung zu den Kohlenstoffkernen kann aufgrund der niedrigen natürlichen Häufigkeit des ^{13}C-Isotops ($I = 1/2$) vernachlässigt werden. Die Protonen koppeln über zwei Bindungen und deshalb schwach mit dem Phosphorkern, wodurch die Signale in Dubletts aufgespalten werden. Theoretisch sollte man auch die Kopplung zum Pt-Kern sehen können, da diese jedoch über drei Bindungen erfolgt, wird sie praktisch nicht beobachtet. Man erhält also zwei Signale mit den relativen Intensitäten 9 und 18. Die chemische Verschiebung dieser beiden Signale unterscheidet sich nur geringfügig, da die Protonen alle eine ähnliche Umgebung aufweisen. Die chemische Verschiebung ist positiv, da die Protonen durch die Nachbarschaft der elektronegativeren Kohlenstoff- und Phosphoratome entschirmt werden. Das gesamte ^{1}H-Spektrum von HPt(PMe₃)₃ besteht also aus einem Multiplett mit der relativen Intensität 1 und zwei Dubletts mit den relativen Intensitäten 9 und 18.

Wird das NMR-Experiment bei höheren Temperaturen als Raumtemperatur durchgeführt, so erhält man anstelle der beiden Dubletts ein einziges Dublett mit der Intensität 27, da ein Austausch der *cis*- und *trans*-PMe₃-Gruppen stattfindet, ein auf der NMR-Zeitskala schneller Prozeß.

Alken-Rotation: In Übergangsmetall-Alken-Komplexen stellt sich die Frage, ob eine Rotation des Alkens um die C-C-Bindungsachse oder senkrecht zu ihr stattfindet.

Die Untersuchung der folgenden Modellverbindung mittels ^{13}C-NMR liefert eine Antwort.

Bei tiefer Temperatur erzeugt das Alken im ^{13}C-Spektrum zwei Signale, da sich die effektiven Felder an C_a und C_b aufgrund der verschiedenen *trans*-ständigen Liganden voneinander unterscheiden. Eine Rotation um die C-C-Bindungsachse (Mechanismus 2) würde an dieser Umgebung nichts ändern, d.h. die Kohlenstoffkerne blieben bei einer Temperaturerhöhung inäquivalent. Tatsächlich jedoch beobachtet man, daß die beiden Signale zu einem werden, was auf einen propellerartigen Mechanismus (1) schließen läßt, der in bezug auf die NMR-Zeitskala schnell ist, d.h. C_a und C_b verbringen gleichviel Zeit in der *trans*-Position zu CO wie zu NO.

Bestimmung von Geschwindigkeits- und Gleichgewichtskonstanten mittels NMR: Die Reaktion

$$PCl_3 + P(OEt)_3 \rightleftharpoons PCl_2(OEt) + P(OEt)_2Cl$$

kann mittels ^{31}P-NMR verfolgt werden. Alle Verbindungen dieser Reaktion zeichnen sich durch unterschiedliche chemische Verschiebungen im ^{31}P-Spektrum aus. Obwohl die Produkte des Gleichgewichts nicht isoliert werden können, kann man beobachten, wie sich die Integrale der einzelnen

Peaks mit der Zeit verändern und so die Geschwindigkeit der Reaktion und die Position des Gleichgewichts bestimmen.

10.2 Mößbauer-Spektroskopie

In der Mößbauer-Spektroskopie regt man mit Hilfe energiereicher Strahlung (γ-Strahlen) Übergänge zwischen einzelnen, gut separierten Energiezuständen an, die ein Kern einnehmen kann (vgl. Elektronenspektroskopie, Absorption im IR- und Röntgenbereich).

Eine Vielzahl schwerer Atome kann mittels Mößbauer-Spektroskopie untersucht werden, wobei für jeden Kern eine andere Quelle der γ-Strahlung benötigt wird. Als Strahlungsquelle für die Untersuchung von Eisen wird radioaktives ^{57}Co verwendet, bei dessen langsamem Zerfall ^{57}Fe* ensteht, das sich im angeregten Zustand befindet. Sein schneller Übergang in den Grundzustand ist mit der Emission von γ-Strahlung verbunden, mit der die Probe bestrahlt wird.

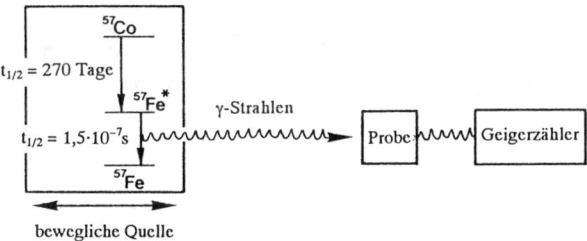

Enthält die untersuchte Probe ^{57}Fe-Atome mit den gleichen Energieunterschieden zwischen den einzelnen Kernzuständen wie in der ^{57}Fe-Quelle, so wird die γ-Strahlung vollständig absorbiert. Die Mößbauer-Spektroskopie ähnelt in gewisser Weise der Elektronenspektroskopie mit dem Unterschied, daß hierbei Kerne und nicht Elektronen untersucht werden. Um γ-Strahlen ein und derselben Wellenlänge zu erhalten (monochromatische Strahlung) muß die Quelle kristallin sein und bei tiefen Temperaturen gehalten werden. γ-Strahlen besitzen gemäß der de Broglie-Beziehung einen großen Impuls $p_Q = h\nu/c$, da ν sehr groß ist. Durch die Emission des γ-Quants erfährt der Kern einen enormen Rückstoß (Impulserhaltung). Ist der Kern frei beweglich (z.B. in der Gasphase), dann wird ein Teil der Energie, die beim Übergang in den Grundzustand frei wird, in kinetische Energie des Atoms umgewandelt. Die kinetische Energie des Photons, d.h. die Frequenz der emittierten Strahlung ist infolgedessen kleiner als erwartet. Im Kristallverband ist der Rückstoß des γ-Quants aufgrund der großen Masse des Kristalls vernachlässigbar klein, und die Emission erfolgt praktisch ohne Energieverlust. Die Quelle wird gekühlt, um die Schwingungen der Atome zu verringern, da jede Bewegung der Atome zu einer Frequenzverschiebung der γ-Strahlen führt (*Doppler-Effekt*).

Die Energien der einzelnen Kernzustände eines Atoms der untersuchten Verbindung hängen von der Umgebung des Atoms ab (Oxidationszustand, Punktsymmetrie, magnetische Ordnung). Die Frequenz der Strahlung, die auf die Probe gegeben wird, wird variiert, indem man die Quelle mit einer konstanten Geschwindigkeit auf die Probe zu- und wieder wegbewegt (*Doppler-Effekt*). Bewegt sich die Quelle auf die Probe zu, so erfährt diese eine Strahlung mit höherer Frequenz, und bewegt sich die Quelle von der Probe weg, so ist die Frequenz niedriger. Man mißt also die Absorption der γ-Quanten in Abhängigkeit der Geschwindigkeit des Emitters. Das Ergebnis eines Mößbauer-Experiments ist die *Isomerieverschiebung* in Millimeter pro Sekunde (mm$\cdot$s^{-1}). Aus der Isomerieverschiebung kann man auf die Unterschiede in der chemischen Umgebung eines bestimmten Kerns in der Quelle und des Kerns desselben Elements in der Probe schließen.

Die Isomerieverschiebung hängt von der Elektronendichte am Kern und damit hauptsächlich von der Besetzung der s-Orbitale ab (für alle anderen Orbitale ist die Elektronendichte am Kern gleich Null). Trotzdem haben auch die p- und d-Elektronen und die Gesamtladung des Atoms einen Einfluß.

Anwendungen der Mößbauer-Spektroskopie:

1. Sie dient unter anderem zur Unterscheidung von Oxidationszuständen, z.B. beträgt die Isomerieverschiebung von Fe^{II} in $FeCl_2$ $+1,3$ mm s^{-1} und die von Fe^{III} in $FeCl_3$ $+0,5$ mm s^{-1}. Die Werte sind nicht quantitativ.

2. Es kann gezeigt werden, daß sich die formale Oxidationszahl von der tatsächlichen Ladung eines Atoms unterscheidet. $[Fe(CN)_6]^{3-}$ und $[Fe(CN)_6]^{4-}$ weisen dieselbe Isomerieverschiebung auf, obwohl die Oxidationszahl des Eisenatoms im ersten Fall +3 und im zweiten +2 ist.

3. Der Effekt der Liganden auf die Elektronendichte am Kern kann demonstriert werden. $FeCl_2$ und $[Fe(CN)_6]^{4-}$ enthalten Eisen in der Oxidationsstufe +2 und trotzdem betragen die Isomerieverschiebungen $+1,3$ mm s^{-1} bzw. $-0,5$ mm s^{-1}.

4. Unterschiedliche chemische Umgebungen führen zu unterschiedlichen Isomerieverschiebungen. In $Fe_3(CO)_{12}$ gibt es zwei verschiedene Arten von Eisenatomen.

5. Das Mößbauer-Spektrum gibt Auskunft über die Symmetrie einer Verbindung. Häufig haben der Grund- und der angeregte Kernzustand unterschiedliche Spinquantenzahlen I. Für ^{57}Fe ist $I = 1/2$ und für $^{57}Fe^*$ ist $I = 3/2$. Beim Übergang vom angeregten in den Grundzustand verändert sich die Ladungsverteilung im Kern. Ist die Umgebung des Eisenkerns unsymmetrisch, so führt diese Tatsache zu einer Quadrupol-Aufspaltung. Als Beispiel zeigt das symmetrische $[Fe(CN)_6]^{4-}$ keine Quadrupol-Aufspaltung, wie sie in $[Fe(CN)_5(NO)]^{2-}$ beobachtet wird.

Neben Eisen können auch Gold, Zinn, Europium und andere. Metalle mittels Mößbauer-Spektroskopie untersucht werden.

10.3 NQR-(Nuclear Quadrupole Resonance)-Spektroskopie

Die Ladungsverteilung in Kernen mit der Spinquantenzahl $I > 1/2$ ist nicht mehr kugelsymmetrisch. Die Kerne verhalten sich dennoch nicht als Dipole, sondern als Quadrupole mit einem Quadrupolmoment. Ein einfacher Quadrupol ist

$$\left(\begin{array}{c} + \\ | \quad | \\ + \end{array}\right)$$

Ein (−) bedeutet einen Mangel an positiver Ladung.

Ein Kern kann aufgrund der Elektronenverteilung im Atom in einem elektrischen Feld unterschiedliche Orientierungen einnehmen. Ist das Feld um den Kern kugelsymmetrisch, so sind alle Orientierungen äquivalent, z.B. in $[Fe(CN)_6]^{4-}$. Ist das Feld hingegen nicht kugelsymmetrisch (gleichbedeutend mit einem elektrischen Feldgradienten am Kern) wie z.B. bei $[Fe(CN)_5(NO)]^{2-}$, so entsprechen die verschiedenen Orientierungen unterschiedlichen Energien, und die Übergänge zwischen diesen Niveaus können durch Einstrahlung von Radiowellen angeregt werden (Grundlage der NQR-Spektroskopie).

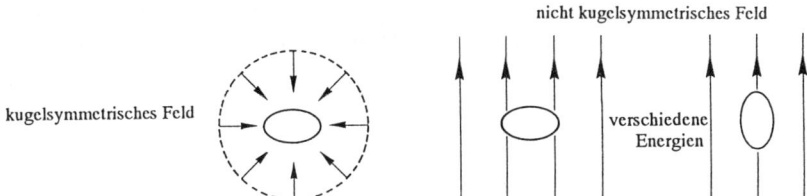

Das Cl^--Ion hat ein Quadrupolmoment ($I = 3/2$), ist jedoch aufgrund der vollständig gefüllten Valenzschale kugelsymmetrisch und zeigt deshalb keine Quadrupolaufspaltung. Dies trifft für alle Verbindungen zu, in denen die Bindung zum Chlor völlig ionisch ist. Sobald die Bindung einen kovalenten Anteil bekommt, ist die Ladungsverteilung im Chloratom unsymmetrisch und es kommt zu einer starken Quadrupolaufspaltung, einem Produkt aus elektronischer Ladung, Quadrupolmoment und elektrischem Feldgradienten am Kern. *Demnach hängt die Kernquadrupol-Aufspaltungskonstante vom ionischen Charakter einer Verbindung ab.*

Die Quadrupolaufspaltung hängt außerdem von der Hybridisierung ab. Da s-Orbitale kugelsymmetrisch sind, kann ihre Besetzung niemals zu einem Feldgradienten führen. Die teilweise Besetzung eines p-Orbitals, das an einer kovalenten Bindung beteiligt ist, resultiert hingegen in einem starken elektrischen Feldgradienten und einer großen Quadrupolaufspaltung.

Die Kernquadrupolkopplungskonstante Q_{X-Y} kann über folgende Gleichung mit der Hybridisierung ($S = s$-Charakter) und dem ionischen Grad der Bindung (i) in Zusammenhang gebracht werden:

$$Q_{X-Y} = (1-S)(1-i)Q_{X-X}$$

Für ICl (X = Cl und Y = I) errechnet man durch Einsetzen der entsprechenden Werte einen ionischen Grad von 28%. Der Wert für $CrCl_3$ nähert sich 90% und entspricht damit den Erwartungen, die sich aufgrund der Elektronegativitätsunterschiede ergeben ($\Delta EN_{I-Cl} = 0,5$ und $\Delta EN_{Cr-Cl} = 1,5$).

Weder Hybridisierung noch s-Charakter lassen sich absolut quantifizieren, so daß diese Betrachtung rein qualitativ und vergleichend ist.

10.4 Photoelektronen-Spektroskopie

Man unterscheidet je nach Wahl der Lichtquelle zwischen Ultraviolett- und Röntgen-Photoelektronen-Spektroskopie (UPS und XPS)
Bestrahlt man eine Probe mit monochromatischem Licht der Frequenz ν ($h\nu > I_i$), so werden Elektronen aus unterschiedlichen Orbitalen herausgeschlagen, die sich in ihrer kinetischen Energie unterscheiden. Die Ionisierungsenergie I_i dieser Elektronen ergibt sich aus der von Einstein aufgestellten Gleichung für den Photoeffekt:

$$I_i = h\nu - E_{kin} \qquad\qquad E_{kin} = 1/2mv^2$$

XPS: Röntgenstrahlen enthalten genügend Energie (hohe Frequenz, kurze Wellenlänge), um Elektronen aus tiefliegenden Rumpforbitalen zu entfernen. Die Ionisierungsenergie eines Rumpfelektrons (z.B. des Elektrons im 1s-Orbital des Kohlenstoffs) wird durch die Ladung des Atoms beeinflußt. Höhere positive Ladungen haben größere Ionisierungsenergien zur Folge.

In 1,1,1-Trichlorethan, CCl_3CH_3, weist das Kohlenstoffatom mit den drei Chlorsubstituenten eine höhere positive Ladung auf als das der Methylgruppe. Die Ionisierungsenergie des 1s-Elektrons von C_a ist folglich größer, und man erhält folgendes Röntgen-Photoelektronen-Spektrum.

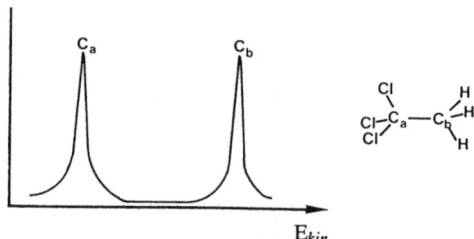

UPS: Die Energie der UV-Strahlen ist geringer als die der Röntgenstrahlen, und sie reicht nur zur Ionisation von Elektronen aus energetisch hochliegenden Valenzorbitalen oder Grenz-Molekülorbitalen. Mittels UPS erhält man unter anderem Informationen über die relative Anordnung von Molekülorbitalen.

Das Ultraviolett-Photoelektronen-Spektrum von Methan, CH_4, weist zwei Signale mit den Intensitäten 1 und 3 auf.

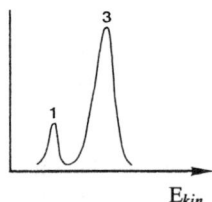

Dieses Ergebnis unterstützt die MO-Näherung für die Bindung in Methan (Kap. 2.5). Aufgrund der Valenzbindungstheorie, die das Kohlenstoffatom als sp^3-hybridisiert betrachtet, würde man nämlich nur eine Linie mit der Intensität 4 erwarten, da alle vier C–H-Bindungen äquivalent sein sollten.

10.5 Elektronenspinresonanz-Spektroskopie (ESR)

Für ESR-Experimente eignen sich nur Substanzen mit ungepaarten Elektronen, also paramagnetische Verbindungen wie O_2 (zwei ungepaarte Elektronen), freie Radikale wie NO oder Ionen der Übergangsmetalle, Lanthaniden und Actiniden mit teilweise gefüllten d- oder f-Schalen. Ungepaarte Elektronen besitzen aufgrund ihres Spins ein magnetisches Moment und richten sich wie die Kerne relativ zu einem äußeren Magnetfeld aus (vgl. NMR). Quanten im Mikrowellenbereich sind erforderlich, um die Übergänge zwischen den einzelnen Orientierungen anzuregen.

Ein ungepaartes Elektron eines isolierten Metallatoms mit der Kernspinquantenzahl $I = 0$ ergibt im Spektrum eine einzelne Linie. Die Signale von Elektronen in Metallkomplexen zeichnen sich jedoch häufig durch eine *Hyperfein-Struktur* aus, die aus der Kopplung zwischen Kern- und Elektronenspin resultiert. Die Kopplung eines Elektrons zu einem Kern mit dem Kernspin I erzeugt $(2I+1)$ Linien im ESR-Spektrum, da der Kern im Magnetfeld $(2I+1)$ Orientierungen einnehmen kann und jede Orientierung für ein anderes effektives Feld am Elektron sorgt (vgl. NMR).

Hält sich ein ungepaartes Elektron des Metallatoms M in einem Komplex ML_n mit einer endlichen Wahrscheinlichkeit beim Liganden L auf und ist dessen Kernspinquantenzahl $I > 0$, so erhält man ebenfalls eine Aufspaltung des Signals. Kopplungen dieser Art dienen als Nachweis für den kovalenten Charakter einer Bindung, da sie in überwiegend ionischen Substanzen nicht auftritt. Zum Beispiel zeigt das ESR-Spektrum von UF_3 eine Hyperfein-Aufspaltung, d.h. die ungepaarten 5f-Elektronen des U^{3+}-Ions $(5f^3)$ koppeln mit dem ^{19}F-Kern $(I = 1/2)$, während man bei NdF_3 diese Aufspaltung nicht beobachtet. Die Bindung in der Actinoidverbindung besitzt offensichtlich einen höheren kovalenten Anteil als die in der Lanthanoidverbindung (s. Kap. 6.2.7).

10.6 Schwingungs-Spektroskopie

Es gibt zwei Methoden zur Untersuchung der Molekülschwingungen von Molekülen im elektronischen Grundzustand: die Infrarot(IR)- und die Ramanspektroskopie. Die Spektren lassen sich von Substanzen in allen Aggregatszuständen (fest, flüssig, gasförmig) sowie in gelöster Form aufnehmen.

Alle Moleküle führen Schwingungen aus. Die Anzahl der erlaubten Schwingungszustände und ihre IR- bzw. Ramanaktivität geben einen Hinweis auf die Symmetrie des untersuchten Moleküls. Je höher die Symmetrie eines Moleküls ist, desto kleiner wird die Zahl der erlaubten Schwingungen.

Die Anzahl der Banden eines Schwingungsspektrums hängt nicht notwendigerweise von der Anzahl der unterschiedlichen Liganden ab, die ein Zentralatom umgeben, sondern vielmehr von der Gesamtsymmetrie. Je höher die Symmetrie ist, umso mehr Schwingungen sind entartet und desto weniger Banden sieht man im Spektrum. Eine $M(CO)_3$-Einheit,

enthält drei identische Carbonylliganden und absorbiert bei zwei verschiedenen Frequenzen. Die eine Bande entspricht der symmetrischen und die andere der unsymmetrischen Valenzschwingung.

symmetrisch   unsymmetrisch

Eine *IR-Absorption* findet nur statt, wenn sich während eines Schwingungsvorgangs das *Dipolmoment* des Moleküls ändert. Dann spricht man von einer IR-aktiven Schwingung.

Für das Auftreten eines *Raman-Effektes* (Streustrahlung) hingegen muß sich die *Polarisierbarkeit* eines Moleküls während der Schwingung ändern (Raman-aktiv).

In zentrosymmetrischen Molekülen schließen sich IR- und Raman-Aktivität gegenseitig aus, d.h. eine Schwingung, die IR-aktiv ist, sieht man nicht im Raman-Spektrum und eine Schwingung, die Raman-aktiv ist, erscheint nicht im IR-Spektrum. Auf diese Weise kann man Symmetriezentren in

Molekülen nachweisen und zwischen *cis*- und *trans*-Isomeren unterscheiden. In [Pt(NH₃)₂Cl₂] besitzt nur das *trans*-Isomer ein Symmetriezentrum, so daß es keine Schwingungszustände gibt, die gleichzeitig IR- *und* Raman-aktiv sind.

Aus dem Fehlen von IR- und Raman-Banden bei den gleichen Frequenzen kann man nicht auf ein Symmetriezentrum schließen, da die Banden auch zufällig unbeobachtet sein könnten. Banden im IR- und Raman-Spektrum, die bei exakt denselben Frequenzen auftreten, sind hingegen ein sicherer Beweis dafür, daß kein Symmetriezentrum vorliegt.

Isotopenmarkierung: Ersetzt man in einer Bindung ein Atom durch ein anderes Isotop, so ändert sich die Schwingungsfrequenz. Die Kraftkonstante der Bindung bleibt bei der Substitution gleich, da Isotope chemisch identisch sind und sich nur in ihrer Masse unterscheiden. Die Schwingungsfrequenz nimmt hingegen mit steigender Masse des Isotops ab. Durch Isotopenmarkierung kann man die Banden eines Moleküls bestimmten Atom-Paaren zuweisen, da es zu einer Verschiebung der Frequenzen kommt. Die M–H- und C–O-Valenzschwingungsbanden von Metallcarbonylen überlagern häufig so stark, daß man keine einzelnen Banden zuordnen kann. Ersetzt man die H-Atome durch Deuterium (^{2}H), dann werden die M–H-Banden zu niedrigeren Frequenzen verschoben und können zugeordnet werden.

Lösungsmitteleinfluß: Die Schwingungsfrequenzen hängen stark von dem Lösungsmittel ab, in dem die Spektren aufgenommen werden. Durch Vergleich mit bekannten Daten kann man Banden aufgrund der Frequenzverschiebung in Abhängigkeit des Lösungsmittels bestimmten Atom-Paaren zuordnen.

10.6.1 Anwendungen der IR/Raman-Spektroskopie

Strukturuntersuchungen: Die Anzahl der Banden in dem IR/Raman-Spektrum von N(SiH₃)₃ deutet darauf hin, daß eine planare Struktur vorliegt (s. Kap. 4.1.2). Die Spektren von NMe₃ und P(SiH₃)₃ weisen durch die Abweichung von der planaren Struktur deutlich mehr Banden auf. Sie besitzen eine pyramidale Struktur mit einer niedrigeren Symmetrie.

Elektronische Effekte und Kraftkonstanten: Die Kraftkonstante und damit die Schwingungs-Wellenzahl υ ist ein Maß für die Stärke einer chemischen Bindung, d.h. für die Elektronendichte zwischen den Kernen, z.B.

	Ni(CO)₄	[Co(CO)₄]⁻	[Fe(CO)₄]²⁻
υ_{C-O} (cm^{-1})	2060	1890	1790

Mit zunehmend negativer Ladung steigt die Elektronendichte in den antibindenden CO-π-Orbitalen, so daß die C–O-Bindung geschwächt wird und die Valenzschwingungen bei niedrigeren Frequenzen absorbieren (s. Kap. 7.4.1).

Bindungslängen: Die Energie, die benötigt wird, um ein Molekül zu einen höheren Rotationszustand anzuregen, liegt im Mikrowellenbereich. Die Übergänge zwischen den einzelnen Zuständen können in speziellen Experimenten (Mikrowellen-Spektroskopie) oder als Rotations-Feinstrukturen in hochaufgelösten IR-Spektren beobachtet werden.

Die Energiedifferenz zwischen den einzelnen Rotationszuständen hängt vom Trägheitsmoment des Moleküls ab, und ist dieses erst einmal bekannt, so kann man auf die Bindungslängen solch einfacher Moleküle wie B₂H₆ schließen.

10.7 Röntgenbeugung

Röntgenstrahlen werden an den Netzebenen in Kristallen gebeugt wie sichtbare Strahlen an Strichgittern, deren Gitterabstand mit der Wellenlänge vergleichbar ist. In einem Röntgenbeugungsexperiment wird ein Einkristall mit monochromatischer Röntgenstrahlung bestrahlt und die Position und Intensität der Reflexe gemessen. Diese sogenannte „Einkristall-Röntgenkristallographie" stellt die wichtigste Methode der Strukturbestimmung dar. Ein idealer Einkristall zeichnet sich durch eine gleichmäßige Struktur ohne Fehler und Unordnung aus. *Die Röntgenstrahlen werden an den Elektronen im Kristall gebeugt.*

Vorteile der Röntgenbeugung:
1. Mit Hilfe der Röntgenbeugung kann man die chemische Zusammensetzung einer Verbindung feststellen, obwohl man für gewöhnlich eher die Struktur eines Kristalls bekannter Zusammensetzung untersucht.
2. Die Hauptanwendung der Röntgenkristallographie liegt in der Strukturbestimmung, und im allgemeinen läßt sich die Struktur einer Verbindung bestimmen, wenn sie gut kristallisiert.
3. Aus den Beugungsexperimenten erhält man so exakte Bindungswinkel, -längen und Torsionswinkel wie bei keiner anderen Untersuchungsmethode.
4. Die akkurate Auswertung der Reflexe liefert eine Elektronendichteverteilung, aus der sich Ionenradien ableiten lassen.
5. Die absolute Konfiguration eines chiralen Moleküls kann bestimmt werden (anomale Röntgenbeugung).
6. Struktur- oder Bindungseffekte wie *trans*-Einfluß, sterische Effekte, intermolekulare Kontakte und Wasserstoffbrücken können untersucht werden.
7. Kristallstrukturen, die aus Röntgenbeugungsanalysen, hervorgehen, geben Hinweise auf mögliche Reaktionsabläufe in Lösung (räumliche Nachbarschaft usw.), z.B. $TiCp_2ClEt$ (s. Kap. 7.5.3).

Nachteile der Röntgenbeugung:
1. Ein Einkristall ist erforderlich, aber diesen zu züchten, erweist sich oft als sehr schwierig.
2. Die Röntgenstrahlen werden durch die Elektronen der Atome gebeugt, und je niedriger die Elektronendichte eines Atoms ist, desto schwieriger wird das in Anwesenheit eines schwereren Atoms detektiert. H-Atome in Übergangsmetallclustern können z.B. überhaupt nicht lokalisiert werden.
3. In einigen Fällen, abhängig von der Frequenz der Strahlung und den Atomen, wird die Röntgenstrahlung von letzteren absorbiert (Anregung von Rumpfelektronen), so daß es zu falschen Ergebnissen kommt.

Vergleich zwischen Rotationsspektroskopie und Röntgenbeugung: Für die B–H-Bindungslängen in Diboran B_2H_6 ergeben sich aus der Rotationsspektroskopie 120 und 132 pm, während die Röntgenbeugung 108 und 125 pm ermittelt.

Dieser Unterschied folgt aus der Tatsache, daß die beiden Methoden unterschiedliche Größen messen. In der Röntgenkristallographie mißt man den Abstand zwischen den Zentren der Elektronendichten eines Moleküls, und in der Rotationsspektroskopie mißt man Kernabstände. In den meisten Fällen ist dieser Unterschied nicht gravierend, da sich das Maximum der Elektronendichte am Kern befindet. Wasserstoffatome weisen jedoch eine geringe Elektronendichte auf, deren Maximum sich in der B–H-Bindung befindet und die Bindung kürzer erscheinen läßt.

10.8 Neutronenbeugung

Beschießt man einen Einkristall mit Neutronen, so erhält man wie in Röntgenbeugungsexperimenten Reflexe, aus denen die Struktur der untersuchten Verbindung berechnet werden kann (Bindungslängen etc.). Neutronen werden jedoch nicht von den Elektronen, sondern von den Atomrümpfen selbst gebeugt. Die Fähigkeit, einen Neutronenstrahl zu beugen, variiert unregelmäßig über das ganze Periodensystem und steht in keinem Zusammenhang mit der Größe des Kerns. Mittels Neutronenbeugung lassen sich leichte Atome in Gegenwart schwerer Atome lokalisieren, so z.B. die Wasserstoffatome in $H_2Os_3(CO)_{12}$.

Probleme der Neutronenbeugung:
1. Die Einkristalle müssen deutlich größer sein als für Röntgenbeugungsexperimente.
2. Die vielen Reflexe der H-Atome erschweren die Strukturaufklärung großer organischer Moleküle.
3. Neutronenbeugungsexperimente sind sehr teuer, da ein Kernreaktor als Neutronenquelle notwendig ist, und es nur wenige Plätze gibt, an denen solche Experimente ausgeführt werden können.

10.9 Massenspektrometrie

Die verschiedenen Arten der Massenspektrometrie unterscheiden sich in der Art der Ionisation: Die bekanntesten Arten sind die Elektronenstoß-(engl. **E**lectron **I**mpact, EI) und die FAB-(engl. **F**ast **A**tom **B**ombardment)-Massenspektrometrie. In beiden Fällen wird die Probe verdampft und durch den Beschuß mit energiereichen Partikeln (Elektronen oder kleinen Atomen) ionisiert. Die so erzeugten Ionen werden im elektrischen Feld beschleunigt und durch ein Magnetfeld gemäß ihrem Masse/Ladungsverhältnis (m/z) abgelenkt. Der Peak mit der höchsten Masse entspricht dem einfach positiv geladenen Molekülion $[M]^+$. Die Massenspektrometrie dient hauptsächlich zur Molmassenbestimmung, doch durch die Beobachtung der Fragmentierungs- und Isotopenmuster erhält man zusätzliche Informationen.
1. Das *Fragmentierungsmuster* gibt Auskunft über die molekulare Struktur. Als Beispiel: Das Massenspektrum einer Osmiumcarbonylverbindung zeigt einen Molpeak von 906 und zwölf weitere Peaks mit einer Massendifferenz von jeweils 28 Masseneinheiten (u). Die niedrigste Masse, die gefunden wird, ist 570 u. Die Verbindung enthält Osmium- (190 u), Kohlenstoff- (12 u) und Sauerstoffatome (16 u). Der Massenunterschied von 28 u kommt folglich durch die Abspaltung einer CO-Gruppe zustande, und da es zwölf solcher Peaks gibt, enthält die Verbindung zwölf CO-Liganden. Die Masse von 570 entspricht einer Os_3-Einheit, und deshalb handelt es sich um $Os_3(CO)_{12}$. Mit Kenntnis der Summenformel könnte man unter Berücksichtigung der 18-Elektronen-Regel eine Struktur vorhersagen, in der die drei Osmiumatome ein Dreieck bilden und jeweils vier CO-Liganden binden.

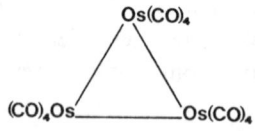

Diese Struktur ist nicht die einzige Möglichkeit, so daß weitere spektroskopische Untersuchungen nötig sind, um z.B. die Symmetrie des Moleküls und die Anwesenheit verbrückender CO-Liganden zu bestimmen.

2. Das *Isotopenmuster* gibt Informationen über die molekulare Zusammensetzung der Probe. Als Beispiel: Das Massenspektrum einer Verbindung mit der empirischen Formel PNFBr zeigt einen Molpeak mit dem folgenden Isotopenmuster:

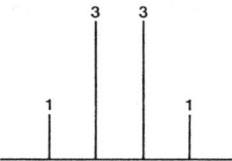

Die Zahlen entsprechen den Intensitäten der Peaks. Sie sind durch je 2 Masseneinheiten voneinander getrennt.

Phosphor, Stickstoff und Fluor sind isotopenreine Elemente mit den Atommassen 31, 14 und 19. Brom hingegen kommt in der Natur zu gleichen Teilen (jeweils zu 50%) mit den Atommassen 79 und 81 vor.

Weist eine Verbindung n Atome eines Elements auf, das in der Natur mit zwei Isotopen der natürlichen Häufigkeit a und b vorkommt, so erhält man im Massenspektrum $(n+1)$ Molekülionenpeaks, deren Intensitäten sich aus einer Entwicklung von $(a+b)^n$ ergeben. In diesem Fall deutet das Isotopenmuster auf die Anwesenheit von drei Bromatomen hin. Die relativen Intensitäten ergeben sich aus der Entwicklung von $(0,5+0,5)^3$, d.h. $(0,5)^3 + 3 \cdot (0,5)^2(0,5) + 3 \cdot (0,5)(0,5)^2 + (0,5)^3$, d.h. 1:3:3:1.

10.10 Elektronenbeugung

Hierbei handelt es sich um eine Möglichkeit zur Strukturbestimmung in der Gasphase. Sie beinhaltet die Wechselwirkung von Elektronenstrahlen mit elektrischen Potentialfeldern der Moleküle und liefert Informationen über Atom-Atom-Abstände. Die Bindungslängen und -winkel, die durch diese Methode gewonnen werden, sind nicht ganz so exakt wie die aus Röntgenbeugungsexperimenten an Festkörpern.

10.11 Zusammenfassung

NMR-Spektroskopie

1. Kerne mit der Kernspinquantenzahl I können $2I+1$ Orientierungen zum äußeren Magnetfeld einnehmen (m_I-Werte). Die einzelen Energieniveaus sind ungefähr gleich stark besetzt.
2. Die Auswahlregel für die Übergänge zwischen den Kernspinzuständen ist $\Delta m_I = \pm 1$.
3. Kernspins können miteinander koppeln. Die Größe der Kopplung hängt von der Art der beteiligten Atome und dem Abstand zwischen den Kernen, sowie vom ionischen Grad der Bindung ab.
4. Koppelt ein Kern mit n äquivalenten Kernen des Spins $I = 1/2$, so spaltet das Signal in $(n+1)$ Linien mit Intensitäten entsprechend des Pascalschen Dreiecks auf.
5. Äquivalente Kerne koppeln nicht miteinander.

6. Koppelt ein Kern mit zwei äquivalenten Kernen des Spins I, so erhält man $(2\Sigma I+1)$ Linien mit den relativen Intensitäten 1:2:3:...($2I$+1)...:3:2:1.

7. Mit steigender Elektronegativität der Gruppe, an die ein Kern gebunden ist, nimmt dessen Entschirmung zu (höhere δ-Werte).

Mößbauer-Spektroskopie

8. In der Mößbauer-Spektroskopie beobachtet man Übergänge zwischen einzelnen Kernzuständen.

9. Die kristalline Probe wird bei tiefen Temperaturen untersucht.

10. Zur Erzeugung der unterschiedlichen Frequenzen der Strahlung wird der Doppler-Effekt ausgenutzt.

11. Die Isomerieverschiebung hängt von der Elektronendichte am Kern ab.

NQR-Spektroskopie

12. Kerne mit I > 1/2 sind nicht mehr kugelsymmetrisch und besitzen ein Quadrupolmoment.

13. Ist das elektrische Feld um einen solchen Kern unsymmetrisch, so kann er verschiedene Orientierungen einnehmen, die unterschiedlichen Energien entsprechen.

14. Die Kernquadrupolkopplungskonstante hängt vom Grad der ionischen Bindung ab.

Photoelektronen-Spektroskopie

15. XPS regt Rumpfelektronen an und liefert Informationen über die Ladung des untersuchten Atoms.

16. UPS beinhaltet die Anregung von Valenzelektronen und gibt Auskunft über die relative Ordnung der Molekülorbitale.

ESR-Spektroskopie

17. Mittels ESR-Untersuchungen weist man die Anwesenheit ungepaarter Elektronen nach.

18. Aus der Kopplung der Elektronen- mit den Kernspins resultiert eine Hyperfein-Struktur, die einen Hinweis auf die Kovalenz einer Bindung bietet.

Schwingungs-Spektroskopie

19. Verändert sich während einer Schwingung das Dipolmoment, so ist sie IR-aktiv.

20. Eine Änderung der Polarisierbarkeit während einer Schwingung bewirkt Raman-Aktivität.

21. In einem Molekül mit Symmetriezentrum kann eine Schwingung nicht gleichzeitig IR- *und* Raman-aktiv sein.

22. Die Schwingungsfrequenzen hängen von der Stärke der Bindung und den Massen der Atome ab. Je stärker die Bindung und je niedriger die Massen, desto höher ist die Frequenz.

Röntgenbeugung

23. Röntgenstrahlen werden von den Elektronen eines Kristalls gebeugt.

24. Die Röntgenbeugung dient vor allem zur Strukturaufklärung (Bindungslängen, -winkel usw.).

Neutronenbeugung

25. Neutronen werden von den Atomrümpfen eines Kristalls gebeugt. Die Fähigkeit eines Kerns zur Neutronenbeugung ist unabhängig von seiner Größe.

26. In der Strukturaufklärung mittels Neutronenbeugung können leichte Atome in der Gegenwart schwerer Atome lokalisiert werden.

Massenspektrometrie

27. Der Molekülionenpeak eines Massenspektrums entspricht der relativen Molmasse des Moleküls.

28. Fragmentierungs- und Isotopenmuster geben Informationen über die Struktur des Moleküls.

Sachregister

Periodensystem der Elemente

Gruppe Ia	IIa	IIIb	IVb	Vb	VIb	VIIb	VIIIb			Ib	IIb	IIIa	IVa	Va	VIa	VIIa	VIIIa
1 H 1.0079																	2 He 4.00260
3 Li 6.941	4 Be 9.01218											5 B 10.81	6 C 12.011	7 N 14.0067	8 O 15.9994	9 F 18.9984	10 Ne 20.179
11 Na 22.9898	12 Mg 24.305											13 Al 26.9815	14 Si 28.0855	15 P 30.9736	16 S 32.06	17 Cl 35.453	18 Ar 39.948
19 K 39.0983	20 Ca 40.08	21 Sc 44.9559	22 Ti 47.88	23 V 50.9415	24 Cr 51.996	25 Mn 54.9380	26 Fe 55.847	27 Co 58.9332	28 Ni 58.69	29 Cu 63.546	30 Zn 65.39	31 Ga 69.72	32 Ge 72.59	33 As 74.9216	34 Se 78.96	35 Br 79.904	36 Kr 83.80
37 Rb 85.4678	38 Sr 87.62	39 Y 88.9059	40 Zr 91.224	41 Nb 92.9064	42 Mo 95.94	43 Tc (98)	44 Ru 101.07	45 Rh 102.906	46 Pd 106.42	47 Ag 107.868	48 Cd 112.41	49 In 114.82	50 Sn 118.71	51 Sb 121.75	52 Te 127.60	53 I 126.905	54 Xe 131.29
55 Cs 132.905	56 Ba 137.33	57 La ★ 138.906	72 Hf 178.49	73 Ta 180.948	74 W 183.85	75 Re 186.207	76 Os 190.2	77 Ir 192.22	78 Pt 195.08	79 Au 196.967	80 Hg 200.59	81 Tl 204.383	82 Pb 207.2	83 Bi 208.980	84 Po (209)	85 At (210)	86 Rn (222)
87 Fr (223)	88 Ra 226.025	89 Ac ▲ 227.028	104 a Unq (261)	105 a Unp (262)	106 a Unh (263)	107 a Uns (262)											

★ Lanthanoide

58 Ce 140.12	59 Pr 140.908	60 Nd 144.24	61 Pm (145)	62 Sm 150.36	63 Eu 151.96	64 Gd 157.25	65 Tb 158.925	66 Dy 162.50	67 Ho 164.930	68 Er 167.26	69 Tm 168.934	70 Yb 173.04	71 Lu 174.967

▲ Actinoide

90 Th 232.038	91 Pa 231.038	92 U 238.029	93 Np 237.048	94 Pu (244)	95 Am (243)	96 Cm (247)	97 Bk (247)	98 Cf (251)	99 Es (252)	100 Fm (257)	101 Md (258)	102 No (259)	103 Lr (260)

Frau / Herr

_____

_____

_____

_____

Ich bin:	an der:	Codierung:

Ich bin:
- ☐ Dozent/in
- ☐ Lehrer/in
- ☐ Referendar/in
- ☐ Student/in
- ☐ Schüler/in
- ☐ Praktiker/in
- ☐ Bibliothekar/in

an der:
- ☐ Uni/TH
- ☐ FH/HTL
- ☐ Berufsschule _____
- ☐ FS Technik
- ☐ Gymnasium
- ☐ Bibl./Inst.
- ☐ Sonst.

☐ Mein Fachgebiet:

☐ Ich erhalte bereits regelmäßig Informationen, möchte mich jedoch über weitere Fachgebiete informieren

☐ Bitte informieren Sie mich über Ihre Neuerscheinungen auf dem Gebiet:

- (10) Mathematik (H5)
- (11) Mathematik-Didaktik (H5)
- (12) Informatik (H55)
- (60) Computerliteratur/ Software (H56)
- (13) Physik (H7)
- (14) Chemie (H2)
- (15) Biowissenschaften/ Medizin (H2)
- (16) Geologie/Geophysik (H7)
- (17) Astronomie (H7)
- (20) Elektrotechnik/ Elektronik (H6)

- (29) Umwelt (H2)
- (21) Maschinenbau (H6)
- (23) Mechanik (H6)
- (24) Werkstoffkunde (H6)
- (25) Metalltechnik (H6)
- (26) Kfz-Technik (H6)
- (30) Architektur (H9)
- (31) Bauwesen (H4)
- (32) Philosophie/ Wissenschaftstheorie (H7)

Beachten Sie bitte die Rückseite dieser Anforderungskarte!

vieweg

Antwortkarte

Friedr. Vieweg & Sohn
Verlagsgesellschaft mbH
Postfach 58 29

D-65048 Wiesbaden

Gleichzeitig bestelle ich zur Lieferung über meine Buchhandlung:

Anzahl	Autor und Titel	Ladenpreis

Datum und Unterschrift

Sehr geehrte Leserin, sehr geehrter Leser,

diese Karte entnahmen Sie einem Vieweg-Buch. Als
Verlag mit einem internationalen Buch- und Zeit-
schriftenprogramm informiert Sie der Verlag Vieweg
regelmäßig über wichtige Veröffentlichungen auf
den Sie interessierenden Gebieten.
Deshalb bitten wir Sie, uns diese Karte ausgefüllt
und ausreichend frankiert zurückzusenden.
Wir speichern Ihre Daten und halten das Bundes-
datenschutzgesetz ein.
Wenn Sie Anregungen und Kritik haben, schreiben
Sie uns bitte an nebenstehende Adresse.
Wir möchten uns an dieser Stelle für Ihr Interesse
an unserem Verlagsprogramm bedanken und
verbleiben

mit freundlichen Grüßen

Ihr Verlag Vieweg

Chemie und Umwelt

Ein Studienbuch für Chemiker, Physiker, Biologen und Geologen

von Andreas Heintz und Guido A. Reinhardt

3., neubearbeitete Auflage 1993. VIII, 282 Seiten mit 112 Abbildungen und 76 Tabellen. Gebunden. ISBN 3-528-26349-0

Eine Aktualität erfährt diese dritte, neubearbeitete Auflage durch die Einbeziehung der Daten aus den neuen Bundesländern und anderer europäischer Staaten. Treibhauseffekt, Ozonloch, Waldsterben, Rauchgasreinigung oder der Kfz-Katalysator werden ebenso behandelt wie Probleme des Bodens und der Gewässer, beispielsweise die Kreisläufe von Schwermetallen, Düngemitteln, Pestiziden oder chlorhaltigen Chemikalien. Besonderes Gewicht messen die Autoren den Strategien zur Vermeidung und Verringerung von Schadstoffen sowie den Wiederverwertungsmöglichkeiten bei.

Die Autoren weisen auf gesetzliche Regelungen und Grenzwerte hin und zeigen auch politische und wirtschaftliche Konsequenzen auf.

Verlag Vieweg · Postfach 58 29 · 65048 Wiesbaden

vieweg

Chemische Thermodynamik

Begriffe – Konzepte – Zusammenhänge

von Hermann und Jenspeter Rau

1994. 230 Seiten. Kartoniert.
ISBN 3-528-06503-6

Aus dem Inhalt: Grundbegriffe und Definitionen: Das Volumen als Zustandsfunktion – Der 1. Hauptsatz der Thermodynamik (Energiesatz) – Der 2. Hauptsatz der Thermodynamik (Entropiesatz) – Gleichgewichte – Formelsammlung.

Die chemische Thermodynamik ist schon im Grundstudium ein Teilgebiet der Physikalischen Chemie. Aufgrund der Mischung von experimentellen Ergebnissen, Phänomenen und mathematisch-methodischen Konzepten bereitet sie dem Studenten oft Schwierigkeiten. Dieses Lehrbuch hilft mit einem neuen Konzept – einen Lehrenden und einen Lernenden als Autoren zu gewinnen –, die Sichtweise beider am Lernprozeß beteiligten Seiten darzustellen. Mit einem Schwerpunkt auf dem Verständnis des Lesers für die Thermodynamik zeigt das Buch den hohen Praxisbezug dieses Gebietes und ist somit ideal zur anschaulichen Vorbereitung auf das Vordiplom.

Verlag Vieweg · Postfach 58 29 · 65048 Wiesbaden